电力电子技术在能源转换系统中的应用

[美] 贝鲁兹·米拉夫扎尔（Behrooz Mirafzal）著

文天祥　王牡丹　译

机械工业出版社

本书对传统和现代能源转换系统的动态和稳态分析进行了全面的讲述。本书包括可再生能源系统的能源转换技术，电力电子与能源转换、电路和磁路的基本概念、机电系统原理，以及 DC – DC 变换器、逆变器的稳态和动态分析，整流器的稳态分析，对交流电机等电机驱动控制系统进行了讨论，并对电网交互式逆变器的特性进行了详细的分析。

本书适合电力电子与电力传动、自动化、电气工程、电机控制等相关专业的本科生、研究生作为参考书籍，同时也适合从事电力电子能源转换设计工作的工程人员参考。

译 者 序

　　能源转换及利用一直伴随着人类文明的发展，时至今日，在碳达峰、碳中和的全球趋势之下，电力电子技术作为能源转换中至关重要的一环，从 Si 到 SiC 和 GaN 这样的宽禁带器件，都在向着高效节能的方向发展。电是现代能源系统的中心，为了实现碳达峰、碳中和，可再生能源需要通过被转化为电力资源加以高效利用，光伏、风力等新能源发电，以及新能源汽车电动化交通等领域的电能高效转换是电力电子应用的重要研究方向。

　　本书共有 12 章，内容包括：电力电子与能源转换、电路和磁路的基本概念、机电系统原理，以及 DC - DC 变换器、逆变器的稳态和动态分析，整流器的稳态分析，对交流电机等电机驱动控制系统进行了讨论，并对电网交互式逆变器的特性进行了详细的分析。

　　Behrooz Mirafzal 教授是堪萨斯州立大学电力电子研究实验室的创始人和主任。他是可再生能源系统、移动技术和微电网研究领域中智能逆变器和电力电子应用领域研究的领导者。他在各种现代能源转换系统的概念化、开发和分析方面拥有超过 15 年的工业和学术经验。在本书中，他将现代电力电子技术（如宽禁带器件等最新工业界研究应用成果）与能源转换技术相融合，其中含有大量的插图和实例分析，读者通过对这些例子的学习，将对这些概念有更清晰的理解。

　　在本书的翻译过程中，我查阅了大量的相关资料和文献内容，众多朋友也对一些术语的理解提供了建议和帮助，机械工业出版社江婧婧编辑从立项到完稿，给予了我极大的支持，并在审稿过程提供了细致的帮助，在此一并表示感谢。同时，儿子夕宝在完稿的日子里左右陪伴嬉闹，时常打扰，但仍然乐在其中。

　　本书虽多次审校，但受译者水平和能力所限，翻译过程中若存在不妥之处，恳请读者批评指正。欢迎留言对书中内容或是术语翻译进行探讨，邮箱：eric. wen. tx @ gmail. com，谢谢！

文天祥

2023 年 6 月于上海

原 书 前 言

　　本书的撰写有两个目的：一是通过大量例子和图例为学生提供学习电力电子基本概念的简单途径；二是展现电力电子技术在现代和传统能源转换系统中的应用。学生可以通过仿真和数值例子来掌握复杂的概念。

　　本书专门为电气工程专业的高年级本科生和研究生编写，以帮助他们更多地了解电力电子技术在电机驱动、风能和太阳能系统中的应用为目的。本书可作为能源转换、电力电子和先进电力电子课程的教科书。如果学习过前两门课程，那么应该已经对电路理论有所了解。第 1 章和第 2 章的部分内容，以及第 3、4 章可用作本科生能源转换课程教材。第 1 章和第 2 章的部分内容，以及第 5、7、8 章可用作本科生的电力电子课程教材。第 6 章和第 9～12 章可作为研究生的先进电力电子课程教材。

　　半导体材料和固态开关是电力电子的支柱。通过第 1 章的内容，学生会熟悉一些半导体材料和固态开关器件，还将了解太阳电池板和风力发电机作为间歇式能源的特点，以及对开关功率变换器的要求。本章简要介绍了电机驱动技术，该技术是纯电动和混合动力汽车动力系统、机器人等机电设备的基础。本章包括 25 幅图、25 个方程式、7 个示例和 16 道习题。

　　第 2 章将学习线性、非线性和开关电路之间的区别。通过求解线性电路的一些例子，回顾了矢量变换和拉普拉斯变换。推导了开关电路中电感伏秒平衡和电容安秒平衡，并给出了开关损耗的计算方法。在本章还将学习如何将三相系统从 abc 坐标系转换为空间矢量或 $dq0$ 坐标系。本章包括 28 幅图、159 个方程式、23 个示例和 16 道习题。

　　磁路是电感、电机和机电执行器的基础。第 3 章将学习如何求解磁路并计算磁路中的能量。特别是了解磁心中的非理想效应和损耗计算。本章还将学习利用电感和变压器的等效电路对磁心进行建模。本章包括 27 幅图、173 个方程式、25 个示例和 52 道习题。

　　电机在风力发电机、机器人以及混合动力和纯电动汽车中起着至关重要的作用。第4章通过磁场计算得出电磁力和转矩，对异步（感应）和同步电机的稳态电路进行建模和分析。本章包括31幅图、131个方程式、16个示例和31道习题。

DC-DC变换器用于直流电源、电池储能和太阳能系统。在第5章，分析了变换器在两种稳态工作的情况，即连续和不连续传导模式。本章介绍了DC-DC变换器的主要拓扑结构，Buck、Boost、Buck-Boost、隔离Buck-Boost（反激）、双向半桥和双向全桥DC-DC变换器，其原理也可以扩展到对其他开关电路的分析。本章包括34幅图、134个方程式、16个示例和33道习题。

第6章介绍了Buck、Boost和Buck-Boost变换器的动态行为。将学习如何获取动态行为并使用平均技术来简化模型，以及如何推导变换器传递函数，以便使用根轨迹技术设计控制方案。本章包括20幅图、73个方程式、7个示例和14道习题。

第7章介绍了DC-AC变换器（逆变器）及其开关调制技术，利用逆变器可以从直流电源得到可调交流电源。本章的重点是单相和三相两电平电压源型逆变器。在本章中介绍了不同的脉冲宽度调制（PWM）技术，以及级联H桥和二极管钳位多电平逆变器。本章包括51幅图、104个方程式、23个示例和39道习题。

在第8章将了解单相和三相电路的无源和有源AC-DC变换器（整流器）之间的差异，以及有源整流器如何调节其输出直流电压，减少总谐波失真（THD），并通过控制交流侧电流与电压同相来实现单位功率因数。本章包括29幅图、64个方程式、10个示例和20道习题。

逆变器是风能和太阳能转换系统的最后一级。在第9章中，将学习电网交互式逆变器的基本控制方案，以及对逆变器程序控制，使其在电网跟随式控制和电网构建控制下运行，并在异常条件下提供辅助支撑服务。本章包括37幅图、66个方程式、12个示例和22道习题。

第4章介绍了交流电机的稳态分析，在第10章介绍了$dq0$坐标系中交流电机的动力学模型。并对笼型和绕线转子感应电机建模，然后对双馈感应发电机（DFIG）进行建模。也学习了表面安装式永磁（SPM）电机和内置式永磁（IPM）电机的动态模型。本章包括21幅图、97个方程式、6个示例和10道习题。

电机驱动装置是许多机电系统（如电动汽车和机器人）的重要组成部分。第11章将学习如何控制逆变器以设计可调电压和电流源。并为笼型感应电机构建标量速度控制器，为笼型感应电机和永磁电机构建矢量控制方案。本章包括12幅图、44个方程式、3个示例和6道习题。

第12章将分析高速开关导致的静电和磁耦合，以及快速开关的逆变器如何在电机驱动中产生高频电压、漏电流和行波。本章包括12幅图、40个方程式、2个示例和8道习题。

我想对我的研究生们给予我的帮助表示感谢，同时也感谢我的家人和朋友们的支持。最后，我要特别感谢我亲爱的妻子Fariba，感谢她在本书写作出版期间对我一如既往的支持。

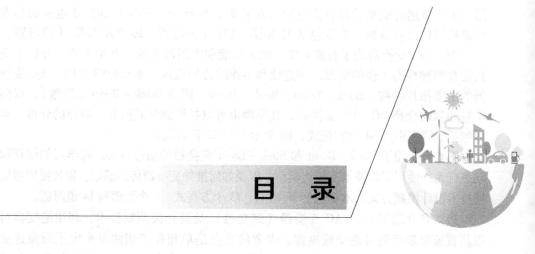

目 录

译者序
原书前言
第1章 介绍 ·· 1
  1.1 固态开关器件 ··· 1
    1.1.1 半导体物理基础 ··· 1
    1.1.2 二极管 ··· 3
    1.1.3 晶体管 ··· 4
  1.2 光伏能源系统的基础知识 ··· 8
  1.3 风电系统的基础知识 ·· 12
  1.4 电机驱动的基础知识 ·· 16
  1.5 纯电动和混合动力汽车的基础知识 ·· 18
  1.6 习题 ··· 20

第2章 电路的基本概念 ·· 22
  2.1 单相电路 ·· 22
    2.1.1 线性电路的相量 ··· 25
    2.1.2 线性电路的拉普拉斯变换 ·· 28
    2.1.3 二阶系统的动态响应 ··· 29
  2.2 固态开关电路 ·· 31
    2.2.1 开关电路中的损耗计算 ·· 32
    2.2.2 伏秒平衡和安秒平衡 ··· 35
    2.2.3 电路中的谐波失真 ··· 37
    2.2.4 非正弦电路中的功率因数 ·· 39
  2.3 三相电路 ·· 41

2.3.1 不对称三相系统的对称分量 ⋯⋯⋯⋯⋯⋯⋯⋯⋯⋯⋯⋯ 42

2.3.2 三相系统的空间矢量 ⋯⋯⋯⋯⋯⋯⋯⋯⋯⋯⋯⋯⋯⋯ 45

2.3.3 三相系统的 $dq0$ 变换 ⋯⋯⋯⋯⋯⋯⋯⋯⋯⋯⋯⋯⋯ 46

2.4 瞬时和平均功率 ⋯⋯⋯⋯⋯⋯⋯⋯⋯⋯⋯⋯⋯⋯⋯⋯⋯ 49

2.4.1 单相电路中的功率 ⋯⋯⋯⋯⋯⋯⋯⋯⋯⋯⋯⋯⋯⋯⋯ 49

2.4.2 单相电路中的无功功率 ⋯⋯⋯⋯⋯⋯⋯⋯⋯⋯⋯⋯⋯ 50

2.4.3 三相系统中的功率计算 ⋯⋯⋯⋯⋯⋯⋯⋯⋯⋯⋯⋯⋯ 52

2.4.4 空间矢量和 $dq0$ 坐标系中的有功功率和无功功率 ⋯⋯⋯ 52

2.5 习题 ⋯⋯⋯⋯⋯⋯⋯⋯⋯⋯⋯⋯⋯⋯⋯⋯⋯⋯⋯⋯⋯⋯ 54

第3章 磁路的基本概念 ⋯⋯⋯⋯⋯⋯⋯⋯⋯⋯⋯⋯⋯⋯⋯⋯⋯ 58

3.1 安培定律 ⋯⋯⋯⋯⋯⋯⋯⋯⋯⋯⋯⋯⋯⋯⋯⋯⋯⋯⋯⋯ 58

3.2 磁性材料的磁导率 ⋯⋯⋯⋯⋯⋯⋯⋯⋯⋯⋯⋯⋯⋯⋯⋯⋯ 59

3.3 磁阻和磁路 ⋯⋯⋯⋯⋯⋯⋯⋯⋯⋯⋯⋯⋯⋯⋯⋯⋯⋯⋯ 61

3.4 法拉第定律 ⋯⋯⋯⋯⋯⋯⋯⋯⋯⋯⋯⋯⋯⋯⋯⋯⋯⋯⋯ 64

3.5 自感和互感 ⋯⋯⋯⋯⋯⋯⋯⋯⋯⋯⋯⋯⋯⋯⋯⋯⋯⋯⋯ 67

3.6 电流对电感的影响 ⋯⋯⋯⋯⋯⋯⋯⋯⋯⋯⋯⋯⋯⋯⋯⋯⋯ 73

3.7 磁场能量 ⋯⋯⋯⋯⋯⋯⋯⋯⋯⋯⋯⋯⋯⋯⋯⋯⋯⋯⋯⋯ 75

3.8 交流励磁引起的磁心损耗 ⋯⋯⋯⋯⋯⋯⋯⋯⋯⋯⋯⋯⋯⋯ 79

3.8.1 磁滞损耗 ⋯⋯⋯⋯⋯⋯⋯⋯⋯⋯⋯⋯⋯⋯⋯⋯⋯⋯ 79

3.8.2 涡流损耗 ⋯⋯⋯⋯⋯⋯⋯⋯⋯⋯⋯⋯⋯⋯⋯⋯⋯⋯ 81

3.9 非理想线圈的电路模型 ⋯⋯⋯⋯⋯⋯⋯⋯⋯⋯⋯⋯⋯⋯⋯ 81

3.10 变压器 ⋯⋯⋯⋯⋯⋯⋯⋯⋯⋯⋯⋯⋯⋯⋯⋯⋯⋯⋯⋯ 83

3.10.1 单相隔离变压器 ⋯⋯⋯⋯⋯⋯⋯⋯⋯⋯⋯⋯⋯⋯⋯ 83

3.10.2 单相自耦变压器 ⋯⋯⋯⋯⋯⋯⋯⋯⋯⋯⋯⋯⋯⋯⋯ 88

3.11 习题 ⋯⋯⋯⋯⋯⋯⋯⋯⋯⋯⋯⋯⋯⋯⋯⋯⋯⋯⋯⋯⋯ 89

第4章 机电系统原理 ⋯⋯⋯⋯⋯⋯⋯⋯⋯⋯⋯⋯⋯⋯⋯⋯⋯⋯ 95

4.1 机电系统中产生的力和转矩 ⋯⋯⋯⋯⋯⋯⋯⋯⋯⋯⋯⋯⋯ 95

4.1.1 能量平衡和受力公式 ⋯⋯⋯⋯⋯⋯⋯⋯⋯⋯⋯⋯⋯ 97

4.1.2 能量平衡和转矩公式 ⋯⋯⋯⋯⋯⋯⋯⋯⋯⋯⋯⋯⋯ 100

4.2 三相交流旋转电机 ⋯⋯⋯⋯⋯⋯⋯⋯⋯⋯⋯⋯⋯⋯⋯⋯⋯ 104

4.2.1 旋转磁场 ⋯⋯⋯⋯⋯⋯⋯⋯⋯⋯⋯⋯⋯⋯⋯⋯⋯⋯ 105

4.2.2 三相交流电机中的定子绕组和电感 ⋯⋯⋯⋯⋯⋯⋯⋯ 107

4.2.3 三相感应(异步)电机的电路模型 ⋯⋯⋯⋯⋯⋯⋯⋯ 111

4.2.4 通过试验确定感应电机模型 ⋯⋯⋯⋯⋯⋯⋯⋯⋯⋯ 116

4.2.5 三相同步电机的电路模型 ⋯⋯⋯⋯⋯⋯⋯⋯⋯⋯⋯ 118

4.2.6 通过试验确定同步电机模型 ⋯⋯⋯⋯⋯⋯⋯⋯⋯⋯ 119

4.2.7 永磁同步电机的转子电路 ⋯⋯⋯⋯⋯⋯⋯⋯⋯⋯⋯ 121

4.2.8 表面安装式永磁同步电机 ……………………………………… 122

4.2.9 内置式永磁同步电机 ……………………………………………… 125

4.3 开关磁阻电机的基础知识 …………………………………………… 125

4.3.1 SRM 中的转矩建立 ………………………………………………… 126

4.3.2 电流调节的电压控制 ……………………………………………… 128

4.4 习题 …………………………………………………………………… 128

第 5 章　DC – DC 变换器的稳态分析 …………………………………… 133

5.1 基本栅极驱动电路 …………………………………………………… 133

5.2 Buck 变换器 ………………………………………………………… 134

5.2.1 CCM Buck 变换器 ………………………………………………… 134

5.2.2 DCM Buck 变换器 ………………………………………………… 139

5.3 Boost 变换器 ………………………………………………………… 142

5.3.1 CCM Boost 变换器 ………………………………………………… 142

5.3.2 DCM Boost 变换器 ………………………………………………… 145

5.4 Buck – Boost 变换器 ………………………………………………… 147

5.4.1 CCM Buck – Boost 变换器 ………………………………………… 147

5.4.2 DCM Buck – Boost 变换器 ………………………………………… 150

5.5 单端初级电感变换器（SEPIC）…………………………………… 153

5.6 反激变换器 …………………………………………………………… 156

5.6.1 CCM 隔离 Buck – Boost 变换器（反激变换器）……………… 157

5.6.2 DCM 隔离 Buck – Boost 变换器（反激变换器）……………… 159

5.7 正激变换器 …………………………………………………………… 161

5.8 双向半桥和全桥 DC – DC 变换器 ………………………………… 165

5.9 习题 …………………………………………………………………… 168

第 6 章　DC – DC 变换器的动力学 ……………………………………… 174

6.1 Buck 变换器的动力学 ……………………………………………… 174

6.2 Boost 变换器的动力学 ……………………………………………… 180

6.3 Buck – Boost 变换器的动力学 ……………………………………… 185

6.4 SEPIC 的动力学 …………………………………………………… 189

6.5 习题 …………………………………………………………………… 195

第 7 章　逆变器的稳态分析 ……………………………………………… 197

7.1 单相两电平电压源逆变器 …………………………………………… 197

7.2 三相两电平电压型逆变器 …………………………………………… 206

7.3 六步换相开关模式 …………………………………………………… 208

7.4 空间矢量脉宽调制（SVPWM）…………………………………… 214

7.5 正弦脉宽调制（SPWM）…………………………………………… 221

7.5.1 SVPWM 和 SPWM 中的直流母线利用率 ……………………… 223

7.5.2 SPWM 和 SVPWM 中的共模电压 ……………………………… 227

7.6　特定次谐波消除脉宽调制（SHE-PWM）·················· 227

7.7　滞环脉宽调制（HPWM）······························ 230

7.8　多电平逆变器·· 232

7.8.1　CHB多电平逆变器······························· 232

7.8.2　CHB多电平逆变器的SPWM技术·················· 234

7.8.3　不对称三相CHB多电平逆变器···················· 236

7.8.4　二极管箝位多电平逆变器························· 240

7.9　习题··· 243

第8章　整流器的稳态分析与控制···························· 248

8.1　单相二极管整流器······································ 248

8.2　单相两级Boost PFC整流器······························ 255

8.3　单相PWM整流器······································· 257

8.4　三相二极管整流器······································ 262

8.5　三相二极管整流器滤波器································· 267

8.6　三相PWM整流器······································· 270

8.7　习题··· 273

第9章　并网逆变器的控制与动力学························· 276

9.1　并网逆变器的稳态运行·································· 276

9.2　电网交互式逆变器和PQ控制器··························· 279

9.3　电网交互式逆变器和电网电压支撑························ 283

9.4　并网逆变器和直流母线电压调节························· 285

9.4.1　太阳能系统中的最大功率点跟踪··················· 285

9.4.2　直流母线电压控制器···························· 286

9.5　并网逆变器的稳定性···································· 287

9.6　相位检测和逆变器同步·································· 292

9.6.1　三相系统的基本锁相环（PLL）控制方案··········· 292

9.6.2　三相系统的直接相角检测························· 293

9.7　电网交互式逆变器和负序及谐波补偿····················· 296

9.8　太阳能转换系统中的单相逆变器·························· 297

9.9　电网交互式逆变器的孤岛检测功能······················· 300

9.9.1　电网阻抗和电压检测···························· 302

9.10　电网构建和并联逆变器································· 304

9.10.1　并网逆变器的下垂控制························· 304

9.10.2　电网构建式逆变器集中控制技术·················· 307

9.11　习题·· 308

第10章　交流电机动力学································· 312

10.1　笼型感应电机的动力学································· 312

10.1.1　dq0参考坐标系中笼型感应电机模型·············· 314

10. 1. 2 dq 坐标系中感应电机框图 ···································· 317

10. 1. 3 dq 坐标系中感应电机的转矩表达式 ···················· 320

10. 2 双馈感应发电机的动力学 ·· 326

10. 2. 1 $dq0$ 参考坐标系中的 DFIG 模型 ·························· 326

10. 2. 2 DFIG 模型框图 ·· 328

10. 2. 3 dq 坐标系中 DFIG 的电气转矩表达式 ·················· 328

10. 3 永磁同步电机的动力学 ·· 332

10. 3. 1 abc 参考坐标系中的永磁电机模型 ······················ 332

10. 3. 2 $dq0$ 参考坐标系中的永磁电机模型 ······················ 333

10. 3. 3 永磁电机动态模型框图 ·· 334

10. 3. 4 IPM 电机动态模型框图 ·· 335

10. 4 习题 ·· 339

第 11 章 电机驱动系统中逆变器的控制 ································ 341

11. 1 感应电机的标量控制 ·· 341

11. 2 交流电机的矢量控制 ·· 345

11. 3 感应电机的矢量控制 ·· 345

11. 3. 1 感应电机转子磁通量定向的检测 ··························· 346

11. 3. 2 感应电机的矢量控制实现 ···································· 348

11. 4 永磁同步电机的矢量控制 ·· 352

11. 5 习题 ·· 355

第 12 章 逆变器及其高频瞬态 ·· 357

12. 1 电磁干扰和标准 ·· 357

12. 2 三相逆变器中的共模电压 ·· 359

12. 3 静电和磁耦合 ··· 362

12. 3. 1 静电耦合 ··· 362

12. 3. 2 磁耦合 ··· 363

12. 4 电机驱动系统中的反射波 ·· 364

12. 4. 1 行波速度 ··· 365

12. 4. 2 行波阻抗 ··· 366

12. 4. 3 反射波系数 ·· 366

12. 5 习题 ·· 369

附录 ·· 371

附录 A 三角恒等式 ··· 371

A. 1 基本三角公式 ·· 371

A. 2 正弦和余弦定律 ··· 372

A. 3 和差化积与积化和差的转换 ·· 373

A. 4 三角函数的导数 ··· 374

A. 5 泰勒级数和三角函数 ·· 374

　A.6　傅里叶级数 ·· 375

　A.7　欧拉公式 ··· 376

附录B　拉普拉斯变换 ··· 376

　B.1　拉普拉斯变换的性质 ··· 377

　　B.1.1　时域积分 ··· 377

　　B.1.2　初值定理 ··· 377

　　B.1.3　终值定理 ··· 378

　　B.1.4　时间展缩特性和时移 ·· 378

　B.2　部分分式展开 ·· 378

　　B.2.1　$D(s)$ 的不同实根 ·· 378

　　B.2.2　重根 ·· 379

　　B.2.3　复数根 ··· 379

第 1 章

介　绍

在过去的几十年间，固态开关技术发展迅速，并已经广泛应用于大功率高带宽固态变换器，如风能和太阳能发电系统、纯电动和混合动力汽车、机器人和许多其他应用中。这些变换器属于开关电路的范畴，为许多工业应用提供了卓越的可控性、效率和功率密度，并将现有的能源基础设施提升到更高的水平。在本章中，将首先简要回顾半导体材料和固态开关器件。然后，将介绍太阳电池板和风力发电机作为间歇性能源的特点，以及它们对固态功率变换器的要求。此外，还将简要介绍电机驱动系统的结构。电机驱动技术是许多机电系统和设备的支柱，如机器人、纯电动和混合电动汽车中的动力系统。

1.1　固态开关器件

固态器件是开关电路的核心，它指的是由半导体材料（即 n 型和 p 型）制成的电子元器件，通过向纯半导体［如硅（Si）、碳化硅（SiC）和氮化镓（GaN）］中掺加杂质得到。

1.1.1　半导体物理基础

半导体材料的导电性介于导体（例如铜和铝等金属）和绝缘体（例如玻璃、纸和聚合物）之间。基本半导体材料有硅（Si）、锗（Ge）和砷化镓（GaAs），而硅是目前固态开关和光伏（PV）电池中最常用的半导体。每个硅原子有四个价电子（外壳电子）与相邻的硅原子共享以形成共价键，如图 1-1a 所示。这种晶格使得结合键非常稳定，因此在 0K（开尔文）（即 -273℃）时，硅成为完美的电绝缘体，在室温下含有少量自由电子。与金属不同，半导体材料的导电性随着温度的升高而增加。在纯硅晶体中，每个原子利用其四个价电子与其相邻原子形成四个共价键。如果将具有三个价电子的元素，例如周期表第Ⅲ组的硼（B）添加到第Ⅳ组的纯硅晶体中，则每个硼原子会留下一个额外的空穴（见图 1-1b）。由于额外的空穴能接受自由电子，Ⅲ族杂质也称为受主，掺有受主杂质的半导体被称为 p 型半导体。如果将一种具有五个价电子的元素，例如周期表第Ⅴ组中的砷（As）添加到纯硅晶体中，则每个砷原子会留下一个额外的电子（见图 1-1c）。因为 V 族杂质提供电子，所以它也被称为施主，掺有施主杂质的半导体被称为 n 型半导体。

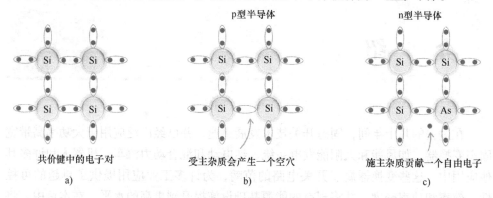

图 1-1　纯硅晶体 a)，含受主杂质硼的硅晶体形成 p 型半导体 b)，
含施主砷的硅晶体形成 n 型半导体 c)

　　根据量子理论，原子中的每一层电子都包含一定的离散能量，称为能带，能带由能带隙隔开。电子跨越最外层能带（价带）和导带之间的带隙所需的能量被称为带隙能量，例如，通常以电子伏（eV）为单位测量，其中 $1eV = 1.6 \times 10^{-19}J$，在温度为 300K（27℃）时，Si 的带隙能量为 1.12eV，4H – SiC 为 3.26eV，GaN 为 3.45eV。随着温度的升高，带隙能量略有降低。绝缘体、半导体和导体之间的差异也可以用带隙能量表示，如图 1-2 所示。绝缘体的价带和导带之间有很大的能隙，这意味着在室温下没有电子能到达导带。表 1-1 给出了一些半导体材料的基本特性。

　　元素半导体材料的独特特性是，只需少量杂质就可以显著提高其导电性。n 型和 p 型半导体是通过改变纯半导体的晶体结构而产生的。n 型半导体是通过将纯半导体晶体结构中的一些原子替换为外层电子较多的元素中的原子而制成的（见图 1-1c），而 p 型半导体是通过将纯半导体晶体结构中的一些原子替换为外层电子较少的元素中的原子而制成的（见图 1-1b）。在固态器件中，电流可以由自由电子和空穴（电子缺失）产生。在 p 型和 n 型半导体中，有效带隙显著减小，如图 1-3 所示，因此，给定温度下的电导率显著增加。

图 1-2　绝缘体、半导体和导体之间的带隙能量比较

表 1-1　一些半导体材料，以及在 300K 温度下的性能

半导体	Si	GaAs	4H - SiC	GaN
带隙能量 E_g/eV	1.12	1.42	3.26	3.42
击穿电场，E/(kV/cm)	250	350	2200	3300
热导率/(W/cm·K)	1.5	0.5	3.7	1.3
电子迁移率/(cm²/V·s)	1350	8000	1000	1500
饱和电子速率/(10^6 cm/s)	10	20	20	25

图 1-3　用受主杂质掺杂纯半导体（如硅）会在价带和导带之间产生新的填充能级 a），
用施主杂质掺杂纯半导体（如硅）会在价带和导带之间产生新的空能级 c）

1.1.2　二极管

二极管是一种简单的固态器件，通过将 p 型半导体熔合到 n 型半导体制成。如果在 p - n 结二极管上施加小的正电压，则 p 型半导体中的空穴充满了来自 n 型半导体的自由电子，如图 1-4 所示。然而，如果在 p - n 结二极管上施加相反的电压（也称为反向偏置），则流过的反向（饱和）电流几乎为零。在正向偏置中，通过二极管的电流可通过下式计算：

$$I_d = I_s(e^{(q/NkT)V_d} - 1) \tag{1-1}$$

式中，V_d 是二极管两端的电压；I_s 是饱和电流；q 是电子的电荷（1.6×10^{-19} 库仑）；N 是介于 1 和 2 之间的非理想因子，对于硅，$N = 1$；k 是玻尔兹曼系数（1.6×10^{-23}）；T 是半导体结温，单位为开尔文。

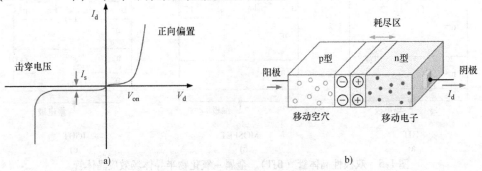

图 1-4　p - n 结二极管 a）及其内部结构 b）的 $V - I$ 特性

当 p-n 结二极管反向偏置时，快速二极管从导通状态到关断状态的反向恢复时间 t_{rr} 在 100ns 到几 μs 之间。肖特基二极管具有不同的结构，它由半导体、n 型 Si 或 SiC 和金属（例如：铂）构成，因此作为功率二极管，其正向压降和反向恢复时间较低，约为 10ns。注意，当二极管从导通切换到反向偏置时，二极管中存储的电荷必须在二极管阻断电流之前先放电。这个放电电流被称为反向恢复电流 I_{rr}。在肖特基二极管中，反向恢复电流 I_{rr} 很小，从而减少了开关电路中的电磁干扰（EMI）。然而，与 p-n 结二极管相比，肖特基二极管具有相对较高的饱和（反向）电流 I_s 和较低的击穿电压。

例 1.1

在 60V、20A SiC 肖特基二极管中，150℃（423.15K）时的反向饱和电流为 4μA，计算分别流过 10A 和 20A 时的二极管正向导通压降。利用式（1-1），可得

$$V_d \approx \left(\frac{NkT}{q}\right)\ln\left(\frac{I_d}{I_s}\right) \tag{1-2}$$

代入二极管参数，并假设 $N=1$，对于 $I_d=10A$，$V_d=0.54V$，而 $I_d=20A$ 时，$V_d=0.56V$。两者变化不大，因此，二极管的正向导通压降通常假定为常数。

1.1.3 晶体管

如果两个 p-n 结串联并共用一个 p 型或 n 型，可以形成一个三层、两结、三端器件，这就是双极性晶体管（BJT）的基础。BJT 是一种三端器件，具有集电极（C）、发射极（E）和基极（B）端子，如图 1-5a 所示，其中基极电流控制从集电极到发射极的电流。然而，功率变换器中常用的晶体管开关是金属－氧化物半导体场效应晶体管（MOSFET）和绝缘栅双极型晶体管（IGBT）。IGBT 和 MOSFET 都是由它们的栅极电压控制，栅极电流几乎为零，使得栅极驱动电路中的损耗比 BJT 基本电路损耗小。

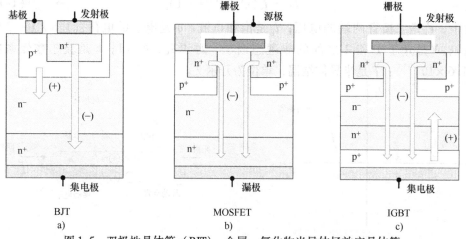

图 1-5　双极性晶体管（BJT）、金属－氧化物半导体场效应晶体管（MOSFET）和绝缘栅双极型晶体管（IGBT）的内部结构

MOSFET 由 M. Atala 和 D. Kahng 于 1959 年在贝尔实验室发明。三菱电机的 Yamagami 和 Y. Akagiri 提出了用 MOSFET 驱动 BJT 的最初概念，并于 1968 年申请了日本专利。在 20 世纪 70 年代功率 MOSFET 商业化之后，通用电气公司（GE）的 B. J. Baliga 于 1977 年发明了 IGBT，GE 在 1978 年将 IGBT 制造出来，实验室结果报告于 1979 年。

这些晶体管的内部结构如图 1-5 所示。IGBT 和 MOSFET 的布局相同，但 IGBT 在集电极旁边有一个 p^+ 层，形成一个额外的 $p-n$ 结，如图 1-5 所示。因此，IGBT 具有更高的正向导通电压降。然而，与 MOSFET 相比，IGBT 的导通电阻较小，因为空穴倾向于从 p^+ 进入 n^- 层中，n^- 层的电阻会显著减少。

MOSFET 的端子被称为漏极（D）、栅极（G）和源极（S）。MOSFET 可以通过控制栅极和源极端子之间的电压来实现开关，这意味着如果 V_{GS} 大于开关阈值电压，即 $V_{GS} > V_{th}$，MOSFET 中的电流从漏极流向源极，如果 $V_{GS} < V_{th}$，它会阻止电流从漏极流向源极。如图 1-6a 所示，IGBT 也具有三个端子，称为集电极（C）、栅极（G）和发射极（E），将绝缘栅极 N 沟道 MOSFET 输入与连接在达林顿配置中的 PNP BJT 输出相结合。IGBT 的行为类似于 BJT，其基极电流由 MOSFET 提供。因此，IGBT 具有 BJT 的低导通损耗和 MOSFET 的高开关速度。它的导通电阻 R_{on} 小得多，这意味着在给定的开关电流下，IGBT 中的导通损耗小于等效 MOSFET。IGBT 较低的导通电阻和导通损耗，以及在高频高压下的开关能力，使其成为能源转换系统中许多功率变换器的理想选择。

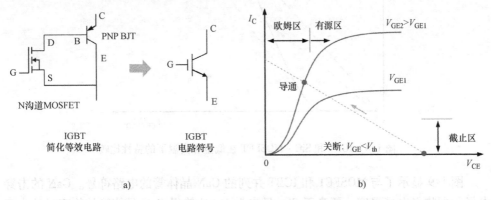

图 1-6　IGBT 以建模为 N 沟道 MOSFET 和 PNP 型 BJT 的组合 a）和 b）IGBT 的 $V-I$ 特性

N 沟道 IGBT 的 $V-I$ 输出特性如图 1-6b 所示。当栅极 – 发射极电压 V_{GE} 低于阈值电压，即 $V_{GE} < V_{th}$ 时，IGBT 处于截止区域。如果增加 V_{GE} 超过阈值电压，IGBT 进入有源区。如果 V_{GE} 进一步增加，IGBT 进入欧姆区，此时 IGBT 上的电压降几乎保持不变，并且集电极电流 I_C 略有变化。

图 1-7 显示了 IGBT 和功率 Si – MOSFET 之间的主要区别。如图 1-7 所示，MOSFET 的导通电压低于 IGBT。然而，在大电流下，IGBT 的导通电压比 MOSFET

低，尤其是在较高温度下。除了硅基晶体管外，SiC 基 MOSFET 还能用于更高的功率密度变换器，其开关速度比 IGBT 和 Si – MOSFET 快得多，并且在低电流和高电流下都比 IGBT 表现出更低的电压降（见图 1-8）。与 IGBT 和 Si – MOSFET 相比，SiC – MOSFET 也具有更高的击穿温度和工作温度。

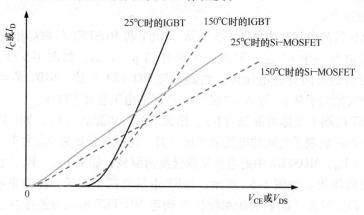

图 1-7　IGBT 和 Si – MOSFET 在低温和高温下的特性比较

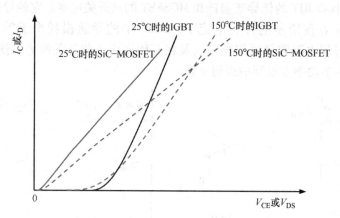

图 1-8　IGBT 和 SiC – MOSFET 在低温和高温下的特性比较

图 1-9 显示了与 MOSFET 和 IGBT 并列的 GaN 晶体管的电路符号。GaN 的击穿电场，即临界电场强度，要高于 Si，见表 1-1。这使得 GaN 晶体管的物理尺寸小于 Si 基 MOSFET 和 IGBT。此外，GaN 具有比 Si 和 SiC 更高的电子迁移率，使得 GaN 晶体管的导通电阻相对较小。与 Si 和 SiC 相比，GaN 中的高电子速度允许 GaN 晶体管以更高的频率开关。GaN 和 SiC 也被称为宽禁带（WBG）材料，因为它们的带隙能量大于两个电子伏特，即 $E_g > 2\text{eV}$，见表 1-1。WBG 材料有望在电力电子领域得到更广泛的应用。

　　基本耗尽型（D – mode）GaN 晶体管是一种常开固态开关，如果在栅极 – 源极端子之间施加负电压，即 $V_{th} < 0$，则可关断该开关管。负阈值使得 D – mode GaN

晶体管在大多数电路中的应用不方便。有几种技术可以使 GaN 晶体管作为常闭型开关工作。最常见的常闭 GaN 基开关是增强模式（E – mode）和共源共栅 GaN 晶体管。共源共栅 GaN 晶体管的器件结构如图 1-10c 所示。如图 1-10 所示，低压 MOSFET 与常开 D – mode GaN 晶体管串联，而 GaN 晶体管的栅极直接连接到内部 MOSFET 的源极。共源共栅 GaN 晶体管由低压 MOSFET 打开和关断，因此，标准栅极驱动电路可用于控制此晶体管。然而，D – mode GaN 晶体管阻断了电压。当 MOSFET 处于关断状态时，GaN 晶体管可通过 MOSFET 的体二极管流过反向电流，而从漏极到源极的正向泄漏电流可导致 D – mode GaN 晶体管的栅极 – 源极之间产生较大的负电压以阻断电压。E – mode GaN 晶体管没有体二极管，但本质上是双向器件（见图 1-10b）。E – mode GaN 晶体管的主要问题是其低阈值电压。低阈值电压使得栅极驱动电路控制晶体管的设计裕度很小。请注意，低阈值电压晶体管对栅 – 源端的感应电压尖峰非常敏感，容易出现误动作。

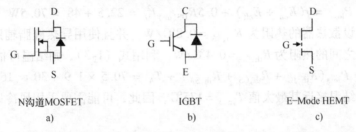

N沟道MOSFET   IGBT   E–Mode HEMT
a)   b)   c)

图 1-9   固态开关的电路符号（从左到右），Si 或 SiC MOSFET、IGBT、GaN 晶体管

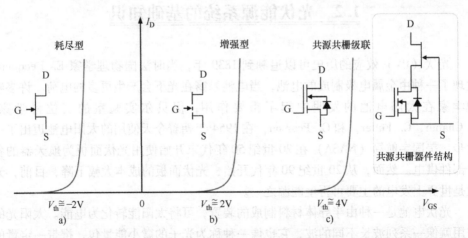

图 1-10   耗尽型 a)、增强型 b) 和共源共栅 c) GaN 晶体管的漏电流与栅源电压的关系

为确保固态开关的正常使用寿命，开关管的结温 T_J 必须始终保持在其最大值以下。因此，选择合适的散热冷却技术是设计阶段需要考虑的关键问题之一。每个固态开关的热特性参考为内部最高结温度 T_{Jmax} 和结壳热阻抗 $Z_{th,JC}$。工程师必须选

择合适的散热片和冷却系统,对于给定的 $R_{th,JC}$、环境温度 T_A 和功率损耗 P_{loss} 下满足 $T_J < T_{Jmax}$。

$$T_J - T_A = P_{loss} Z_{th} \tag{1-3}$$

式中,Z_{th} 是开关管结芯和环境温度之间的等效热阻。如果只需要稳态热分析,则可用式(1-3)中的热阻 R_{th} 代替 Z_{th}。

例1.2

电路中的 SiC – MOSFET 的参数为 60V、50A,最高结温为 $T_{Jmax} = 175℃$,在该电路中,MOSFET 的工作频率为 50kHz,占空比为 50%,电路中的电压电流为 40A、500V。如果 MOSFET 的导通电阻为 $R_{DS(on)} = 60mΩ$,结壳热阻为 $R_{th,JC} = 0.7℃/W$,并且在通断状态下的开关能量损耗分别为 $E_{on} = 350μJ$,$E_{off} = 100μJ$,当电路在 $T_A = 30℃$ 的环境温度下工作时,检查 MOSFET 是否存在热应力过大?

在该电路中,MOSFET 中的功耗可计算为

$$P_{loss} = f(E_{on} + E_{off}) + 0.5 R_{DS(on)} I_D^2 = 22.5 + 48 = 70.5W \tag{1-4}$$

如果假设散热器的热阻为 $R_{th,SA} = 0.8℃/W$,并且使用导热硅脂辅助散热,外壳和散热器之间的热阻为 $R_{th,CS} = 0.4℃/W$,利用式(1-3),则结温可估算为

$$T_J = P_{loss}(R_{th,JC} + R_{th,CS} + R_{th,SA}) + T_A = 70.5 × 1.9 + 30 ≈ 164℃ \tag{1-5}$$

估计的结温接近其最大值 $T_{Jmax} = 175℃$,因此,可能需要采用风冷以提供更大的热裕度。

1.2 光伏能源系统的基础知识

光伏(PV)效应的历史可以追溯到 1839 年,当时法国物理学家 E. Becquerel 发现了一种由金属电极制成的电池,当电池暴露在光下会产生更多的电荷。许多物理学家在太阳电池的发明中起了重要作用,但贝尔实验室的三位科学家,D. Chapin, C. Fuller, 和 G. Pearson,在 1954 年朝着今天使用的太阳电池迈出了一大步。美国宇航局(NASA)在 20 世纪 50 年代末开始使用光伏面板为航天器的各个部件供电。然而,从 20 世纪 90 年代开始,光伏面板的成本大幅下降,目前,光伏是世界上发电的主要可再生能源之一。

光伏电池是一种由半导体材料制成的装置,可将太阳能转化为电能。太阳光的作用就像一系列波长不同的波,它也像一种称为光子的微小能量包,携带一定量的能量,但没有质量。当这些能量包到达光伏电池时,它们释放出半导体材料中的一些电子。一个光子的能量可以表示为

$$E_{ph} = \frac{hc}{\lambda} \tag{1-6}$$

式中,c 是光速($3 × 10^8$ m/s);λ 是波长,单位为 m;h 是普朗克常数(6.625 ×

10^{-34}J·s)。基本光伏电池具有与硅二极管类似的 p-n 结结构。如前所述，硅的带隙能量为 1.12eV，因此，能量大于 Si 带隙能量的光子，即 $E_{ph} > E_g = 1.12$eV，可以产生电子-空穴对，即

$$\lambda < \frac{hc}{E_g} = \frac{6.625 \times 10^{-34} \times 3 \times 10^8}{1.12 \times (1.6 \times 10^{-19})} \approx 1.11 \mu m \qquad (1-7)$$

这意味着波长大于 1.11μm 的光子不能产生电子-空穴对。此外，如图 1-11 所示，波长小于 1.11μm 且能量大于 1.12eV 的光子的能量也以热的形式在光伏电池中被消耗掉，并且不能产生电子-空穴对。

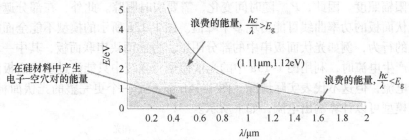

图 1-11 光子能量（eV）与光子波长（μm）的关系

太阳辐射产生的光子到达光伏面板时有超过 50% 的能量无法发电。地球大气层外的平均辐射通量约为 1.367kW/m²，被称为太阳常数或地外太阳辐射。当太阳辐射穿过大气层时，光谱在到达地球表面时会明显失真。辐射通量也是太阳光线在大气中到达地面上某个点（如光伏电池）的路径的函数。太阳光谱通常由空气质量比 AM 表示，其中 AM=1.5 对应于参考地平线 42° 的太阳角。从图 1-12 中可以计算出超过 20% 的太阳辐照度的波长超过 1.11μm，硅材料在阳光的照射下，不能使得任何电子从价带激发跳到导带。此外，波长较短的 1.11μm 的光谱中超过 30% 的能量被浪费，因为这些光子有比 $E_g = 1.12$eV 更高的能量。

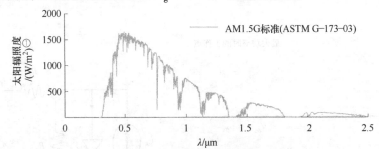

图 1-12 太阳辐照度（W/m²）⊖与光子波长（μm）的关系

基本光伏电池结构包含重掺杂的 n 型顶层和轻掺杂的 p 型底层，如图 1-13b 所示。当 p-n 结暴露在阳光下，光子被吸收时，会产生更多的电子-空穴对。耗尽区附近的空穴被向下推入 p 层，电子被耗尽区的电场向上推入 n 层。这可以由表示

⊖⊖此处原书有误。——译者著

吸收光子的电流源与表示 p-n 结的二极管并联来建模（见图 1-13a）。如果该 p-n 结的顶层和底层通过电触点和电阻负载短路，则电子通过外部电路从 n 层流入 p 层。因此有，$i_{pv} = I_{sc} - I_d$，利用式（1-1），输出电流可以表示为

$$i_{pv} = I_{sc} - I_s(e^{(q/kT)V_d} - 1) \tag{1-8}$$

式中，I_{sc} 是短路电流，取决于光伏电池的有效面积、光强度（光子数）及其吸收和收集特性。然后可以绘制光伏电池的 $i-v$ 曲线，如图 1-14 所示。光伏面板由光伏电池并联、串联而成，光伏阵列由光伏面板并联、串联而成，以实现具有更高短路电流和开路电压值的 $i-v$ 特性。$i-v$ 曲线中的最大可用功率 P_{max} 取决于电池温度和太阳辐照度。因此，P_{max} 随时间变化，需要实时跟踪。此外，在部分遮光条件下，光伏面板的功率曲线可能出现多个峰值。图 1-13a 所示的模型不能全面描述光伏面板的行为，例如光伏面板串中的部分阴影。考虑两块串联面板，其中一块被遮光且不产生电流时，利用图 1-13a 中的光伏模型，系统中只能流过遮光面板的小反向饱和电流，但这不代表实际情况。图 1-14b 显示了一个更完整的光伏面板模型，根据该模型可以计算输出电流，如下所示。

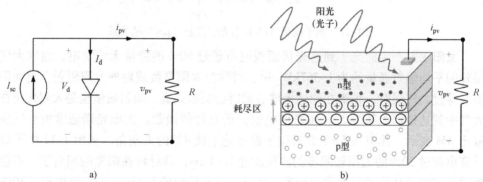

图 1-13　光伏电池等效电路 a）和光伏电池的 p-n 结简单示意图 b）

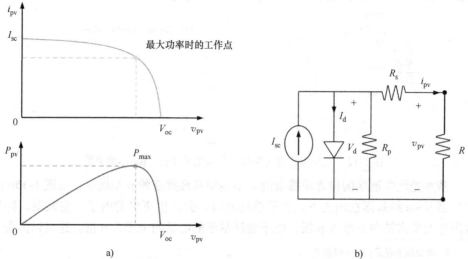

图 1-14　光伏面板或电池的 $i-v$ 和功率曲线 a），以及更完整的等效电路 b）

$$i_{pv} = I_{sc} - I_s (e^{(q/kT) V_d} - 1) - \frac{V_d}{R_p} \qquad (1\text{-}9)$$

式中，$V_d = v_{pv} + R_s i_{pv}$，$R_p$ 是等效并联电阻，通常应大于 V_{oc}/I_{sc} 的 100 倍。

例 1.3

光伏面板由 40 个相同的光伏电池串联而成。如果每个电池在 25℃ 下的反向饱和电流为 0.5nA，短路电流为 4A，开路电压为 0.52V，每个电池的并联电阻为 10Ω，串联电阻为 0.002Ω，光伏面板给 5Ω 的电阻负载供电，计算其输出功率。

在 25℃ 时，$q/kT = 38.9$。如果等效电路中的二极管正向偏置，则每个单元的输出电流可以根据如下公式计算得到

$$i_{pv} = 4 - (0.5 \times 10^{-9}) (e^{38.9 \times (v_{pv} + 0.002 i_{pv})} - 1) - \frac{(v_{pv} + 0.002 i_{pv})}{10} \quad (1\text{-}10)$$

每个电池的电压为 $v_{pv} = (1/40) \times 5 i_{pv} = 0.125 i_{pv}$。需要求解非线性方程组，可以使用任何数学解算器，例如 MATLAB 中的 "fsolve" 命令。求解这两个方程得到 $i_{pv} = 3.8568$A、$v_{pv} = 0.4821$V 和 $v_d = 0.4898$V。因此，输出电压为 $v_{pv} \times 40 = 19.284$V，其中光伏面板开路电压为 $v_{oc} = n v_{oc(cell)} = 40 \times 0.52 = 20.8$V。因此，光伏面板的输出功率为 $P_{out} = 19.284 \times 3.8568 = 74.4$W。

例 1.4

考虑前一个例子中的光伏电池，当其中四个电池被遮蔽时，光伏面板的容量显著下降。为了解决这个问题，光伏面板制造商可以在每个电池或一组电池上安装旁路二极管。如果每个旁路二极管上的正向导通压降为 0.6V，光伏电池给一个 12V 电池充电，内阻为 0.04Ω，计算输送到电池上的功率。

每个正常工作光伏电池的输出电流可以根据以下公式计算

$$i_{pv} = 4 - (0.5 \times 10^{-9}) \times (e^{38.9 \times (v_{pv} + 0.002 i_{pv})} - 1) - \frac{(v_{pv} + 0.002 i_{pv})}{10}$$

$$(1\text{-}11)$$

通过 $v_{pv} = (12 + 0.04 i_{pv} + 4 \times 0.6)/36$ 获得每个正常电池的电压。求解这两个方程得到 $i_{pv} = 3.9542$A 和 $v_{pv} = 0.4044$V，因此，充电功率为 $P_c = 12 \times 3.9542 = 47.45$W，而输送至电池的功率为 48.07W。

为每个电池安装旁路二极管是不切实际的，因此，旁路二极管通常用于光伏面板内的一组电池或光伏面板阵列中的每个电池板。通常，光伏面板产生的直流电通过 DC-DC 变换器和 DC-AC 变换器连接到交流负载或电网，如图 1-15 所示。并网光伏能量转换系统的主要任务是提取最大可利用的太阳能并将其传输到电网，尽管气候环境不断变化，如温度和太阳辐照度等变化。DC-DC 变换器需要能够跟踪最大可用功率，DC-AC 变换器用于调节直流母线电压，以避免两个变换器之间的直流母线电压的骤降或骤升。现今有多种最大功率点跟踪（MPPT）技术，然而最常见的 MPPT 技术被称为扰动观测（P&O）和增量电导（INC）法。

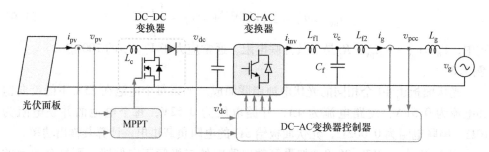

图 1-15　单相光伏能源转换系统示意图

1.3　风电系统的基础知识

风车用于碾磨谷物和抽水的历史可以追溯到公元前 500 至 900 年的波斯。1891 年丹麦科学家 P. Cour 建造了第一台风力发电机。如今，风电是世界上用于发电的主要可再生能源之一。与化石燃料能源相比，相对而言风能为世界提供了干净的环境效益。

风能系统根据发电机类型（异步或同步）、风轮轴线（垂直或水平）和安装位置（海上或陆上）进行分类。大多数风力发电机是水平轴，有三个叶片，但也有一些叶片绕垂直轴旋转。风能转换系统的主要部件是叶片、风塔、转子轮毂、齿轮箱、发电机和背靠背功率变换器。风力发电机也可以根据其安装位置进行分类，陆上风力发电机位于陆地上，而海上风力发电机在开阔水域（通常是海洋）中发电。海上风力发电机会面临更大的风速，其投资和维护成本高于陆上风力发电机。然而，陆上风力发电机比海上风力发电机存在更多的环境限制。

大多数风电系统为变速系统设计，以获得比定速发电机更多的能量。在定速风电系统中，笼型异步（也称为笼型感应）发电机用作机械部件和电路（电网或本地负载）之间的接口。风力发电机中叶片的旋转速度非常低，例如，在 5MW 风力发电机中，旋转速度小于 12r/min。异步发电机的转子速度必须略高于同步速度，例如，对于连接到 60Hz 电网的 12 极发电机，同步速度为 $n_{syn} = (2/12) \times (60 \times 60) = 600r/min$。因此，需要很多磁极和多级齿轮箱将随叶片旋转的低速轴连接到高速电机轴上。在固定速度的风电系统中，最大可用风能无法通过电气方式跟踪，发电机端的无功功率也无法控制。背靠背变流器可用作永磁同步发电机（PMSG）和电网之间的可控接口，如图 1-16 所示。在此结构中，产生的交流电压由 AC-DC 变换器（有源整流器）整流，然后由 DC-AC 变换器（逆变器）逆变关回到交流电网。在这个过程中，可以连接两个不同频率的交流电路，同时控制功率流，也可以省去齿轮箱，但可能仍然需要很多的磁极。有源整流器通常跟踪最大可用风电功率，而逆变器调节直流母线电压和需要注入电网的无功功率。

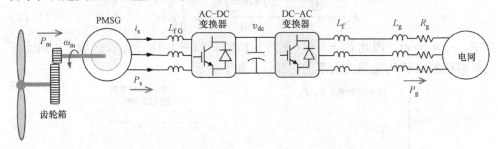

图 1-16　基于永磁同步发电机（PMSG）的风力发电机示意图

在变速风力发电机中，也可以采用双馈感应发电机（DFIG），如图 1-17 所示。在基于 DFIG 的风力发电机中，大约 30% 的发电功率通过转子电路和背靠背变流器传输，而其余的发电功率通过定子直接注入电网。由于定子直接连接到电网，因此需要一个多级齿轮箱将叶片的转速转换为更高的转速，该转速与选定极数的定子端处的电压频率相匹配。DFIG 风力发电机中的变流器比 PMSG 风力发电机中的变流器小。在基于 DFIG 的风力发电机中，可以通过调节转子功率 P_r 来控制发电机电磁转矩，从而获取最大可用风力功率。

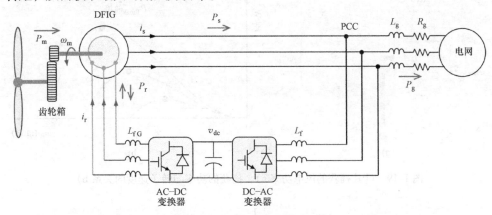

图 1-17　基于双馈感应发电机（DFIG）的风力发电机示意图

风力发电机的运行区域通常基于风速 v_ω 进行定义，如图 1-18 所示。在区域 1 中，风速低于最低水平 $v_{\text{cut-in}}$，因此没有功率捕获。在区域 2 中，风速高于切入速度，捕获功率低于达到风力发电机标称功率时的风速。在区域 2 中，控制转子速度以捕获风速变化时的最大可用功率。在此区域中，叶片变桨角度通常保持不变。在区域 3 中，调节叶片俯仰角以保持捕获功率在额定功率 $P_{\text{T,max}}$。为了参数化表示出风电功率，考虑空气量 A（dx）（见图 1-19），质量为 $m=\rho(A\text{d}x)$，其中 ρ 为空气密度（15℃时为 1.225kg/m³）。功率是动能相对于时间的变化量，dt，也即

$$P_{\mathrm{w}} = \frac{\mathrm{d}E_{\mathrm{w}}}{\mathrm{d}t} = \frac{\frac{1}{2}\rho(A\mathrm{d}x)v_{\mathrm{w}}^2}{\mathrm{d}t} = \frac{1}{2}\rho A v_{\mathrm{w}}^3 \qquad (1\text{-}12)$$

式中，$v_{\mathrm{w}} = \mathrm{d}x/\mathrm{d}t$，因此 $P_{\mathrm{T}} = kv_{\mathrm{w}}^3$（见图 1-19b）。如图 1-18 所示，区域 2 中风力发电机捕获的功率 P_{T} 是风力功率的一部分，如下所示。

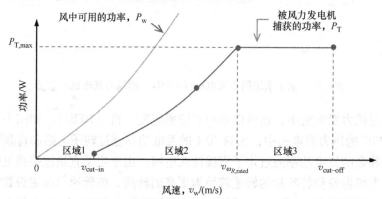

图 1-18　根据风速计算的可用风电功率和风力发电机捕获的功率

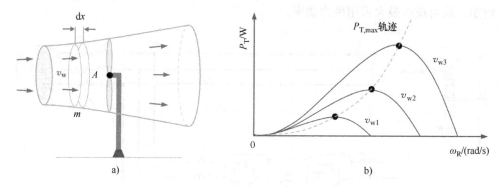

图 1-19　叶片捕获的风电功率 a)，捕获的功率与转子速度的关系 b)

$$P_{\mathrm{T}} = \frac{1}{2}C_{\mathrm{p}}\rho A v_{\mathrm{w}}^3 \qquad (1\text{-}13)$$

式中，C_{p} 是功率捕获系数（或性能系数）。该系数是叶片俯仰角 β，单位为（rad）和叶尖速比（TSR：$\lambda = \omega_{\mathrm{R}}R/v_{\mathrm{w}}$，其中 ω_{R} 是转子速度，单位为 rad/s，R 是叶片半径，单位为 m）的函数。通常，用 TSR 来描述风力发电机的效率。对于更高的 TSR、C_{p}，叶片捕获的风力增加。然而，根据贝茨（Betz）定律，$C_{\mathrm{p,max}} = 16/27$（或 59%），这是风力发电机中可将风能转换为机械能的最高百分比。贝茨定律最早由德国物理学家 A. Betz 于 1919 年提出。

使用叶尖速比 $\lambda = \omega_{\mathrm{R}}R/v_{\mathrm{w}}$，可以根据转子速度写出机械（空气动力）转矩，即 $T_{\mathrm{m}} = P_{\mathrm{T}}/\omega_{\mathrm{R}}$。可以证明，机械转矩与转子速度的二次方成正比。因此，可以通

过控制风力发电机的电磁转矩来调节转子转速，以跟踪最大可用功率。除风力发电机空气动力学方程外，与发电机耦合的风力发电机的运动方程（指低速轴）可写成

$$J \frac{d\omega_R}{dt} + D\omega_R = T_m - T'_e \qquad (1\text{-}14)$$

式中，ω_R 是低速轴的角速度；J 是叶片和传动系统的等效集总质量惯性矩；D 是传动系统的摩擦系数；T'_e 是指参考低速轴时发电机提供的电磁转矩；T_m 是机械（空气动力）转矩。发电机侧的 AC – DC 变换器控制 T'_e，以调整 ω_R，使得发电机在区域 2 运行时跟踪最大功率。

例 1.5

水平三叶片风力发电机以 12m/s 的风速向电网注入 850kW 的功率。如果每个叶片的长度为 30m，低速轴以 20r/min 的转速旋转，计算 TSR 和整个风力发电机的效率。如果 $C_p = 0.4$，齿轮箱效率为 92%，背靠背变流器效率为 96%，计算图 1-16 中发电机的效率。

TSR 可计算为

$$\lambda = \frac{\omega_R R}{v_w} = \frac{2\pi \times (20/60) \times 30}{12} = 5.236 \qquad (1\text{-}15)$$

这意味着每个叶片的叶尖以 62.8m/s 的速度移动，即 226km/h 或 140mile/h。总效率由以下公式得出

$$\eta_T = \frac{P_g}{P_w} = \frac{850 \times 10^3}{\frac{1}{2} \times 1.225 \times \pi \times 30^2 \times 12^3} = 0.284 = 28.4\% \qquad (1\text{-}16)$$

对于图 1-16 中所示的风电系统，可以写出 $\eta_T = \eta_B \eta_{GB} \eta_G \eta_C$，得到 $\eta_G = 0.284/(0.4 \times 0.92 \times 0.96) = 0.8 = 80\%$。

例 1.6

图 1-20 所示为一个三叶片、750kW、叶片长度为 20m 的风力发电机，一年（8760h）的风速统计数据。计算该位置的平均速度和可用功率的平均值。

利用图 1-20 中给出的数据，平均风速可通过以下公式近似计算

$$v_{w,avg} = \frac{\sum \bar{v}_{wk} H_k}{\sum H_k} = \frac{65820}{8760} = 7.5\text{m/s} \qquad (1\text{-}17)$$

式中，H_k 为风速在特定范围内的每年小时数（见图 1-20）。一年内的平均可用功率密度也可计算为

$$P_{wd,avg} = \frac{1}{2}\rho \frac{\sum (\bar{v}_{wk})^3 H_k}{\sum H_k} = \frac{1}{2} \times 1.225 \times \frac{6598125}{8760} = 461.3\text{W/m}^2 \qquad (1\text{-}18)$$

因此，该发电机一年内的平均可用功率由以下公式得出

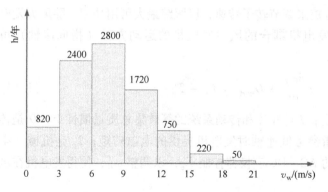

图 1-20　一年（8760h）风速 v_w 的统计数据

$$P_\text{w,avg} = P_\text{wd,avg}A = 461.3 \times \pi \times 20^2 \approx 580\text{kW} \tag{1-19}$$

显然，不能将平均风速代入式（1-12）来计算 $P_\text{w,avg}$。

风力发电机塔架的高度和位置对有效风速和可用风力有重要影响。例如，如果 10m 高度和光滑硬地面的可用功率密度为 300W/m^2，而 40m 高度的可用功率密度为 450W/m^2。在有树木和灌木的小镇附近，如果 10m 高度处的可用功率密度为 100W/m^2，则 40m 高度处的可用功率密度为 350W/m^2。当叶片完成一圈时，高度对风速的影响会在叶片上产生不均匀的力，从而导致叶片疲劳和系统故障。

1.4　电机驱动的基础知识

电机是机电系统的重要组成部分，广泛应用于许多恒速和变速应用场合，占到用电量的 60% 以上。大多数变速电机由固态功率变换器励磁。对于直流电机，由 DC-DC 变换器级联的可控整流器或二极管整流器用于控制电机的机械速度或转矩。对于交流电机，使用二极管整流器或与逆变器级联的有源整流器来控制电机（见图 1-21）。这些级联变换器为电机供电时称为直流或交流驱动器。交流电机，特别是感应电机和永磁同步电机，相比直流电机有许多优点。因此，它们在大多数可调速和位置控制应用中越来越有吸引力，例如电动汽车和机器人的动力系统。感应电机可在恶劣和爆炸性环境下工作，例如石油工业，与直流电机和永磁电机（PM）相比，感应电机具有更低的投资和维护成本。永磁电机具有更高的投资和维护成本，但在相同尺寸下能产生更高的稳态和瞬态转矩。第三种吸引人的电机是开关磁阻电机（SRM），它具有较宽的速度范围和较低的转子惯性。有关交流电机的更多详细信息请见第 4 章。

在交流电机中，旋转磁场可以通过输入电压的频率来控制。在一个 p 极交流电机中，旋转磁场的速度通常称为同步速度，定义为

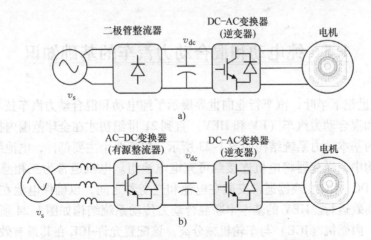

图 1-21　传统的非可再生 a) 和可再生 b) 交流电机驱动器

$$n_s = \frac{120f}{p} \tag{1-20}$$

式中，f 是逆变器输出电压的频率；n_s 是以 r/min 为单位的同步速度。在永磁（同步）电机中，机械速度跟随同步速度，而在感应（异步）电机中，旋转速度则略低于旋转磁场速度（存在转差），因此在感应电机中，当转差随着机械负载的增加而增加时，其速度略低于 n_s。电机驱动系统中的逆变器类型可以是电压源或电流源。电压源逆变器（VSI）是最常见的逆变器类型，当然也可以使用反馈控制采用电流源逆变器。对于紧凑型和高功率密度应用，PM 电机是合适的选择，但通常需要由再生电机驱动运行（见图 1-21b）。

图 1-22 显示了采用闭环控制方案控制感应电机转子速度的基本电机驱动系统。在该速度控制器中，输出电压幅值和频率按比例调整，以保持气隙磁通恒定，利用 PWM 逆变器控制电机端电压的频率来调整转子速度。磁通量保持恒定，以避免电机磁路出现非线性。有关交流电机控制的更多详细信息，请见第 11 章。

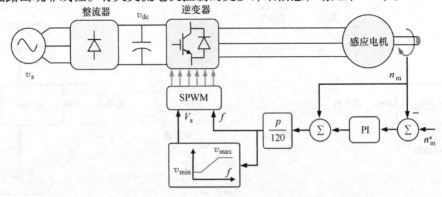

图 1-22　用于调节感应电机转子速度的基本闭环驱动器

1.5　纯电动和混合动力汽车的基础知识

在 20 世纪下半叶，汽车行业向世界展示了纯电动和混合动力汽车技术的前景，但纯电动和混合动力汽车（EV 和 HEV）直到 21 世纪初才在全球范围内投放市场。电动汽车的基本动力系统结构如图 1-23 所示，包括两个主要部件，电池组和电机。在这种结构中，逆变器将电机连接到可充电电池组。电机通常为三相感应电机或 PM 电机。DC – DC 变换器通常安装在电池和逆变器之间，以确保电池在各种工作条件下的高效运行。HEV 的基本串联混合动力传动系统结构如图 1-24 所示。在这种结构中，内燃机（ICE）与车轮机械分离。该配置允许 ICE 在其最有效的速度和转矩区域内运行。需要发电机和整流器将 ICE 的输出机械功率转换为直流功率（见图 1-24）。这种多级结构会降低 HEV 的整体效率。其他类型的 HEV 包括并联混合动力传动系统、串并联或功率分流混合动力传动系统，它们结合了串联和并联

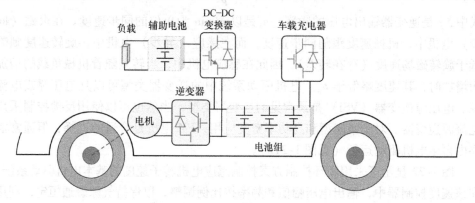

图 1-23　带车载充电器的纯电动汽车的基本电气部件和动力传动系统结构

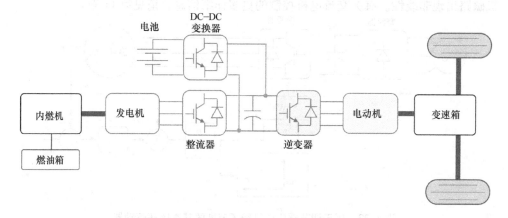

图 1-24　混合动力电动汽车的基本动力传动系统结构

结构的特点。在并联结构中，可以省除串联混合中的发电机和整流器，但机械耦合变得至关重要，这会使动力传动系统受到振动。半导体技术的进步，例如 SiC - MOSFET，也提供了显著的优势，如更高的开关频率、更高的工作温度和更低的开关损耗，从而提高了纯电动汽车和混合动力汽车的功率密度和效率。

纯电动汽车的主要能源是可充电电池组。在纯电动汽车中，电池组是传统 ICE 车辆燃油箱的替代品，而电池组是混合动力汽车的补充能源。在纯电动汽车和混合动力汽车中，需要一个电池管理系统来监测和控制电池状态，以确保安全运行。具体而言，电池管理系统估计两个电池特性，即电池荷电状态（SOC）和电池健康状态（SOH）。电池的 SOH 被定义为

$$\text{SOH} = \frac{Q_{b,full}}{Q_n} \tag{1-21}$$

式中，$Q_{b,full}$ 是完全充电的电池组的容量，单位为 Ah；Q_n 是电池组在使用寿命开始时的标称（额定）容量（BOL）。电池组的 SOC 定义为

$$\text{SOC}(t) = \frac{Q_b(t)}{Q_n} = \frac{Q_n - Q_{dis}(t)}{Q_n} \tag{1-22}$$

式中，$Q_b(t)$ 是电池组当前的容量，单位为 Ah；$Q_{dis}(t)$ 是放电容量。因此，$Q_n - Q_{dis}(t)$ 是电池的剩余容量。基本上，电池组的 SOC 相当于 ICE 车辆的燃油表。电池组中的电量可计算为

$$Q_b(t) = Q_b(t_0) + \int_{t_0}^{t} i_b \mathrm{d}t \tag{1-23}$$

式中，i_b 是充电电流；$Q_b(t_0)$ 是电池组的初始容量。准确估计 SOC 可提高电池性能并确保更长的电池寿命。SOC 指标无法直接测量，因此需要实时估计。SOC 估算是纯电动汽车和混合动力汽车电池管理系统的主要任务之一。电池开路电压相对于 SOC 的平坦特性使得准确估计 SOC 指标成为一项技术挑战。

例 1.7

350V、52.5kWh 锂离子电池组充满电为负载供电，负载产生的电流波形如图 1-25b 所示。如果 $|I_{max}| = 50A$，确定 2h 后电池的 SOC。

如图 1-25a 所示，如果以更高的电流速率对电池放电，电压下降得更快。在本例中，完全充电电池的初始容量为 $Q_b(t_0) = 52500/350 = 150Ah$。利用式（1-23），可以写出

$$Q_b(t) = 150 - \frac{50}{2} \times 0.01 - \frac{50 + 20}{2} \times 0.02 - 20 \times 1.97 = 109.7Ah \tag{1-24}$$

因此，放电周期结束时的 SOC 可通过以下公式获得

$$\text{SOC}(t) = \frac{Q_b}{Q_n} = \frac{109.7}{150} = 0.73 = 73\% \tag{1-25}$$

其中，容量的放电为 $Q_{dis} = Q_n - Q_b = 40.3Ah$。根据放电电流的水平，电池电

压随着 Q_{dis} 的增加而下降（见图1-25a）。

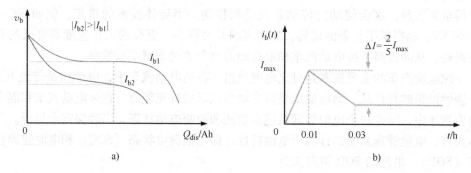

图1-25　不同放电电流水平下的电池电压曲线与 Q_{dis} a）和放电电流曲线 b）

1.6 习　题

1.1　650V、50A 的二极管中，175℃（448.15K）时的反向饱和电流为5.3A，计算通过30A时的二极管的正向导通压降。

1.2　650V、40A 的 SiC 肖特基二极管中，175℃（448.15K）时的反向饱和电流为4.7A，计算电流大小，确定是否有可能在二极管上获得0.6V 的正向导通压降。

1.3　SiC – MOSFET 的参数为，最大结温为 $T_{Jmax} = 200℃$，650V、50A，开关频率为10kHz，占空比为50%，流过的电压为30A，两端的电压为450V。如果 MOSFET 的导通电阻为 $R_{DS(on)} = 50mΩ$，结壳热阻为 $R_{th,JC} = 0.5℃/W$，在环境温度为 $T_A = 25℃$ 时，该电路的开通和关断能量损耗为 $E_{on} = 300μJ$ 和 $E_{off} = 100μJ$，检查 MOSFET 是否热应力过大。

1.4　SiC – MOSFET 的参数为，最大结温为 $T_{Jmax} = 187℃$，650V、50A，占空比为50%，流过的电流为32A，两端的电压为480V。如果 MOSFET 的导通电阻为 $R_{DS(on)} = 48mΩ$，结壳热阻为 $R_{th,JC} = 0.5℃/W$，在环境温度为 $T_A = 25℃$ 时，该电路的开通和关断能量损耗为 $E_{on} = 312μJ$ 和 $E_{off} = 120μJ$，计算 MOSFET 的最大开关频率。

1.5　光伏面板由50个相同的光伏电池串联而成，短路电流为6.5A，开路电压为25.2V，如果电池板的反向饱和电流为20nA，在25℃时，最大可用输出功率为 $P_{out} = 116.4W$ 且电压为 $v_{pv} = 21.85V$，计算光伏面板实现最大功率传输的负载电阻，以及光伏面板 p – n 结电压 v_d。

1.6　光伏面板由100个相同的光伏电池串联而成。每个电池在25℃时的反向饱和电流为0.4nA，短路电流为4A，开路电压为0.65V，如果每个电池的并联电阻为10Ω，串联电阻为2.5mΩ，光伏面板为10Ω 负载供电，计算输出功率。

1.7　光伏面板由60个相同的光伏电池串联而成。每个电池在25℃时具有反向饱和电流1nA，短路电流为5.2A，开路电压为0.64V，如果每个电池的并联电阻为10Ω，串联电阻为2.5mΩ，光伏面板为10Ω 负载供电，计算输出功率。另外，计算当串联电池单元数增加到72个时的输出功率。

1.8　光伏面板由100个相同的光伏电池串联而成。每个电池在25℃时具有反向饱和电流

0.4nA，短路电流为4A，开路电压为0.65V。考虑到10个电池被完全遮蔽。为了解决该问题，如果制造商在每个电池上安装一个旁路二极管，并且每个二极管上的压降为0.7V，计算给内阻为0.05Ω的24V电池充电的功率。

1.9 光伏面板由60个相同的光伏电池串联而成。每个电池在25℃时具有反向饱和电流2.4nA，短路电流为5.2A，开路电压为0.62V。考虑到10个电池完全被遮蔽。为了解决该问题，如果制造商在每个电池上安装一个旁路二极管，并且每个二极管上的压降为0.7V，计算给内阻为0.03Ω的24V电池充电的功率。当20个电池被遮盖时，重新计算输送到电池的功率。

1.10 水平三叶片风力发电机以15m/s的风速向电网注入1MW功率。如果每个叶片的长度为30m，且低速轴以30r/min的转速旋转，计算TSR和整个风力发电机的效率。考虑 $C_p = 0.4$，齿轮箱效率为92%，背靠背变换器效率为95%。

1.11 水平三叶片风力发电机以15m/s的风速向电网注入1MW功率。如果每个叶片的长度为40m，且低速轴以30r/min的转速旋转，计算TSR和整个风力发电机的效率。考虑 $C_p = 0.4$，齿轮箱效率为92%，背靠背变换器效率为95%。并与每个叶片的长度为30m时的结果进行比较。

1.12 叶片长度为15m的三叶片500kW风力发电机安装于某地，图1-20为此地的一年风速统计数据。计算该位置的平均速度和可用风力的平均值。

1.13 叶片长度为25m的三叶片500kW风力发电机安装于某地，图1-20为此地的一年风速统计数据。计算该位置的平均速度和可用风力的平均值。

1.14 控制叶片长度为22m的三叶片风力发电机，以获取风的最大可用功率。风轮的性能系数 C_p 与叶尖速比 λ 如图P1-1所示。如果风速为10m/s，估计转子速度和发电机输出功率。

1.15 在表P1-1中提供了一年某地的风速统计数据，在此处安装了一台叶片长度为14m的三叶片100kW风力发电机。计算平均可用风力发电量和年估计发电量。

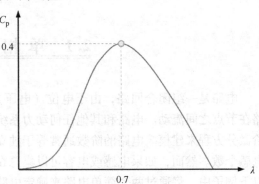

图 P1-1　性能系数 C_p 与叶尖速比 λ

表 P1-1　风速及年持续时间

风速/(m/s)	h/年
2	1912
4	2530
6	2100
8	1471
10	747

1.16 一个锂离子电池组300V、50kWh，充满电后为负载供电，该负载以指数形式吸收电流，初始值为零，最终值为20A，时间常数为0.01h，确定1h后电池的荷电状态（SOC）。

第 2 章

电路的基本概念

本章将简要回顾能源转换系统中单相和三相电路的基本概念。通过一些例子说明了线性、非线性和开关电路之间的区别。通过求解线性电路，也将回顾矢量变换和拉普拉斯变换。许多电路和系统的动态行为可以用二阶微分方程进行简化，因此，本章将研究二阶系统的动态响应。接下来将介绍固态开关（如 IGBT 和 MOS-FET）的开关损耗计算，推导开关电路中电感伏秒平衡和电容安秒平衡原理。本章将回顾 abc 坐标系、空间矢量和 $dq0$ 坐标系下的三相系统。最后，通过一些例子了解单相和三相电路的有功功率和无功功率。

2.1　单相电路

电路是一组闭合回路，由于电位（电压）差，电荷（电流）可以通过这些回路在节点之间流动。电路和其他任何动力系统一样，可以用一组微分方程或一个 n 阶微分方程来建模。电路的阶数通常等于独立储能元件的数量，即电路中的电容和电感个数。然而，如果电感或电容可以集总在一起，则只能算作一个储能元件。在以下例子中，将通过两个简单电路来确定电路的阶数。

例 2.1

确定图 2-1a 中电路动态行为的微分方程，以及电路的阶数。

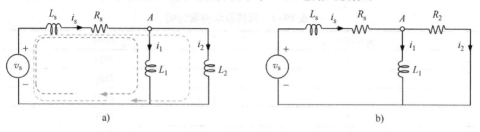

a)　　　　　　　　　　　　　　b)

图 2-1　带有三个储能元件 a）和两个储能元件 b）的两个电路

在图 2-1a 中存在三个电感，这意味着电路的阶数可能是三个或更少。为了确定电路的阶数，必须写出回路电压和节点电流方程。基尔霍夫电流定律（KCL）定义，流入节点的电流必须等于流出节点的电流，根据基尔霍夫电压定律（KVL）定义，电路中任何闭环路径的所有电压之和必须等于零。对于图 2-1a 中的回路，可以列出以下方程式

$$L_s \frac{di_s}{dt} + R_s i_s + L_1 \frac{di_1}{dt} = v_s \tag{2-1}$$

$$L_s \frac{di_s}{dt} + R_s i_s + L_2 \frac{di_2}{dt} = v_s \tag{2-2}$$

将 KCL 用于节点 A，即 $i_s = i_1 + i_2$，并考虑支路并联，即 $L_1 i_1 = L_2 i_2$，可按如下方式写出

$$\begin{cases} L_1 i_1 = L_2 i_s - L_2 i_1 \\ L_2 i_2 = L_1 i_s - L_1 i_2 \end{cases} \Rightarrow \begin{cases} i_1 = \dfrac{L_2}{L_1 + L_2} i_s \\ i_2 = \dfrac{L_1}{L_1 + L_2} i_s \end{cases} \tag{2-3}$$

利用式（2-1）或式（2-2）并将式（2-3）中的 i_1 或 i_2 替换为以下一阶微分方程。

$$\left(L_s + \frac{L_1 L_2}{L_1 + L_2}\right)\frac{di_s}{dt} + R_s i_s = v_s \tag{2-4}$$

请注意，式（2-4）中微分方程的阶数为 1，表示了储能元件可以合并。

例 2.2

确定图 2-1b 中电路动态行为的微分方程，以及电路的阶数。

在图 2-1 中，对并联电路使用 KVL 得到

$$L_1 \frac{di_1}{dt} = R_2 i_2 \tag{2-5}$$

在图 2-1 的节点 A 处采用 KCL，即 $i_s = i_1 + i_2$，式（2-5）可重写为

$$L_1 \frac{di_s}{dt} = L_1 \frac{di_2}{dt} + R_2 i_2 \tag{2-6}$$

对外环使用 KVL，写得

$$L_s \frac{di_s}{dt} + R_s i_s + R_2 i_2 = v_s \tag{2-7}$$

对式（2-7）求导，然后乘以 L_1/R_2，得到

$$\frac{L_s L_1}{R_2} \frac{d^2 i_s}{dt^2} + \frac{R_s L_1}{R_2} \frac{di_s}{dt} + L_1 \frac{di_2}{dt} = \frac{L_1}{R_2} \frac{dv_s}{dt} \tag{2-8}$$

联合式（2-6）、式（2-7）和式（2-8），求解 $L_1(di_2/dt)$ 将得到

$$L_s L_1 \frac{d^2 i_s}{dt^2} + (R_s L_1 + R_2 L_1 + R_2 L_s)\frac{di_s}{dt} + R_2 R_s i_s = L_1 \frac{dv_s}{dt} + R_2 v_s \tag{2-9}$$

在此例中，储能元件数量与电路阶数相匹配。

如果一个电路可以用线性微分方程来描述，那么它就叫作线性电路。线性微分方程必须满足叠加特性（可加性和可乘性），即如果 i_{s1} 是激励 v_{s1} 的响应，i_{s2} 是激励 v_{s2} 的响应，则对于任何实数值 α 和 β，激励 $\alpha v_{s1} + \beta v_{s2}$ 的响应将是 $\alpha i_{s1} + \beta i_{s2}$。任何由理想电源、电阻、电感和电容组成的电路都是线性电路。实际上，大多数电路都是非线性的，因为电路变量（即电流和电压）可能会改变电子元器件的行为。例如，导线的电阻由其长度、横截面和材料导电性决定。然而，材料的导电性随温度而变化。在特定的环境温度下，导线温度随着电流的增加而升高。另一个例子，RL 电路中的峰值电流可能会使电感磁心饱和，电路需采用非线性微分方程建模。但非线性电路可以围绕一个操作点线性化，这大大简化了电路分析。

例 2.3

如果串联 RL 电路的电感随电流而改变，$\lambda = ki^2/(i^2+\beta)$，（其中 λ 是电感的磁链），检查电路是否是一个非线性系统。

电感电压由下式给出

$$\frac{\mathrm{d}\lambda}{\mathrm{d}t} = \frac{\partial\lambda}{\partial i}\frac{\mathrm{d}i}{\mathrm{d}t} = \frac{2ki(i^2+\beta)-2ki^3}{(i^2+\beta)^2}\frac{\mathrm{d}i}{\mathrm{d}t} = \frac{2k\beta i}{(i^2+\beta)^2}\frac{\mathrm{d}i}{\mathrm{d}t} \tag{2-10}$$

利用 KVL，可以得到

$$\frac{2k\beta i}{(i^2+\beta)^2}\frac{\mathrm{d}i}{\mathrm{d}t} + Ri = v_s \tag{2-11}$$

在本例中，增量电感，即 $2k\beta i/(i^2+\beta)^2$ 是关于电流的函数。因此，微分方程代表一个非线性电路。

例 2.4

对于例 2.3 中的 RL 电路，求得在图 2-2 所示工作点（λ_o，I_o）附近的线性化模型（微分方程）。

电感两端的电压构成式（2-11）的非线性部分，可线性化为

$$\frac{\mathrm{d}\lambda}{\mathrm{d}t} = \frac{\partial\lambda}{\partial i}\bigg|_o\frac{\mathrm{d}i}{\mathrm{d}t} = \frac{2k\beta I_o}{(I_o^2+\beta)^2}\frac{\mathrm{d}i}{\mathrm{d}t} = L_o\frac{\mathrm{d}i}{\mathrm{d}t} \tag{2-12}$$

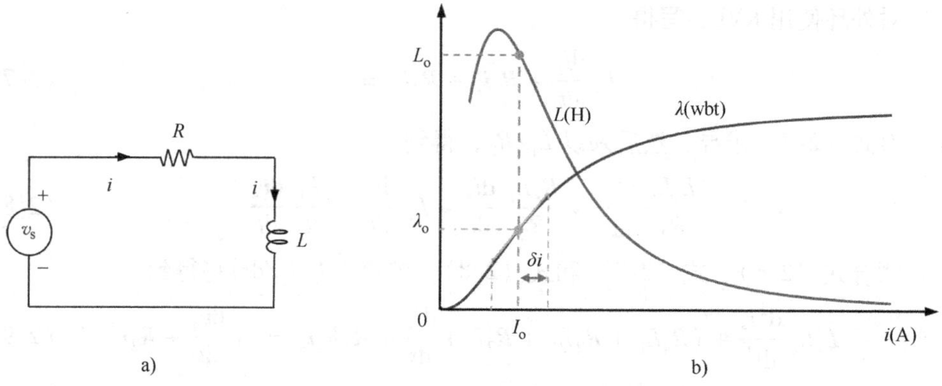

图 2-2 RL 串联电路 a）和电感的电感量变化 b）

得到微分方程为

$$L_o \frac{\mathrm{d}i}{\mathrm{d}t} + Ri = v_s \tag{2-13}$$

该线性化方程仅代表电感量值为 L_o 时工作点附近的电路动力学。从图 2-2b 中可以清楚地看出，如果电流明显偏离 I_o 的话，此线性化方程不能代表该电路的行为。

例 2.5

对于图 2-3 所示的 RL 开关电路，写出描述该电路的微分方程。

以下微分方程分别描述了开关处于位置 A 和 B 时电路的动态行为。

$$\begin{cases} L \dfrac{\mathrm{d}i}{\mathrm{d}t} + R_1 i = v_s \\ L \dfrac{\mathrm{d}i}{\mathrm{d}t} + (R_1 + R_2)i = 0 \end{cases} \tag{2-14}$$

这两个微分方程可以组合为

$$L \frac{\mathrm{d}i}{\mathrm{d}t} + Ri = bv_s \tag{2-15}$$

如果定义 $R(t) \in \{R_1 \quad R_1 + R_2\}$ 和 $b(t) \in \{0 \quad 1\}$。该电路属于时变系统的范畴，但具有不同参数值的有限状态，称为开关电路。

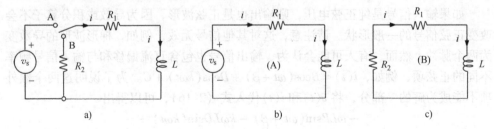

图 2-3　RL 开关电路和等效电路（A 和 B 位置）

2.1.1　线性电路的相量

假设线性电路由正弦电压或电流源供电，且电路在稳态条件下工作，电路中所有元件的电流和电压也会保持正弦，频率相同，但相对于电源的相角和幅值不同（见图 2-4）。这些电流和电压可以在以电源频率旋转的参考坐标系中来表示，称为频域表示。在频域中，电压和电流由复数表示。换句话说，应用相量变换，时域正弦波形可以用复数表示。由于传统电表只能测量电压和电流波形的方均根（RMS），电力工程中的相量由 RMS 值波形表示。例如，对于波形 $v(t) = V_m \cos(\omega t + \alpha)$ 可以用相量表示为 $V = V_m / \sqrt{2} \angle \alpha = V_{rms} \angle \alpha$。

例 2.6

确定 $v(t) = \sqrt{2} \times 120 \cos(\omega t + 2\pi/3)$ 的相量。

图2-4　线性系统对正弦激励输入的稳态响应保持正弦

$v(t)$ 的相量可以表示为：$V = 120e^{j(2\pi/3)}$，根据欧拉公式 $e^{j(2\pi/3)} = \cos(2\pi/3) + j\sin(2\pi/3)$。电压的相量通常以极坐标形式表示为 $V = 120\angle(2\pi/3)$。

相量通常以极坐标形式表示，$A\angle\varphi = Ae^{j\varphi}$。如时域正弦函数的加法和乘法数学运算，需要使用三角恒等式。使用相量的好处之一是，这些计算可以在不使用三角恒等式的情况下完成。此外，在稳态条件下，由正弦电压或电流源激励的线性电路可以通过代数方程而不是使用相量的微分方程来求解。

为了说明相量可以如何简化微分方程的求解过程，考虑下面的一阶微分方程，其中 $R\neq0$，$L\neq0$，且输入信号是正弦电压，例如 $v(t) = A\cos(\omega t + \alpha)$。

首先，可以证明其解也是一个正弦波形。

$$L\frac{\mathrm{d}i(t)}{\mathrm{d}t} + Ri(t) = v(t) \tag{2-16}$$

如果输入信号是纯正弦电压，则输出也是正弦波形，因为导数或积分算子不会改变正弦信号的一般形状。请注意，这对其他信号无效，例如，梯形波形的导数变为两个脉冲。然而，有人可能会认为，输出信号也包含直流偏移和与输入信号频率不同的正弦项，例如，$i(t) = B\cos(\omega t + \beta) + D\cos(k\omega t) + C$。为了说明这两个额外项不能成为解的一部分，将 $v(t)$ 和 $i(t)$ 代入式（2-16），可以得出

$$-\omega LB\sin(\omega t + \beta) - k\omega LD\sin(k\omega t) +$$
$$RB\cos(\omega t + \beta) + RD\cos(k\omega t) + RC = A\cos(\omega t + \alpha) \tag{2-17}$$

这个方程可以用三角恒等式展开，$\sin(\theta \pm \gamma) = 1/2(\sin\theta\cos\gamma \pm \cos\theta\sin\gamma)$，以及 $\cos(\theta \pm \gamma) = 1/2(\cos\theta\cos\gamma \mp \sin\theta\sin\gamma)$。

$$\frac{-\omega LB}{2}[\sin(\omega t)\cos\beta + \cos(\omega t)\sin\beta] - k\omega LD\sin(k\omega t)$$
$$+ \frac{RB}{2}[\cos(\omega t)\cos\beta - \sin(\omega t)\sin\beta] + RD\cos(k\omega t) + RC \tag{2-18}$$
$$= \frac{A}{2}[\cos(\omega t)\cos\alpha - \sin(\omega t)\sin\alpha]$$

重新整理排列后有

$$\left\{\frac{-\omega LB}{2}\sin\beta + \frac{RB}{2}\cos\beta - \frac{A}{2}\cos\alpha\right\}\cos(\omega t)$$
$$+ \left\{\frac{-\omega LB}{2}\cos\beta - \frac{RB}{2}\sin\beta + \frac{A}{2}\sin\alpha\right\}\sin(\omega t)$$

$$+ \{RD\} \cos(k\omega t) + \{- k\omega LD\} \sin(k\omega t) + RC = 0 \qquad (2\text{-}19)$$

为了使这个方程在任何时刻都有效，C 和 D 必须为零，即 $C = 0$，$D = 0$。换句话说，对于纯正弦输入信号 $v(t) = A\cos(\omega t + \alpha)$，响应将是相同频率的纯正弦信号，即 $i(t) = B\cos(\omega t + \beta)$。

以下表达式展示了如果输入信号为正弦信号，如何使用相量概念求解稳态电路。考虑在式（2-16）中的一阶微分方程。利用欧拉公式，可以写出

$$v(t) = A\cos(\omega t + \alpha) = \mathrm{Re}\{Ae^{j(\omega t + \alpha)}\} = \mathrm{Re}\{Ae^{j\alpha}e^{j\omega t}\} \qquad (2\text{-}20)$$

以及

$$i(t) = B\cos(\omega t + \beta) = \mathrm{Re}\{Be^{j(\omega t + \beta)}\} = \mathrm{Re}\{Be^{j\beta}e^{j\omega t}\} \qquad (2\text{-}21)$$

在一阶微分方程式（2-16）中用 $Ae^{j\alpha}e^{j\omega t}$ 和 $Be^{j\beta}e^{j\omega t}$ 代入得

$$j\omega LBe^{j\beta}e^{j\omega t} + RBe^{j\beta}e^{j\omega t} = Ae^{j\alpha}e^{j\omega t} \qquad (2\text{-}22)$$

化简为

$$(j\omega L + R)Be^{j\beta} = Ae^{j\alpha} \qquad (2\text{-}23)$$

要求解此方程，必须根据电路参数和输入信号计算 B 和 β，复数 $j\omega L + R$ 可以写成极坐标形式 $|Z|e^{j\angle Z}$，其中 $|Z| = \sqrt{R^2 + (\omega L)^2}$，$\varphi = \tan^{-1}(\omega L/R)$，因此有

$$Be^{j\beta} = \frac{A}{|Z|}e^{j(\alpha - \angle Z)} \qquad (2\text{-}24)$$

这意味着 $B = A/|Z|$ 和 $\beta = (\alpha - \angle Z)$，可以看出，如果输入信号是纯正弦波形，输入和输出信号的复函数表示方法大大简化了求解微分方程稳态解的过程。

例 2.7

在串联 RL 电路中，电感 $L = 5.136\mathrm{mH}$，电压源 $v(t) = 12\sqrt{2}\cos(120\pi t + \pi/6)$，电路电阻为 0.5Ω，计算该电路中的电流。

$$I = \frac{12\angle 30°}{0.5 + j(120\pi) \times (5.136 \times 10^{-3})} = \frac{12\angle 30°}{2\angle 75.52°} = 6\angle -45.52° \qquad (2\text{-}25)$$

该电路中的电流为 $i(t) = 6\sqrt{2}\cos(120\pi t - 45.52°)$。因此，电流滞后于电压 $75.52°$（见图 2-5）。

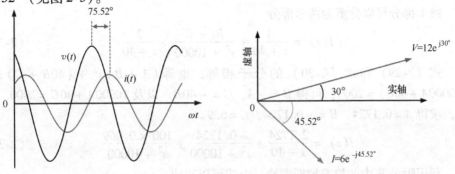

图 2-5　例 2.7 中 RL 电路的电流和电压波形及其等效相量

相量法最初由斯泰因梅茨（Charles Proteus Steinmetz，生于 Karl August Rudolph Steinmetz，1865 年 4 月 9 日~1923 年 10 月 26 日）创立，并于 1893 年在伊利诺伊州芝加哥国际电工大会上发表。

2.1.2 线性电路的拉普拉斯变换

在上一节中，假设电路在相当长的一段时间内受到正弦输入的激励，而忽略瞬态响应，这称为稳态分析。在许多情况下，也对线性电路的动态响应感兴趣。拉普拉斯变换通常用于简化求解线性电路的微分方程。时域信号的单边拉普拉斯变换 $f(t)$ 定义为

$$F(s) = \int_0^\infty f(t)e^{-st}dt = \mathcal{L}\{f(t)\} \tag{2-26}$$

式中，$s = \sigma + j\omega$ 是一个复数。逻辑上，也需要定义拉普拉斯逆变换，但对于大多数工程问题，拉普拉斯逆变换可以从"拉普拉斯变换对"表中获得。拉普拉斯变换表在附录 B 中给出。

例 2.8

初始条件为 $i(0) = 2A$ 的串联 RL（$R = 2\Omega$ 和 $L = 50mH$）电路由电压源 $v(t) = \sin(100t)$ 供电，求电路中的电流。

利用 KVL，可以写出以下微分方程。

$$2i + 0.05\frac{di}{dt} = \sin(100t) \tag{2-27}$$

利用附录 B，将该微分方程的两侧进行拉普拉斯变换，将其变换到 s 域，如下所示

$$2I(s) + 0.05(sI(s) - 2) = \frac{100}{s^2 + 10000} \tag{2-28}$$

求解 s 域中的电流 $I(s)$ 可以得到

$$I(s) = \frac{2000}{(s^2 + 10000)(s + 40)} + \frac{2}{s + 40} \tag{2-29}$$

第 1 部分可以分解为两个部分

$$I(s) = \frac{A}{s + 40} + \frac{Bs + C}{s^2 + 10000} + \frac{2}{s + 40} \tag{2-30}$$

式（2-29）和式（2-30）的分子相等，也即 $(A + B)s^2 + (40B + C)s + (10000A + 40C) = 2000$，可得 $B = -A$，$C = -40B$，以及 $10000A + 40C = 2000$。因此，求得 $A = 0.1724$，$B = -0.1724$，$C = 6.9$。

$$I(s) = \frac{2.1724}{s + 40} + \frac{-0.1724s}{s^2 + 10000} + \frac{100 \times 0.069}{s^2 + 10000} \tag{2-31}$$

利用附录 B 中的拉普拉斯变换，上式可以写成

$$i(t) = 2.1724e^{-40t} - 0.1724\cos(100t) + 0.069\sin(100t) \tag{2-32}$$

重新排列方程有

$$i(t) = 2.1724e^{-40t} + 0.1859\sin(100t - 68.2°) \tag{2-33}$$

其中稳态项可以通过忽略初始条件的相量法获得。

例 2.9

初始条件为零，即 $i(0) = 0A$ 的串联 RL（$R = 1\Omega$ 和 $L = 100mH$）电路由电压源 $v(t) = e^{-5t}\sin(10t)$ 供电，求电路中的电流。

利用 KVL，可以写出以下微分方程。

$$i + 0.1\frac{di}{dt} = e^{-5t}\sin(10t) \tag{2-34}$$

对微分方程的两侧进行拉普拉斯变换，将其变换到 s 域。

$$I(s) + 0.1sI(s) = \frac{10}{(s+5)^2 + 100} \tag{2-35}$$

求解 s 域中的电流 $I(s)$，然后部分分式展开如下：

$$I(s) = \frac{100}{((s+5)^2 + 100)(s+10)} = \frac{A}{s+10} + \frac{Bs+C}{(s+5)^2 + 100} \tag{2-36}$$

两侧的分母相等，也即 $(A+B)s^2 + (10A+10B+C)s + (125A+10C) = 100$，可得 $B = -A$，$C = 0$，以及 $A = 0.8$。因此有

$$I(s) = \frac{0.8}{s+10} + \frac{-0.8s}{(s+5)^2 + 100} \tag{2-37}$$

使用部分分式展开，可以重写第 2 部分，以便从拉普拉斯变换表中获得时域等效值。

$$I(s) = \frac{0.8}{s+10} + \frac{-0.8(s+5)}{(s+5)^2 + 100} + \frac{0.625 \times 10}{(s+5)^2 + 100} \tag{2-38}$$

现在，使用拉普拉斯变换表，可以轻松地将 3 个分数转换为 3 个时域函数（对于 $t > 0$），如下所示：

$$i(t) = 0.8e^{-10t} - 0.8e^{-5t}\cos(10t) + 0.625e^{-5t}\sin(10t) \tag{2-39}$$

上式可以重写为

$$i(t) = 0.8e^{-10t} + 1.015e^{-5t}\sin(10t - 52°) \tag{2-40}$$

比较一下相量变换和拉普拉斯变换在求解电路中的应用。可以很容易地看到，拉普拉斯变换方法提供了电路在任何初始条件和输入类型下的稳态和动态响应，而相量方法用来计算电路在稳态条件下对正弦输入的响应。

2.1.3 二阶系统的动态响应

如本章开始所述，电路的阶次可由储能元件的数量决定。电路中的能量可以储存在电容（静电场）和电感（电磁场）中。在机械系统中，能量可以储存在弹簧或质量（惯性）中。在热力系统中，能量储存在热容中，热动力学通常可以用一阶微分方程来建模。然而，许多系统的动态行为可以用二阶微分方程来建模。因此，本节首先回顾二阶系统的动力学。

考虑下面的二阶微分方程。

$$\frac{\mathrm{d}^2 i(t)}{\mathrm{d}t^2} + a\frac{\mathrm{d}i(t)}{\mathrm{d}t} + bi(t) = bi_s(t) \tag{2-41}$$

式中，$a > 0$ 和 $b > 0$ 是常数参数；$i_s(t)$ 是输入信号；$i(t)$ 是输出信号。对于零初始条件，微分方程的拉普拉斯变换由下式给出：

$$(s^2 + as + b)I(s) = bI_s(s) \tag{2-42}$$

根据 a 和 b 值，可能会出现三种不同结果的动态响应，$s^2 + as + b = 0$ 称为特征方程。如果特征方程的根，即 $s^2 + as + b = (s + p_1)(s + p_2) = 0$ 的两个根是不相等的实数，则阶跃函数的输出响应，即 $i_s(t) = Ku(t)$，可从下式得到：

$$I(s) = \frac{bK}{s(s + p_1)(s + p_2)} = \frac{A}{s} + \frac{B}{s + p_1} + \frac{C}{s + p_2} \tag{2-43}$$

利用附录 B 中的拉普拉斯变换表，时域响应如下所示：

$$i(t) = K + Be^{-p_1 t} + Ce^{-p_2 t} \quad t > 0 \tag{2-44}$$

注意到 $p_1 p_2 = b$，因此 $A = K$，这是输出的最终值，即 $i(\infty)$。输出信号以指数方式逼近其最终值，称为过阻尼响应。如果特征方程的根是重复的实数，即 $s^2 + as + b = (s + p_1)^2 = 0$，则阶跃函数的输出响应如下所示：

$$i(t) = K + (B + Ct)e^{-p_1 t} \quad t > 0 \tag{2-45}$$

这被称为临界阻尼。最后，如果特征方程的根是复数，即 $s^2 + as + b = (s + \sigma - j\omega_d)(s + \sigma + j\omega_d) = 0$，其中 ω_d 是阻尼频率，阶跃函数的输出响应由下式给出：

$$i(t) = K + Be^{-\sigma t}\sin(\omega_d t - \varphi) \quad t > 0 \tag{2-46}$$

在这种情况下，系统经过一些振荡后，输出接近其最终值，这称为欠阻尼响应。所有这些可能的响应如图 2-6 所示。

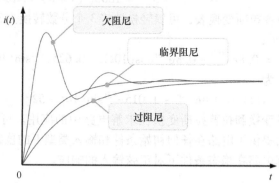

图 2-6　二阶系统对阶跃函数的所有可能响应，过阻尼、临界阻尼和欠阻尼

例 2.10

在串联 RLC 电路中，$R = 4.444\Omega$，$L = 100\mathrm{mH}$ 以及 $C = 1000\mu\mathrm{F}$，电路处于零初始条件，当 24V 阶跃函数激励系统时，即 $v_s = 24u(t)$。求电容两端的电压。

利用 KVL，可以写出以下二阶微分方程。

$$LC \frac{\mathrm{d}^2 v_c}{\mathrm{d}t^2} + RC \frac{\mathrm{d}v_c}{\mathrm{d}t} + v_c = v_s \qquad (2\text{-}47)$$

式中，v_c 是电容电压。可将微分方程改写为如下标准形式：

$$\frac{\mathrm{d}^2 v_c}{\mathrm{d}t^2} + \frac{R}{L} \frac{\mathrm{d}v_c}{\mathrm{d}t} + \frac{1}{LC} v_c = \frac{1}{LC} v_s \qquad (2\text{-}48)$$

特征方程为 $s^2 + 44.44s + 10000 = 0$，极点位于 $-22.22 \pm \mathrm{j}195$。因此，电容电压具有欠阻尼响应，如下所示：

$$v_c(t) = 24 + Be^{-22.22t} \sin(195t - \varphi) \quad t > 0 \qquad (2\text{-}49)$$

请注意，电路处于零初始条件，即 $v_c(0) = 0$ 和 $\mathrm{d}v_c/\mathrm{d}t(0) = 0$。因此，$B\sin\varphi = 24$，$22.22B\sin\varphi + 195B\cos\varphi = 0$，这样得到 $\varphi = 83.5°$，$B = 24.155$。

$$v_c(t) = 24 + 24.155e^{-22.22t} \sin(195t - 83.5°) \quad t > 0 \qquad (2\text{-}50)$$

第一次超调量是该响应中的一个重要测量值，需要将其保持在特定值以下，在本例中，第一次超调量低于电容的额定电压。第一次超调发生在 $\sin(195t - 83.5°) = 1$ 时刻，表明电容电压在此时达到最大值。

$$t_{pk} = \frac{\frac{\pi}{2} + \varphi(\mathrm{rad})}{\omega_d} = \frac{3.0281}{195} = 0.0155\mathrm{s} \qquad (2\text{-}51)$$

电容电压最大值为

$$v_{c(pk)} = 24 + 24.155e^{-22.22 \times 0.0155} = 41.1\mathrm{V} \qquad (2\text{-}52)$$

除了图 2-7 所示的阻尼频率和第一次超调外，上升时间和稳定时间也被用来描述欠阻尼条件下二阶系统动态响应的参数。

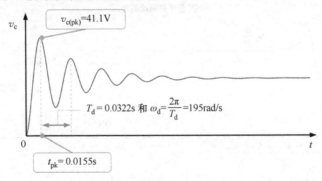

图 2-7　例 2.10 中串联 RLC 电路的阶跃响应，显示了超调电压和阻尼频率

2.2　固态开关电路

开关电路属于时变系统的范畴。为了描述电路的时变特性，考虑图 2-8 中所示的简单电路。导通状态和关断状态方程如下所示

$$\begin{cases} V_s = 2v_c + RC\dfrac{\mathrm{d}v_c}{\mathrm{d}t} & \text{导通状态} \\[2mm] 0 = v_c + RC\dfrac{\mathrm{d}v_c}{\mathrm{d}t} & \text{关断状态} \end{cases} \tag{2-53}$$

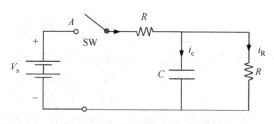

图 2-8　表示时变系统的开关电路

这意味着在每个开关周期内，即 $T_s = t_{on} + t_{off}$，电路由两个微分方程表示

$$a(t)V_s = (1 + a(t))v_c + RC\frac{\mathrm{d}v_c}{\mathrm{d}t} \tag{2-54}$$

其中 $a(t)$ 在导通状态下为 1，在关断状态下为 0。请注意，如果在每个开关周期内对电路方程进行平均，则电路方程可以转换为时不变方程。此平均模型用于研究电力电子变换器中的低频动力学，这将在第 6 章中讨论。

2.2.1　开关电路中的损耗计算

固态器件上的电压及其电流不能在瞬间完成关断和导通的转换。但如果开关频率很高，固态器件中的开关损耗会变得很大。固态开关的典型电压和电流波形如图 2-9 所示。直流电源和漏极（或集电极）之间的 PCB 电感或母线上的引线电感 L_σ 会在开关管（MOSFET、IGBT 等）上产生电压尖峰，从而损坏开关管。在关断瞬态期间，电流衰减，开关管两端的电压可能超过 V_{dc} 输入直流电压，如下所示：

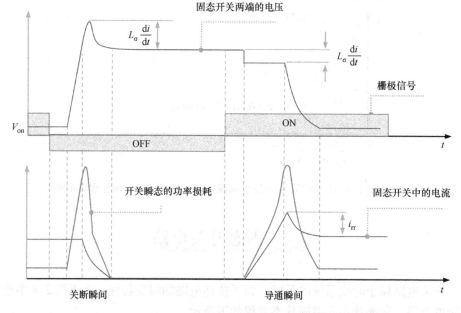

图 2-9　关断和导通瞬态期间固态开关两端的电压和电流，以及开关损耗

$$V_{\mathrm{sw,max}} = V_{\mathrm{dc}} - V_{\mathrm{L\sigma}} = V_{\mathrm{dc}} - L_{\sigma}\frac{\mathrm{d}i}{\mathrm{d}t} \tag{2-55}$$

注意在关断瞬间（$\mathrm{d}i/\mathrm{d}t$）<0。同样，在导通瞬间，电流几乎线性上升，开关管两端的电压下降到输入直流电压以下（见图 2-9）。如图 2-10 所示，由于电路的杂散电感、L_{σ} 和电容，电压会在 MHz 范围内产生振荡。

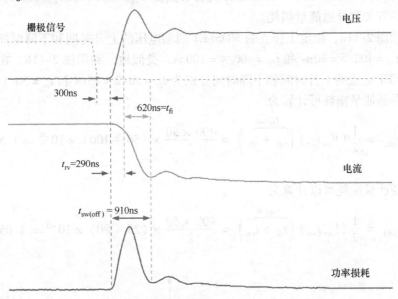

图 2-10 IGBT 关断瞬间测量到的电压、电流和功率损耗

这种高频振荡很容易导致电磁发射干扰栅极驱动电路并导致误动作。瞬时功率损耗也如图 2-9 所示。开关管导通和关断瞬时的功率损耗形状，可以用 $V_{\mathrm{sw}}I_{\mathrm{sw}}$ 作为高的三角形来近似。因此，损耗能量可以简单地利用下式得到：

$$E_{\mathrm{sw}} = E_{\mathrm{sw(on)}} + E_{\mathrm{sw(off)}} = \frac{1}{2}(V_{\mathrm{sw}}I_{\mathrm{sw}})t_{\mathrm{sw(on)}} + \frac{1}{2}(V_{\mathrm{sw}}I_{\mathrm{sw}})t_{\mathrm{sw(off)}} \tag{2-56}$$

其中 $t_{\mathrm{sw(on)}}$ 和 $t_{\mathrm{sw(off)}}$ 是图 2-9 所示的导通和断开瞬间。对于开关频率为 f_{s} 的晶体管，平均功率损耗可计算为

$$P_{\mathrm{swloss}} = \frac{E_{\mathrm{sw(on)}} + E_{\mathrm{sw(off)}}}{T_{\mathrm{s}}} = \frac{1}{2}(V_{\mathrm{sw}}I_{\mathrm{sw}})(t_{\mathrm{sw(on)}} + t_{\mathrm{sw(off)}})f_{\mathrm{s}} \tag{2-57}$$

固态开关中的功率损耗包括导通损耗和开关损耗。导通损耗由以下公式得出：

$$P_{\mathrm{conloss}} = (V_{\mathrm{on}}I_{\mathrm{sw}})(t_{\mathrm{on}})f_{\mathrm{s}} = (R_{\mathrm{on}}I_{\mathrm{sw}}^{2})(t_{\mathrm{on}})f_{\mathrm{s}} \tag{2-58}$$

式中，t_{on} 是开关管处于导通状态并流过电流 I_{sw} 的时间。因此，总功率损耗由下式给出：

$$P_{\mathrm{loss}} = \frac{1}{2}(V_{\mathrm{sw}}I_{\mathrm{sw}})(t_{\mathrm{sw(on)}} + t_{\mathrm{sw(off)}})f_{\mathrm{s}} + (V_{\mathrm{on}}I_{\mathrm{sw}})(t_{\mathrm{on}})f_{\mathrm{s}} \tag{2-59}$$

因此，对于固态（半导体）开关管，期望缩减开关时间 $t_{\mathrm{sw(on)}}$ 和 $t_{\mathrm{sw(off)}}$ 以及拥

有较小的通态电压 V_{on}。

例 2.11

600V、75A SiC – MOSFET 应用于电感负载供电的电路中，当开关频率为 40kHz 时，导通时间（占空比）为 35%，50℃ 时的导通电阻为 $R_{on} = 0.1\Omega$，栅极驱动电阻为 $R_G = 10\Omega$。如果 MOSFET 开关管节点处 $V_{sw} = 400V$ 和 $I_{sw} = 50A$，计算该电路中的开关和导通能量损耗。

利用图 2-11a，给定工作点的 MOSFET 两端电压的上升时间和下降时间可分别计算为 $t_{rv} = 400/5 = 80ns$ 和 $t_{fv} = 400/4 = 100ns$。类似地，利用图 2-11b，在工作点处 MOSFET 电流的上升时间和下降时间分别为 $t_{fi} = 50/2 = 25ns$ 和 $t_{ri} = 50/1 = 50ns$。因此，导通能量损耗可计算为

$$E_{sw(on)} = \frac{1}{2}(V_{sw}I_{sw})\left(\overset{t_{sw(on)}}{\overbrace{t_{ri} + t_{fv}}}\right) = \frac{400 \times 50}{2} \times (50 + 100) \times 10^{-9} = 1.5mJ$$

$$(2\text{-}60)$$

关断能量损耗可以计算为

$$E_{sw(off)} = \frac{1}{2}(V_{sw}I_{sw})\left(\overset{t_{sw(off)}}{\overbrace{t_{fi} + t_{rv}}}\right) = \frac{400 \times 50}{2} \times (25 + 80) \times 10^{-9} = 1.05mJ$$

$$(2\text{-}61)$$

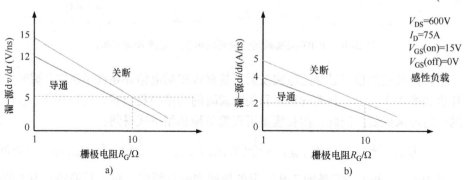

图 2-11 SiC – MOSFET 简化的导通和关断特性与栅极电阻的关系

因此，总的开关损耗可以利用式（2-57）得到

$$P_{swloss} = \frac{E_{sw(on)} + E_{sw(off)}}{T_s} = (2.55 \times 10^{-3}) \times (40 \times 10^3) = 102W \qquad (2\text{-}62)$$

导通损耗计算为

$$P_{conloss} = (R_{on}I_{sw}^2)(t_{on})f_s = 0.1 \times 50^2 \times 0.35 = 87.5W \qquad (2\text{-}63)$$

因此，开关管的总损耗为 189.5W。在许多数据表中，给出了 $E_{sw(on)}$ 和 $E_{sw(off)}$ 与电流、电压和温度关系的曲线簇。以下例子显示了在已知 $E_{sw(on)}$ 和 $E_{sw(off)}$ 的情况下如何计算开关损耗。请注意，必须始终考虑数据表测试条件和工作点之间的差

异，以便在设计阶段对最佳开关损耗进行估计。

例 2. 12

600V、75A IGBT 用在电感负载驱动电路中，开关频率为 15kHz、导通时间（占空比）为 35% 、125℃时 $V_{\text{on}} = V_{\text{CE(sat)}} = 2.1\text{V}$、栅极驱动电阻为 $R_{\text{G}} = 10\Omega$。如果 IGBT 开关节点处 $V_{\text{SW}} = 400\text{V}$ 和 $I_{\text{SW}} = 50\text{A}$，则计算该电路中的开关和导通损耗。

利用图 2-12b，可从式（2-57）中获得总开关损耗为

$$P_{\text{swloss}} = \frac{E_{\text{sw(on)}} + E_{\text{sw(off)}}}{T_{\text{s}}} = (9.5 \times 10^{-3}) \times (15 \times 10^{3}) = 142.5\text{W} \qquad (2\text{-}64)$$

同样，导通损耗计算如下：

$$P_{\text{conloss}} = (V_{\text{on}} I_{\text{sw}})(t_{\text{on}}) f_{\text{s}} = 2.1 \times 50 \times 0.35 = 36.75\text{W} \qquad (2\text{-}65)$$

因此，开关管的总损耗为179.25W。如果将例2.11中的MOSFET用于该电路，则开关管总损耗将为 38.25 + 87.5 = 125.75W。注意，对于相同的开关频率，即 15kHz，SiC – MOSFET 中的开关损耗小于 IGBT 中的开关损耗，而 IGBT 的导通损耗比 MOSEFT 小。

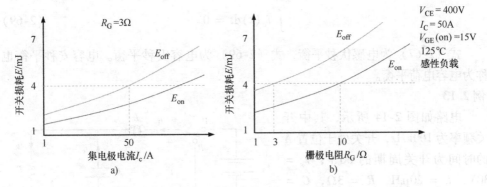

图 2-12 IGBT 的开关损耗与集电极电流 a）和栅极电阻 b）的关系

2. 2. 2 伏秒平衡和安秒平衡

如图 2-13 所示，考虑稳定状态中工作的开关直流电路。在这种情况下，在每个开关周期内，电感上的电压积分和电容中的电流积分必须为零。假设直流电路中的开关周期为 T_{s}，请注意，稳态意味着电流和电压是有界和周期性的，即 $v_x(t_0) = v_x(t_0 + T_{\text{s}})$，以及 $i_x(t_0) = i_x(t_0 + T_{\text{s}})$。

考虑在稳态条件下的开关电路中

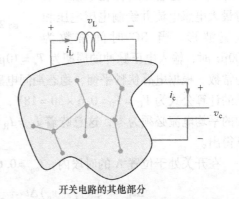

开关电路的其他部分

图 2-13 在稳态条件中的开关电路中，每个开关周期内电感上的电压积分和电容中的电流积分均为零

的电感，对公式 $v_L = L(di_L/dt)$ 两侧在一个周期内进行积分有

$$\int_{t_0}^{t_0+T_s} v_L(t)\,dt = \int_{t_0}^{t_0+T_s} L\frac{di_L}{dt}dt = L\int_{i_L(t_0)}^{i_L(t_0+T_s)} di_L = L\{i_L(t_0+T_s) - i_L(t_0)\} \quad (2\text{-}66)$$

同样，对于稳态运行的开关模式的直流电路有，$i_L(t_0+T_s) = i_L(t_0)$，因此可以写出

$$\int_{t_0}^{t_0+T_s} v_L(t)\,dt = 0 \quad (2\text{-}67)$$

对于电容，可遵循相同的步骤。考虑稳态条件下电路中的电容，对公式 $i_c = C(dv_c/dt)$ 两侧在一个周期内进行积分有

$$\int_{t_0}^{t_0+T_s} i_c(t)\,dt = \int_{t_0}^{t_0+T_s} C\frac{dv_c}{dt}dt = C\int_{v_c(t_0)}^{v_c(t_0+T_s)} dv_c = C\{v_c(t_0+T_s) - v_c(t_0)\} \quad (2\text{-}68)$$

其中在稳态时有 $v_c(t_0+T_s) = v_c(t_0)$，因此可以得到

$$\int_{t_0}^{t_0+T_s} i_c(t)\,dt = 0 \quad (2\text{-}69)$$

式（2-67）为电感伏秒平衡，式（2-69）为电容安秒平衡。电容安秒平衡也称为电容电荷平衡。

例2.13

电路如图 2-14 所示，其中开关频率为 100kHz，开关处于位置 A 的时间为开关周期的 60%，$V_s = 30V$，$L = 20\mu H$，$R = 3\Omega$，$C = 100\mu F$。假设电路运行在稳态，求得最大电感电流并绘制电感电压和电流波形。当 RC 时间常数为

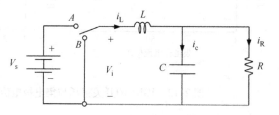

图 2-14 具有高开关频率和大电容的开关电路

$300\mu s$ 时，输入电压脉冲的周期为 $T_s = 10\mu s$。因此，稳态下的电容电压可近似假定为常数。根据电感伏秒平衡，稳态期间电感上的平均电压必须为零。因此，电容电压的计算公式为 $V_C = V_i = 0.6 \times 30 = 18V$，由此得出 $I_R = 6A$。根据安秒平衡，电容中的平均电流必须为零，这意味着 $I_L = I_R = 6A$。电感中的峰峰值电流通过以下计算得出。

在开关处于位置 A 的时段内，$t_{on} = 0.6 \times 10 = 6\mu s$，电感电流的变化量为

$$\Delta i_L = \frac{1}{L}(v_i - v_c)\Delta t = \frac{30-18}{20\times 10^{-6}}(t_{on}) = 3.6A \quad (2\text{-}70)$$

在位置 B 的时间段内，$t_{off} = 0.4 \times 10 = 4\mu s$，电感电流的变化量为

$$\Delta i_L = \frac{1}{L}(v_i - v_c)\Delta t = \frac{0 - 18}{20 \times 10^{-6}}(t_{off}) = -3.6A \tag{2-71}$$

电感电流波形呈三角形，如图 2-15 所示。因此，每个开关周期的平均电流如下所示：

$$I_L = \frac{1}{T_s}\left\{(I_L^{min}T_s) + \left(\frac{\Delta i_L}{2}T_s\right)\right\} = I_L^{min} + \frac{\Delta i_L}{2} \tag{2-72}$$

类似地，电感电流表示为

$$I_L = I_L^{max} - \frac{\Delta i_L}{2} \tag{2-73}$$

因此，$I_L^{max} = 6 + (3.6/2) = 7.8A$ 和 $I_L^{min} = 6 - (3.6/2) = 4.2A$。

由于电容电流的平均值必须为零，以满足电容安秒平衡，电感电流的交流分量必须流过电容，其直流分量必须流过负载电阻。

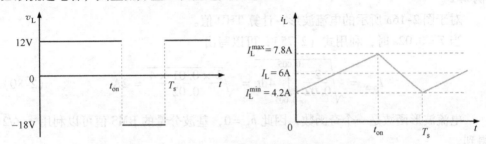

图 2-15　开关电路中电感器的电压和电流波形

2.2.3　电路中的谐波失真

在非线性电路中，电流和电压波形偏离原电源的正弦波形。重要的是，可以量化电流和电压中的失真度。失真度通常使用总谐波失真（THD）这一参数进行表示和测量。对于周期性波形，如 $x(t)$，它可以是稳态条件下的电压或电流波形，THD 定义为

$$THD = \sqrt{\left(\frac{X_{rms}}{X_1}\right)^2 - 1} \tag{2-74}$$

其中，X_{rms} 是 $x(t)$ 的方均根值（RMS），定义为

$$X_{rms}^2 = \frac{1}{T}\int_0^T \{x(t)\}^2 dt \tag{2-75}$$

其中，T 是 $x(t)$ 的周期，X_1 是 $x(t)$ 的基波分量的 RMS 值。请注意，任何周期波形都可以由一系列正弦和余弦波形表示，称为傅里叶级数（或谐波）分量，$x(t)$ 的傅里叶级数可以写成

$$x(t) = \frac{a_0}{2} + \sum_{h=1}^{\infty} a_h \cos(h\omega t) + b_h \sin(h\omega t) \qquad (2\text{-}76)$$

式中，ω 是 $x(t)$ 的角频率。根据 $\omega = 2\pi/T$ 计算，傅里叶系数计算如下：

$$a_h = \frac{2}{T} \int_0^T x(t) \cos(h\omega t)\,\mathrm{d}t \qquad (2\text{-}77)$$

$$b_h = \frac{2}{T} \int_0^T x(t) \sin(h\omega t)\,\mathrm{d}t \qquad (2\text{-}78)$$

因此，X_1 可以计算为

$$X_1 = \frac{\sqrt{a_1^2 + b_1^2}}{\sqrt{2}} \qquad (2\text{-}79)$$

例 2.14

对于图 2-16a 所示的电流波形，计算 THD 值。

当 $T = 0.02\mathrm{s}$ 时，利用式 (2-75)，可以写出

$$I_{\mathrm{rms}} = \sqrt{\frac{2}{0.02} \int_{-0.005}^{0.005} 4\mathrm{d}t} = \sqrt{\frac{2 \times 0.01 \times 4}{0.02}} = 2\mathrm{A} \qquad (2\text{-}80)$$

电流波形函数是一个奇函数，因此 $b_h = 0$，基波分量的 RMS 值可以利用 $a_1/\sqrt{2}$ 得到。

$$a_1 = \frac{2}{0.02} \int_0^{0.02} i(t) \cos(\omega t)\,\mathrm{d}t = \frac{8}{0.02} \int_0^{0.005} 2\cos\left(\frac{2\pi}{0.02}t\right)\mathrm{d}t = \frac{16}{0.02} \frac{0.02}{2\pi} = \frac{8}{\pi}$$

$$(2\text{-}81)$$

因此，$I_1 = 8/\pi\sqrt{2} = 1.8\mathrm{A}$，THD 为

$$\mathrm{THD}_i = \sqrt{(I_{\mathrm{rms}}/I_1)^2 - 1} = \sqrt{(2/1.8)^2 - 1} = 0.483 = 48.3\% \qquad (2\text{-}82)$$

本例中，对于连接到电网的电力电子设备而言，THD 值较高。为了减少注入电网的 THD 值，在电网和电力电子设备之间增加 LC 或 LCL 滤波器。如第 7 章所述，还可以通过在每个半周期中将矩形方波波形斩波为多个脉冲、适当调制脉冲宽度，这可以使用小型低通滤波器来降低 THD 值。

例 2.15

对于图 2-16b 所示的电流波形，如果 $d = 2\mathrm{ms}$，求 THD。

当 $T = 0.02\mathrm{s}$ 时，利用式 (2-75)，可得

$$I_{\mathrm{rms}} = \sqrt{\frac{2}{0.02} \int_{-0.003}^{0.003} 4\mathrm{d}t} = \sqrt{\frac{2 \times 0.006 \times 4}{0.02}} = 1.55\mathrm{A} \qquad (2\text{-}83)$$

电流波形为偶函数，因此 $b_h = 0$。基波分量的 RMS 值从 $a_1/\sqrt{2}$ 中获得。

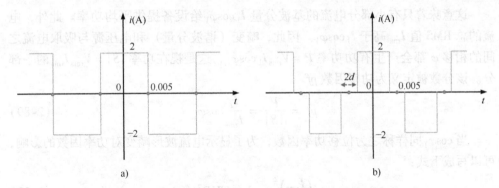

图 2-16　无死区 a）和有死区 b）的周期性矩形方波电流波形

$$a_1 = \frac{2}{0.02}\int_0^{0.02} i(t)\cos(\omega t)\,\mathrm{d}t = \frac{8}{0.02}\int_0^{0.003} 2\cos\left(\frac{2\pi}{0.02}t\right)\mathrm{d}t = \frac{6.4}{\pi} \qquad (2\text{-}84)$$

因此，$I_1 = 6.4/\pi\sqrt{2} = 1.44\text{A}$，THD 为

$$\mathrm{THD}_i = \sqrt{(I_{\mathrm{rms}}/I_1)^2 - 1} = \sqrt{(1.55/1.44)^2 - 1} = 0.398 = 39.8\% \tag{}$$

$$(2\text{-}85)$$

这意味着与图 2-16a 中的波形相比，图 2-16b 中的电流波形具有更低的谐波含量。

2.2.4　非正弦电路中的功率因数

电气设备的功率因数通常被定义为有功功率与视在功率之比，在由纯正弦波形激励的线性电路中，功率因数仅等于 $\cos\varphi$。在许多电力电子设备中，从电源汲取的电流是畸变的，但由于电流波形保持周期性，因此可以将其写成一系列正弦项，如下所示：

$$i(t) = \sqrt{2}I_1\sin(\omega t - \varphi_1) + \sqrt{2}I_2\sin(2\omega t - \varphi_2) + \cdots = \sum_{h=1}^{\infty} \sqrt{2}I_h\sin(\omega t - \varphi_h)$$

$$(2\text{-}86)$$

式中，φ_h 是输入电压（假设为正弦）和 h 次电流分量之间的相角；I_h 是 h 次谐波的 RMS 值。为简化分析，假设电压为纯正弦电压，即 $v = \sqrt{2}V_{\mathrm{rms}}\sin(\omega t)$，电流表示为其谐波分量之和。那么瞬时功率为

$$p(t) = \sqrt{2}V_{\mathrm{rms}}\sin(\omega t)\{\sqrt{2}I_1\sin(\omega t - \varphi_1) + \sqrt{2}I_2\sin(2\omega t - \varphi_2) + \cdots\} \quad (2\text{-}87)$$

因为正弦函数是正交的，即 $\int_0^{2\pi}\sin(a\theta)\sin(b\theta)\,\mathrm{d}\theta = 0$，如果有 a, $b \in \mathbb{R}$，且 $a \neq b$，平均功率为

$$p = \frac{1}{T}\int_0^T p(t) = V_{\mathrm{rms}}I_1\cos\varphi_1 \tag{2-88}$$

这意味着只有小部分电流的基波分量 $I_1\cos\varphi_1$ 给设备提供平均功率。此外，电流的总 RMS 值 I_{rms} 高于 $I_1\cos\varphi_1$。因此，畸变（谐波分量）和电压源与吸取电流之间的相移 φ 都会产生有功功率 $P = V_{rms}I_1\cos\varphi_1$，这是视在功率 $|S| = V_{rms}I_{rms}$ 的一部分。该分数被定义为功率因数 pf。

$$pf = \frac{P}{|S|} = \frac{I_1}{I_{rms}}\cos\varphi_1 \tag{2-89}$$

当 $\cos\varphi_1$ 同样称之为位移功率因数，为了显示电流波形畸变对功率因数的影响，可以写成下式：

$$\left(\frac{I_{rms}}{I_1}\right)^2 = 1 + THD^2 \tag{2-90}$$

因此，功率因数与电流 THD 相关，关联公式如下：

$$pf = \frac{\cos\varphi_1}{\sqrt{1 + THD^2}} \tag{2-91}$$

注意，对于由正弦电源供电的时不变线性电路，$THD = 0$，因此，功率因数仅等于 $pf = \cos\varphi_1$。

例 2.16

假设单相 H 桥二极管整流器（见图 2-17）给直流电机供电，电机可建模为理想直流电流源，输入电流波形为矩形方波。这个整流器的功率因数是多少？

根据电流和电压波形，位移功率因数为 1，即 $\cos\varphi_1 = 1$，但电流波形包含一些谐波，使总功率因数小于 1。

利用式（2-75），可写出

$$I_{rms} = \sqrt{\frac{1}{T_s}\int_0^{T_s} I_d^2 dt} = I_d \tag{2-92}$$

电流波形为奇数函数，因此 $a_h = 0$。基波分量的 RMS 值从 $b_1/\sqrt{2}$ 中获得。

$$b_1 = \frac{2}{T_s}\int_0^{T_s} i(t)\sin(\omega t)dt = \frac{8}{T_s}\int_0^{T_s/4} I_d\sin\left(\frac{2\pi}{T_s}t\right)dt = \frac{8}{T_s}\frac{T_s}{2\pi}I_d = \frac{4}{\pi}I_d \tag{2-93}$$

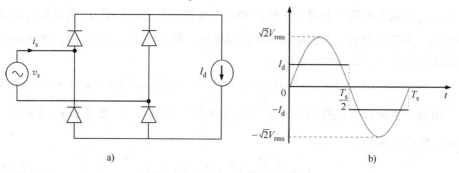

a)   b)

图 2-17 单相 H 桥二极管整流器给模拟为理想直流电流源的电路供电 a)，交流侧电流和电压波形 b)

因此，$I_1 = (2\sqrt{2}/\pi)I_d$，功率因数为

$$pf = \frac{I_1}{I_{rms}}\cos\varphi_1 = \frac{2\sqrt{2}}{\pi} = 0.9 \tag{2-94}$$

在实际整流器中，输出电流可能不是无纹波的。因此，THD 值较大，I_1 较小，从而导致较低的功率因数。请注意，交流电路中的感性元件会降低功率因数，在整流器的直流侧增加更多感性分量会提高交流侧功率因数，如第 8 章所述。

2.3 三 相 电 路

发电和输电通常采用三相电路的形式。基本上，发电机提供三个幅值相等的电压，三个电压彼此相隔 120°，如下所示：

$$v_a(t) = V_m\cos(\omega t) \quad v_b(t) = V_m\cos\left(\omega t - \frac{2\pi}{3}\right) \quad v_c(t) = V_m\cos\left(\omega t - \frac{4\pi}{3}\right)$$

如果三相电路阻抗相等，即为三相对称系统，那么流入每相的电流是平衡的，如下所示：

$$i_a(t) = I_m\cos(\omega t - \varphi) \quad i_b(t) = I_m\cos\left(\omega t - \frac{2\pi}{3} - \varphi\right) \quad i_c(t) = I_m\cos\left(\omega t - \frac{4\pi}{3} - \varphi\right)$$

电压和电流波形之间的相移被称为位移功率因数角 φ，它是关于电阻与电感和电容阻抗的函数。在平衡三相电路中，只需要考虑一相（通常为 A 相）来计算支路电流和节点电压。通过将计算的电压和电流分别移相 120°和 240°，即可获得其他相（即 B 相和 C 相）中的对应量。

例 2.17

平衡的三相电压源通过电缆连接到平衡三相负载，如图 2-18 所示。计算负载的相电流和电压。考虑到图 2-18 中三相电路的 A 相，则

$$I_{ph} = \frac{120\angle 0}{j0.4 + 4 + j2.6} = \frac{120\angle 0}{5\angle 36.87°} = 24\angle - 36.87°\text{A} \tag{2-95}$$

在此，方均根电流为 24A，因此，峰值电流为 $\sqrt{2}\times 24 = 33.94$A。因此，电流波形可以写成

$$\begin{cases} i_a(t) = 33.94\cos(\omega t - 36.87°) \\ i_b(t) = 33.94\cos(\omega t - 156.87°) \\ i_c(t) = 33.94\cos(\omega t - 276.87°) \end{cases} \tag{2-96}$$

对于对称系统，只需要求解 A 相的电路，A 相的负载电压也可以计算为

$$V_{ph} = \frac{4 + j2.6}{j0.4 + 4 + j2.6}120\angle 0 = \frac{4.77\angle 33°}{5\angle 36.87°}120\angle 0 = 114.5\angle - 3.87°\text{V}$$

$$\tag{2-97}$$

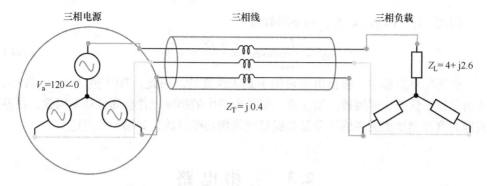

图 2-18 对称三相电路，包括三相星形联结电源、三线电缆和三相星形联结 RL 负载

同样，负载处相电压的 RMS 值为 114.5V，峰值电压为 $\sqrt{2} \times 114.5 = 162V$，因此相电压波形可表示为

$$\begin{cases} v_a(t) = 162\cos(\omega t - 36.87°) \\ v_b(t) = 162\cos(\omega t - 156.87°) \\ v_c(t) = 162\cos(\omega t - 276.87°) \end{cases} \quad (2\text{-}98)$$

请注意，这三个电压的大小是相同的，而相位相对彼此间隔 $120°$（见图 2-19），这个三相系统被称为平衡（或对称）系统。

2.3.1 不对称三相系统的对称分量

三相系统一般被设计为对称系统。然而，三相系统在许多情况下变得不对称（或不平衡）。为了分析这些情况下的系统，将不对称系统转换为三个对称系统，称为正、负和零序。这一概念已在图 2-20 中得到证明，并且可以用数学的形式写成

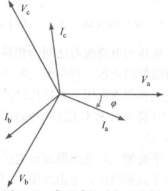

图 2-19 典型感性对称（平衡）三相电路的电压和电流

$$\begin{cases} V_a = V_a^+ + V_a^- + V_a^0 \\ V_b = V_b^+ + V_b^- + V_b^0 \\ V_c = V_c^+ + V_c^- + V_c^0 \end{cases} \quad (2\text{-}99)$$

请注意，正分量和负分量是平衡的，即 $V_b^+ = a^2 V_a^+$，$V_c^+ = a V_a^+$，$V_b^- = a V_a^-$，$V_c^- = a^2 V_a^-$，式中 $a = e^{j2\pi/3}$。因此可得

$$\begin{bmatrix} V_a \\ V_b \\ V_c \end{bmatrix} = \begin{bmatrix} 1 & 1 & 1 \\ 1 & \alpha^2 & \alpha \\ 1 & \alpha & \alpha^2 \end{bmatrix} \begin{bmatrix} V_a^0 \\ V_a^+ \\ V_a^- \end{bmatrix} \quad (2\text{-}100)$$

通常，对称分量标识简化如下：

$$\begin{bmatrix} V_a \\ V_b \\ V_c \end{bmatrix} = \begin{bmatrix} 1 & 1 & 1 \\ 1 & \alpha^2 & \alpha \\ 1 & \alpha & \alpha^2 \end{bmatrix} \begin{bmatrix} V_0 \\ V_1 \\ V_2 \end{bmatrix} \qquad (2\text{-}101)$$

其中，$V_0 = V_a^0$，$V_1 = V_a^+$，$V_2 = V_a^-$，矩阵方程式（2-101）可以写为 $V_{abc} = AV_{012}$，逆变换为

$$\begin{bmatrix} V_0 \\ V_1 \\ V_2 \end{bmatrix} = \frac{1}{3}\begin{bmatrix} 1 & 1 & 1 \\ 1 & \alpha & \alpha^2 \\ 1 & \alpha^2 & \alpha \end{bmatrix} \begin{bmatrix} V_a \\ V_b \\ V_c \end{bmatrix} \qquad (2\text{-}102)$$

对称分量的概念最初由 Charles LeGeyt Fortescue（1876 ~ 1936 年）提出，用于多相系统。后来，这一理论在 Edith Clarke（伊迪丝·克拉克）1943 年出版的教科书中被简化为三相系统。

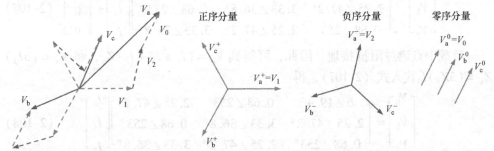

图 2-20　利用三个对称三相电压（称为正序、负序和零序分量）构建不对称三相系统电压的演示

例 2.18

已知 $V_a = 3.578 \angle 42.21°$，$V_b = 6.064 \angle -36.45°$，$V_c = 6.178 \angle 167.57°$，求得这组电压的对称分量。

使用式（2-102），可得

$$\begin{bmatrix} V_0 \\ V_1 \\ V_2 \end{bmatrix} = \frac{1}{3}\begin{bmatrix} 1 & 1 & 1 \\ 1 & \alpha & \alpha^2 \\ 1 & \alpha^2 & \alpha \end{bmatrix} \begin{bmatrix} 3.578 \angle 42.21° \\ 6.064 \angle -36.45° \\ 6.178 \angle 167.57° \end{bmatrix} = \begin{bmatrix} 0.5 \angle 5° \\ 5 \angle 60° \\ 2 \angle -100° \end{bmatrix} \qquad (2\text{-}103)$$

这意味着正序中 A 相的电压分量为 $V_a^+ = V_1 = 5 \angle 60°$，负序中为 $V_a^- = V_2 = 2 \angle -100°$，零序为 $V_a^0 = V_0 = 0.5 \angle 5°$。

例 2.19

如图 2-21 所示，不对称三相负载由对称电压源供电。如果负载中性点通过阻抗接地，求出每相中的电流。

系统不平衡，这意味着中性点的电位不相同。因此，不能简单地求解其中一相，然后通过移相 120°以获得另一相的电流。

$$\begin{bmatrix} V_a \\ V_b \\ V_c \end{bmatrix} = \begin{bmatrix} Z_A & 0 & 0 \\ 0 & Z_B & 0 \\ 0 & 0 & Z_C \end{bmatrix} \begin{bmatrix} I_a \\ I_b \\ I_c \end{bmatrix} + \begin{bmatrix} V_n \\ V_n \\ V_n \end{bmatrix} \tag{2-104}$$

方程可以重写为 $V_{abc} = Z_{abc}I_{abc} + V_n$。利用式（2-101）中的矩阵 A，有 $V_{abc} = AI_{012}$，$I_{abc} = AI_{012}$，可得 $AV_{012} = Z_{abc}AI_{012} + V_n$，因此可得

$$V_{012} = (A^{-1}Z_{abc}A)I_{012} + A^{-1}V_n \tag{2-105}$$

其中阻抗矩阵为

$$Z_{012} = A^{-1} \begin{bmatrix} 5\angle 36.8° & 0 & 0 \\ 0 & 4\angle 0° & 0 \\ 0 & 0 & 3\angle 90° \end{bmatrix} A \tag{2-106}$$

因此，式（2-105）可以重写为

$$\begin{bmatrix} V_0 \\ V_1 \\ V_2 \end{bmatrix} = \begin{bmatrix} 3.33\angle 36.8° & 0.68\angle 253° & 2.25\angle 47.2° \\ 2.25\angle 47.2° & 3.33\angle 36.8° & 0.68\angle 253° \\ 0.68\angle 253° & 2.25\angle 47.2° & 3.33\angle 36.8° \end{bmatrix} \begin{bmatrix} I_0 \\ I_1 \\ I_2 \end{bmatrix} + \begin{bmatrix} V_n \\ 0 \\ 0 \end{bmatrix} \tag{2-107}$$

负载中点通过阻抗接地，因此，可得到 $V_n = (I_a + I_b + I_c)Z_n$，将 $V_n = (3I_0)Z_n = (3Z_n)I_0$ 代入式（2-107），得

$$\begin{bmatrix} V_0 \\ V_1 \\ V_2 \end{bmatrix} = \begin{bmatrix} 6\angle 19.4° & 0.68\angle 253° & 2.25\angle 47.2° \\ 2.25\angle 47.2° & 3.33\angle 36.8° & 0.68\angle 253° \\ 0.68\angle 253° & 2.25\angle 47.2° & 3.33\angle 36.8° \end{bmatrix} \begin{bmatrix} I_0 \\ I_1 \\ I_2 \end{bmatrix} \tag{2-108}$$

同样，由于电源是平衡（对称）的，意味着有 $V_0 = V_2 = 0$，以及 $V_1 = 120\angle 0°$。因此，可得电流为 $I_0 = 9.87\angle -9.83°$，$I_1 = 28\angle -48.9°$，$I_2 = 18.2\angle 135.6°$，负载中的相电流为

$$\begin{bmatrix} I_a \\ I_b \\ I_c \end{bmatrix} = \begin{bmatrix} 1 & 1 & 1 \\ 1 & \alpha^2 & \alpha \\ 1 & \alpha & \alpha^2 \end{bmatrix} \begin{bmatrix} 9.87\angle -9.83° \\ 28\angle -48.9° \\ 18.2\angle 135.6° \end{bmatrix} = \begin{bmatrix} 18.2\angle -33.6° \\ 33.3\angle -132° \\ 46.9\angle 39.3° \end{bmatrix} \tag{2-109}$$

注意到由于负载阻抗的不对称，不同相中的电流大小明显不同。

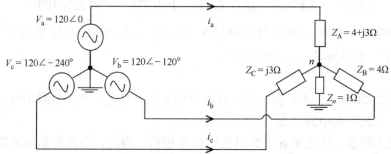

图2-21　平衡三相电源为不对称（不平衡）Y型连接三相负载供电

2.3.2　三相系统的空间矢量

空间矢量理论首次用于三相电机的建模和分析以及电机驱动的控制。利用空间矢量理论，交流电机中的旋转磁场可以与电流直接相关。该概念还用于制定三相 DC/AC 变换器（逆变器）和 AC/DC 变换器（有源整流器）的一些开关技术，以及电网交互式变换器的控制方案。

一组相量，例如 x_a、x_b 和 x_c，可以用复函数表示为

$$\vec{x}(t) = \frac{2}{3}(x_a(t) + \alpha x_b(t) + \alpha^2 x_c(t)) \tag{2-110}$$

式中，$\vec{x}(t)$ 为三相量的空间矢量，且有 $t = e^{j(2\pi/3)} = \cos(2\pi/3) + j\sin(2\pi/3)$，例如，平衡三相电压的空间矢量计算为

$$\vec{v}_1(t) = \frac{2}{3}V_m\left\{\cos(\omega t) + \alpha\cos\left(\omega t - \frac{2\pi}{3}\right) + \alpha^2\cos\left(\omega t - \frac{4\pi}{3}\right)\right\} \tag{2-111}$$

利用附录 A 中的三角恒等式，可以将式（2-111）简化为

$$\vec{v}_1(t) = V_m\{\cos(\omega t) + j\sin(\omega t)\} = V_m e^{j\omega t} \tag{2-112}$$

如图 2-22 所示，该矢量的尖端在以原点为中心和以 V_m 为半径的圆上运行。如果三相电压不平衡，例如，对于 $v_a(t) = (\sqrt{3})V_m\cos(\omega t)$，$v_b(t) = V_m\cos(\omega t - 2\pi/3)$，$v_c(t) = V_m\cos(\omega t - 4\pi/3)$，空间矢量变为

$$\vec{v}_2(t) = V_m\{(\sqrt{3})\cos(\omega t) + j\sin(\omega t)\} \tag{2-113}$$

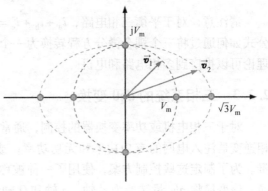

图 2-22　三相电压对称（平衡）时的空间矢量顶端轨迹 $\vec{v}_1$，当三相中的一相 $\vec{v}_2$ 具有更大的幅值，会使得系统不对称

如图 2-22 所示，该矢量顶端在椭圆上运行。

空间矢量理论广泛应用于固态变换器的开关模式和电机驱动器的控制。它还被用于电机和三相电路中的瞬态和异常检测。例如，一组三相电流中的失真可通过图 2-23 所示电流的空间矢量轨迹识别出来。

例 2.20

利用空间矢量定义，建立了由三相电压源供电的 RL 对称三相电路。

三相电压源供电的 RL 对称三相电路可以在 abc 参考坐标系中表示为

$$\begin{bmatrix} v_a \\ v_b \\ v_c \end{bmatrix} = \begin{bmatrix} R_s & 0 & 0 \\ 0 & R_s & 0 \\ 0 & 0 & R_s \end{bmatrix}\begin{bmatrix} i_a \\ i_b \\ i_c \end{bmatrix} + \begin{bmatrix} L_s & L_M & L_M \\ L_M & L_s & L_M \\ L_M & L_M & L_s \end{bmatrix}\frac{d}{dt}\begin{bmatrix} i_a \\ i_b \\ i_c \end{bmatrix} \tag{2-114}$$

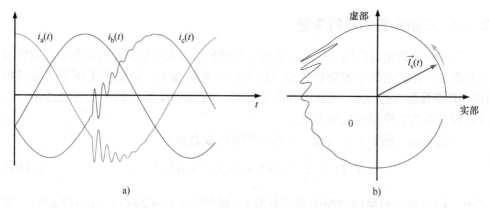

图 2-23　三相电流畸变 a) 及其空间矢量轨迹 b)

请注意，RL 电路中的电感相互耦合，这是交流电机中的典型情况。利用式（2-110）中的空间矢量定义，可以将电路动态公式化如下：

$$\vec{v}_s = R_s \, \vec{i}_s + (L_s - L_M) \frac{\mathrm{d} \vec{i}_s}{\mathrm{d}t} \tag{2-115}$$

请注意，对于平衡三相电路，$i_a + i_b + i_c = 0$。这个简单的例子说明了空间矢量公式如何通过将三个耦合微分方程转换为一个方程来简化电路的分析和控制。这一理论可以推广到多相电路和电机。

2.3.3　三相系统的 *dq*0 变换

对于三相电机或功率变换器的控制，通常需要独立调节两个量。例如，通过三相逆变器注入电网的有功功率和无功功率，或可调速电机驱动器中的速度和磁通量。为了制定这些控制方案，使用了一种被称为直接正交零（*dq*0）变换的数学变换，该变换将 *abc* 量转换为 *d* 轴、*q* 轴和 0 轴量。对于对称三相系统，主（功率）频率下的 0 轴量理论上为零。因此，*d* 轴和 *q* 轴通常用于三相系统的动态分析。如图 2-24 所示，文献存在 *dq*0（有时写为 *qd*0）变换的三种不同形式，这些变换都可用于电机和并网变流器的分析和控制。以下变换贯穿本书，用于 *dq*0 转换（见图 2-24b）。

$$\begin{bmatrix} x_q \\ x_d \\ x_0 \end{bmatrix} = \frac{2}{3} \begin{bmatrix} \cos\theta & \cos\left(\theta - \dfrac{2\pi}{3}\right) & \cos\left(\theta - \dfrac{4\pi}{3}\right) \\ \sin\theta & \sin\left(\theta - \dfrac{2\pi}{3}\right) & \sin\left(\theta - \dfrac{4\pi}{3}\right) \\ \dfrac{1}{2} & \dfrac{1}{2} & \dfrac{1}{2} \end{bmatrix} \begin{bmatrix} x_a \\ x_b \\ x_c \end{bmatrix} \tag{2-116}$$

也可以写为 $X_{dq0} = TX_{abc}$，逆变换矩阵为

相对于*abc*坐标系，Park原始
*dq*坐标系以及参考角θ

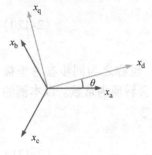

相对于*abc*坐标系，传统*dq*坐标系
(*q*轴超前)以及参考角θ

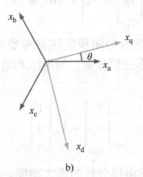

相对于*abc*坐标系，传统*dq*坐标系
(*d*轴超前)以及参考角θ

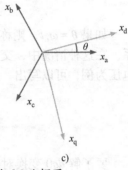

a)　　　　　　　　　　　b)　　　　　　　　　　　c)

图 2-24　相对于 *abc* 坐标系的 Park 坐标系和两个传统的 *dq*0 坐标系

$$T_{\theta}^{-1} \begin{bmatrix} \cos\theta & \sin\theta & 1 \\ \cos\left(\theta - \dfrac{2\pi}{3}\right) & \sin\left(\theta - \dfrac{2\pi}{3}\right) & 1 \\ \cos\left(\theta - \dfrac{4\pi}{3}\right) & \sin\left(\theta - \dfrac{4\pi}{3}\right) & 1 \end{bmatrix} \tag{2-117}$$

例 2.21

将此组三相平衡电压，$v_a(t) = V_m \cos(\omega_e t)$，$v_b(t) = V_m \cos(\omega_e t - 2\pi/3)$，$v_c(t) = V_m \cos(\omega_e t - 4\pi/3)$ 转换至 *dq*0 参考坐标系。

$$\begin{bmatrix} v_q \\ v_d \\ v_0 \end{bmatrix} = \frac{2}{3} \begin{bmatrix} \cos(\theta) & \cos\left(\theta - \dfrac{2\pi}{3}\right) & \cos\left(\theta - \dfrac{4\pi}{3}\right) \\ \sin(\theta) & \sin\left(\theta - \dfrac{2\pi}{3}\right) & \sin\left(\theta - \dfrac{4\pi}{3}\right) \\ \dfrac{1}{2} & \dfrac{1}{2} & \dfrac{1}{2} \end{bmatrix} \begin{bmatrix} V_m \cos(\omega_e t) \\ V_m \cos\left(\omega_e t - \dfrac{2\pi}{3}\right) \\ V_m \cos\left(\omega_e t - \dfrac{4\pi}{3}\right) \end{bmatrix}$$

$$\tag{2-118}$$

如果 θ 为任意角度，利用附录 A 中的三角恒等式 $\cos\alpha\cos\beta + \cos(\alpha - 2\pi/3)$ $\cos(\beta - 2\pi/3) + \cos(\alpha - 4\pi/3)\cos(\beta - 4\pi/3) = (3/2)\cos(\alpha - \beta)$，式（2-118）可以化简为

$$\begin{bmatrix} v_q \\ v_d \\ v_0 \end{bmatrix} = \frac{2}{3} \begin{bmatrix} \left(\dfrac{3}{2}\right) V_m \cos(\theta - \omega_e t) \\ \left(\dfrac{3}{2}\right) V_m \sin(\theta - \omega_e t) \\ 0 \end{bmatrix} = V_m \begin{bmatrix} \cos(\theta - \omega_e t) \\ \sin(\theta - \omega_e t) \\ 0 \end{bmatrix} \tag{2-119}$$

使用 *dq*0 变换，可将任意对称三相系统变换为两相系统。检查式（2-119）可以知道在变换矩阵中选择 2/3 因子的原因。在三相电机和固态变流器的控制理论中，通常使用两种参考坐标系，即（*i*）静止参考坐标系和（*ii*）同步参考坐标系。

如果 $\theta = 0$，则称该坐标系为静止参考坐标系，也称为 $\alpha\beta$ 变换。

$$\begin{bmatrix} v_q \\ v_d \\ v_0 \end{bmatrix} = V_m \begin{bmatrix} \cos(\omega_e t) \\ -\sin(\omega_e t)) \\ 0 \end{bmatrix} \tag{2-120}$$

如果 $\theta = \omega_e t$，则称该坐标系为同步旋转参考坐标系，也称之为同步参考坐标系。在这种情况中，交流对称三相分量，如电压和电流，会转换为常数。以本例的电压为例，可以写出

$$\begin{bmatrix} v_q \\ v_d \\ v_0 \end{bmatrix} = V_m \begin{bmatrix} 1 \\ 0 \\ 0 \end{bmatrix} \tag{2-121}$$

要了解 $dq0$ 变换对于简化电机分析的强大功能，读者可以阅读以下例子。

例 2.22

三相电机定子绕组中的转子电流产生的磁通量由以下方程式给出：

$$\begin{bmatrix} \lambda_{as} \\ \lambda_{bs} \\ \lambda_{cs} \end{bmatrix} = \begin{bmatrix} L_m\cos\theta_r & L_m\cos\left(\theta_r + \dfrac{2\pi}{3}\right) & L_m\cos\left(\theta_r - \dfrac{2\pi}{3}\right) \\ L_m\cos\left(\theta_r - \dfrac{2\pi}{3}\right) & L_m\cos(\theta_r) & L_m\cos\left(\theta_r + \dfrac{2\pi}{3}\right) \\ L_m\cos\left(\theta_r + \dfrac{2\pi}{3}\right) & L_m\cos\left(\theta_r - \dfrac{2\pi}{3}\right) & L_m\cos\theta_r \end{bmatrix} \begin{bmatrix} i_{ar} \\ i_{br} \\ i_{cr} \end{bmatrix}$$

$$\tag{2-122}$$

式中，θ_r 是相对于 A 相定子绕组的转子角度。将此方程式转换为 $dq0$ 参考坐标系。

根据图 2-25，定子和转子量在 q 轴和 d 轴上的投影可以利用 $\boldsymbol{T}_{\theta_s}$ 和 $\boldsymbol{T}_{(\theta_s - \theta_r)}$ 变换矩阵得到

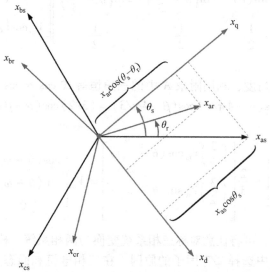

图 2-25　dq 和 abc 参考坐标系下交流电机的定子和转子磁轴

$$T_{\theta_s}\begin{bmatrix} \lambda_{qs} \\ \lambda_{ds} \\ \lambda_{0s} \end{bmatrix} = L_M T_{(\theta_s - \theta_r)}\begin{bmatrix} i_{qr} \\ i_{dr} \\ i_{0r} \end{bmatrix} \qquad (2\text{-}123)$$

矩阵两侧同时乘以 $T_{\theta_s}^{-1}$ 有

$$\begin{bmatrix} \lambda_{qs} \\ \lambda_{ds} \\ \lambda_{0s} \end{bmatrix} = T_{\theta_s}^{-1} L_M T_{(\theta_s - \theta_r)}\begin{bmatrix} i_{qr} \\ i_{dr} \\ i_{0r} \end{bmatrix} \qquad (2\text{-}124)$$

将式（2-122）中的 L_M 矩阵代入 $T_{\theta_s}^{-1} L_M T_{(\theta_s - \theta_r)}$ 可得

$$\begin{bmatrix} \lambda_{qs} \\ \lambda_{ds} \\ \lambda_{0s} \end{bmatrix} = \begin{bmatrix} \dfrac{3}{2}L_m & 0 & 0 \\ 0 & \dfrac{3}{2}L_m & 0 \\ 0 & 0 & 0 \end{bmatrix}\begin{bmatrix} i_{qr} \\ i_{dr} \\ i_{0r} \end{bmatrix} \qquad (2\text{-}125)$$

请注意，abc 参考坐标系中磁通和转子电流之间的耦合关系可以转换为 $dq0$ 参考坐标系中的解耦方程。解耦功能使交流电机、有源整流器和电网交互型逆变器的分析和控制更加方便，如第 8～11 章所述。

2.4　瞬时和平均功率

2.4.1　单相电路中的功率

单相电路中的瞬时功率定义为

$$p(t) = v(t)i(t) \qquad (2\text{-}126)$$

用 $v(t) = V_m\cos(\omega t)$ 和 $i(t) = I_m\cos(\omega t - \varphi)$ 代替电压和电流，瞬时功率可分为常数项和正弦项，随电源频率的两倍而变化。

$$p(t) = V_m I_m \cos(\omega t)\cos(\omega t - \varphi) = \frac{V_m I_m}{2}\cos(\varphi) + \frac{V_m I_m}{2}\cos(2\omega t - \varphi) \qquad (2\text{-}127)$$

平均功率也称为有功（实际）功率，是常数项。

$$P = \frac{V_m I_m}{2}\cos\varphi = \left(\frac{V_m}{\sqrt{2}}\right)\left(\frac{I_m}{\sqrt{2}}\right)\cos\varphi = V_{rms}I_{rms}\cos\varphi \qquad (2\text{-}128)$$

其中 $V_{rms} = V_m/\sqrt{2}$ 和 $I_{rms} = I_m/\sqrt{2}$ 分别是电压和电流的 RMS 值。请注意只有小部分电流，即 $I_{rms}\cos\varphi$ 对有功功率有贡献。

例2.23

在线性电路中，电压源 $v(t) = 12\sqrt{2}\cos(120\pi t + 30°)$，电感为 5.136mH，电路电阻为 0.5Ω 时，该电路中的电流为 $i(t) = 6\sqrt{2}\cos(120\pi t - 45.52°)$。求每个元件的有功功率。

电阻两端的电压由以下公式获得：

$$V_{\mathrm{R}} = RI = 0.5 \times (6\angle -45.52°) = 3\angle -45.52°\mathrm{V} \tag{2-129}$$

类似地，电感两端的电压为

$$V_{\mathrm{L}} = (j\omega L)I = (j1.9362) \times (6\angle -45.52°) = 11.62\angle 44.48°\mathrm{V} \tag{2-130}$$

已知电源上的电流和电压相量，电源提供的有功功率可简单计算如下：

$$P_{\mathrm{s}} = 12 \times 6\cos(30° + 45.52°) = 18\mathrm{W} \tag{2-131}$$

类似地，电阻和电感吸收的功率为

$$P_{\mathrm{R}} = 3 \times 6\cos(-45.52° + 45.52°) = 18\mathrm{W} \tag{2-132}$$

$$P_{\mathrm{L}} = 11.62 \times 6\cos(44.48° + 45.52°) = 0\mathrm{W} \tag{2-133}$$

注意，理想的电感元件不吸收任何有功功率。

2.4.2 单相电路中的无功功率

电流方均根值的小部分，即 $I_{\mathrm{rms}}\cos\varphi$ 用于提供有功功率，而电线和电缆的设计必须能够处理电流方均根值 I_{rms}。此外，导线中的功率损耗仅由 RI_{rms}^2 计算，其中 R 是导线的电阻。对于在电路两个节点之间传输的给定有功功率，希望 I_{rms} 和 $I_{\mathrm{rms}}\cos\varphi$ 之间的差异最小。为了量化这种差异，无功功率定义如下：

$$Q = V_{\mathrm{rms}}I_{\mathrm{rms}}\sin\varphi \tag{2-134}$$

式中，Q 是无功功率，单位为 var。同样，视在功率或复功率可以用电压和电流的相量表示为

$$S = (V_{\mathrm{rms}}\mathrm{e}^{j\theta_{\mathrm{v}}})(I_{\mathrm{rms}}\mathrm{e}^{j\theta_{\mathrm{i}}})^* = V_{\mathrm{rms}}I_{\mathrm{rms}}\mathrm{e}^{j(\theta_{\mathrm{v}}-\theta_{\mathrm{i}})} = V_{\mathrm{rms}}I_{\mathrm{rms}}\mathrm{e}^{j(\varphi)} \tag{2-135}$$

也可以写为

$$S = P + jQ = (V_{\mathrm{rms}}I_{\mathrm{rms}}\cos\varphi) + j(V_{\mathrm{rms}}I_{\mathrm{rms}}\sin\varphi) \tag{2-136}$$

如图2-26所示，与电压相量同相的电流分量贡献有功功率，与电压相量垂直的电流分量贡献无功功率。此外，功率因数的定义如下：

$$pf = \frac{P}{|S|} = \cos\varphi \tag{2-137}$$

其中，对于单相电路 $|S| = V_{\mathrm{rms}}I_{\mathrm{rms}}$，单位为 VA。

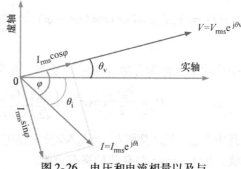

图2-26 电压和电流相量以及与电压相量同相和垂直的电流相量

在线性电路中，无功功率也被定义为由储能元件（即电感和电容）交替吸收和释放的功率。为了解释这个概念，考虑一个由电压源 $v_s(t) = \sqrt{2}\,V_{rms}\cos(\omega t)$ 激励的 RL 电路，计算稳态工作时这些元件的瞬时功率。

电阻的瞬时功率 $p_R(t)$ 计算如下：

$$p_R(t) = v_R i_R = (Ri)i = R\{\sqrt{2}I_{rms}\cos(\omega t - \varphi)\}^2 = RI_{rms}^2 + RI_{rms}^2\cos2(\omega t - \varphi) \tag{2-138}$$

因为 $\varphi = \tan^{-1}(\omega L/R)$，且 $I_{rms} = V_{rms}/\sqrt{R^2 + (L\omega)^2}$，$RI_{rms}^2$ 可以写为 $V_{rms}I_{rms}\cos\varphi$，得到

$$p_R(t) = V_{rms}I_{rms}\cos\varphi + V_{rms}I_{rms}\cos\varphi\cos2(\omega t - \varphi) \tag{2-139}$$

如图 2-27 所示，对于任何 t，有 $p_R(t) \geqslant 0$。电感的瞬时功率 $p_L(t)$ 为

$$p_L(t) = v_L i_L = \left(L\frac{di}{dt}\right)i = [-L\omega\sqrt{2}I_{rms}\sin(\omega t - \varphi)]\sqrt{2}I_{rms}\cos(\omega t - \varphi) \tag{2-140}$$

方程可改写为

$$p_L(t) = -L\omega I_{rms}^2\sin2(\omega t - \varphi) \tag{2-141}$$

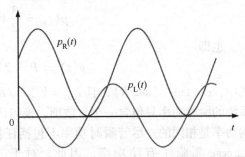

图 2-27　RL 串联电路电阻和电感的瞬时功率

因为 $\varphi = \tan^{-1}(\omega L/R)$，且 $I_{rms} = V_{rms}/\sqrt{R^2 + (L\omega)^2}$，$L\omega I_{rms}^2$ 可以写为 $V_{rms}I_{rms}\sin(\varphi)$，得到

$$p_L(t) = -V_{rms}I_{rms}\sin(\varphi)\sin2(\omega t - \varphi) \tag{2-142}$$

$p_R(t)$ 平均功率为 $P_R = V_{rms}I_{rms}\cos\varphi$，而 $p_L(t)$ 平均功率为 $P_L = 0$。进而，电源的瞬时功率 $p_s(t)$ 也可以写为

$$p_s(t) = 2V_{rms}I_{rms}\cos(\omega t)\cos(\omega t - \varphi) \tag{2-143}$$

式（2-143）可以分解成两项，表示为

$$p_s(t) = V_{rms}I_{rms}\cos\varphi + V_{rms}I_{rms}\cos(2\omega t - \varphi) \tag{2-144}$$

可知瞬时功率在 $V_{rms}I_{rms}\cos\varphi - V_{rms}I_{rms}$ 和 $V_{rms}I_{rms}\cos\varphi + V_{rms}I_{rms}$ 之间变化。为了比较 $p_s(t)$ 相对于 $p_R(t)$ 和 $p_L(t)$ 的大小，有

$$p_s(t) = V_{rms}I_{rms}\cos\varphi + V_{rms}I_{rms}\cos(2(\omega t - \varphi) + \varphi) \tag{2-145}$$

式（2-145）可以分解成两部分，即 $p_s(t) = p_R(t) + p_L(t)$，电感瞬时功率 $p_L(t)$ 的大小，定义为无功功率为

$$Q = V_{rms}I_{rms}\sin\varphi \tag{2-146}$$

静电场和电磁场中的无功功率不能被转换为任何其他类型的能量，但在能量转换的过程中，必须提供无功功率作为缓冲器。例如，在电动机中，无功功率产生的磁场将电能转换为机械能。

2.4.3 三相系统中的功率计算

在三相系统中，瞬时功率定义为

$$p(t) = v_a(t)i_a(t) + v_b(t)i_b(t) + v_c(t)i_c(t) \tag{2-147}$$

对于不含任何谐波的平衡系统，瞬时功率为常量。为了证明这一点，将一组对称三相电压和电流函数代入式（2-147），如下所示：

$$p(t) = V_m I_m \{\cos(\omega t)\cos(\omega t - \varphi) + \cos(\omega t - 2\pi/3)\cos(\omega t - 2\pi/3 - \varphi) + \\ \cos(\omega_t - 4\pi/3)\cos(\omega t - 4\pi/3 - \varphi)\} \tag{2-148}$$

利用三角恒等式 $\cos\alpha\cos\beta + \cos(\alpha - 2\pi/3)\cos(\beta - 2\pi/3) +$
$\cos(\alpha - 4\pi/3)\cos(\beta - 4\pi/3) = (3/2)\cos(\alpha - \beta)$ 可得

$$p(t) = \frac{3}{2}V_m I_m \cos\varphi \tag{2-149}$$

也即

$$p(t) = P = 3V_{rms}I_{rms}\cos\varphi \tag{2-150}$$

式中，$\varphi = \tan^{-1}(\omega L/R)$；且 $I_{rms} = V_{rms}/\sqrt{R^2 + (L\omega)^2}$。与单相电路相反，平衡三相系统的瞬时功率只包含一个常数项。换句话说，在平衡三相系统中，瞬时功率和平均功率是相同的。尽管瞬时功率不包括任何时变分量，但仍有小部分相电流，即 $I_{rms}\cos\varphi$ 贡献了有功功率，因此，对于三相系统，无功功率定义为 $Q = 3V_{rms}I_{rms}\sin\varphi$。

2.4.4 空间矢量和 $dq0$ 坐标系中的有功功率和无功功率

对于瞬时有功功率和无功功率在 $dq0$ 坐标系下表示。先从 abc 参考坐标系中的瞬时功率开始。

$$p(t) = v_a i_a + v_b i_b + v_c i_c = \begin{bmatrix} v_a & v_b & v_c \end{bmatrix}\begin{bmatrix} i_a \\ i_b \\ i_c \end{bmatrix} = V_{abc}^T I_{abc} \tag{2-151}$$

abc 坐标系中的电压电流矢量可以利用式（2-116）变换到 $dq0$ 坐标系中，表示为

$$p(t) = (T_\theta^{-1}V_{dq0})^T T_\theta^{-1}I_{dq0} \tag{2-152}$$

利用线性代数伴随矩阵的性质，$(AB)^T = B^T A^T$，式（2-152）可以写成

$$p(t) = V_{dq0}^T (T_\theta^{-1})^T T_\theta^{-1}I_{dq0} \tag{2-153}$$

计算 $(T_\theta^{-1})^T T_\theta^{-1}$，$dq0$ 参考坐标中的瞬时功率为

$$p(t) = V_{dq0}^T \begin{bmatrix} \dfrac{3}{2} & 0 & 0 \\ 0 & \dfrac{3}{2} & 0 \\ 0 & 0 & 3 \end{bmatrix} I_{dq0} = \frac{3}{2}(v_q i_q + v_d i_d) + 3v_0 i_0 \tag{2-154}$$

式中，v_q 和 i_q 是 q 轴上的投影电压和电流矢量；v_d 和 i_d 是 d 轴上的投影电压和电流矢量，如图 2-28 所示。对于对称（平衡）三相系统（或如果三相系统的中性点未接地），$i_0 = 0$，因此，式（2-154）可写成

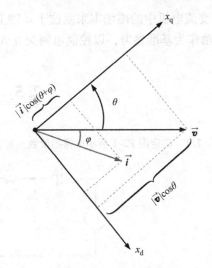

$$p(t) = \frac{3}{2}(v_q i_q + v_d i_d) \quad (2\text{-}155)$$

文献中使用了不同形式的 $dq0$ 变换，例如，以下变换被称为恒功率变换形式。

$$T_\theta = \sqrt{\frac{2}{3}} \begin{bmatrix} \cos\theta & \cos\left(\theta - \dfrac{2\pi}{3}\right) & \cos\left(\theta - \dfrac{4\pi}{3}\right) \\ \sin\theta & \sin\left(\theta - \dfrac{2\pi}{3}\right) & \sin\left(\theta - \dfrac{4\pi}{3}\right) \\ \dfrac{1}{\sqrt{2}} & \dfrac{1}{\sqrt{2}} & \dfrac{1}{\sqrt{2}} \end{bmatrix}$$

$$(2\text{-}156)$$

图 2-28 投影在 q 轴和 d 轴上的电流和电压矢量

这样瞬时功率在 $dq0$ 坐标系为 $p(t) = v_q i_q + v_d i_d + v_0 i_0$，这和式（2-154）中不同。在本书中，图 2-24b 所示的 $dq0$ 变换和式（2-116）中给出的 $dq0$ 变换用于三相变换器的控制方案和交流电机动力学分析。

功率公式也可以使用空间向量表示法获得，如下所示：

$$p(t) = \frac{3}{2}Re\{\vec{v} \cdot (\vec{i})^*\} = \frac{3}{2}Re\{(v_q - jv_d)(i_q + ji_d)\} = \frac{3}{2}(v_q i_q + v_d i_d)$$

$$(2\text{-}157)$$

其中 $\vec{v} = v_q - jv_d$，$\vec{i} = i_q - ji_d$。

空间矢量公式允许定义瞬时无功功率，如下所示

$$q(t) = \frac{3}{2}Im\{\vec{v} \cdot (\vec{i})^*\} = \frac{3}{2}Im\{(v_q - jv_d)(i_q + ji_d)\} = \frac{3}{2}(v_q i_d - v_d i_q)$$

$$(2\text{-}158)$$

这两个方程，即 $p(t) = 3/2(v_q i_q + v_d i_d)$ 和 $q(t) = 3/2(v_q i_d - v_d i_q)$，可用于计算电网交互式逆变器的有功和无功功率。如果 $dq0$ 参考坐标系固定在逆变器的输出电压，即 $v_d = 0$ 和 $v_q = V_m$，则有功功率和无功功率可以表示为

$$\begin{cases} p(t) = \left(\dfrac{3}{2}V_m\right)i_q \\[2mm] q(t) = \left(\dfrac{3}{2}V_m\right)i_d \end{cases} \quad (2\text{-}159)$$

这意味着有功功率和无功功率可以分别通过调节 i_q 和 i_d 进行独立控制，详见第 9 章。如第 11 章所述，也可采用类似方法独立控制交流电机中的转矩和磁场。虽

然交流电机中的磁场本来就位于 d 轴上，但也使用图 2-24b 中所示的 $dq0$ 变换选择 d 轴作为基准参考，以控制电网交互式逆变器中的无功功率。

2.5 习 题

2.1 确定图 P2-1 所示电路的阶数，写出输入为 $v_s(t)$，输出为 $v_c(t)$ 时电路的微分方程。

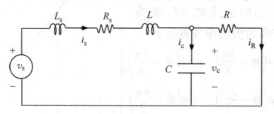

图 P2-1 带有三个储能元件的 RLC 电路

2.2 对于图 P2-1 所示的电路，如果 $L_s = 8\text{mH}$，$R_s = 0.1\Omega$，$L = 2\text{mH}$，$R = 10\Omega$，$C = 100\mu\text{F}$，$v_s(t) = \sqrt{2} \times 115\cos(120\pi t)$，使用相量计算得出输出电压 $v_c(t)$。

2.3 将下面的微分方程线性化，其中 $i_{L0} = 4\text{A}$，当 $v_s(t) = 4u(t)$，$u(t)$ 是阶跃函数时，使用拉普拉斯变换求解线性化方程。

$$\frac{d^2 i_L}{dt^2} + 5\frac{di_L}{dt} + 12\sqrt{i_L} = v_s(t)$$

2.4 如果电路的传递函数如下所示：

$$H(s) = \frac{V_o(s)}{V_i(s)} = \frac{s^2 + 3s}{s^2 + 6s + 25}$$

当输入为 $v_i(t) = u(t) + e^{-3t}u(t)$ 时，求得电路的响应。

2.5 图 P2-2 所示的电路中，开关处于点 A 很长时间。电路中 $R_s = 1\Omega$，$L = 5\text{mH}$，$R = 2\Omega$，$C = 800\mu\text{F}$。如果开关在 $t = 0$ 时刻从点 A 移动到点 B。

（a）计算 $v_C(0^+)$ 和 $\dfrac{dv_C}{dt}(0^+)$。

（b）当 $t \geq 0$ 时，求 $v_C(t)$。

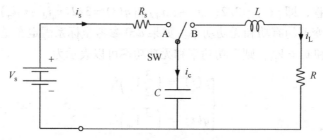

图 P2-2 习题 2.5 的电路图

2.6 在串联 RLC 电路中，$L=50\text{mH}$，$R=4\Omega$，$C=400\mu\text{F}$，当电路处于零初始条件，通过一个 36V 阶跃函数 $v_\text{s}=36u(t)$ 上电。求特性方程，确定电路响应是过阻尼还是欠阻尼，然后求出 $v_\text{C}(t)$。

2.7 在图 P2-3 所示的开关电路中，$R=8\Omega$，$C=1000\mu\text{F}$，$R_\text{s}=2\Omega$，当电路处于零初始条件，通过一个 $V_\text{s}=36\text{V}$ 的电源供电。如果开关的占空比（导通时间百分比）为 50%，开关频率为 10kHz，求该电路的平均动态模型。

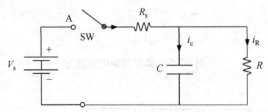

图 P2-3 习题 2.7 和 2.8 的开关电路图

2.8 在图 P2-3 所示的开关电路中，$R=10\Omega$，$C=1200\mu\text{F}$，$R_\text{s}=2.5\Omega$，当电路处于零初始条件，通过一个 $V_\text{s}=36\text{V}$ 的电源供电。如果开关的占空比（导通时间百分比）为 50%，开关频率为 10kHz，利用电容安秒平衡原则，求得稳态时的输出电压 $v_\text{C}(t)$。

2.9 在图 P2-4 所示的开关电路中，$R=10\Omega$，$C=400\mu\text{F}$，$L=2\text{mH}$，电路通过一个 $V_\text{s}=50\text{V}$ 的电源供电。如果开关的占空比（导通时间百分比）为 50%，开关频率为 10kHz，利用电感伏秒平衡和电容安秒平衡原则，求得稳态时的输出电压 $v_\text{C}(t)$。

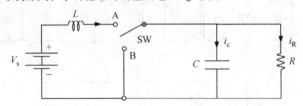

图 P2-4 习题 2.9 和 2.10 的开关电路图

2.10 在图 P2-4 所示的开关电路中，IGBT 作为开关管，其参数为其 $t_\text{ri}=100\text{ns}$、$t_\text{fv}=50\text{ns}$、$t_\text{rv}=100\text{ns}$ 和 $t_\text{fi}=200\text{ns}$。如果 $f_\text{s}=10\text{kHz}$，计算该电路中的开关损耗。

2.11 对于图 P2-5 所示的电流波形，如果 $M=10\text{A}$，$T_\text{s}=20\text{ms}$，$t_\text{d}=1.25\text{ms}$，$t_\text{s}=1.2\text{ms}$。计算

（a）电流的基波分量。

（b）第 5 次和第 7 次谐波电流。

（c）电流的总谐波失真度（THD）。

（d）如果施加的电压为 $v_\text{s}(t)=\sqrt{2}\times115\sin(120\pi t-\pi/6)$，以及电流波形如图 P2-5 所示，计算功率因数 pf。

2.12 考虑图 2-6 所示的平衡三相星形联结串联 RL 电路，系统在 $dq0$ 坐标系中表示如下：

$$\begin{bmatrix} v_\text{q} \\ v_\text{d} \\ v_0 \end{bmatrix} = \begin{bmatrix} R & 0 & 0 \\ 0 & R & 0 \\ 0 & 0 & R \end{bmatrix}\begin{bmatrix} i_\text{q} \\ i_\text{d} \\ i_0 \end{bmatrix} + \begin{bmatrix} L & 0 & 0 \\ 0 & L & 0 \\ 0 & 0 & L \end{bmatrix}\begin{bmatrix} di_\text{q}/dt \\ di_\text{d}/dt \\ di_0/dt \end{bmatrix} + \begin{bmatrix} 0 & \omega L & 0 \\ -\omega L & 0 & 0 \\ 0 & 0 & 0 \end{bmatrix}\begin{bmatrix} i_\text{q} \\ i_\text{d} \\ i_0 \end{bmatrix}$$

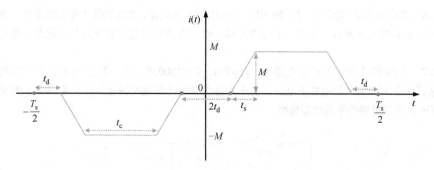

图 P2-5　梯形周期电流波形

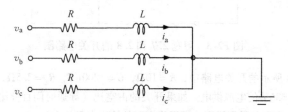

图 P2-6　三相星形联结串联 RL 电路

2.13　考虑图 2-7 中的平衡三相星形联结并联 RC 电路，系统在 $dq0$ 坐标系中表示如下：

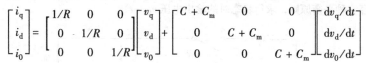

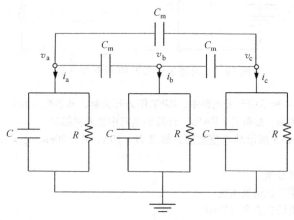

图 P2-7　三相星形联结并联 RC 电路

2.14　对于图 2-21 所示的三相电路，测量得到的相电流值为 $i_a(t)=\sqrt{2}\times10\cos(377t)$，$i_b(t)=\sqrt{2}\times10\cos(377t-2\pi/3)$ 以及 $i_c(t)=\sqrt{2}\times10\cos(377t-4\pi/3)$，计算

（a）负载对称时的相电压，负载为 $Z_A=Z_B=Z_C=6+\mathrm{j}8\Omega$。

（b）用空间矢量表示出（a）中计算的相电压。

(c) 绘出空间矢量的轨迹。

(d) 当 $t = 20\text{ms}$ 时的矢量位置。

2.15 对于图 2-21 所示的三相电路，电压源为 $V_a(t) = \sqrt{2} \times 120\cos(377t)$，$V_b(t) = \sqrt{2} \times 120\cos(377t - 2\pi/3)$ 以及 $V_c(t) = \sqrt{2} \times 120\cos(377t - 4\pi/3)$，计算

(a) 负载不对称时的相电流，负载为 $Z_A = 3 + \text{j}4\Omega$，$Z_B = 6 + \text{j}8\Omega$，$Z_C = 6 + \text{j}8\Omega$。

(b) 用空间矢量表示出（a）中计算的相电流。

(c) 画出空间矢量的轨迹。

(d) 当 $t = 20\text{ms}$ 时的矢量位置。

2.16 将单相全波二极管整流器连接至 120V 电源。变换器向直流电机提供 20A 电流，直流电机可看作恒流负载运行。忽略电路损耗，假设输入电压和基波电流分量之间的相角为零。求

(a) 电源提供的有效电流和电流基波分量的大小。

(b) 有功功率和无功功率［提示：见式（2-88）］。

(c) 功率因数和总谐波失真。

第 **3** 章

磁路的基本概念

　　磁路是电感、电机和电子机械传动器的基础。磁路通常由一个磁源和一个磁通路径（称为磁心）组成。磁源是永磁体或流过电流的线圈。在本章中，将学习使用安培定律和法拉第定律求解磁路。还将了解磁心损耗，以及如何将非理想磁心建模为电路的一部分。

3.1　安　培　定　律

　　永磁体是磁场的天然来源。磁场也可以由闭环电路中的电流产生，在闭环电路中，较大的电流会增强磁场强度 H。远离磁场源的话，磁场强度也会降低。安培定律从数学上描述了这一现象，如下所示：

$$\oint \vec{H} \cdot \mathrm{d}\vec{l} = i \tag{3-1}$$

　　换言之，在长度为 l 的载流导线的完整回路上，磁场强度 H 的线积分与电流 i 成正比（见图 3-1）。

例 3.1

　　如果导线作为闭环电路的一部分，计算距导线一定距离处的磁场强度。

　　考虑一小段导线，以其为中心做一个半径为 r 的圆，如图 3-1 所示，并假设 $\vec{H}$ 幅值在圆上是常数，磁通密度利用安培定律计算有

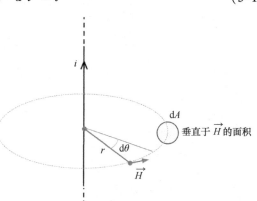

图 3-1　导线流过电流 i，并产生磁场 H，这即是安培定律

$$\int_{0}^{2\pi} H(r\mathrm{d}\theta) = i \tag{3-2}$$

　　如果半径 r 以 m 为单位，则磁场强度 H 的单位为 A/m。因此，磁场强度可计算为

$$H = \frac{i}{2\pi r} \tag{3-3}$$

一个值得注意的观察结果是，磁场强度 H 的计算与物体的物理性质无关。而磁通量 ψ 和磁通密度 B 的计算与磁性材料属性有关，它们是关于磁导率 μ 的函数。

3.2 磁性材料的磁导率

每种磁性材料都包含许多随机方向的磁畴。因此，除 AlNiCo 和铁氧体等永磁材料外，大多数材料的磁性可忽略不计。如果将磁性材料置于外部磁场中，磁畴倾向于与磁场对齐。因此，总通量密度变得更强，即

$$B = \mu_0 H + \mathcal{M} \tag{3-4}$$

式中，B 为磁通密度，单位为 T；$\mathcal{M}$ 是磁心中磁畴（双极）与外部磁场排列形成的磁通密度（见图 3-2a）。在许多实际情况下，磁心的 B 和 H 表示为

$$B = \mu H = \mu_0 \mu_r H \tag{3-5}$$

式中，$\mu_0 = 4\pi \times 10^{-7} \mathrm{H/m}$ 是空气的磁导率；μ_r 和 μ 分别是磁性材料的相对磁

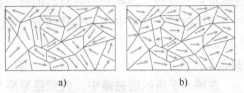

图 3-2 磁畴在不同方向上随机排列 a)，磁畴与外部磁场方向对齐 b)

导率和总磁导率。实际上，μ 不是一个常数，但假设 μ 为常数，在工程计算精度可接受范围之内，这种假设是基于磁心未饱和，如果磁心饱和则不能采用该假设，一旦磁心饱和，大多数内部磁畴已有序排列，并且 $\mathcal{M}$ 保持不变（见图 3-3）。

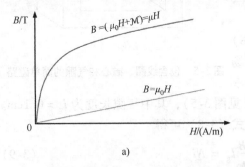

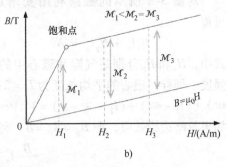

图 3-3 有磁心和无磁心线圈的 $B\text{-}H$ 曲线 a)，以及磁心线圈的分段线性图 b)

材料表面的磁通量（标量）计算如下：

$$\psi = \int \vec{B} \cdot \mathrm{d}\vec{A} \tag{3-6}$$

式中，ψ 是磁通量，单位为 Wb；$\vec{B} = \mu \vec{H}$ 和 $\vec{H}$ 是矢量；A 是计算磁通量的面积，单

位为 m^2，参考图 3-1。假设磁心横截面处的磁通密度是均匀的，在这种情况下，式（3-6）可以写成

$$\psi = BA \tag{3-7}$$

式中，$\vec{B}$ 垂直于横截面。

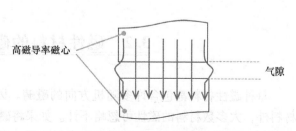

由于气隙的磁导率比磁心的磁导率低，磁通量不像在磁心中那样垂直于截面，因此，磁通量在气隙中略微膨胀，称为边缘效应，如图 3-4 所示。边缘效应使气隙的有效面积略大于磁心的面积，即 $A_g > A_c$。需要注意的是，

图 3-4　磁路气隙中的边缘效应

磁通量是连续的，即离开一种材料的磁通量必须等于进入另一种材料的磁通量，但由于边缘效应，气隙中的磁通密度小于磁心中的磁通密度，即 $B_g < B_c$，如图 3-4 所示。

例 3.2

在图 3-5 所示的磁路中，气隙磁导率为 $\mu_0 = 4\pi \times 10^{-7}$ H/m，磁心磁导率为 $\mu = \mu_r \mu_0$，相对磁导率 $\mu_r = 1000$。磁心的尺寸分别为 $l_1 = 4$cm，$l_2 = 3$cm，$d = 1$cm，$w = 0.5$cm，$\mathscr{g} = 1$mm，$N = 100$，$i = 5$A，计算磁通量及其密度。

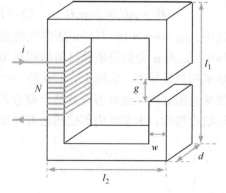

对图 3-5 所示的磁路利用安培定律，可得

$$H_c l_c + H_g l_g = Ni \tag{3-8}$$

式中，H_c 和 H_g 分别是气隙和磁心中的磁场

图 3-5　包含线圈、磁心和气隙的简单磁路

强度。同样，磁心的平均长度为 $l_c = 2(l_2 - w) + (l_1 - w) + (l_1 - w - \mathscr{g}) = 11.9$cm（见图 3-5），其中气隙长度为 $l_g = 0.1$cm。如果忽略边缘效应，即 $B_g = B_c = B$，利用式（3-8）可得

$$\frac{B}{\mu_0 \mu_r} l_c + \frac{B}{\mu_0} l_g = Ni \tag{3-9}$$

磁通密度 B 为

$$B = \frac{Ni}{\dfrac{l_c}{\mu_0 \mu_r} + \dfrac{l_g}{\mu_0}} = \frac{100 \times 5}{\dfrac{11.9 \times 10^{-2}}{4\pi \times 10^{-7} \times 10^3} + \dfrac{0.1 \times 10^{-2}}{4\pi \times 10^{-7}}} = 0.5615\text{T} \tag{3-10}$$

有 $\psi = BA$，当 $A = wd = 0.5 \times 10^{-4} m^2$，可得磁通量为 $\psi = 0.5615 \times (0.5 \times 10^{-4}) = 28\mu$Wb。磁心中的磁通量也可以直接从安培定律中得到。利用磁通量连续

性概念，$\psi = B_c A_c = B_g A_g$，可得

$$\psi = \frac{Ni}{\dfrac{l_c}{\mu_0 \mu_r A_c} + \dfrac{l_g}{\mu_0 A_g}} = 28\mu\text{Wb} \tag{3-11}$$

忽略边缘效应，即有 $A_c = A_g = A$。

3.3 磁阻和磁路

磁场是由导体中的永磁体或电流产生的。在线圈中，磁场强度与导体数量和电流大小成正比。磁通量的来源称为磁动势（mmf）$\mathcal{F}$，对于 N 匝线圈，磁动势为 $\mathcal{F} = Ni$，单位为 AT。根据式（3-11），对于带气隙的磁心 l_g，可写出以下等式：

$$\mathcal{F} = \left(\frac{l_c}{\mu_0 \mu_r A_c} + \frac{l_g}{\mu_0 A_g} \right)\psi \tag{3-12}$$

括号内的项表示磁阻，分别称为磁心和气隙的磁阻，可表示为 $\mathcal{R}_c$ 和 $\mathcal{R}_g$。因此，式（3-12）可重写为

$$\mathcal{F} = (\mathcal{R}_c + \mathcal{R}_g)\psi \tag{3-13}$$

对于具有多个磁柱和线圈的复杂磁路，首先绘制其等效磁路，然后再计算磁阻和磁通量更为方便。电路和磁路之间的类比见表 3-1。求解磁路后，可得到磁路各部分的磁通密度和磁通强度。下面的例子有助于更好地理解求解磁路的等效电路方法。

表 3-1 电路和磁路之间的类比

电路	磁路
电流 I 流过的闭合路径，单位为 A	磁通量 ψ 经过的闭合路径，单位为 Wb
电阻 R，对电流起阻碍作用，单位为 Ω	磁阻 $\mathcal{R}$，对磁通起阻碍作用，单位为 AT/Wb
$E = RI$	$\mathcal{F} = \mathcal{R}\psi$
E 是电动势（emf），单位是 V；R 是电阻，单位为 Ω；I 为电流，单位为 A	$\mathcal{F}$ 是磁动势（mmf）；单位是 AT；$\mathcal{R}$ 是磁阻，单位为 AT/Wb；ψ 是磁通，单位为 Wb
$R = \dfrac{\ell}{\sigma A}$	$\mathcal{R} = \dfrac{l}{\mu A}$
ℓ 是电路的长度，单位为 m；A 是电流路径的横截面，单位为 m²；σ 是电路中材料的电导率	ℓ 是磁路的长度，单位为 m；A 是磁通路径的横截面，单位为 m²；μ 是磁路中材料的磁导率

例 3.3

绘制图 3-6 所示磁心的等效电路，忽略边缘效应，计算磁通量和磁通密度。磁路中参数为 $N_1 = 40$，$N_2 = 100$，$i_1 = 2\text{A}$，$i_2 = 5\text{A}$，$\mu_0 \mu_r = 0.002$，$l_1 = 7.4\text{cm}$，$l_2 = 7.8\text{cm}$，$l_3 = 4.6\text{cm}$，$\mathscr{G} = 1.2064\text{mm}$，$w_1 = 0.2\text{cm}$，$w_2 = 0.6\text{cm}$，$d = 0.4\text{cm}$。

第一步是绘制等效电路，如图 3-6 所示，其中包括两个磁源 $N_1 i_1$ 和 $N_2 i_2$，以及

四个磁阻$\mathcal{R}_1$、$\mathcal{R}_2$、$\mathcal{R}_3$、$\mathcal{R}_g$。磁源的极性都是用右手法则确定的，右手手指的方向为电流的方向，拇指指向北极。线圈的北极在等效电路中用正号表示。第二步是确定具有相同属性的磁性材料、横截面面积和磁通量的路径数量，以计算磁阻。通常，将具有相同磁性材料的串联磁阻集总在等效电路中。例如，图3-6的$\mathcal{R}_2$磁路。用这种简化方法，$\mathcal{R}_1$计算为

$$\mathcal{R}_1 = \frac{l_1 + 2\dfrac{w_2}{2}}{\mu_0\mu_r(w_1 d)} = \frac{8 \times 10^{-2}}{2 \times 10^{-3} \times 0.2 \times 10^{-2} \times 0.4 \times 10^{-2}} \tag{3-14}$$

$$= 5 \times 10^6 \text{AT/Wb}$$

同样，$\mathcal{R}_2$包含三部分。其中垂直柱的长度为$l_1 + w_2$，其横截面较小，另外两个是水平方向，磁路长度为$l_2 + w_1$，因此，可得$\mathcal{R}_2$为

$$\mathcal{R}_2 = \frac{\left(l_1 + 2\dfrac{w_2}{2}\right)}{\mu_0\mu_r(w_1 d)} + \frac{2\left(l_2 + 2\dfrac{w_1}{2}\right)}{\mu_0\mu_r(w_2 d)} \tag{3-15}$$

代入数值有

$$\mathcal{R}_2 = \frac{8 \times 10^{-2}}{2 \times 10^{-3} \times 0.2 \times 10^{-2} \times 0.4 \times 10^{-2}} +$$

$$\frac{16 \times 10^{-2}}{2 \times 10^{-3} \times 0.6 \times 10^{-2} \times 0.4 \times 10^{-2}} = 8.333 \times 10^6 \text{AT/Wb} \tag{3-16}$$

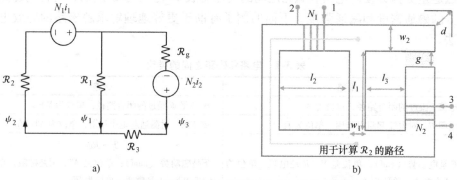

图3-6 含有两个线圈和一个气隙的磁心 b) 及其等效电路 a)

类似地，对于$\mathcal{R}_3$，它有四个部分，但是所有部分的横截面面积相等，因此

$$\mathcal{R}_3 = \frac{2\left(l_3 + \dfrac{w_1}{2} + \dfrac{w_2}{2}\right) + \left(l_1 + \dfrac{w_2}{2} - g\right) + \left(\dfrac{w_2}{2}\right)}{\mu_0\mu_r(w_2 d)} \tag{3-17}$$

代入数值有

$$\mathcal{R}_2 = \frac{10 \times 10^{-2} + 7.88 \times 10^{-2}}{2 \times 10^{-3} \times 0.6 \times 10^{-2} \times 0.4 \times 10^{-2}} \tag{3-18}$$

$$= 3.725 \times 10^6 \text{AT/Wb}$$

忽略边缘效应，气隙磁阻$\mathcal{R}_g$计算为

$$\mathcal{R}_g = \frac{g}{\mu_0 (w_2 d)} = \frac{1.2064 \times 10^{-3}}{4\pi \times 10^{-7} \times 0.6 \times 10^{-2} \times 0.4 \times 10^{-2}} \tag{3-19}$$

$$= 40 \times 10^6 \, \mathrm{AT/Wb}$$

对于图 3-6 所示的磁路,考虑到电路和磁路的类比,回路和节点方程写成

$$\begin{cases} N_1 i_1 = \mathcal{R}_1 \psi_1 + \mathcal{R}_2 \psi_2 \\ N_2 i_2 = \mathcal{R}_3 \psi_3 - \mathcal{R}_1 \psi_1 + \mathcal{R}_g \psi_3 \\ \psi_1 - \psi_2 + \psi_3 = 0 \end{cases} \tag{3-20}$$

写成矩阵形式有

$$\begin{bmatrix} \mathcal{R}_1 + \mathcal{R}_2 & -\mathcal{R}_1 \\ -\mathcal{R}_1 & \mathcal{R}_1 + \mathcal{R}_3 + \mathcal{R}_g \end{bmatrix} \begin{bmatrix} \psi_2 \\ \psi_3 \end{bmatrix} = \begin{bmatrix} N_1 i_1 \\ N_2 i_2 \end{bmatrix} \tag{3-21}$$

磁通值可计算得

$$\begin{bmatrix} \psi_2 \\ \psi_3 \end{bmatrix} = \begin{bmatrix} \mathcal{R}_1 + \mathcal{R}_2 & -\mathcal{R}_1 \\ -\mathcal{R}_1 & \mathcal{R}_1 + \mathcal{R}_3 + \mathcal{R}_g \end{bmatrix}^{-1} \begin{bmatrix} N_1 i_1 \\ N_2 i_2 \end{bmatrix} \tag{3-22}$$

将磁阻和磁源的数值代入有

$$\begin{bmatrix} \psi_2 \\ \psi_3 \end{bmatrix} = \begin{bmatrix} 13.334 \times 10^6 & -5 \times 10^6 \\ -5 \times 10^6 & 48.725 \times 10^6 \end{bmatrix}^{-1} \begin{bmatrix} 80 \\ 500 \end{bmatrix} \tag{3-23}$$

$$= \begin{bmatrix} 10.24 \\ 11.31 \end{bmatrix} \mu \mathrm{Wb}$$

从式(3-20)可得,$\psi_1 = \psi_2 - \psi_3 = -1.07 \mu \mathrm{Wb}$,负号意味着磁通实际方向与图 3-6 中的相反。假设每个截面的磁通量均匀分布,磁通密度 $B = \psi/A$ 为

$$\begin{bmatrix} B_2 \\ B_3 \end{bmatrix} = \begin{bmatrix} \dfrac{10.24 \times 10^{-6}}{0.2 \times 10^{-2} \times 0.4 \times 10^{-2}} \\ \dfrac{11.31 \times 10^{-6}}{0.6 \times 10^{-2} \times 0.4 \times 10^{-2}} \end{bmatrix} = \begin{bmatrix} 1.28 \\ 0.47 \end{bmatrix} \mathrm{T} \tag{3-24}$$

同样,$B_1 = \psi_1/A_1 = 0.134 \mathrm{T}$,注意到最大磁通密度为 $B_2 = 1.28 \mathrm{T}$,它很接近磁性材料 $B-H$ 曲线的拐点。这意味着,横截面的面积 $A_1 = (d w_1)$ 不能再减小。

例 3.4

绘制图 3-7 所示磁心的等效电路,忽略边缘效应,计算气隙磁通量和磁通密度,以及最大磁通密度。磁路中参数为 $N_1 = 25$,$N_2 = 120$,$i_1 = 2 \mathrm{A}$,$i_2 = 5 \mathrm{A}$,$\mu_r \mu_0 = 0.002$,$l_1 = 7.4 \mathrm{cm}$,$l_2 = 11.6 \mathrm{cm}$,$g = 1.2064 \mathrm{mm}$,$w_1 = 0.2 \mathrm{cm}$,$w_2 = 0.6 \mathrm{cm}$,$d = 0.4 \mathrm{cm}$。

该磁路具有单一回路,因此,等效电路可以用磁心磁阻和气隙磁阻表示。然而,在本例中,因为有两个不同的横截面,将磁心磁阻分为 $\mathcal{R}_1$ 及 $\mathcal{R}_2$。

$$\mathcal{R}_1 = \frac{l_1 + 2\dfrac{w_2}{2}}{\mu_0 \mu_r (w_1 d)} = \frac{8 \times 10^{-2}}{2 \times 10^{-3} \times 0.2 \times 10^{-2} \times 0.4 \times 10^{-2}} \tag{3-25}$$

$$= 5 \times 10^6 \, \mathrm{AT/Wb}$$

磁阻 $\mathcal{R}_2$ 一共由四部分组成，如图 3-7 所示。

$$\mathcal{R}_2 = \frac{2\left(l_2 + \frac{w_1}{2} + \frac{w_2}{2}\right) + \left(l_1 + \frac{w_2}{2} - g\right) + \left(\frac{w_2}{2}\right)}{\mu_0 \mu_r (w_2 d)} \quad (3\text{-}26)$$

代入数值可得

$$\mathcal{R}_2 = \frac{24 \times 10^{-2} + 7.88 \times 10^{-2}}{2 \times 10^{-3} \times 0.6 \times 10^{-2} \times 0.4 \times 10^{-2}} \quad (3\text{-}27)$$

$$= 6.642 \times 10^6 \, \text{AT/Wb}$$

最后，气隙磁阻为

$$\mathcal{R}_g = \frac{g}{\mu_0 (w_2 d)} = \frac{1.2064 \times 10^{-3}}{4\pi \times 10^{-7} \times 0.6 \times 10^{-2} \times 0.4 \times 10^{-2}} \quad (3\text{-}28)$$

$$= 40 \times 10^6 \, \text{AT/Wb}$$

利用计算出的磁阻，磁通量从下面的方程中得到，注意，磁源相互作用见图 3-7。

$$N_2 i_2 - N_1 i_1 = (\mathcal{R}_1 + \mathcal{R}_2 + \mathcal{R}_g)\psi \quad (3\text{-}29)$$

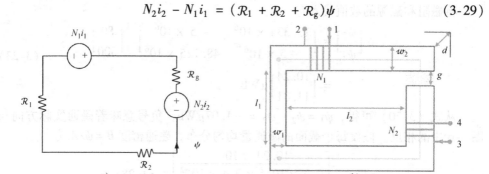

图 3-7　含有两个线圈和一个气隙的磁心 b) 及其等效电路 a)

因此，磁通为

$$\psi = \frac{N_2 i_2 - N_1 i_1}{\mathcal{R}_1 + \mathcal{R}_2 + \mathcal{R}_g} = \frac{600 - 50}{51.642 \times 10^6} = 10.65 \, \mu\text{Wb} \quad (3\text{-}30)$$

最终，气隙处的磁通密度计算为

$$B_g = \frac{10.65 \times 10^{-6}}{0.6 \times 10^{-2} \times 0.4 \times 10^{-2}} = 0.444 \text{T} \quad (3\text{-}31)$$

最大磁通密度出现在磁心横截面面积最小处，因此 $B_{c(\max)} = B_g (w_2 / w_1) = 1.332\text{T}$。

3.4　法拉第定律

法拉第定律是重要的电磁概念之一，它可以解释很多现象，包括电机的稳态和动力学行为。法拉第定律指出，相对线圈位置变化的磁通量会在线圈中产生电压。

感应电压与线圈匝数和闭合磁通量变化成正比。法拉第定律在数学上表示为

$$e = N \frac{\mathrm{d}\psi}{\mathrm{d}t} \tag{3-32}$$

式中，N 是圈数；ψ 是磁通量。如图 3-8 所示，由于磁通密度 B 或有效面积 A 的变化，$\mathrm{d}\psi/\mathrm{d}t$ 会得到非零值。例如，传统变压器中没有任何可移动的部件，因此，只有磁通密度随时间变化，法拉第定律可以写成

$$e = NA \frac{\mathrm{d}B}{\mathrm{d}t} \tag{3-33}$$

例如，直流电机中的磁通量是由直流电源激励定子上的线圈（称为磁场绕组）产生的，而磁通密度是恒定的。但是，随着转子的移动，转子绕组的有效面积随时间而变化。因此，法拉第定律也可以写成

$$e = NB \frac{\mathrm{d}A}{\mathrm{d}t} \tag{3-34}$$

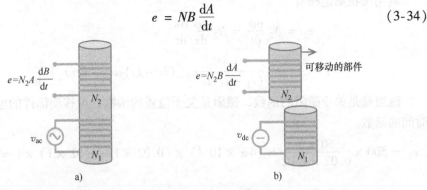

图 3-8 由于磁通量变化、磁通密度变化 a) 和有效横截面积变化 b) 引起的感应电压

在这些方程中，假设磁通密度的向量 $\vec{B}$ 与表面 A 垂直，即 $\vec{A}$ 和 $\vec{B}$ 夹角是零。因此 $\vec{B} \cdot \vec{BA} = BA\cos(0) = BA$，如果 B 在表面上均匀分布，可以写出 $\int \vec{B} \cdot \mathrm{d}\vec{A} = BA$。

例 3.5

在图 3-9 的磁路中，可移动部件在非磁性材料上以 1m/s 的恒定速度在 x 方向从零位置向背面滑动。计算线圈 2 上的感应电压。磁心的尺寸分别为 $l_1 = 5\mathrm{cm}$，$l_2 = 4\mathrm{cm}$，$l_3 = 1.02\mathrm{cm}$，$l_4 = 1\mathrm{cm}$，$w_1 = 2\mathrm{cm}$，$w_2 = 1\mathrm{cm}$，$N_1 = 50$，$N_2 = 500$，$i = 5\mathrm{A}$。

第 2 个线圈上的感应电压由法拉第定律得出，如下所示：

$$e_2 = N_2 \frac{\mathrm{d}\psi}{\mathrm{d}t} \tag{3-35}$$

在这种磁路中，磁通量是可移动部件位置或总磁阻的函数。首先，需要计算气隙磁

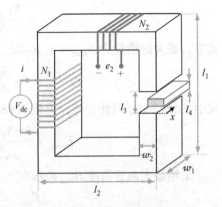

图 3-9 可移动部件滑动时磁心磁阻变化引起的感应电压 e_2

阻作为可移动部件位置的函数，如下所示：

$$\mathcal{R}_g = \frac{\left(\dfrac{l_3 - l_4}{\mu_0(w_1 - x)w_2}\right)\left(\dfrac{l_3}{\mu_0 x w_2}\right)}{\left(\dfrac{l_3 - l_4}{\mu_0(w_1 - x)w_2}\right) + \left(\dfrac{l_3}{\mu_0 x w_2}\right)} = \frac{(l_3 - l_4)l_3}{(l_3 - l_4)\mu_0 x w_2 + l_3 \mu_0(w_1 - x)w_2}$$

(3-36)

注意，对于任意 $x > 0$，移动部件形成了两个并联的气隙磁阻。忽略磁心磁阻，可得 $\mathcal{R}_g + \mathcal{R}_c \approx \mathcal{R}_g$，磁通量计算为

$$\psi = \frac{N_1 i}{\mathcal{R}_g} = \frac{N_1 i}{(l_3 - l_4)l_3}\{(l_3 - l_4)\mu_0 x w_2 + l_3 \mu_0(w_1 - x)w_2\} \quad (3\text{-}37)$$

利用法拉第定律有

$$e_2 = N_2 \frac{\mathrm{d}\psi}{\mathrm{d}t} = N_2 \frac{\mathrm{d}\psi}{\mathrm{d}x}\frac{\mathrm{d}x}{\mathrm{d}t}$$

(3-38)

$$= N_2 \frac{N_1 i}{(l_3 - l_4)l_3}\mu_0 \left[(l_3 - l_4)w_2 - l_3 w_2\right]\frac{\mathrm{d}x}{\mathrm{d}t}$$

磁通量是关于磁阻的函数，磁阻是关于位置的函数，可移动部件的位置是关于时间的函数。

$$e_2 = 500 \times \frac{50 \times 5}{0.02 \times 1.02} \times (4\pi \times 10^{-7}) \times (0.02 \times 1 - 1.02 \times 1) \times 1 = -7.7\text{V}$$

(3-39)

第 2 种情况是当磁路的磁阻为常数时，假设通过线圈 1 中的交流电流为正弦波形

$$i_1(t) = \sqrt{2}\,I_{rms}\sin(\omega t) \quad (3\text{-}40)$$

磁心中建立的磁通量为

$$\psi(t) = \frac{N_1 i_1(t)}{\mathcal{R}_c} = \psi_{max}\sin(\omega t) \quad (3\text{-}41)$$

式中，最大磁通量为 $\psi_{max} = N_1 \times \sqrt{2}I_{rms}/\mathcal{R}_c$，第 2 个线圈上感应的电压为

$$e_2(t) = N_2 \frac{\mathrm{d}\psi}{\mathrm{d}t} = N_2 \psi_{max}\omega\cos(\omega t) \quad (3\text{-}42)$$

式中，$\omega = 2\pi f$，因此，感应电压 RMS 值为

$$E_{rms} = \frac{2\pi N\psi_{max}f}{\sqrt{2}} = 4.44 N\psi_{max}f \quad (3\text{-}43)$$

采用最大磁通密度 B_{max} 表示有

$$E_{rms} = 4.44 N A_c B_{max} f \quad (3\text{-}44)$$

式中，A_c 是有效横截面积；B_{max} 一般选择为靠近 $B - H$ 曲线的饱和点，如图 3-3 所示。

例 3.6

在上例中，如果图 3-9 所示的可移动部件保持在 $x=0$ 位置，而电流波形是正弦的，有效值为 3A，即 $i(t) = 3\sqrt{2}\sin(120\pi t)$。计算第 2 个线圈上的感应电压。

磁心中的磁通量由以下公式得出：

$$\psi = \frac{N_1 i}{\mathcal{R}_g} = \frac{N_1 \mu_0 w_1 w_2}{l_3 - l_4} i = \frac{50 \times 4\pi \times 10^{-7} \times 2 \times 10^{-4}}{0.02 \times 10^{-2}}$$
$$\times \sqrt{2} \times 3\sin(120\pi t) \tag{3-45}$$

$$\psi = (266.5 \times 10^{-6})\sin(120\pi t)\,\text{Wb} \tag{3-46}$$

根据法拉第定律得出感应电压为

$$e_2 = N_2 \frac{\mathrm{d}\psi}{\mathrm{d}t} = 500 \times 266.5 \times 10^{-6} \times 120\pi\cos(120\pi t) \tag{3-47}$$

化简为

$$e_2 = 50.25\cos(120\pi t) \tag{3-48}$$

因此，感应电压有效值为

$$E_{2\text{rms}} = \frac{50.25}{\sqrt{2}} = 35.5\text{V} \tag{3-49}$$

例 3.7

对于上例中提到的相同条件，如果交流电流为 $i(t) = 3\sqrt{2}\sin(800\pi t)$，计算第 2 个线圈上的感应电压。

在此，磁通量幅值与例 3.6 中相同，但频率更高，这意味着

$$\psi = (266.5 \times 10^{-6})\sin(800\pi t)\,\text{Wb} \tag{3-50}$$

根据法拉第定律写出感应电压为

$$e_2 = N_2 \frac{\mathrm{d}\psi}{\mathrm{d}t} = 500 \times 266.5 \times 10^{-6} \times 800\pi\cos(800\pi t) \tag{3-51}$$

瞬时电压为

$$e_2 = 334.8\cos(800\pi t) \tag{3-52}$$

因此，有效值电压为

$$E_{2\text{rms}} = \frac{334.8}{\sqrt{2}} = 236.7\text{V} \tag{3-53}$$

虽然两个例子中的磁通量幅值和磁通密度相同，但在这个例子中感应电压要高得多。注意，对于相同电压大小，可以通过增加频率来减小横截面面积、磁心材料、尺寸和重量。

3.5　自感和互感

电感是磁路中每个线圈的属性，单位为 H。线圈的电阻限制了电流的大小，而线圈电感限制了线圈中电流的变化率。为了计算电感，可以用法拉第定律来表示一

个单线圈磁路，有 $\mathcal{R}\psi = Ni$，可得

$$e = N\frac{\mathrm{d}\psi}{\mathrm{d}t} = N\frac{\mathrm{d}}{\mathrm{d}t}\left(\frac{Ni}{\mathcal{R}}\right) = \left(\frac{N^2}{\mathcal{R}}\right)\frac{\mathrm{d}i}{\mathrm{d}t} \tag{3-54}$$

式中，$N^2/\mathcal{R}$ 定义为线圈的电感，单位为 H。

$$L = \frac{N^2}{\mathcal{R}} \tag{3-55}$$

因此，由于磁通量变化导致的感应电压为

$$e = L\frac{\mathrm{d}i}{\mathrm{d}t} \tag{3-56}$$

再次利用法拉第定律，可得

$$e = N\frac{\mathrm{d}\psi}{\mathrm{d}t} = \frac{\mathrm{d}(N\psi)}{\mathrm{d}t} = \frac{\mathrm{d}\lambda}{\mathrm{d}t} \tag{3-57}$$

式中，λ 为磁链，单位为 WbT。假设电感为常数，比较式（3-56）和式（3-57），可以写出磁链、电流以及电感的关系如下：

$$\lambda = Li \tag{3-58}$$

定义磁链 $\lambda = N\psi$，将 $\mathcal{R}\psi = Ni$ 代入，可得

$$\lambda = N\psi = N\left(\frac{Ni}{\mathcal{R}}\right) = \left(\frac{N^2}{\mathcal{R}}\right)i = Li \tag{3-59}$$

同样可以推导出 $L = N^2/\mathcal{R}$。

例 3.8

在图 3-5 的磁路中，磁心磁导率 $\mu = \mu_r\mu_0$，其中相对磁导率 $\mu_r = 1000$。磁心尺寸 $l_1 = 4\mathrm{cm}$，$l_2 = 3\mathrm{cm}$，$d = 1\mathrm{cm}$，$w = 0.5\mathrm{cm}$，$g = 1\mathrm{mm}$，$N = 100$，计算线圈电感。

首先，磁心磁阻计算如下：

$$\mathcal{R}_c = \frac{2(l_2 - w) + 2(l_1 - w) - g}{\mu_r\mu_0 wd} = 1.89 \times 10^6\,\mathrm{AT/Wb} \tag{3-60}$$

气隙磁阻为

$$\mathcal{R}_g = \frac{g}{\mu_0 wd} = 15.91 \times 10^6\,\mathrm{AT/Wb} \tag{3-61}$$

$\mathcal{R}_c$ 和 $\mathcal{R}_g$ 在磁路中串联，电感简化为

$$L = \frac{N^2}{\mathcal{R}_c + \mathcal{R}_g} = 0.56\mathrm{mH} \tag{3-62}$$

如果忽略磁心磁阻，即 $\mathcal{R}_g > \mathcal{R}_c$，这是线圈磁心不饱和时的典型情况，可以仅考虑气隙磁阻来估计线圈电感。在本例中，如果忽略磁心磁阻效应，则线圈电感为 0.62mH。

例 3.9

在图 3-5 所示的磁路中，磁心在磁通密度大于 0.8T 时达到饱和，求电感能流过的最大电流。

磁通密度必须保持在饱和点以下，即 $B < 0.8\mathrm{T}$。如果磁通密度用 ψ/A 代替，则

可以将磁通量以电流的形式写出

$$B = \frac{\psi}{A} = \frac{\psi}{wd} = \frac{\frac{Ni}{\mathcal{R}_c + \mathcal{R}_g}}{wd} < 0.8 \tag{3-63}$$

可得电流约束条件为

$$i < \frac{0.8wd(\mathcal{R}_c + \mathcal{R}_g)}{N} \tag{3-64}$$

因此，流过电感的最大电流计算为

$$I_{max} = \frac{0.8wd(\mathcal{R}_c + \mathcal{R}_g)}{N} = \frac{0.8 \times 0.5 \times 10^{-4} \times 17.8 \times 10^6}{100} \tag{3-65}$$

$$= 7.12A$$

在具有多个线圈绕组的磁路中，还需要计算互感。为了更好地理解互感的概念，从下面的例子开始。

例 3.10

在图 3-10 中，如果节点 2 连接到节点 3，在节点 1 和节点 4 之间测量电感，如图 3-11a 所示，那么串联的总电感是多少？

磁通量的方向相同，因此有效匝数为 $(N_1 + N_2)$，可以写出

$$L = \frac{(N_1 + N_2)^2}{\mathcal{R}} = \frac{N_1^2}{\mathcal{R}} + \frac{N_2^2}{\mathcal{R}} + 2\frac{N_1 N_2}{\mathcal{R}}$$

$$= L_{11} + L_{22} + 2L_{12} \tag{3-66}$$

式中，L_{11} 和 L_{22} 分别为线圈 1 和线圈 2 的自感；L_{12} 为互感。

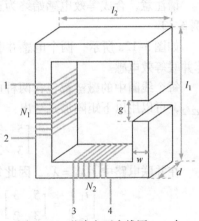

图 3-10　磁路由两个线圈、一个磁心和一个气隙组成

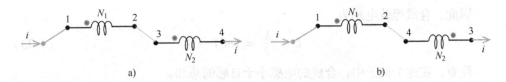

图 3-11　图 3-10 中两个线圈的不同串联方式

例 3.11

在图 3-10 中，如果节点 2 连接到节点 4，并且在节点 1 和节点 3 之间测量电感，如图 3-11b 所示，电路的总电感是多少？

由于这些线圈产生的磁通量方向相反，因此有效匝数为 $|N_1 - N_2|$。可以写出

$$L = \frac{(N_1 - N_2)^2}{\mathcal{R}} = \frac{N_1^2}{\mathcal{R}} + \frac{N_2^2}{\mathcal{R}} - 2\frac{N_1 N_2}{\mathcal{R}} = L_{11} + L_{22} - 2L_{12} \tag{3-67}$$

另一种推荐方法是使用式（3-66），互感是负数。自感系数总是正值，而互感系数可以是负值。通常，当磁通量方向相反时，任何两个线圈之间的互感，如图 3-11b 所示的线圈，可以用负数表示。

例 3.12

如图 3-11a 所示，串联的两个自感为 5mH 和 2mH、互感为 3mH 的线圈，计算串联等效电感。

如图 3-11a 所示，对于两个线圈的串联，$\lambda = \lambda_1 + \lambda_2$，$i_1 = i_2 = i$，可得

$$\lambda = 5i + 3i + 2i + 3i = 13i \tag{3-68}$$

等效电感计算为

$$L = \frac{\lambda}{i} = 13\text{mH} \tag{3-69}$$

请注意，合成等效电感始终为正数。

例 3.13

如图 3-12a 所示，两个电感并联，自感分别为 5mH 和 2mH、互感为 3mH，计算并联等效电感。

每个线圈中的磁链都包含两种电流的影响，即 $\lambda_1 = L_{11}i_1 + L_{12}i_2$ 和 $\lambda_2 = L_{21}i_1 + L_{22}i_2$，可以用以下矩阵形式写出：

$$\begin{bmatrix} 5 & 3 \\ 3 & 2 \end{bmatrix} \begin{bmatrix} i_1 \\ i_2 \end{bmatrix} = \begin{bmatrix} \lambda_1 \\ \lambda_2 \end{bmatrix} \tag{3-70}$$

在并联电路中，$\lambda_1 = \lambda_2$，因此每个线圈中的电流为

$$\begin{bmatrix} i_1 \\ i_2 \end{bmatrix} = \begin{bmatrix} 5 & 3 \\ 3 & 2 \end{bmatrix}^{-1} \begin{bmatrix} \lambda \\ \lambda \end{bmatrix} = \begin{bmatrix} 2 & -3 \\ -3 & 5 \end{bmatrix} \begin{bmatrix} \lambda \\ \lambda \end{bmatrix} \tag{3-71}$$

两个线圈并联有 $i = i_1 + i_2$，即

$$i = (2 - 3 - 3 + 5)\lambda \tag{3-72}$$

因此，合成等效电感为

$$L = \frac{\lambda}{i} = 1\text{mH} \tag{3-73}$$

注意，在这个例子中，合成的电感小于自感的总和。

对于具有 N 个线圈的磁路，每个线圈的磁链表示为

$$\lambda_n = \sum_{k=1}^{N} L_{nk} i_k \tag{3-74}$$

式中，λ_n 为第 n 个线圈的磁链；λ_{nk} 为第 n 个与第 k 个线圈之间的互感。例如，对于同一个磁心上的两个线圈，磁链写成为

$$\begin{cases} \lambda_1 = L_{11}i_1 + L_{12}i_2 \\ \lambda_2 = L_{21}i_1 + L_{22}i_2 \end{cases} \tag{3-75}$$

图 3-12　图 3-10 中两个线圈的两种不同并联连接

互感的计算公式如下：

$$L_{11} = \frac{\lambda_1}{i_1}\bigg|_{i_2=0}$$

$$L_{12} = \frac{\lambda_1}{i_2}\bigg|_{i_1=0}$$

$$L_{21} = \frac{\lambda_2}{i_1}\bigg|_{i_2=0}$$

$$L_{22} = \frac{\lambda_2}{i_2}\bigg|_{i_1=0} \tag{3-76}$$

注意，对于大多数磁路，$L_{ij} = L_{ji}$。

例 3.14

对于图 3-13 所示的磁路，当忽略边缘效应时，计算自感和互感。在该磁路中，$N_1 = 50$，$N_2 = 60$，$\mu_r \mu_0 = 0.001$，$l_1 = 7.4\,\mathrm{cm}$，$l_2 = 4.4\,\mathrm{cm}$，$g = 3\,\mathrm{mm}$，$w = 0.6\,\mathrm{cm}$，$d = 1\,\mathrm{cm}$。

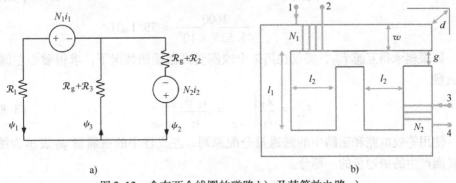

图 3-13　含有两个线圈的磁路 b) 及其等效电路 a)

等效电路如图 3-13a 所示。首先，考虑到磁心几何形状和尺寸，可以计算出所有磁阻。对于磁阻 $\mathcal{R}_1$ 包含磁心左边支柱，即 $l_1 + w$，以及长度均为 $l_2 + w$ 的上下路径。因此 $\mathcal{R}_1$ 计算为

$$\mathcal{R}_1 = \frac{(l_1 + w) + 2(l_2 + w)}{\mu_r \mu_0 w d} = \frac{18 \times 10^{-2}}{0.001 \times 0.6 \times 10^{-4}} \tag{3-77}$$

$$= 3 \times 10^6 \, \mathrm{AT/Wb}$$

因为磁心的对称性，除了减去气隙长度外，即 $(l_1 + w) + 2(l_2 + w) - g$，$\mathcal{R}_2$ 的计算和 $\mathcal{R}_1$ 完全一样，因此 $\mathcal{R}_2$ 计算为

$$\mathcal{R}_2 = \frac{(l_1 + w) + 2(l_2 + w) - g}{\mu_r \mu_0 w d} = \frac{17.7 \times 10^{-2}}{0.001 \times 0.6 \times 10^{-4}} \tag{3-78}$$

$$= 2.950 \times 10^6 \, \text{AT/Wb}$$

内侧支柱的磁阻计算为

$$\mathcal{R}_3 = \frac{(l_1 + w) - g}{\mu_r \mu_0 w d} = \frac{7.7 \times 10^{-2}}{0.001 \times 0.6 \times 10^{-4}} = 1.283 \times 10^6 \, \text{AT/Wb} \tag{3-79}$$

磁路有两个完全一样的气隙，每个气隙的磁阻计算为

$$\mathcal{R}_g = \frac{g}{\mu_0 w d} = \frac{3 \times 10^{-3}}{4\pi \times 10^{-7} \times 0.6 \times 10^{-4}} = 39.789 \times 10^6 \, \text{AT/Wb} \tag{3-80}$$

利用式（3-76）的自感和互感的定义，以及等效电路，假设线圈 2 的电流为 0，计算线圈 1 的自感如下：

$$L_{11} = \frac{\lambda_1}{i_1}\bigg|_{i_2 = 0} = \frac{N_1^2}{\mathcal{R}_1 + (\mathcal{R}_2 + \mathcal{R}_g) \parallel (\mathcal{R}_3 + \mathcal{R}_g)} \tag{3-81}$$

$$= \frac{2500}{23.945 \times 10^6} = 104.4 \, \mu\text{H}$$

类似地，线圈 2 的自感为

$$L_{22} = \frac{\lambda_2}{i_2}\bigg|_{i_1 = 0} = \frac{N_2^2}{\mathcal{R}_2 + \mathcal{R}_g + (\mathcal{R}_1) \parallel (\mathcal{R}_3 + \mathcal{R}_g)} \tag{3-82}$$

$$= \frac{3600}{45.535 \times 10^6} = 79.1 \, \mu\text{H}$$

如果要求得互感 L_{12}，需仅在第 2 个线圈受到激励的情况下，求得磁心左侧的磁通量。

$$L_{12} = \frac{\lambda_1}{i_2}\bigg|_{i_1 = 0} = \frac{N_1 \psi_1}{i_2}\bigg|_{i_1 = 0} \tag{3-83}$$

使用等效电路和磁路中的磁通量分配原则，左支柱中的磁通量 ψ_1 表示为第 2 个线圈产生的磁通量的一部分。

$$\psi_1 = -\frac{(\mathcal{R}_3 + \mathcal{R}_g)}{\mathcal{R}_1 + (\mathcal{R}_3 + \mathcal{R}_g)} \psi_2 = -0.932 \psi_2 \tag{3-84}$$

请注意，只有第 2 个线圈通电励磁，因此右支柱的磁通量计算为

$$\psi_2 = \frac{N_2 i_2}{(\mathcal{R}_2 + \mathcal{R}_g) + \dfrac{\mathcal{R}_1 (\mathcal{R}_3 + \mathcal{R}_g)}{\mathcal{R}_1 + (\mathcal{R}_3 + \mathcal{R}_g)}} = \frac{60 i_2}{45.535 \times 10^6} \tag{3-85}$$

将式（3-85）代入式（3-84）得

$$\psi_1 = -0.932 \times (1.317 \times 10^{-6}) i_2 \tag{3-86}$$

将式（3-86）代入式（3-83）得

$$L_{12} = \frac{-0.932 \times 50 \times (1.317 \times 10^{-6}) i_2}{i_2} = -61.4 \mu H \tag{3-87}$$

请注意，由于图 3-13 中 ψ_1 和 ψ_2 方向相反，因此互感变为负数。

例 3.15

对于图 3-13 的磁路，如果节点 2 连接到节点 3，在节点 1 和节点 4 之间测量得到的电感是多少？

线圈串联，但产生的磁通量方向相反，这样有

$$L = L_{11} + L_{22} + 2L_{12} = 104.4 + 79.1 + 2 \times (-61.4) = 60.7 \mu H \tag{3-88}$$

在此示例中，此串联合成等效电感小于每个线圈电感。

3.6 电流对电感的影响

在上一节中，假设电感在其 $B - H$ 曲线的饱和点以下工作，因此，电感量不依赖于电流大小。实际上，电感在磁心饱和点附近工作时，$B - H$ 曲线不能假设为线性。因此，电感的电感量被定义为工作点处 $\lambda - i$ 曲线的斜率，其数学表示如下：

$$L = \frac{\partial \lambda}{\partial i} \tag{3-89}$$

例 3.16

当 a）$i = 0.08 A$ 和 b）$i = 0.32 A$ 时，求图 3-14 所示线圈电感 L。磁心 $B - H$ 曲线近似为图 3-14 所示的三个线性段，$l_c = 0.16 cm$，$A_c = 2 \times 10^{-4} m^2$。

对于 $i = 0.08 A$，磁通强度可通过下式获得

$$H = \frac{Ni}{l_c} = \frac{200 \times 0.08}{0.16} = 100 AT/m \tag{3-90}$$

从 $B - H$ 曲线中，可得 $\mu = \Delta B/\Delta H = 0.6/300 = 0.002 H/m$，计算 $B = \mu H = 0.002 \times 100 = 0.2 T$，因此电感为

$$L = \frac{N^2}{\mathcal{R}} = \frac{\mu A_c N^2}{l_c} = \frac{0.002 \times 2 \times 10^{-4} \times 200^2}{0.16} \tag{3-91}$$

$$= 0.1 H = 100 mH$$

对于 $i = 0.32 A$，磁通强度可通过以下公式获得

$$H = \frac{Ni}{l_c} = \frac{200 \times 0.32}{0.16} = 400 AT/m \tag{3-92}$$

从 $B - H$ 曲线中，可得 $\mu = \Delta B/\Delta H = 0.2/500 = 0.0004 H/m$，因此电感量为

$$L = \frac{N^2}{\mathcal{R}} = \frac{\mu A_c N^2}{l_c} = \frac{0.0004 \times 2 \times 10^{-4} \times 200^2}{0.16} \tag{3-93}$$

$$= 0.02 H = 20 mH$$

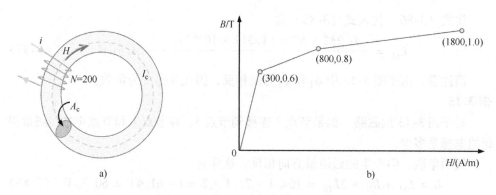

图 3-14　磁路 a）和磁心 $B - H$ 曲线 b）

这个例子表明，当增加电流使磁心几乎饱和时，电感量显著下降。

例 3.17

磁心的 $B - H$ 曲线如图 3-15 所示。每个磁心钢片总长度为 16cm，宽度为 0.8cm。设计一个电感（确定磁心尺寸、气隙长度和线圈匝数），电感量为 10mH，额定电流为 5A。

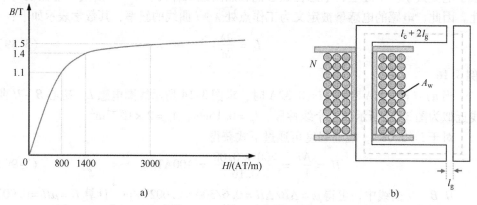

图 3-15　磁心 $B - H$ 曲线 a）和具有两个气隙的磁心及一个 N 匝线圈 b）

需要求出图 3-15 磁心的 l_g、A_c 和 N，使得电感能在 5A 的额定电流时提供 10mH 的电感量。在磁心中绕制 N 匝线圈，如图 3-15b 所示。请注意，只有小部分磁心窗口区域被铜线填充，因为 1）圆形导线不能完美堆叠，2）由于导线尺寸和绝缘要求，绝缘层需要占据一定的空间，3）骨架也会占据一定的窗口空间。通常，可用的磁心窗口面积应至少为 50%。因此可得

$$NA_w < 0.5 \left(\frac{l_c}{4} - w \right)^2 \qquad (3\text{-}94)$$

式中，A_w 是导线的横截面积；$((l_c/4) - w)^2$ 是方形磁心窗口面积的近似值。对于 5A 的额定直流电流，可选择 14 号线（14AWG），即 $A_w = 2.08\text{mm}^2$，其结果为 $N < 246.1$ 匝。所期望的电感是 10mH，图 3-15 的磁心电感公式为

$$L = \frac{N\psi}{i} = \frac{NB_c A_c}{i} = 0.01 \tag{3-95}$$

磁心磁通密度应选择 $B - H$ 曲线拐点附近，例如 1.1T，这样可以减小磁心体积。选择 $B_c = 1.1\text{T}$，$N = 240$，利用式（3-95），求得磁心横截面积为 $A_c = 1.894\text{cm}^2$。利用 $B - H$ 曲线，磁心磁导率近似为

$$\mu_c = \begin{cases} \dfrac{1.1}{800} = 1.375 \times 10^{-3} & 0 < B_c \leq 1.1 \\[2mm] \dfrac{1.5 - 1.4}{3000 - 1400} = 0.0625 \times 10^{-3} & 1.4 \leq B_c \leq 1.5 \end{cases} \tag{3-96}$$

当磁通密度 B_c 从 1.1T 增加到 1.4T 时，磁导率 μ_c 从 1.375×10^{-3} 降至 0.0625×10^{-3}。忽略边缘效应，利用安培定律 $H_c l_c + H_g(2l_g) = Ni$，计算出气隙长度为

$$I_g = \frac{\mu_0}{2}\left(\frac{Ni}{B_c} - \frac{l_c}{\mu_c}\right) = 0.61\text{mm} \tag{3-97}$$

这种方法可能不会是最佳设计，在额定电流为 5A，10mH 电感的情况下，可以通过减小磁心体积来获得最佳设计。

3.7 磁场能量

在由磁心和线圈组成的磁路中，如图 3-16 所示，当线圈由电压源 $v_s(t)$ 激励时，瞬时功率为

$$p_s(t) = v_s(t)i(t) = (Ri(t) + e(t))i(t) = \underbrace{R\,i^2(t)}_{\text{损耗}} + e(t)i(t) \tag{3-98}$$

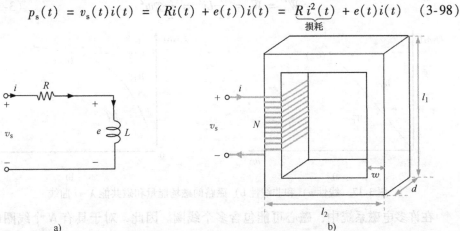

图 3-16 忽略磁心损耗的简单磁路 b）和线圈电路模型 a）

减去导通损耗（铜损耗），即 $Ri^2(t)$，传递到磁心的能量为

$$W_f = \int_0^t e(t')i(t')\,dt' \tag{3-99}$$

假设在 t 时刻，磁通量等于 λ，根据法拉第定律，即 $e = d\lambda/dt$，重写式 (3-99) 如下:

$$W_f = \int_0^t \frac{d\lambda(t')}{dt'}i(t')\,dt' = \int_0^\lambda i\,d\lambda' \tag{3-100}$$

利用线性和非线性磁路的 $\lambda - i$ 曲线，表示 W_f 的区域如图 3-17 所示。对于线性磁路，假设 $\lambda = Li$，L 是常数。因此，储存在磁场中的能量可写为

$$W_f = \int_0^\lambda \frac{\lambda'}{L}\,d\lambda' = \frac{1}{L}\int_0^\lambda \lambda'\,d\lambda' = \frac{1}{2L}\lambda^2 \tag{3-101}$$

当 $\lambda = N\psi$，且 $L = N^2/\mathcal{R}$ 时，磁场能量可以写成磁通量 ψ 的函数

$$W_f = \frac{1}{2L}\lambda^2 = \frac{1}{2L}(N\psi)^2 = \frac{1}{2}\left(\frac{N^2}{L}\right)\psi^2 = \frac{1}{2}\mathcal{R}\psi^2 \tag{3-102}$$

磁场能量同样可以写成电流 i 的函数，表示为

$$W_f = \frac{1}{2}\lambda i = \frac{1}{2}(Li)i = \frac{1}{2}Li^2 \tag{3-103}$$

通常，用一个称之为"磁共能"的量 W'_f，用于简化电机中力和转矩导数的公式。虽然磁共能不是一个物理量，但它作为一个数学变量表示如下:

$$W'_f = i\lambda - W_f \tag{3-104}$$

对于线性磁路而言，$W'_f = W_f$，如图 3-17a 所示。因此可得

$$W'_f = W_f = \frac{1}{2}Li^2 = \frac{1}{2}\mathcal{R}\psi^2 \tag{3-105}$$

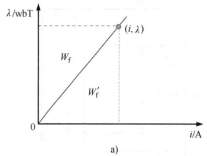
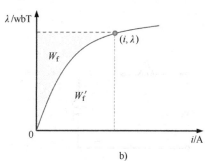

图 3-17 线性 a) 和非线性 b) 磁路的磁场能量和磁共能 $\lambda - i$ 曲线

在许多电磁系统中，磁心可能包含多个线圈。因此，对于具有 N 个线圈的磁路，以下公式用于计算磁心中存储的能量。

$$W_f = \frac{1}{2}\sum_{m=1}^N \sum_{k=1}^N L_{mk} i_m i_k \tag{3-106}$$

为了检验这个方程的有效性，考虑含有两个线圈的磁心。在这个磁路中，有

$\lambda_1 = L_{11}i_1 + L_{12}i_2$ 以及 $\lambda_2 = L_{21}i_1 + L_{22}i_2$。然后，假设线圈 1 中的电流首先从 0 增加到工作点，然后第 2 个线圈被激励，则可以计算能量，其数学表达式为

$$W_f = \int_{0,(i'_2=0)}^{i_1} (L_{11}i'_1 + L_{12}i'_2) di'_1 + \int_{0,(i'_1=i_1)}^{i_2} (L_{21}i'_1 + L_{22}i'_2) di'_2 \qquad (3\text{-}107)$$

i_1 和 i_2 的积分顺序可交换，因此有

$$W_f = \int_{0,(i'_2=0)}^{i_1} (L_{11}i'_1) di'_1 + \int_{0,(i'_1=i_1)}^{i_2} (L_{21}i_1 + L_{22}i'_2) di'_2 \qquad (3\text{-}108)$$

简化为

$$W_f = \frac{1}{2}L_{11}i_1^2 + L_{21}i_1 i_2 + \frac{1}{2}L_{22}i_2^2 \qquad (3\text{-}109)$$

通常有 $L_{21} = L_{12}$，因此式 (3-109) 可以写成闭式形式为

$$W_f = \frac{1}{2}\sum_{m=1}^{2}\sum_{k=1}^{2} L_{mk} i_m i_k \qquad (3\text{-}110)$$

磁场能量 W_f 可以用磁场能量密度 w_f 表示，$W_f = w_f \times$（磁心体积）。利用 $B-H$ 和 $\lambda-i$ 曲线，磁场能量密度 w_f 和磁场能量 W_f 之间的差异如图 3-18 所示。为了计算能量密度 w_f，从式 (3-100) 开始，用 $\lambda = N(A_c B)$ 代替 λ，$i = Hl_c/N$ 代替 i，如下所示：

$$W_f = \int_0^{\lambda} \left(\frac{l_c}{N}\right) H d((NA_c)B) \qquad (3\text{-}111)$$

上式可简化为

$$W_f = \left(\frac{l_c}{N}\right)(NA_c)\int_0^B H dB = (l_c A_c)\int_0^B H dB \qquad (3\text{-}112)$$

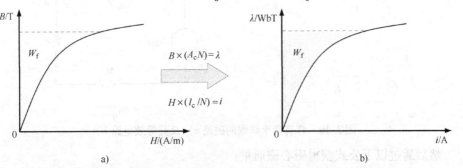

图 3-18　$B-H$ 曲线上的磁场能量密度 a) 和 $\lambda-i$ 曲线上的磁场能量 b)

式中，$l_c A_c$ 是磁心体积，因此，磁场能量密度是

$$w_f = \int_0^B H dB \qquad (3\text{-}113)$$

对于线性磁路，$B = \mu H$，磁场能量密度用磁通量密度 B 表示，如下所示：

$$w_\mathrm{f} = \int_0^B H\mathrm{d}B = \int_0^B \frac{B}{\mu}\mathrm{d}B = \frac{B^2}{2\mu} \tag{3-114}$$

磁场能量密度用磁场强度 H 表示，如下所示：

$$w_\mathrm{f} = \frac{1}{2}BH = \frac{1}{2}\mu H^2 \tag{3-115}$$

注意式（3-113）中给出了计算 w_f 的一般公式，而对于线性磁路，可以使用式（3-114）或式（3-115）。

例 3.18

在图 3-19 所示的磁路中，$\mu_\mathrm{r}\mu_0 = 0.002$，$l_1 = 10\mathrm{cm}$，$l_2 = 9.6\mathrm{cm}$，$g = 1.01\mathrm{mm}$，$w_1 = 1\mathrm{cm}$，$w_2 = 0.5\mathrm{cm}$，$d = 0.4\mathrm{cm}$，$N_1 = 80$，$N_2 = 40$，忽略边缘效应。

（a）如果 $i_1 = 2\mathrm{A}$ 且 $i_2 = 1\mathrm{A}$，计算磁路中存储的总能量，以及

（b）存储在气隙中的能量和能量密度。

首先，通过计算得到磁心和气隙磁阻

$$\mathcal{R}_\mathrm{c} = \frac{l_1 + 2\dfrac{w_1}{2}}{\mu_\mathrm{r}\mu_0(dw_2)} + \frac{2\left(l_2 + 2\dfrac{w_2}{2}\right)}{\mu_\mathrm{r}\mu_0(dw_1)} + \frac{l_1 + 2\dfrac{w_1}{2} - g}{\mu_\mathrm{r}\mu_0(dw_2)} \tag{3-116}$$

$$= 8 \times 10^6 \mathrm{AT/Wb}$$

气隙磁阻为

$$\mathcal{R}_\mathrm{g} = \frac{g}{\mu_0(dw_2)} \cong 40 \times 10^6 \mathrm{AT/Wb} \tag{3-117}$$

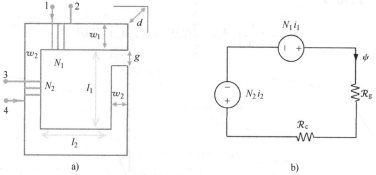

图 3-19　含有两个线圈的磁路 a）及其等效电路 b）

然后通过以下公式获得磁心磁通量：

$$\psi = \frac{N_1 i_1 - N_2 i_2}{\mathcal{R}_\mathrm{c} + \mathcal{R}_\mathrm{g}} = \frac{160 - 40}{48 \times 10^6} = 2.5 \times 10^{-6}\mathrm{Wb} \tag{3-118}$$

线圈产生的磁通量方向相反，磁路中储存的总能量通过以下公式计算：

$$W_\mathrm{f} = \frac{1}{2}(\mathcal{R}_\mathrm{c} + \mathcal{R}_\mathrm{g})\psi^2 = 150\mu\mathrm{J} \tag{3-119}$$

存储在气隙中的能量计算如下：

$$W_{fg} = \frac{1}{2}\mathcal{R}_g\psi^2 = 125\,\mu J \tag{3-120}$$

请注意，大部分能量（即83.3%）存储在气隙中。从式（3-120）可得气隙中的能量密度为

$$\omega_{fg} = \frac{W_{fg}}{d(w_2)g} = 6188 J/m^3 \tag{3-121}$$

例 3.19

对于前面的例子，计算自感和互感，然后计算图 3-19 所示磁路中存储的总能量。

首先，需要计算自感和互感，如下所示：

$$L_{11} = \frac{N_1^2}{\mathcal{R}_c + \mathcal{R}_g} = 133.3\,\mu H$$

$$L_{22} = \frac{N_2^2}{\mathcal{R}_c + \mathcal{R}_g} = 33.3\,\mu H$$

$$L_{12} = \frac{N_1 N_2}{\mathcal{R}_c + \mathcal{R}_g} = -66.6\,\mu H$$

由于流入线圈的电流不同，因此可以利用式（3-106）计算 W_f，如下所示：

$$W_f = \frac{1}{2}(L_{11}i_1i_1 + L_{12}i_1i_2 + L_{21}i_2i_1 + L_{22}i_2i_2) \tag{3-122}$$

与绝大多数磁路一样，$L_{12} = L_{21}$，因此

$$W_f = \frac{1}{2}L_{11}i_1^2 + L_{12}i_1i_2 + \frac{1}{2}L_{22}i_2^2 \tag{3-123}$$

代入自感和互感，磁路中储存的总能量为

$$W_f = \frac{1}{2} \times 133.3 \times 10^{-6} \times 2^2 + (-66.6 \times 10^{-6}) \times 2 \times 1$$
$$+ \frac{1}{2} \times 33.3 \times 10^{-6} \times 1^2 \tag{3-124}$$

结果为 $W_f = 150\,\mu J$，如前例中所预期的一样。这个例子说明了如何在不计算磁心磁通量的情况下直接获得磁路中存储的总能量。

3.8　交流励磁引起的磁心损耗

3.8.1　磁滞损耗

考虑包括磁心和由交流源供电的线圈的磁路。磁滞损耗是由于交流电源和线圈之间电流方向交替时磁心磁化和去磁化引起的。随着磁化电流的增加，磁通量增

加，因此，磁心中的磁畴被外部磁场重新定向（见图3-2）。然而，磁通量的减少速度与电流的减少速度并不相同，在零电流时，磁心中会产生残余磁通量。因此，当磁化电流为零时，磁通密度仍为正值（见图3-20b）。这意味着需要相反方向的电流来迫使磁通密度为零。这使得磁通密度 B 在图3-20所示的磁滞回线上随磁通强度 H 而变化。磁滞回线面积区域表示完成整个磁化和去磁化循环所需的能量，环路面积表示该过程中的能量消耗。

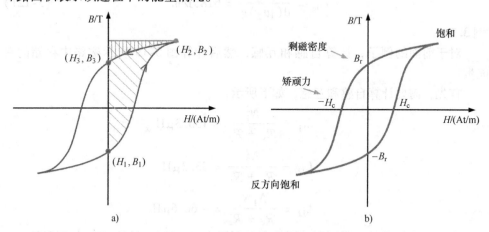

图3-20　交变外部磁场激励的典型磁滞回线

根据正弦电流激励不同材料的实验结果，滞环损耗密度（W/kg）计算公式如下：

$$P_H = K_h f B_{max}^n \tag{3-125}$$

式中，K_h 为滞环系数，且 $1.5 < n < 2.5$，它们取决于磁心材料。

例3.20

图3-20a为磁心的 $B-H$ 曲线，若线圈励磁导致 H 发生变化，导致 B 从（H_1，B_1）到（H_2，B_2）再变化到（H_3，B_3）。如果磁心体积为 $500cm^3$，$B_1 = -0.8T$，$B_2 = 1.2T$，$B_3 = 0.8T$，$H_2 = 1000AT/m$，计算该过程中的能量损耗。

为简化计算，$B-H$ 的变化可通过这三个点中每两点之间的直线近似表示。因此可得

$$\Delta\omega_f = \int_{-0.8}^{1.2} HdB + \int_{1.2}^{0.8} HdB = \frac{100 \times (1.2 + 0.8)}{2}$$
$$+ \frac{1000 \times (0.8 - 1.2)}{2} = 800J/m^3 \tag{3-126}$$

由于磁心体积为 $500cm^3$，能量损耗为

$$\Delta W_f = 体积 \times \Delta\omega_f = (500 \times 10^{-6}) \times 800 = 0.4J \tag{3-127}$$

如果施加交流电流，磁通强度变化幅值在 $\pm1000AT/m$ 之间交替，频率为

60Hz，则本例中损耗近似为 $P_{\text{loss}} = 2 \times 0.4 \times 60 = 48\text{W}$。

3.8.2 涡流损耗

再来考虑磁心，以及由交流电源激励的线圈。在这个磁心中，磁通量随时间而变化，因此，根据法拉第定律，磁心内部会感应一个电压。该感应电压产生环流电流，称为涡流，如图 3-21a 所示。涡流引起的功率损耗称为涡流损耗。为了减少涡流

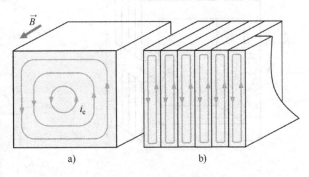

图 3-21 实心磁心 a）和叠层磁心 b）中的涡流

损耗，磁心通常由许多薄片组装而成，称为"硅钢叠片"，如图 3-21b 所示。单个零件的环流小于一个完整实心零件的环流，因为叠片减少了每个零件的面积，导致涡流损耗值较小。硅钢片之间用清漆涂层绝缘，以防止涡流从一个叠片漏到另一个叠片。因为涡流，每个硅钢片中的功率损耗可通过以下公式计算

$$P_{\text{E}} = \frac{E_{\text{e}}^2}{R_{\text{e}}} = \frac{(\gamma f B_{\text{max}})^2}{R_{\text{e}}} \tag{3-128}$$

式中，R_{e} 是每个硅钢片的等效电阻；E_{e} 是由于磁心磁通密度变化而产生的感应电压。可用（W/kg）表示涡流损耗密度，如下所示：

$$P_{\text{E}} = K_{\text{e}}(f B_{\text{max}})^2 \tag{3-129}$$

式中，K_{e} 是涡流损耗系数，它取决于磁心材料和层压厚度。

式（3-125）和式（3-129）为设计阶段提供了有价值的信息，以估算磁心磁滞和涡流损耗，但磁心损耗 P_{core} 通常是通过在不同工作点进行实验获得的，此时磁滞和涡流损耗未单独计算。导通损耗（铜损耗）也可从 $P_{\text{cu}} = Ri^2$ 获得，线圈电阻 R 可通过实验测量。

3.9 非理想线圈的电路模型

在大多数电路分析中，线圈通常被建模为理想的电感。但实际上，线圈有一个固有的电阻，如果它绕在磁心上，磁心损耗是不可忽略的。由交流电压激励的非理想线圈可用图 3-22b 所示进行电气建模，R_{M} 是表示磁心总损耗的等效电阻，即 $P_{\text{core}} = |E|^2/R_{\text{M}}$，$E$ 是感应（内部）电压。此外，R_{s} 表示铜损，即 $P_{\text{cu}} = R_{\text{s}} |I_{\text{s}}|^2$，其中 I_{s} 表示源电流，L_{M} 表示线圈电感，也称为磁化电感。在图 3-22 中，漏磁和漏感被忽略。然而在许多磁路中，漏磁不可忽略，因此，必须在等效电路中插入一个

漏感与 R_s 串联。

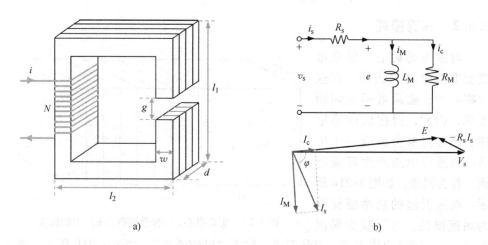

图 3-22 交流电压激励的硅钢叠片磁心与线圈 a) 及其等效电路和相应的相量图 b)

例 3. 21

在图 3-22 所示的磁路中，线圈通过 $v_s(t) = \sqrt{2} \times 120\sin(\omega t)$ 的正弦电压激励，式中 $\omega = 2\pi \times 60\mathrm{rad/s}$，测量到的 RMS 电流为 10A，电流滞后于电压 85°。

（a）如果测量的线圈电阻为 0.25Ω，计算铜线损耗和磁心损耗。

（b）忽略磁路中的漏磁（漏感），计算线圈电感。

忽略漏感并使用图 3-22 所示的等效电路，内部电压 E 为

$$E = V_s - R_s I_s = 120 - 0.25 \times 10 \angle -85° = 119.8 \angle 1.2°\mathrm{V} \quad (3\text{-}130)$$

同样，铜损计算为

$$P_{\mathrm{cu}} = R_s \ |I_s|^2 = 0.25 \times 10^2 = 25\mathrm{W} \quad (3\text{-}131)$$

式中，R_s 为线圈的集总电阻，利用上例中计算的内部电压电流来估计磁心损耗

$$P_{\mathrm{core}} = 119.8 \times 10\cos(85° + 1.2°) = 79.4\mathrm{W} \quad (3\text{-}132)$$

磁心损耗表示为

$$P_{\mathrm{core}} = \frac{|E|^2}{R_M} \quad (3\text{-}133)$$

在此方程中，内部电压和损耗是已知量，电路中磁心损耗的等效电阻 R_M（见图 3-22b）如下所示：

$$R_M = \frac{|E|^2}{P_{\mathrm{core}}} = \frac{119.8^2}{79.4} = 180.8\Omega \quad (3\text{-}134)$$

利用图 3-22 的相量图，流过电感 L_M 的磁化电流计算为

$$|I_M| = \ |I_s|\sin(85° + 1.2°) = 10\sin(86.2°) = 9.98\mathrm{A} \quad (3\text{-}135)$$

利用内部电压 E 和磁化电流 I_M，磁化电抗计算为

$$jX_M = \frac{E}{I_M} = \frac{119.8 \angle 1.2°}{9.98 \angle -88.8°} = j12 \qquad (3\text{-}136)$$

也即 $X_M = 12\Omega$，磁化电感为

$$L_M = \frac{12}{2\pi \times 60} = 0.0318H = 31.8mH \qquad (3\text{-}137)$$

或者，等效电路中的 R_M 可计算为

$$|I_c| = |I_s|\cos(85° + 1.2°) = 10\cos(86.2°) = 0.663A \qquad (3\text{-}138)$$

请注意，E 和 R_M 同相，因此可得

$$R_M = \frac{E}{I_c} = \frac{119.8 \angle 1.2°}{0.663 \angle 1.2°} = 180.8\Omega \qquad (3\text{-}139)$$

请注意，R_M 不是物理电阻。此例显示了从实验室测量中获得线圈电阻、输入电压和电流，如何计算出等效磁心损耗电阻 R_M。

例 3.22

对于上例（见图 3-22）中所述的电感，如果 $d = 3.2cm$，$w = 3cm$，$B < 1.2T$，忽略磁心磁阻，估算有效气隙 g 和匝数 N。

忽略磁心磁阻，$\mathcal{R}_c \cong 0$，则只需要计算气隙磁阻 $\mathcal{R}_g$，即

$$\mathcal{R}_c + \mathcal{R}_g \cong \mathcal{R}_g = \frac{g}{\mu_0 dw} = (828.9 \times 10^6)g \qquad (3\text{-}140)$$

为使最大电流值时磁通密度保持在 1.2T 以下，$B = \psi/A = NI_{max}/\mathcal{R}A$ 计算可得

$$B = \frac{N \times 10 \times \sqrt{2}}{(9.6 \times 10^{-4}) \times (828.9 \times 10^6)g} < 1.2 \qquad (3\text{-}141)$$

因此，气隙与圈数之间的关系如下所示：

$$g > (1.48 \times 10^{-5}) \times N \qquad (3\text{-}142)$$

此外，线圈电感为 31.8mH，利用 $L = N^2/\mathcal{R}$，得到第 2 个方程为

$$g = (3.79 \times 10^{-8}) \times N^2 \qquad (3\text{-}143)$$

利用式（3-142）得到最小气隙值 g，再根据式（3-143），得到 $N = 390$ 和 $g = 5.8mm$，这两个方程都满足。请注意，10A、31.8mH 的电感在物理尺寸上是一个很大的电感。

3.10 变 压 器

3.10.1 单相隔离变压器

单相隔离变压器是一种电磁装置，可降低或提高交流电路中的电压大小。变压器包含两个共用磁心的线圈，如图 3-23 所示。理想情况下，变压器的每个线圈上

的电压降为零，变压器是无损的。考虑到漏磁通，$\psi_{\ell 1}$ 和 $\psi_{\ell 2}$，变压器中的磁化磁通量 ψ_{m}，以及集总线圈电阻 R_1 和 R_2，可以写出以下方程式：

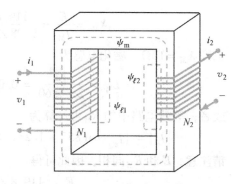

$$\begin{bmatrix} v_1 \\ -v_2 \end{bmatrix} = \begin{bmatrix} R_1 & 0 \\ 0 & R_2 \end{bmatrix} \begin{bmatrix} i_1 \\ i_2 \end{bmatrix} +$$

$$\frac{\mathrm{d}}{\mathrm{d}t} \begin{bmatrix} N_1(\psi_{\ell 1} + \psi_{\mathrm{m}}) \\ N_2(\psi_{\ell 2} + \psi_{\mathrm{m}}) \end{bmatrix} \quad (3\text{-}144)$$

图 3-23　带有磁心和两个线圈的单相隔离变压器

由于磁通量随时间变化而产生的内部电压可分成漏磁通和磁化磁通量两部分，即 $\psi_{\ell 1}$、$\psi_{\ell 2}$ 和 ψ_{m}。使用 $\lambda = N\psi = Li$ 的一般公式，因为漏磁通之间没有相互影响，可得 $\mathrm{d}(N_1\psi_{\ell 1})/\mathrm{d}t = L_{\ell 1}\mathrm{d}i_1/\mathrm{d}t$，$\mathrm{d}(N_2\psi_{\ell 2})/\mathrm{d}t = L_{\ell 2}\mathrm{d}i_2/\mathrm{d}t$。此外，对于磁化磁通量，首先用 e_1 代替 $\mathrm{d}(N_1\psi_{\mathrm{m}})/\mathrm{d}t$，用 e_2 代替 $\mathrm{d}(N_2\psi_{\mathrm{m}})/\mathrm{d}t$。因此，式（3-144）重写为

$$\begin{bmatrix} v_1 \\ -v_2 \end{bmatrix} = \begin{bmatrix} R_1 & 0 \\ 0 & R_2 \end{bmatrix} \begin{bmatrix} i_1 \\ i_2 \end{bmatrix} + \begin{bmatrix} L_{\ell 1} & 0 \\ 0 & L_{\ell 2} \end{bmatrix} \frac{\mathrm{d}}{\mathrm{d}t} \begin{bmatrix} i_1 \\ i_2 \end{bmatrix} + \begin{bmatrix} e_1 \\ e_2 \end{bmatrix} \quad (3\text{-}145)$$

如果通过互感将耦合效应考虑在内，即 $N_1\psi_{\mathrm{m}} = \lambda_1 = L_{11}i_1 + L_{12}i_2$，$N_2\psi_{\mathrm{m}} = \lambda_2 = L_{21}i_1 + L_{22}i_2$，则 e_1 和 e_2 按照电流 i_1 和 i_2 形式写出为

$$\begin{bmatrix} e_1 \\ e_2 \end{bmatrix} = \begin{bmatrix} L_{11} & L_{12} \\ L_{21} & L_{22} \end{bmatrix} \frac{\mathrm{d}}{\mathrm{d}t} \begin{bmatrix} i_1 \\ i_2 \end{bmatrix} \quad (3\text{-}146)$$

根据磁路的几何形状，自感和互感为：$L_{11} = N_1^2/\mathcal{R}_{\mathrm{c}}$，$L_{12} = L_{21} = -(N_1 N_2)/\mathcal{R}_{\mathrm{c}}$，$L_{22} = N_2^2/\mathcal{R}_{\mathrm{c}}$。假设 $L_{\mathrm{M}} = L_{11} = N_1^2/\mathcal{R}_{\mathrm{c}}$ 为折算到变压器一次侧的磁化电感，其他电感也可以写成 L_{M} 的形式，如 $L_{12} = L_{21} = -(N_2/N_1)L_{\mathrm{M}}$，$L_{22} = (N_2/N_1)^2 L_{\mathrm{M}}$。因此式（3-146）重写为

$$\begin{bmatrix} e_1 \\ e_2 \end{bmatrix} = \begin{bmatrix} L_{\mathrm{M}} & -\dfrac{N_2}{N_1}L_{\mathrm{M}} \\ -\dfrac{N_2}{N_1}L_{\mathrm{M}} & \left(\dfrac{N_2}{N_1}\right)^2 L_{\mathrm{M}} \end{bmatrix} \frac{\mathrm{d}}{\mathrm{d}t} \begin{bmatrix} i_1 \\ i_2 \end{bmatrix} = L_{\mathrm{M}} \frac{\mathrm{d}}{\mathrm{d}t} \begin{bmatrix} i_1 - \dfrac{N_2}{N_1}i_2 \\ \left(\dfrac{N_2}{N_1}\right)^2 i_2 - \dfrac{N_2}{N_1}i_1 \end{bmatrix} \quad (3\text{-}147)$$

将式（3-147）代入式（3-145）得

$$\begin{bmatrix} v_1 \\ -v_2 \end{bmatrix} = \begin{bmatrix} R_1 & 0 \\ 0 & R_2 \end{bmatrix} \begin{bmatrix} i_1 \\ i_2 \end{bmatrix} + \begin{bmatrix} L_{\ell 1} & 0 \\ 0 & L_{\ell 2} \end{bmatrix} \frac{\mathrm{d}}{\mathrm{d}t} \begin{bmatrix} i_1 \\ i_2 \end{bmatrix}$$

$$+ L_{\mathrm{M}} \frac{\mathrm{d}}{\mathrm{d}t} \begin{bmatrix} i_1 - \dfrac{N_2}{N_1}i_2 \\ \left(\dfrac{N_2}{N_1}\right)^2 i_2 - \dfrac{N_2}{N_1}i_1 \end{bmatrix} \quad (3\text{-}148)$$

假设 $v'_2 = (N_1/N_2)v_2$ 且 $i'_2 = (N_2/N_1)i_2$，分别为折算到一次侧的二次侧电压和电流，上述方程重写为

$$\begin{bmatrix} v_1 \\ -\dfrac{N_2}{N_1}v'_2 \end{bmatrix} = \begin{bmatrix} R_1 & 0 \\ 0 & R_2 \end{bmatrix} \begin{bmatrix} i_1 \\ \dfrac{N_1}{N_2}i'_2 \end{bmatrix} + \begin{bmatrix} L_{\ell 1} & 0 \\ 0 & L_{\ell 2} \end{bmatrix} \dfrac{\mathrm{d}}{\mathrm{d}t} \begin{bmatrix} i_1 \\ \dfrac{N_1}{N_2}i'_2 \end{bmatrix}$$

$$+ L_M \dfrac{\mathrm{d}}{\mathrm{d}t} \begin{bmatrix} i_1 - i'_2 \\ \dfrac{N_2}{N_1}(i'_2 - i_1) \end{bmatrix} \tag{3-149}$$

上述矩阵的第二行中乘以 (N_1/N_2) 可得

$$\begin{bmatrix} v_1 \\ -v'_2 \end{bmatrix} = \begin{bmatrix} R_1 & 0 \\ 0 & \left(\dfrac{N_1}{N_2}\right)^2 R_2 \end{bmatrix} \begin{bmatrix} i_1 \\ i'_2 \end{bmatrix} + \begin{bmatrix} L_{\ell 1} & 0 \\ 0 & \left(\dfrac{N_1}{N_2}\right)^2 L_{\ell 2} \end{bmatrix} \dfrac{\mathrm{d}}{\mathrm{d}t} \begin{bmatrix} i_1 \\ i'_2 \end{bmatrix}$$

$$+ L_M \dfrac{\mathrm{d}}{\mathrm{d}t} \begin{bmatrix} i_1 - i'_2 \\ i'_2 - i_1 \end{bmatrix} \tag{3-150}$$

假设 $R'_2 = (N_1/N_2)^2 R_2$ 和 $L'_{\ell 2} = (N_1/N_2)^2 L_{\ell 2}$，它们分别为折算到一次侧的二次侧电阻和漏感。式（3-150）可写为

$$\begin{bmatrix} v_1 \\ -v'_2 \end{bmatrix} = \begin{bmatrix} R_1 & 0 \\ 0 & R'_2 \end{bmatrix} \begin{bmatrix} i_1 \\ i'_2 \end{bmatrix} + \begin{bmatrix} L_{\ell 1} & 0 \\ 0 & L'_{\ell 2} \end{bmatrix} \dfrac{\mathrm{d}}{\mathrm{d}t} \begin{bmatrix} i_1 \\ i'_2 \end{bmatrix} + L_M \dfrac{\mathrm{d}}{\mathrm{d}t} \begin{bmatrix} i_1 - i'_2 \\ i'_2 - i_1 \end{bmatrix}$$

$$\tag{3-151}$$

矩阵可以转化成差分方程形式，如下所示：

$$\begin{cases} v_1 = R_1 i_1 + L_{\ell 1} \dfrac{\mathrm{d}i_1}{\mathrm{d}t} + L_M \dfrac{\mathrm{d}(i_1 - i'_2)}{\mathrm{d}t} \\ v'_2 = -R'_2 i'_2 - L'_{\ell 2} \dfrac{\mathrm{d}i'_2}{\mathrm{d}t} + L_M \dfrac{\mathrm{d}(i_1 - i'_2)}{\mathrm{d}t} \end{cases} \tag{3-152}$$

这两个方程构成了变压器的 T 型等效电路，如图 3-24a 所示，式中 L_M 在等效电路中为并联支路。如果变压器空载，或者换句话说，二次侧线圈开路，即 $i_2 = 0$，则一次侧线圈仅吸收磁化电流，即 $i_M = i_1$。此外，为了在变压器模型中考虑磁心损耗的影响，标准方法是将等效磁心损耗电阻 R_M 与磁化电感并联，如图 3-24b 所示。

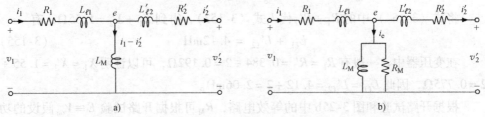

图 3-24　单相变压器的 T 型等效电路，忽略磁心损耗 a) 和考虑磁心损耗 b)

  T 型等效电路中的参数可在变压器的设计阶段解析获得。然而，通常的做法是在原型样机和制造变压器后通过测试获得电路参数。确定变压器 T 型等效电路参数所需的试验为短路和空载（开路）试验。如果变压器一次侧和二次侧之间耦合很理想，漏感会远小于磁化电感，这意味着变压器上的电压降将是微不足道的。

例 3.23

考虑一个单相降压 240V/120V 3kVA 变压器及以下测试结果：

开路测试（高压侧开路）	$V_{oc} = 120V$	$I_{oc} = 2.5A$	$P_{oc} = 30W$
短路测试（低压侧短路）	$V_{sc} = 20V$	$I_{sc} = 12.5A$	$P_{sc} = 60W$

  确定折算到变压器一次侧的变压器等效电路参数。

  在短路试验中，变压器低压侧端短路，高压侧端连接到可变电压源。应缓慢增加电压，直到低压侧电流达到其额定 RMS 值。然后在高压侧测量电流 I_{sc}、电压 V_{sc} 和功率 P_{sc}。开路试验时，低压侧施加电压源，高压侧开路。应缓慢增加低压侧电压，直到高压侧电压达到其额定 RMS 值。然后在低压侧测量电流 I_{oc}、电压 V_{oc} 和功率 P_{oc}。

  短路和开路试验的等效电路如图 3-25 所示。在短路试验中，由于 $X_M \gg X_2'$，磁化支路可以忽略。因此计算得

$$|Z_{sc}| = \sqrt{(R_1 + R_2')^2 + (X_1 + X_2')^2} = \frac{V_{sc}}{I_{sc}} = \frac{20}{12.5} = 1.6\Omega \quad (3\text{-}153)$$

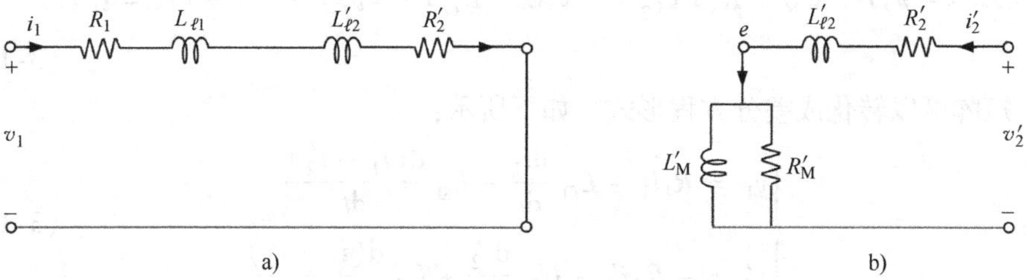

图 3-25 短路试验 a）和开路试验 b）变压器的等效电路

  此外，串联电阻可由功率方程得出，即 $P_{sc} = (R_1 + R_2')I_{sc}^2$，如下所示：

$$R_1 + R_2' = \frac{P_{sc}}{I_{sc}^2} = \frac{60}{12.5^2} = 0.384\Omega \quad (3\text{-}154)$$

将式（3-154）中的 $R_1 + R_2'$ 代入式（3-153），得到 $X_1 + X_2' = 1.55\Omega$，有

$$L_{\ell 1} + L_{\ell 2}' = 4.12\text{mH} \quad (3\text{-}155)$$

在变压器中，一般有 $R_1 = R_2' = 0.384 \div 2 = 0.192\Omega$，可以证明 $X_1 = X_2' = 1.55 \div 2 = 0.775\Omega$，因此 $L_{\ell 1} = L_{\ell 2}' = 4.12 \div 2 = 2.06\text{mH}$。

  根据开路试验和图 3-25b 中的等效电路，R_M 可根据开路试验 $E \cong V_{oc}$ 假设的功率方程计算，如下所示：

$$R_M = \frac{V_{oc}^2}{P_{oc}} = \frac{(120 \times 2)^2}{30} = 1.92 \text{k}\Omega \tag{3-156}$$

请注意，变压器匝数比为 2:1。磁化阻抗也可以从开路测试数据中获得，如下所示：

$$X_M = \frac{V_{oc}^2}{\sqrt{(V_{oc}I_{oc})^2 - P_{oc}^2}} = \frac{(120 \times 2)^2}{\sqrt{300^2 - 30^2}} = 193\Omega \tag{3-157}$$

工作频率下的磁化电感计算为

$$L_M = \frac{X_M}{\omega} = \frac{193}{2\pi \times 60} = 512 \text{mH} \tag{3-158}$$

如前所述，在该例中可以看出，磁化电感远大于漏感。

例 3.24

如图 3-26 所示，考虑一个 3kVA，120V/48V、60Hz 单相降压变压器，在额定电压下，以 0.8 滞后功率因数为 2.4kVA 负载供电。变压器一次侧的参数为：$R_1 = 0.055\Omega$，$L_{\ell 1} = 0.1 \text{mH}$、$R_M = 200\Omega$ 和 $L_M = 40 \text{mH}$，二次侧的参数为：$R_2 = 0.008\Omega$ 和 $L_{\ell 2} = 0.016 \text{mH}$。当所有参数均参考高压一次侧时，使用变压器的 T 型等效电路，计算（a）所需的输入电压，（b）导通损耗和磁心损耗，以及（c）变压器效率。

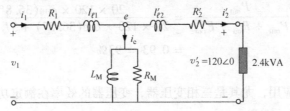

图 3-26　3kVA，120V/48V、60Hz 单相降压变压器，
在额定电压下，以 0.8 滞后功率因数为 2.4kVA 负载供电

第一步是将二次侧阻抗折算到一次侧，如下所示：

$$R'_2 = 0.008 \times \left(\frac{120}{48}\right)^2 = 0.05\Omega$$

$$L'_{\ell 2} = 0.016 \times \left(\frac{120}{48}\right)^2 = 0.1 \text{mH} \tag{3-159}$$

假设变压器二次侧的电压调节到额定值，则传输到一次侧的负载电流可通过以下公式获得

$$I'_2 = \frac{|S|}{V'_2} \angle - \cos^{-1}(0.8) = 20 \angle -36.8°\text{A} \tag{3-160}$$

在图 3-26 中的变压器等效电路中采用 KVL 有

$$E = (R'_2 + j\omega L'_2)I'_2 + V'_2 = (0.05 + j0.0377) \times (20 \angle -36.8°)$$
$$+ 120 \angle 0° \tag{3-161}$$

结果得到 $E = 121.5 \angle 0.0015°\text{V}$，因此，磁化电流为

$$I_M = \frac{E}{jX_M} = \frac{121.5\angle 0.0015°}{j377 \times 0.04} \cong -j8.04A \qquad (3\text{-}162)$$

类似地，与磁心损耗相关的电流为

$$I_c = \frac{E}{R_M} = \frac{121.5\angle 0.0015°}{200} \cong 0.6A \qquad (3\text{-}163)$$

利用 KCL 得到一次侧电流为

$$I_1 = I_c + I_M + I'_2 = 26\angle -50.3A \qquad (3\text{-}164)$$

利用图 3-26 中的电路，在一次侧利用 KVL，获得如下所需的输入电压：

$$V_1 = (R_1 + j\omega L_1)I_1 + E = (0.055 + j0.0377) \times (26\angle -50.3°)$$
$$+ 121.25\angle 0.0015° \qquad (3\text{-}165)$$

因此 $V_1 = 122\angle 0.2°V$，已知一次侧和二次侧的电流 I_1 和 I'_2，铜损计算为

$$P_{cu} = R_1|I_1^2| + R'_2|I_2'^2| = 0.055 \times 26^2 + 0.05 \times 20^2 = 57.2W \quad (3\text{-}166)$$

已知内部电压 E，磁心损耗计算为

$$P_{core} = \frac{|E^2|}{R_M} = \frac{121.25^2}{200} = 73.5W \qquad (3\text{-}167)$$

计算出变压器效率为

$$\eta = \frac{P_{out}}{P_{out} + P_{cu} + P_{core}} = \frac{20 \times 120 \times \cos(36.8°)}{20 \times 120 \times \cos(36.8°) + 57.2 + 73.5}$$
$$= 0.93 = 93\%$$

$$(3\text{-}168)$$

对于大功率应用，尤其是三相变压器，变压器的效率在额定功率下必须保持在 97% 以上。

3.10.2 单相自耦变压器

自耦变压器是只有一个绕组的电力变压器，因此，一次侧和二次侧没有电气隔离。即同一绕组的一部分作为变压器的一次侧和二次侧（见图 3-27b）。通过露出部分绕组线圈并利用滑动电刷进行二次侧连接，可以获得连续可变的匝数比，从而实现输出电压的平滑调节。可变自耦变压器广泛应用于科研和教育实验室。如果假设图 3-27 所示的自耦变压器是理想的，这意味着损耗和漏感忽略不计，则电压比可写成

$$\frac{v_1}{v_2} = \frac{N_a + N_b}{N_b} \qquad (3\text{-}169)$$

在理想变压器中，输入和输出功率假定相等。因此，电流比可得

$$\frac{i_1}{i_2} = \frac{N_b}{N_a + N_b} \qquad (3\text{-}170)$$

同样，理想变压器中，磁心磁阻为 0，即 $N_a i_1 - N_b i_b = 0$，这样有

$$i_b = \frac{N_a}{N_b} i_1 \tag{3-171}$$

如图 3-27 所示，对于相同的磁心尺寸和电压比，自耦变压器中使用的铜量小于隔离双绕组变压器，这使得自耦变压器比其等效隔离变压器更小、效率更高。这可以通过检查图 3-27 中的两个变压器来证明。对于相同的电压比，图 3-27a 中的 N_1 必须等于图 3-27b 中所示自耦变压器的 $N_a + N_b$，且 $N_2 = N_b$，而自耦变压器的匝数仅为 N_a。下面的示例有助于更好地理解这些类型的变压器之间的差异。

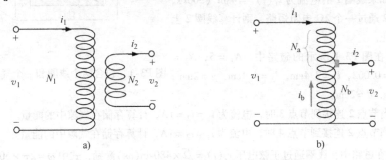

图 3-27　典型单相隔离变压器 a）和自耦变压器 b）

例 3.25

对匝数比相同的 240V/120V 双绕组隔离变压器和自耦变压器进行了试验。如果每台变压器以单位功率因数为 3kVA 负载供电，求每台变压器绕组中的电流。对于两个变压器，输出电流由下式给出：

$$I_2 = \frac{|S_2|}{V_2} \angle -\cos^{-1}(pf) = \frac{3000}{120} \angle -\cos^{-1}(1) = 25A \tag{3-172}$$

两个变压器的输入电流近似为

$$I_1 = \frac{120}{240} \times 25 = 12.5A \tag{3-173}$$

然而，通过自耦变压器绕组的电流为 12.5A，而双绕组隔离变压器的一次绕组侧电流为 12.5A，二次侧绕组电流为 25A。例如，如果双绕组隔离变压器中的一次侧绕组为 100 匝 14 号线（14AWG），则二次侧绕组应为 50 匝 12 号线（12AWG），而自耦变压器只需绕制 100 匝 14 号线（14AWG）。因此，在相同电压比下，自耦变压器中使用的铜量明显少于双绕组隔离变压器。

3.11　习　　题

3.1　在图 P3-1 所示的磁路中，$N_1 = 40$，$N_2 = 50$，$\mu_r\mu_0 = 0.002$，$l_1 = 7.4\text{cm}$，$l_2 = 4.4\text{cm}$，$g = 3\text{mm}$，$w = 0.6\text{cm}$，$d = 2\text{cm}$。

（a）画出磁心的等效电路，忽略边缘效应。

（b）计算线圈之间的互感。

3.2 考虑两个线圈共用一个磁心。它们的自感和互感分别为 $L_{11} = 5\text{mH}$、$L_{22} = 15\text{mH}$、$L_{12} = L_{21} = 10\text{mH}$。

（a）如果线圈 1 的电流为 $i_1(t) = 4\sin(300t)$，计算线圈 2 上的感应电压。

（b）如果线圈 1 的电流为 $i_1(t) = 4\sin(300t)$，并且线圈 2 通过一个 2Ω 电阻短路，则计算线圈 2 上的感应电压。

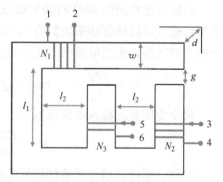

图 P3-1 包含两个线圈和一个气隙的磁路

3.3 在图 P3-1 所示的磁路中，$N_1 = 5$，$N_2 = 15$，$\mu_r\mu_0 = 0.002$，$l_1 = 7.4\text{cm}$，$l_2 = 4.4\text{cm}$，$g = 2\text{mm}$，$w = 0.6\text{cm}$，$d = 2\text{cm}$。

（a）当节点 2 连接到节点 3 时，电流为 $i_1 = i_2 = 1\text{A}$，计算存储在气隙中的能量。

（b）当节点 2 连接到节点 4 时，电流为 $i_1 = i_2 = 1\text{A}$，计算存储在气隙中的能量。

3.4 在磁路中，线圈通过正弦电压 $v_s(t) = \sqrt{2} \times 480\sin(\omega t)$ 激励，式中 $\omega = 2\pi \times 50\text{rad/s}$，测量到的 RMS 电流为 5A，电流滞后于电压 $10°$。

（a）如果测量的线圈电阻为 0.25Ω，则计算铜和铁心损耗。

（b）忽略磁路中的漏磁（漏感），计算线圈电感。

3.5 在图 P3-2 所示的磁路中，$N_1 = 15$，$N_2 = 10$，$N_3 = 5$，$\mu_r\mu_0 = 0.002$，$l_1 = 7\text{cm}$，$l_2 = 3.5\text{cm}$，$g = 2\text{mm}$，$w = 0.5\text{cm}$，$d = 2\text{cm}$。忽略边缘效应。

（a）计算自感和互感。

（b）如果节点 2 连接到节点 3，节点 3 连接到节点 5，节点 4 连接到节点 6，计算节点 1 和节点 6 之间的电感。

3.6 在图 P3-2 所示的磁路中，$N_1 = 15$，$N_2 = 10$，$N_3 = 5$，$g = 2\text{mm}$，$w = 0.6\text{cm}$，$d = 2\text{cm}$。忽略磁心磁阻和边缘效应，如果线圈 1 中的电流为正弦 $i_1(t) = \sqrt{2} \times 120\sin(120\pi t)$。

图 P3-2 包含三个线圈和
两个气隙的磁路

（a）计算线圈 2 和线圈 3 上的感应电压。

（b）如果线圈 3 通过 2Ω 电阻短路，计算线圈 2 上的感应电压。

3.7 在图 3-5 所示的磁路中，气隙磁导率为 $\mu_0 = 4\pi \times 10^{-7}\text{H/m}$，磁心磁导率为 $\mu = \mu_r\mu_0$，其中相对磁导率 $\mu_r = 1200$。磁心的尺寸为 $l_1 = 5\text{cm}$，$l_2 = 4\text{cm}$，$d = 1\text{cm}$，$w = 0.6\text{cm}$，$g = 1\text{mm}$，$N = 200$，$i = 4\text{A}$。计算磁通密度和磁通量。

3.8 在图 3-5 所示的磁路中，气隙磁导率为 $\mu_0 = 4\pi \times 10^{-7}\text{H/m}$，磁心磁导率为 $\mu = \mu_r\mu_0$，其中相对磁导率 $\mu_r = 1100$。磁心的尺寸为 $l_1 = 5\text{cm}$，$l_2 = 4.5\text{cm}$，$d = 1\text{cm}$，$w = 0.6\text{cm}$，$g = 10\text{mm}$，$N = 180$，$i = 6\text{A}$。计算磁通密度和磁通量。

3.9 绘制图 3-6 所示的磁心等效电路，计算最大磁通量和磁通密度，忽略边缘效应。在磁路中，$N_1 = 100$，$N_2 = 40$，$i_1 = 5A$，$i_2 = 2A$，$\mu_r \mu_0 = 0.002$，$l_1 = 7.4\,cm$，$l_2 = 7.8\,cm$，$l_3 = 4.6\,cm$，$g = 1.2064\,mm$，$w_1 = 0.2\,cm$，$w_2 = 0.6\,cm$，$d = 0.4\,cm$。

3.10 绘制图 3-6 所示的磁心等效电路，计算最大磁通量和磁通密度，忽略边缘效应。在磁路中，$N_1 = 40$，$N_2 = 100$，$i_1 = 2A$，$i_2 = 5A$，$\mu_r \mu_0 = 0.002$，$l_1 = 7.4\,cm$，$l_2 = 7.8\,cm$，$l_3 = 4.6\,cm$，$g = 2\,mm$，$w_1 = 0.2\,cm$，$w_2 = 0.6\,cm$，$d = 0.4\,cm$。

3.11 绘制图 3-7 所示的磁心等效电路，计算气隙磁通量和磁通密度，以及最大磁心磁通密度，忽略边缘效应。在磁路中，$N_1 = 25$，$N_2 = 120$，$i_1 = 5A$，$i_2 = 2A$，$\mu_r \mu_0 = 0.002$，$l_1 = 7.4\,cm$，$l_2 = 11.6\,cm$，$g = 1.2064\,mm$，$w_1 = 0.2\,cm$，$w_2 = 0.6\,cm$，$d = 0.4\,cm$。

3.12 绘制图 3-7 所示的磁心等效电路，计算气隙磁通量和磁通密度，以及最大磁心磁通密度，忽略边缘效应。在磁路中，$N_1 = 25$，$N_2 = 120$，$i_1 = 2A$，$i_2 = 5A$，$\mu_r \mu_0 = 0.002$，$l_1 = 6\,cm$，$l_2 = 12\,cm$，$g = 0.8\,mm$，$w_1 = 0.3\,cm$，$w_2 = 0.6\,cm$，$d = 0.5\,cm$。

3.13 在图 3-9 所示的磁路中，可移动部件以 1m/s 的恒定速度在非磁性材料上从 $x = 0$ 位置滑动到背面。磁心尺寸为 $l_1 = 5\,cm$，$l_2 = 4\,cm$，$l_3 = 1.02\,cm$，$l_4 = 1\,cm$，$w_1 = 2\,cm$，$w_2 = 1\,cm$，$N_1 = 50$，$N_2 = 250$，$i = 5A$。计算

(a) 线圈 2 上的感应电压。

(b) 如图 3-9 所示，如果可移动部件保持在 $x = 0$ 位置，但电流为 $i(t) = \sqrt{2} \times 5\sin(120\pi t)$，求线圈 2 上的感应电压。

(c) 如果图 3-9 所示的可移动部件保持在 $x = 0$ 位置，但电流为 $i(t) = \sqrt{2} \times 5\sin(240\pi t)$，求线圈 2 上的感应电压。

(d) 如果电流为 $i(t) = \sqrt{2}\sin(800\pi t)$，求第 2 个线圈上的感应电压 RMS 值。

3.14 在图 3-9 所示的磁路中，可移动部件以 1m/s 的恒定速度在非磁性材料上从 $x = 0$ 位置滑动到背面。磁心尺寸为 $l_1 = 6\,cm$，$l_2 = 4\,cm$，$l_3 = 3\,cm$，$l_4 = 2\,cm$，$w_1 = 2\,cm$，$w_2 = 2\,cm$，$N_1 = 100$，$N_2 = 500$，$i = 3A$。计算

(a) 线圈 2 上的感应电压。

(b) 如图 3-9 所示，如果可移动部件保持在 $x = 0$ 位置，但电流为 $i(t) = \sqrt{2} \times 3\sin(120\pi t)$，求线圈 2 上的感应电压。

(c) 如果图 3-9 所示的可移动部件保持在 $x = 0$ 位置，但电流为 $i(t) = \sqrt{2} \times 3\sin(240\pi t)$，求线圈 2 上的感应电压。

(d) 当频率为 60Hz 时，求使得在二次绕组上产生 100V RMS 感应电压的电流 RMS 值。

3.15 在图 3-5 所示的磁路中，气隙磁导率为 $\mu_0 = 4\pi \times 10^{-7}\,H/m$，磁心磁导率为 $\mu = \mu_r \mu_0$，其中相对磁导率 $\mu_r = 1000$。磁心的尺寸 $l_1 = 4\,cm$，$l_2 = 3\,cm$，$d = 1\,cm$，$w = 0.5\,cm$，$g = 1\,mm$，$N = 500$。计算线圈电感量。

3.16 在图 3-5 所示的磁路中，气隙磁导率为 $\mu_0 = 4\pi \times 10^{-7}\,H/m$，磁心磁导率为 $\mu = \mu_r \mu_0$，其中相对磁导率 $\mu_r = 1250$。磁心的尺寸 $l_1 = 5\,cm$，$l_2 = 4\,cm$，$d = 1\,cm$，$w = 0.5\,cm$，$g = 1\,mm$，$N = 200$。计算线圈电感量。

3.17 在习题 3.16 的磁路中，磁通密度大于 0.95T 时磁心会饱和，求可通过电感的最大电流。

3.18 在习题 3.16 的磁路中，磁通密度大于 0.95T 时磁心会饱和，如果线圈匝数增加一倍，求可通过电感的最大电流。

3.19 在图 3-10 中，如果节点 2 连接到节点 3，在节点 1 和节点 4 之间测量电感，如图 3-11a 所示，则串联的总电感是多少？假设磁阻为 $1.89 \times 10^6 \text{AT/Wb}$，$N_1 = 15$，$N_2 = 10$。

3.20 在图 3-10 中，如果节点 2 连接到节点 3，在节点 1 和节点 4 之间测量电感，如图 3-11a 所示，则串联的总电感是多少？假设磁阻为 $1.89 \times 10^6 \text{AT/Wb}$，$N_1 = N_2 = 15$。

3.21 在图 3-10 中，如果节点 2 连接到节点 4，在节点 1 和节点 3 之间测量电感，如图 3-11b 所示，则电路的总电感是多少？假设磁阻为 $1.89 \times 10^6 \text{AT/Wb}$，$N_1 = 15$，$N_2 = 10$。

3.22 在图 3-10 中，如果节点 2 连接到节点 4，在节点 1 和节点 3 之间测量电感，如图 3-11b 所示，则电路的总电感是多少？假设磁阻为 $1.89 \times 10^6 \text{AT/Wb}$，$N_1 = N_2 = 15$。

3.23 两个自感分别为 3.3mH 和 4.7mH、互感为 1mH 的线圈并联，如图 3-12a 所示，计算并联的等效电感。

3.24 两个自感分别为 1mH 和 5mH、互感为 2mH 的线圈并联，如图 3-12a 所示，计算并联的等效电感。

3.25 将两个自感分别为 3mH 和 2mH、互感为 1.5mH 的线圈串联，计算串联的等效电感。

3.26 将两个自感分别为 4mH 和 2mH、互感为 3mH 的线圈串联，计算串联的等效电感。

3.27 对于图 3-13 所示的磁路，计算线圈的自感和互感，忽略边缘效应。在该磁路中，$N_1 = 50$，$N_2 = 100$，$\mu_r \mu_0 = 0.001$，$l_1 = 7.4 \text{cm}$，$l_2 = 4.4 \text{cm}$，$g = 3 \text{mm}$，$w = 0.6 \text{cm}$，$d = 1 \text{cm}$。

3.28 对于图 3-13 所示的磁路，计算线圈的自感和互感，忽略边缘效应。在该磁路中，$N_1 = 50$，$N_2 = 60$，$\mu_r \mu_0 = 0.001$，$l_1 = 8.0 \text{cm}$，$l_2 = 6.0 \text{cm}$，$g = 2 \text{mm}$，$w = 0.4 \text{cm}$，$d = 1.5 \text{cm}$。

3.29 对于图 3-13 所示的磁路，$N_1 = 50$，$N_2 = 100$，$\mu_r \mu_0 = 0.001$，$l_1 = 7.4 \text{cm}$，$l_2 = 4.4 \text{cm}$，$g = 3 \text{mm}$，$w = 0.6 \text{cm}$，$d = 1 \text{cm}$。如果节点 2 连接到节点 3，计算总的电感量，以及节点 1 和节点 4 的电感量。

3.30 对于图 3-13 所示的磁路，$N_1 = 50$，$N_2 = 60$，$\mu_r \mu_0 = 0.001$，$l_1 = 8.0 \text{cm}$，$l_2 = 6.0 \text{cm}$，$g = 2 \text{mm}$，$w = 0.4 \text{cm}$，$d = 1.5 \text{cm}$。如果节点 2 连接到节点 3，计算总的电感量，以及节点 1 和节点 4 的电感量。

3.31 磁心的 $B - H$ 曲线近似为三条线性段，如图 3-14 所示，$l_c = 0.3 \text{m}$，$A_e = 4 \times 10^{-4} \text{m}^2$。当电流 i 分为 $i = 0.2 \text{A}$ 和 $i = 0.5 \text{A}$ 时，求图 3-14 所示电感的线圈电感。

3.32 磁心的 $B - H$ 曲线近似为三条线性段，如图 3-14 所示，$l_c = 0.16 \text{m}$，$A_e = 2 \times 10^{-4} \text{m}^2$。当电流 i 分为 $i = 0.4 \text{A}$ 和 $i = 1.5 \text{A}$ 时，求图 3-14 所示电感的线圈电感。

3.33 磁心的 $B - H$ 曲线如图 3-15 所示。设计一个电感（磁心尺寸、气隙长度和线圈匝数），其电感量为 22mH，并能提供 5A 的额定电流。

3.34 磁心的 $B - H$ 曲线如图 3-15 所示。设计一个电感（磁心尺寸、气隙长度和线圈匝数），其电感量为 0.5mH，并能提供 5A 的额定电流。

3.35 在图 3-19 所示的磁路中，$\mu_r \mu_0 = 0.001$，$l_1 = 12 \text{cm}$，$l_2 = 10 \text{cm}$，$g = 1.25 \text{mm}$，$w_1 = 1.5 \text{cm}$，$w_2 = 1.0 \text{cm}$，$d = 0.6 \text{cm}$，$N_1 = 100$，$N_2 = 60$，忽略边缘效应，计算

（a）如果电流为 $i_1 = 3 \text{A}$ 和 $i_2 = 1 \text{A}$，求磁路中存储的总能量。

（b）气隙中储存的能量及其能量密度。

3.36 在图 3-19 所示的磁路中，$\mu_r \mu_0 = 0.001$，$l_1 = 8 \text{cm}$，$l_2 = 12 \text{cm}$，$g = 1.00 \text{mm}$，$w_1 = 1.2 \text{cm}$，$w_2 = 1.25 \text{cm}$，$d = 0.4 \text{cm}$，$N_1 = 100$，$N_2 = 50$，忽略边缘效应，计算

（a）如果电流为 $i_1 = 5 \text{A}$ 和 $i_2 = 2 \text{A}$，求磁路中存储的总能量。

（b）气隙中储存的能量及其能量密度。

3.37 在图 3-19 所示的磁路中，$\mu_r\mu_0 = 0.001$，$l_1 = 12\text{cm}$，$l_2 = 10\text{cm}$，$g = 1.25\text{mm}$，$w_1 = 1.5\text{cm}$，$w_2 = 1.0\text{cm}$，$d = 0.6\text{cm}$，$N_1 = 100$，$N_2 = 60$，忽略边缘效应，计算电流为 $i_1 = 5\text{A}$ 和 $i_2 = 2\text{A}$，求磁路中存储的总能量。

3.38 在图 3-19 所示的磁路中，$\mu_r\mu_0 = 0.001$，$l_1 = 8\text{cm}$，$l_2 = 12\text{cm}$，$g = 1.00\text{mm}$，$w_1 = 1.2\text{cm}$，$w_2 = 1.25\text{cm}$，$d = 0.4\text{cm}$，$N_1 = 100$，$N_2 = 50$，忽略边缘效应，计算电流为 $i_1 = 7.5\text{A}$ 和 $i_2 = 1.2\text{A}$，求磁路中存储的总能量。

3.39 磁心的 $B-H$ 曲线如图 3-20 所示，如果线圈励磁导致 H 发生变化，从而导致 B 从 (H_1, B_1) 到 (H_2, B_2) 再到 (H_3, B_3)。如果磁心体积为 670cm^3，$B_1 = -0.6\text{T}$，$B_2 = 1.0\text{T}$，$B_3 = 0.6\text{T}$，$H_2 = 1000\text{AT/m}$，计算该过程中的能量损耗。

3.40 磁心的 $B-H$ 曲线如图 3-20 所示，如果线圈励磁导致 H 发生变化，从而导致 B 从 (H_1, B_1) 到 (H_2, B_2) 再到 (H_3, B_3)。如果磁心体积为 500cm^3，$B_1 = -0.5\text{T}$，$B_2 = 1.6\text{T}$，$B_3 = 0.4\text{T}$，$H_2 = 1000\text{AT/m}$，计算该过程中的能量损耗。

3.41 在图 3-22 所示的磁路中，线圈由 $v_s(t) = \sqrt{2} \times 240\sin(\omega t)$ 的正弦电压激励，其中 $\omega = 2\pi \times 60\text{rad/s}$，测量的 RMS 电流为 2.5A，电流滞后于电压 85°。求

（a）如果线圈电阻测量值为 0.15Ω，计算铜损和磁心损耗。

（b）忽略磁路中的漏磁通（漏感），计算线圈电感。

3.42 在图 3-22 所示的磁路中，线圈由 $v_s(t) = \sqrt{2} \times 120\sin(\omega t)$ 的正弦电压激励，式中 $\omega = 2\pi \times 60\text{rad/s}$，测量的 RMS 电流为 7.5A，电流滞后于电压 80°。求

（a）如果线圈电阻测量值为 0.4Ω，计算铜损和磁心损耗。

（b）忽略磁路中的漏磁通（漏感），计算线圈电感。

3.43 在图 3-22 所示的磁路中，线圈由 $v_s(t) = \sqrt{2} \times 240\sin(\omega t)\,\text{V}$ 的正弦电压激励，式中 $\omega = 2\pi \times 60\text{rad/s}$，测量的 RMS 电流为 2.5A，电流滞后于电压 85°，如果忽略磁心磁阻且 $B < 0.8\text{T}$，估计有效气隙 g 长度和匝数 N。

3.44 在图 3-22 所示的磁路中，线圈由 $v_s(t) = \sqrt{2} \times 120\sin(\omega t)\,\text{V}$ 的正弦电压激励，式中 $\omega = 2\pi \times 60\text{rad/s}$，测量的 RMS 电流为 7.5A，电流滞后于电压 80°，如果磁心磁阻不能忽略，且 $l_c = 24\text{cm}$，$\mu = 0.001$，估计有效气隙 g 长度和匝数 N。

3.45 考虑一个 25kVA，240V/120V、60Hz 单相降压变压器，在额定电压下，以 0.85 滞后功率因数为 20kVA 负载供电。变压器一次侧的参数为：$R_1 = 0.025\Omega$，$L_{el1} = 0.05\text{mH}$、$R_c = 500\Omega$ 和 $L_M = 60\text{mH}$，二次侧的参数为：$R_2 = 0.00625\Omega$ 和 $L_{el2} = 0.0125\text{mH}$。当所有参数均参考高压一次侧时，使用变压器的 T 型等效电路，计算

（a）所需的输入电压。

（b）导通损耗和磁心损耗。

（c）变压器效率。

3.46 考虑一个单相降压 480V/240V，150kVA 变压器及以下测试结果：

表 P3-1 习题 3.46 中的开路、短路测试结果

开路测试（高压侧开路）	$V_{oc} = 240\text{V}$	$I_{oc} = 8.5\text{A}$	$P_{oc} = 30\text{W}$
短路测试（低压侧短路）	$V_{sc} = 80\text{V}$	$I_{sc} = 25\text{A}$	$P_{sc} = 60\text{W}$

确定折算到变压器一次侧的变压器等效电路参数。

3.47 考虑一个 10kVA，240V/48V、60Hz 单相降压变压器，如图 3-25 所示，在额定电压下，以 0.86 滞后功率因数为 8.5kVA 负载供电。变压器一次侧的参数为：$R_1 = 0.05\Omega$、$L_{\ell 1} = 0.08\text{mH}$、$R_M = 250\Omega$ 和 $L_M = 20\text{mH}$，二次侧的参数为：$R_2 = 0.008\Omega$ 和 $L_{\ell 2} = 0.015\text{mH}$。当所有参数均参考高压一次侧时，使用变压器的 T 型等效电路，计算

（a）所需的输入电压。

（b）导通损耗和磁心损耗。

（c）变压器效率。

3.48 考虑一个 3kVA，120V/48V、60Hz 单相降压变压器，如图 3-25 所示，在额定电压下，以 0.9 滞后功率因数为 2.5kVA 负载供电。变压器一次侧的参数为：$R_1 = 0.05\Omega$、$L_{\ell 1} = 0.12\text{mH}$、$R_M = 200\Omega$ 和 $L_M = 50\text{mH}$，二次侧的参数为：$R_2 = 0.008\Omega$ 和 $L_{\ell 2} = 0.02\text{mH}$。当所有参数均参考高压一次侧时，使用变压器的 T 型等效电路，计算

（a）所需的输入电压。

（b）导通损耗和磁心损耗。

（c）变压器效率。

3.49 考虑一个单相降压 240V/120V，2kVA 变压器及以下测试结果：

表 P3-2　习题 3.49 中的开路、短路测试结果

开路测试（高压侧开路）	$V_{oc} = 120\text{V}$	$I_{oc} = 2.65\text{A}$	$P_{oc} = 20\text{W}$
短路测试（低压侧短路）	$V_{sc} = 30\text{V}$	$I_{sc} = 8.3\text{A}$	$P_{sc} = 50\text{W}$

确定折算到变压器一次侧的变压器等效电路参数，以及变压器效率。

3.50 考虑一个单相降压 120V/48V，1kVA 变压器及以下测试结果：

表 P3-3　习题 3.50 中的开路、短路测试结果

开路测试（高压侧开路）	$V_{oc} = 48\text{V}$	$I_{oc} = 0.8\text{A}$	$P_{oc} = 18\text{W}$
短路测试（低压侧短路）	$V_{sc} = 12\text{V}$	$I_{sc} = 8.3\text{A}$	$P_{sc} = 40\text{W}$

确定折算到变压器一次侧的变压器等效电路参数。

3.51 测试了双绕组隔离变压器和自耦变压器，电压比均为 120V∶48V。如果每台变压器以单位功率因数为 2.0kVA 负载供电，计算每台变压器绕组中的电流。

3.52 测试了双绕组隔离变压器和自耦变压器，电压比均为 120V∶48V。如果每台变压器以 0.85 滞后功率因数为 2.4kVA 负载供电，计算每台变压器绕组中的电流。

第 4 章

机电系统原理

电动机是将电能转换为机械能的设备。电动机可分为直线电机和旋转电机。直线电机将电能直接转换成直线运动机械能，而旋转电机产生转矩。轨道炮、致动器和磁悬浮列车是直线电机应用的例子。然而，大多数电动机的负载都是旋转机械，电动泵、压缩机、电风扇和电动车辆都是旋转电机应用的例子。电动机和发电机通常具有相同的电磁结构，尽管有些电机是专门设计为作为电动机运行的。与电动机相反，发电机是一种将机械能转换为电能的能量转换装置。大多数发电机是由汽轮机、燃气轮机、水轮机、内燃机和风力发电机带动而发电的。本章讨论如何从磁场能量计算中推导出电磁力和电磁转矩表达式。本章还介绍感应（异步）电机和同步电机的稳态电路模型。

4.1　机电系统中产生的力和转矩

电动机通过磁场将电能 W_e 转换为机械能 W_m，磁场是电路和机械系统的媒介，如图4-1所示。在电磁电路中，磁通量趋向于通过最小磁阻。因此，在磁路中移动的部件上会固有地产生电磁力，从而使得磁阻最小。

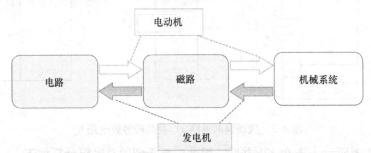

图4-1　电机（电动机和发电机）中通过磁路进行能量转换的原理

例4.1

图4-2显示了两条平行导线和一个轨道炮，导线中流过100A直流电流。当导体长度 $\ell = 0.5\text{cm}$、磁通量密度 $B = 1\text{T}$ 时，求移动物体在 $x = 1\text{cm}$ 处受到的电磁力。

如果电流 i 保持恒定，而位置受到小的扰动 Δx，电路中储存的磁场能量变化为

$$\Delta W_f = i\Delta\lambda = i(B\Delta A) = iB(\ell\Delta x) \tag{4-1}$$

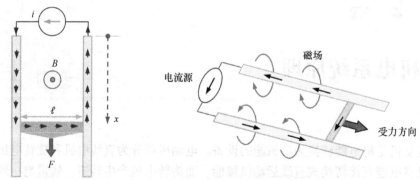

图4-2 轨道炮系统中产生的作用力

因为电能没有发生改变，即 $\Delta W_e = 0$，可以写出 $\Delta W_f = \Delta W_m = F\Delta x$。因此，可得移动物体上受到的力为

$$F = i\ell B = 100 \times (0.5 \times 10^{-2}) \times 1 = 0.5\text{Nm} \tag{4-2}$$

轨道炮可以获得比由化学推进剂放热燃烧驱动高得多的速度。

例4.2

在图4-3中，移动喷嘴受外力在非磁性材料上从 $x = 0$ 位置滑动到背面，并停在 $x = 1\text{cm}$ 处。磁心的尺寸为 $l_1 = 1\text{cm}$、$l_2 = 0.8\text{cm}$、$\omega = 1\text{cm}$、$d = 2\text{cm}$、$N = 50$、$R_{dc} = 0.3\Omega$、$V_{dc} = 3\text{V}$。求将喷嘴维持在 $x = 1\text{cm}$ 位置所需的力大小。

等效磁路如图4-3所示，忽略磁心磁阻。因此，利用 $\mathcal{R}_1 = l_1/(\mu_0\omega x)$ 和 $\mathcal{R}_2 = (l_1 - l_2)/(2\mu_0\omega(d-x))$ 得到气隙磁阻。

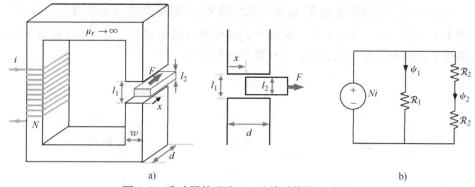

图4-3 致动器的磁路 a) 及其磁等效电路 b)

如图4-3所示，$\mathcal{R}_1$ 和 $2\mathcal{R}_2$ 并联，因此磁源看到的总磁阻计算如下

$$\mathcal{R} = \mathcal{R}_1 \parallel (2\mathcal{R}_2) = \frac{\dfrac{l_1}{\mu_0\omega x}\dfrac{l_1 - l_2}{\mu_0\omega(d-x)}}{\dfrac{l_1}{\mu_0\omega x} + \dfrac{l_1 - l_2}{\mu_0\omega(d-x)}} = \frac{l_1(l_1 - l_2)}{l_1\mu_0\omega(d-x) + (l_1 - l_2)\mu_0\omega x}$$

$$\tag{4-3}$$

简化为

$$\mathcal{R} = \frac{(l_1 - l_2)/(\mu_0 \omega)}{(d - x) + (1 - l_2/l_1)x} = \frac{(l_1 - l_2)/(\mu_0 \omega)}{d - (l_2/l_1)x} \tag{4-4}$$

因此，电感量为

$$L = \frac{d - (l_2/l_1)x}{(l_1 - l_2)/(\mu_0 \omega)}N^2 \tag{4-5}$$

在式（4-5）中用给定参数值代替，得到如下电感量值与 x 的函数：

$$L(x) = 0.0157 \times (0.02 - 0.8x) \tag{4-6}$$

因此，根据第 3 章，存储在磁路中的能量计算如下：

$$\begin{aligned} W_f(x) &= \frac{1}{2}LI^2 = \frac{1}{2} \times 0.0157 \times (0.02 - 0.8x) \times 100 \\ &= 0.7854 \times (0.02 - 0.8x) \end{aligned} \tag{4-7}$$

式中，电流为 $I = V_{dc}/R_{dc}$。假设在 $x = 0$ 时，系统处于静止状态，$W_m(0) = 0$，磁路中存储的能量为 $W_f(0) = 0.0157\text{J}$。如果用力将移动部件推回 $x = 0.01\text{m}$，则磁场能量降低到 $W_f(0.01) = 0.0094\text{J}$。而电流经过瞬态后稳定在初始值 $I = V_{dc}/R_{dc}$，因此，$\Delta W_e(0) = 0$。这意味着 $\Delta W_m = -\Delta W_f$。此外，机械力计算为 $\Delta W_m = F\Delta x$，因此可得

$$F = \frac{\Delta W_m}{\Delta x} = -\frac{\Delta W_f}{\Delta x} = \frac{0.0063}{0.01} = 0.63\text{N} \tag{4-8}$$

磁场产生的作用力 $F_{mag} = -F = -0.63\text{N}$。注意，在运动物体上会产生电磁力，以最小化磁阻。

4.1.1　能量平衡和受力公式

在机电系统中，电能被转换成机械能，在机械能中，始终需要一个磁场作为转换接口。在机电系统中，电能的增量变化等于磁场能和机械能的变化。这在数学上表示为

$$dW_e = dW_f + dW_m \tag{4-9}$$

线圈中电能的变化表示为

$$dW_e = p_e dt = (ei)dt = id\lambda \tag{4-10}$$

同样，对于线性系统，机械能的变化公式如下：

$$dW_m = p_m dt = (Fv_m)dt = Fdx \tag{4-11}$$

从式（4-9）到式（4-11），写出

$$id\lambda = dW_f + Fdx \tag{4-12}$$

如果将 W_f 写为 λ 和 x 的函数，则其增量变量 dW_f 写为

$$dW_f = \frac{\partial W_f}{\partial \lambda}d\lambda + \frac{\partial W_f}{\partial x}dx \tag{4-13}$$

将式（4-13）代入式（4-12）得

$$\left(i - \frac{\partial W_f}{\partial \lambda}\right)d\lambda - \left(\frac{\partial W_f}{\partial x} + F\right)dx = 0 \qquad (4\text{-}14)$$

由于 λ 和 x 是自变量，如果式（4-14）中的两个因子均为零，则该方程始终成立。因此，机电系统中的力通过下式计算：

$$F = -\left.\frac{\partial W_f}{\partial x}\right|_{\lambda = 常数} \qquad (4\text{-}15)$$

这意味着，假设磁链恒定，磁场对位移的偏导数等于所产生的力。假设电流恒定，也可以计算出力。对于恒定电流，磁共能 W_f' 定义为

$$W_f + W_f' = i\lambda \qquad (4\text{-}16)$$

因此，可以写出关于磁能和磁共能变化的微分方程，如下所示：

$$dW_f + dW_f' = d(i\lambda) \qquad (4\text{-}17)$$

替换（4-12）中的 dW_f 以及磁共能的增量变化 dW_f'，以位置和电流偏导数形式，式（4-17）可写成

$$(id\lambda - Fdx) + \left(\frac{\partial W_f'}{\partial i}di + \frac{\partial W_f'}{\partial x}dx\right) = id\lambda + \lambda di \qquad (4\text{-}18)$$

重新整理式（4-18），得到

$$\left(\lambda - \frac{\partial W_f'}{\partial i}\right)di - \left(\frac{\partial W_f'}{\partial x} - F\right)dx = 0 \qquad (4\text{-}19)$$

由于 λ 和 x 是自变量，只有当式（4-19）中的两个因子都为零时，该方程才始终成立。因此，机电系统中的力也可以基于磁共能公式，如下所示：

$$F = \left.\frac{\partial W_f'}{\partial x}\right|_{i = 常数} \qquad (4\text{-}20)$$

采用式（4-15）和式（4-20）中的受力方程，利用 $\lambda =$ 常数和 $i =$ 常数的概念来计算磁场能量和磁共能变化，其图形化解释如图 4-4 所示。

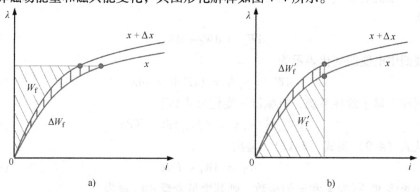

图 4-4 位置变化 Δx 引起的磁能 W_f a）和磁共能 W_f' b）的变化

例 4.3

在图 4-5 所示的磁路中，移动部件的质量 $m = 1\text{kg}$、$\omega = 1.5\text{cm}$、$d = 2\text{cm}$、$N_1 = N_2 = 10$、气隙 $l_g = 1\text{mm}$。求将磁针保持在 $x = 0.2\text{cm}$ 处所需的最小电流是多少？

对于每个回路，写出

$$\mathcal{R}_g \frac{\psi}{2} + R_x \psi = Ni \tag{4-21}$$

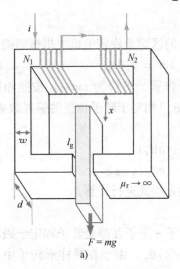
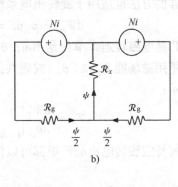

图 4-5 致动器的磁路 a) 及其等效电路 b)

因此，通过下式计算通量 ψ：

$$\psi = \frac{Ni}{\frac{1}{2}\mathcal{R}_g + \mathcal{R}_x} \tag{4-22}$$

存储在该磁路中的总磁场能量由下式得出

$$W_f = 2\left(\frac{1}{2}\mathcal{R}_g \left(\frac{\psi}{2}\right)^2\right) + \frac{1}{2}\mathcal{R}_x \psi^2 = \frac{1}{2}\left(\frac{R_g}{2} + \mathcal{R}_x\right)\psi^2 \tag{4-23}$$

将式（4-22）代入式（4-23）得到

$$W_f = \frac{1}{2}\frac{N^2}{\frac{\mathcal{R}_g}{2} + \mathcal{R}_x}i^2 = \frac{\mu_0 w d N^2 i^2}{l_g + 2x} \tag{4-24}$$

假定 μ_r 非常大，即 $\mu_r \to \infty$，磁路是线性的。那么，$W_f = W_f'$ 时电磁力 F 可用下式计算：

$$F = \left.\frac{\partial W_f'}{\partial x}\right|_{i=常数} = -2\frac{\mu_0 w d N^2 i^2}{(l_g + 2x)^2} \tag{4-25}$$

产生电磁力的方向与运动物体的重力相反，将受力表达式 $F = -mg$ 代入式（4-25），得到

$$i = \frac{l_g + 2x}{N}\sqrt{\frac{mg}{2\mu_0 wd}}$$

$$= \frac{0.001 + 2 \times 0.002}{10}\sqrt{\frac{1 \times 9.8}{2 \times 4\pi \times 10^{-7} \times 0.015 \times 0.02}} = 57A \qquad (4\text{-}26)$$

该电流将提供足够的电磁力，以将磁针保持在 $x = 0.2$cm 的位置。

4.1.2 能量平衡和转矩公式

同样的方法也适用于旋转机电系统，唯一的区别是旋转电机中机械能的变化为

$$dW_m = p_m dt = (T_e\,\omega_m)dt = T_e d\theta_m \qquad (4\text{-}27)$$

式中，T_e 是电磁转矩，单位是 Nm；θ_m 是转子位置，单位为 rad/s。按照相同的步骤，转矩用磁场能 $W_f(\lambda,\theta_m)$ 或磁共能 $W'_f(i,\theta_m)$ 相对于转子位置的偏导数来表示，如下所示：

$$T_e = \left.\frac{\partial W'_f}{\partial \theta_m}\right|_{i=常数} \qquad T_e = -\left.\frac{\partial W_f}{\partial \theta_m}\right|_{\lambda=常数} \qquad (4\text{-}28)$$

任何特定旋转电机的转矩都可以使用上述方程式进行计算。

例4.4

在带有圆柱形转子的 p 极旋转电机中，转子 – 定子互感是转子和定子磁轴之间角度的函数，即 $L_{sr} = L_M\cos(\theta_r)$，其中 $\theta_r = (p/2)\theta_m$。由于在圆柱形转子中，定子和转子之间的气隙不会因转子位置而改变，因此转子和定子自感 L_r 和 L_s 是恒定的。此外，假设定子和转子电流为 $i_s = I_s$ 和 $i_r = I_r$。计算该旋转电机中产生的电磁转矩。

首先，需要将磁能写为 (λ,θ_m) 的形式，或将磁共能表达式写为 (i,θ_m) 的形式。在本例中，由于给出了电流信息，磁共能写为

$$W'_f = \frac{1}{2}L_s i_s^2 + L_{sr} i_s i_r + \frac{1}{2}L_r i_r^2 \qquad (4\text{-}29)$$

请注意，只有互感是位置的函数，$L_{sr} = L_M\cos(\theta_m)$。因此，转矩由下式给出：

$$T_e = \frac{\partial W'_f}{\partial \theta_m} = i_s i_r \frac{\partial L_{sr}}{\partial \theta_m} \qquad (4\text{-}30)$$

在式（4-30）中替换 $i_s = I_s$ 和 $i_r = I_r$，有

$$T_e = -\frac{p}{2}L_M I_s I_r \sin\left(\frac{p}{2}\theta_m\right) \qquad (4\text{-}31)$$

从式（4-31）看出，较小的气隙和较大的互感 L_M 可提供更大的电磁转矩。一般而言，较大的转子和定子电流以及较大的 L_M 会放大所产生的转矩。注意，L_M 是圈数和电机尺寸的函数。然而，更多数量的磁极可能会降低齿槽转矩，但不会改变转矩大小，因为 $L_M \propto (2/p)$，如 4.2.2 节所述。

例4.5

在图 4-6a 所示的 2 极旋转电机中，定子 – 转子互感 $L_{sr} = 30\cos\theta_r$mH，其自感

$L_s = 40\text{mH}$ 和 $L_r = 40\text{mH}$，其中 $\theta_r = \theta_m = \omega_m t + \alpha$ 是定子和转子线圈磁轴之间的角度。如果定子线圈中的电流为 $i_s(t) = 100\cos(120\pi t)$，而转子线圈电流为 $i_r(t) = 50\text{A}$，计算 $\omega_m = 120\pi$，$\alpha = -(\pi/6)\text{rad}$ 时产生转矩的平均值。

利用式（4-30），转矩由下式给出：

$$T_e = i_s i_r \frac{\partial L_{sr}}{\partial \theta_m} = -150\cos(120\pi t)\sin\theta_m \tag{4-32}$$

利用三角恒等式 $\sin\alpha\cos\beta = 1/2(\sin(\alpha-\beta)+\sin(\alpha+\beta))$，可得

$$T_e = -\frac{150}{2}(\sin(\theta_m - 120\pi t) + \sin(\theta_m + 120\pi t)) \tag{4-33}$$

在本例中，$\omega_m = \omega_s = 120\pi = 377\text{rad/s}$ 和 $\theta = 120\pi t - (\pi/6)\text{rad}$。因此，将式（4-33）改写如下：

$$T_e = 75\sin\frac{\pi}{6} - 75\sin\left(240\pi t - \frac{\pi}{6}\right) \tag{4-34}$$

继续化简为

$$T_e = 37.5 - 75\sin\left(240\pi t - \frac{\pi}{6}\right)\text{Nm} \tag{4-35}$$

建立的电磁转矩具有正平均值，这表明机器作为电动机运行。这也可以从转子位置滞后于定子磁场 30°[$(\pi/6)\text{rad}$]得到确认，这意味着转子跟随定子磁场。

例 4.6

在图 4-6b 所示的 2 极旋转电机中，定子-转子互感 $L_{sr} = 30\cos\theta_r\text{mH}$，其自感 $L_s \cong 40 + 10\cos(2\theta_r)$ 和 $L_r = 40\text{mH}$，其中 $\theta_r = (p/2)\theta_m$，且 $p = 2$。如果定子线圈中的电流 $i_s(t) = 100\cos(120\pi t)$，而转子线圈电流 $i_r(t) = 50\text{A}$，计算 $\omega_m = 120\pi$ 和 $\alpha = -(\pi/6)\text{rad}$ 时产生转矩的平均值。

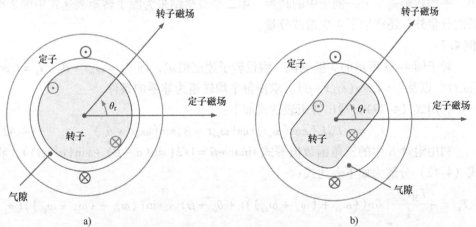

图 4-6　带圆柱形转子 a) 和非圆柱形（凸极）转子 b) 的简单电机的定子和转子

利用式（4-29），写出转矩表达式如下：

$$T_e = \frac{\partial W'_f}{\partial \theta_m} = \frac{1}{2} i_s^2 \frac{\partial L_s}{\partial \theta_m} + i_s i_r \frac{\partial L_{sr}}{\partial \theta_m} \tag{4-36}$$

由于凸极（非圆柱）转子结构，注意到定子自感和定子 – 转子互感是转子位置的函数（见图 4-6b）。将转子和定子电流代入式（4-36）得到

$$T_e = -100\cos^2(120\pi t)\sin(2\theta_m) - 150\cos(120\pi t)\sin\theta_m \tag{4-37}$$

利用三角函数恒等式 $\cos^2\alpha = \frac{1}{2}(1+\cos(2\alpha))$，可得

$$T_e = -50(1+\cos(240\pi t))\sin(2\theta_m) - 150\cos(120\pi t)\sin\theta_m \tag{4-38}$$

利用附录 A 中的三角函数恒等式，将式（4-38）中的乘法转换为求和公式，将转矩表达式改写为

$$T_e = -50\sin(2\theta_m) - 25\sin(2\theta_m - 240\pi t) - 25\sin(2\theta_m + 240\pi t)$$
$$- 75\sin(\theta_m - 120\pi t) - 75\sin(\theta_m + 120\pi t) \tag{4-39}$$

将 $\theta_m = 120\pi t - \pi/6$ 代入式（4-39），得

$$T_e = -50\sin\left(240\pi t - \frac{\pi}{3}\right) + 25\sin\left(\frac{\pi}{3}\right) - 25\sin\left(480\pi t - \frac{\pi}{3}\right) +$$
$$75\sin\left(\frac{\pi}{6}\right) - 75\sin\left(240\pi t - \frac{\pi}{6}\right) \tag{4-40}$$

进一步化简得

$$T_e = 59.15 - 75\sin\left(240\pi t - \frac{\pi}{6}\right) - 50\sin\left(240\pi t - \frac{\pi}{3}\right) -$$
$$25\sin\left(480\pi t - \frac{\pi}{6}\right) \text{Nm} \tag{4-41}$$

通过比较式（4-35）和式（4-41），可以得出第一个观察结果，即由于磁阻转矩，平均转矩高于上一例子中的转矩。第二个观察结果为除了转矩表达式中的 2 次谐波分量外，还产生了 4 次谐波分量。

例 4.7

对于图 4-6a 所示的 2 极电机，假设转子速度恒定，即 $\theta_m = \omega_m t + \theta_0$，$i_s = I_s\cos(\omega_e t)$，以及 $i_r = I_r\cos(\omega_{er} t + \beta)$。求使得平均转矩为非零的条件。

利用式（4-29），写出转矩表达式如下：

$$T_e = -L_M I_s I_r \cos(\omega_e t)\cos(\omega_{er} t + \beta)\sin(\omega_m t + \theta_0) \tag{4-42}$$

利用附录 A 中的三角函数恒等式 $\sin a\cos\beta = 1/2(\sin(a-\beta) + \sin(a+\beta))$，将式（4-42）分解为如下表达式：

$$T_e = -\frac{L_M I_s I_r}{4}\{\sin((\omega_m + (\omega_e + \omega_{er}))t + \theta_0 + \beta) + \sin((\omega_m - (\omega_e + \omega_{er}))t +$$
$$\theta_0 - \beta) + \sin((\omega_m + (\omega_e - \omega_{er}))t + \theta_0 - \beta) + \sin((\omega_m - (\omega_e - \omega_{er}))t - \theta_0 - \beta)\}$$
$$\tag{4-43}$$

请注意，所有正弦项的平均值为零，因此，只有当至少一个正弦项为时不变

时，平均转矩才为零。例如，如果 $\omega_m = (\omega_e - \omega_{er})$，平均转矩由下式给出：

$$T_{av} = \frac{L_M I_s I_r}{4}\sin(\theta_0 + \beta) \tag{4-44}$$

另一个例子是，如果 $\omega_m = \omega_e$ 和 $(\omega_{er} = 0, \beta = 0)$，则平均转矩由下式给出：

$$T_{av} = \frac{L_M I_s I_r}{2}\sin\theta_0 \tag{4-45}$$

第一种情况，即 $\omega_m = (\omega_e - \omega_{er})$ 表示感应（异步）电机，而第二种情况，即 $\omega_m = \omega_e$，表示转子电路流过直流电流的同步电机。通过比较式（4-44）和式（4-45），可以知道，同步电机产生的转矩是相同互感和峰值电流的相同尺寸感应电机中产生转矩的 2 倍。

例 4.8

考虑一个凸极同步电机，它有两个完全相同的定子绕组 a 和 b，以及一个励磁绕组 f，如图 4-7 所示。忽略空间谐波，自感分别为 $L_{aa} = 0.2 + 0.1\cos(2\theta_r)$、$L_{bb} = 0.2 - 0.1\cos(2\theta_r)$、$L_{ff} = 0.25H$。互感分别为 $L_{ab} = 0.1\sin(2\theta_r)$、$L_{af} = 0.25\cos\theta_r$、$L_{bf} = 0.25\sin\theta_r$，其中 θ_r 为转子相对于 A 相磁轴的电气角，如图 4-7 所示。此外，考虑励磁绕组励磁的工作条件，它由直流电流 $I_f = 12.025A$ 励磁，定子绕组连接到平衡的两相电压源，其频率为 ω_e。在此条件下，定子电流分别为 $i_a = \sqrt{2}\times 10\cos(\omega_e t + \pi/6)$，$i_b = \sqrt{2}\times 10\sin(\omega_e t + \pi/6)$。

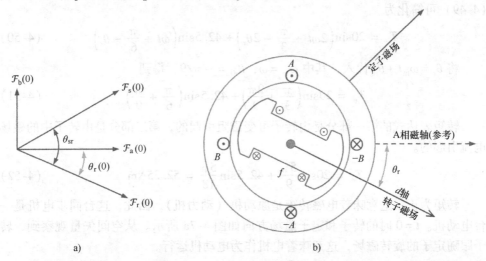

图 4-7　凸极两相 2 极同步电机 a）以及 $t = 0$ 时转子和定子磁场方向示意图 b)

推导出电磁转矩的表达式，然后求出转子以同步转速旋转时的平均转矩，如 $\theta_r = \omega_m t + \theta_{r0}$，其中 $\theta_r = \theta_m$（如果 $p = 2$）、$\omega_m = 120\pi$ rad/s，且 $\theta_{r0} = -\pi/9$。

在此电机中，存储在磁路中的能量为

$$W_f = \frac{1}{2}L_{aa}i_a^2 + \frac{1}{2}L_{bb}i_b^2 + \frac{1}{2}L_{ff}i_f^2 + L_{ab}i_a i_b + L_{af}i_a i_f + L_{bf}i_b i_f \quad (4\text{-}46)$$

假设这台电机的磁路保持在线性区域，磁场能量和磁共能是相同的，即 $W_f = W_f'$，因此可写出

$$T_e = \frac{1}{2}i_a^2\frac{\partial L_{aa}}{\partial \theta_r} + \frac{1}{2}i_b^2\frac{\partial L_{bb}}{\partial \theta_r} + i_a i_b\frac{\partial L_{ab}}{\partial \theta_r} + i_a i_f\frac{\partial L_{af}}{\partial \theta_r} + i_b i_f\frac{\partial L_{bf}}{\partial \theta_r} \quad (4\text{-}47)$$

注意，对于 2 极电机有 $\theta_r = \theta_m$，式 (4-47) 可写为

$$T_e = \frac{1}{2}i_a^2(-0.2\sin(2\theta_r)) + \frac{1}{2}i_b^2(0.2\sin(2\theta_r)) + i_a i_b(0.2\cos(2\theta_r)) +$$
$$i_a i_f(-0.25\sin\theta_r) + i_b i_f(0.25\cos\theta_r)$$

$$(4\text{-}48)$$

代入电流有

$$T_e = -20\cos^2\left(\omega t + \frac{\pi}{6}\right)\sin(2\theta_r) + 20\sin^2\left(\omega t + \frac{\pi}{6}\right)\sin(2\theta_r) +$$
$$20\sin\left(2\omega t + \frac{\pi}{3}\right)\cos(2\theta_r) -$$
$$42.5\cos\left(\omega t + \frac{\pi}{6}\right)\sin\theta_r + 42.5\sin\left(\omega t + \frac{\pi}{6}\right)\cos\theta_r \quad (4\text{-}49)$$

利用三角恒等式 $\cos^2\alpha - \sin^2\alpha = \cos(2\alpha)$，$\sin\alpha\cos\beta - \sin\beta\cos\alpha = \sin(\alpha - \beta)$，式 (4-49) 可简化为

$$T_e = 20\sin\left(2\omega t + \frac{\pi}{3} - 2\theta_r\right) + 42.5\sin\left(\omega t + \frac{\pi}{6} - \theta_r\right) \quad (4\text{-}50)$$

将 $\theta_r = \omega_m t + \theta_{r0}$ 代入，其中 $\omega_m = \omega$，$\theta_{r0} = -\pi/9$，得到

$$T_e = 20\sin\left(\frac{\pi}{3} + \frac{2\pi}{9}\right) + 42.5\sin\left(\frac{\pi}{6} + \frac{\pi}{9}\right) \quad (4\text{-}51)$$

转矩表达式的第一部分是由转子可变磁阻引起的，第二部分是由转子中的磁场电流引起的。

$$T_e = 20\sin\frac{5\pi}{9} + 42.5\sin\frac{5\pi}{18} = 52.25\,\text{Nm} \quad (4\text{-}52)$$

转矩为正，这意味着电磁转矩是原动机（动力机），因此，这台同步电机是一台电动机。$t = 0$ 时的转子和定子磁场方向如图 4-7a 所示。从空间矢量观察到，转子跟随定子的旋转磁场，这意味着电机作为电动机运行。

4.2 三相交流旋转电机

三相交流旋转电机分为同步电机和异步电机（见图 4-8）。异步电机也称为感应电机，可分为笼型电机和绕线转子电机。笼型感应电机广泛应用于家用电器等小

负载场合。它们也可用于重载，例如风扇、泵和压缩机应用中。绕线转子感应电机可用于风力发电机，称为双馈感应发电机（DFIG）。

与直流电机和传统有刷励磁系统的交流同步电机不同，笼型感应电机可用于化学挥发性或腐蚀性环境。此外，与直流电机相比，它们在高速下具有机械稳定性，在直流电机中，换向器和电刷可能会抑制高性能运行。因此，在许多工业过程中，感应电机作为原动机起着至关重要的作用。

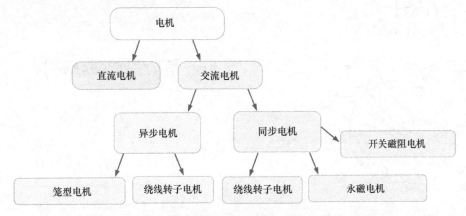

图 4-8　交流电机的主要分类，同步和异步（感应）电机

同步电机中的转子磁场由外部直流电源通过集电环和电刷提供。转子磁场可由永磁体提供，无需外部直流电源。永磁同步电机用作位置控制（伺服驱动）应用中的电机或直接驱动风力发电机组中的发电机。

大型同步电机被用作化石燃料、核电站和水力发电厂的主要发电机组。在同步电机中，在稳态条件下，轴速度与旋转磁场同步。永磁同步电机和感应电机都用于交通系统，如插电式混合动力汽车和电动汽车。

4.2.1　旋转磁场

为了弄清楚磁场如何在三相电机中旋转，考虑定子电流为 $i_a = I_s \cos(\omega_e t)$，$i_b = I_s \cos(\omega_e t - 2\pi/3)$ 以及 $i_c = I_s \cos(\omega_e t - 4\pi/3)$。图 4-9 中显示在 $\omega_e t = 0$、$\omega_e t = 2\pi/3$ 和 $\omega_e t = \pi$ 时 3 个瞬时（角度）的合成磁场。观察到，磁场的旋转速度与定子电流的频率相同，这对于 2 极电机来说是正确的。这意味着，对于由一组 $f = 60$Hz 三相电流通电的 2 极电机，产生的磁场以 $n_s = 60 \times 60 = 3600$r/min 的速度旋转。对于磁极较多的电机，磁场的旋转速度较小。例如，对于通过 $f = 60$Hz 电流的 4 极电机，所产生的磁场以 $n_s = 30 \times 60 = 1800$r/min 的速度旋转。一般来说，对于 p 极电机，定子磁场旋转速度为

$$n_s = \frac{2}{p} \times 60f = \frac{120f}{p} \tag{4-53}$$

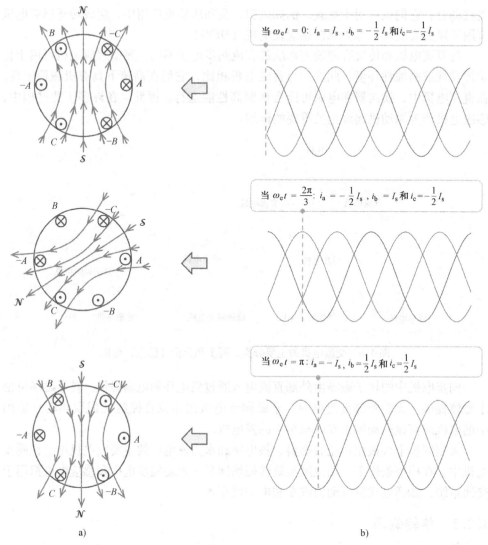

图 4-9　三相电机的定子电流 a) 以及当 $\omega_e t = 0$、$\omega_e t = 2\pi/3$ 和 $\omega_e t = \pi$ 时相应的旋转磁场 b)

式中，n_s 是以 r/min 为单位的同步速度。在同步电机中，转子速度等于定子磁场速度，即 $n_m = n_s$ 或 $\omega_m = \omega_s$，单位为 rad/s。然而，如前一例所述，如果 $n_m = n_s \pm n_r$，则感应电机中会产生非零转矩。这意味着在感应电机中，$n_m \neq n_s$。因此，感应电机中的转子在定子磁场中旋转，转差率定义为

$$s = \frac{n_s - n_m}{n_s} \tag{4-54}$$

注意到，对于感应电机，$n_m = n_s - n_r$，对于感应发电机，$n_m = n_s + n_r$，其中 n_r 是相对于转子的转子磁场速度，$n_r = 120 f_r / p$。机械速度（以 r/min 为单位）也可以根据下式计算：

$$n_{\mathrm{m}} = (1-s)n_{\mathrm{s}} \tag{4-55}$$

单位换成为 rad/s，也可以写成 $\omega_{\mathrm{m}} = (1-s)\omega_{\mathrm{s}}$。

例 4.9

一台 60Hz 的 4 极感应电机以 1740r/min 的转速带动机械负载运行。假设电机在额定负载下运行，（a）定子电流产生的旋转磁场相对于定子和转子的速度是多少？（b）转子的转差率是多少？（c）转子电流的频率是多少？（d）转子电流产生的旋转磁场相对于转子的速度是多少？（e）相对于定子的速度是多少？

旋转磁场的速度计算如下：

$$n_{\mathrm{s}} = \frac{2}{p} \times 60f = \frac{120 \times 60}{4} = 1800\mathrm{r/min} \tag{4-56}$$

转子的转速为 1740r/min。因此，旋转磁场相对于转子的速度由下式给出：

$$n_{\mathrm{s}}^{\mathrm{r}} = n_{\mathrm{s}} - n_{\mathrm{m}} = 1800 - 1740 = 60\mathrm{r/min} \tag{4-57}$$

此外，转子的转差率可通过以下公式获得

$$s = \frac{1800 - 1740}{1800} = 0.0333 \tag{4-58}$$

因此，转子频率为

$$f_{\mathrm{r}} = (n_{\mathrm{s}} - n_{\mathrm{m}})\left(\frac{p}{2}\right)\left(\frac{1}{60}\right) = 60 \times \frac{2}{60} = 2\mathrm{Hz} \tag{4-59}$$

请注意，也可以根据转差和定子频率推导出转子频率方程式，如下所示：

$$f_{\mathrm{r}} = \frac{(n_{\mathrm{s}} - n_{\mathrm{m}})}{\dfrac{120}{p}} = \frac{(n_{\mathrm{s}} - n_{\mathrm{m}})}{\dfrac{120f}{p}}f = \frac{(n_{\mathrm{s}} - n_{\mathrm{m}})}{n_{\mathrm{s}}}f = sf \tag{4-60}$$

式中，s 为转子转差率；f 为定子电流频率。磁场相对于转子的速度可通过以下公式获得

$$n_{\mathrm{r}} = \frac{120 \times 2}{4} = 60\mathrm{r/min} \tag{4-61}$$

转子磁场相对于定子的速度 $n_{\mathrm{r}}^{\mathrm{s}}$ 可计算为

$$n_{\mathrm{r}}^{\mathrm{s}} = n_{\mathrm{r}} + n_{\mathrm{m}} = 60 + 1740 = 1800\mathrm{r/min} \tag{4-62}$$

定子和转子电流产生的磁场以相同的速度旋转。注意，转子和定子磁场以相同的速度（同步速度）旋转，此处为 1800r/min，但转子轴以 1740r/min 旋转。

4.2.2 三相交流电机中的定子绕组和电感

为了推导三相交流电机定子绕组的电路模型，先考虑定子电流产生的磁链，如下所示：

$$\begin{cases} \lambda_{\mathrm{a}} = L_{\mathrm{aa}}i_{\mathrm{a}} + L_{\mathrm{ab}}i_{\mathrm{b}} + L_{\mathrm{ac}}i_{\mathrm{c}} \\ \lambda_{\mathrm{b}} = L_{\mathrm{ba}}i_{\mathrm{a}} + L_{\mathrm{bb}}i_{\mathrm{b}} + L_{\mathrm{bc}}i_{\mathrm{c}} \\ \lambda_{\mathrm{c}} = L_{\mathrm{ca}}i_{\mathrm{a}} + L_{\mathrm{cb}}i_{\mathrm{b}} + L_{\mathrm{cc}}i_{\mathrm{c}} \end{cases} \tag{4-63}$$

　　自感系数可以从定子绕组的磁动势（MMF）中推导出来。图 4-10 显示了 2 极交流电机的 MMF 波形，它是非正弦形状。自感有两部分，漏感 $L_{\ell a}$ 和磁化电感，如下所示：

$$L_{aa} = \frac{\lambda_a}{i_a} = L_{\ell a} + \frac{N_s \psi}{i_a} \qquad (4\text{-}64)$$

　　漏感是由漏磁通引起的，在设计阶段很难通过解析计算。然而，漏感可在交流电机原型样机后在实验室测试中获得，或使用复杂的数值计算，如有限元（FE）方法进行估计。然而，磁通量 ψ 可以从 A 相的 MMF 计算得出。忽略 MMF 的空间谐波，假设 $\mathcal{F}_a = N_s i_a \sin\theta$，其中 N_s 是每相的有效匝数。请注意，每极的定子槽（N_{slot}）数越多，可使得交流电机设计具有更少的 MMF 空间谐波（见图 4-10）。

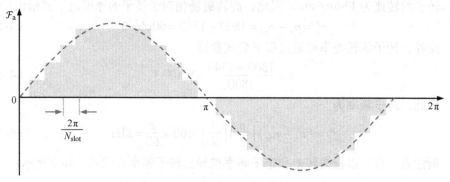

图 4-10　2 极交流电机定子绕组 A 相磁动势（MMF）分布图

　　存在气隙磁阻的情况下，通过增量圆柱表面（即 $lr\mathrm{d}\theta$）的磁通量由 MMF 曲线的基波分量获得（见图 4-10），如下所示：

$$\mathrm{d}\psi = \frac{\mathcal{F}_a}{\mathcal{R}} = \frac{N_s i_a \sin\theta}{\dfrac{g}{\mu_0 lr\mathrm{d}\theta}} = \frac{N_s \mu_0 lr}{g} i_a \sin\left(\frac{p}{2}\theta\right)\mathrm{d}\theta \qquad (4\text{-}65)$$

式中，r 为中间气隙半径；l 为轴向转子（磁心）长度（见图 4-11）。$\mathrm{d}\psi$ 在极距 $2\pi/p$ 上积分（见图 4-12），得到

$$\psi\,\big|_{i_b,i_c=0} = \left(\frac{N_s \mu_0 lr}{g} i_a\right)\int_0^{\frac{2\pi}{p}} \sin\left(\frac{p}{2}\theta\right)\mathrm{d}\theta = \frac{4N_s \mu_0 lr}{pg} i_a \qquad (4\text{-}66)$$

　　利用式（4-64）和式（4-66），A 相的自感公式如下：

$$L_{aa} = \frac{\lambda_a}{i_a}\,\bigg|_{i_b,i_c=0} = L_{\ell a} + \left(\frac{2}{p}\right)\frac{N_s^2 \mu_0 Dl}{g} \qquad (4\text{-}67)$$

　　自感写成

$$L_{aa} = L_{\ell a} + L_m \qquad (4\text{-}68)$$

式中，$L_{\ell a}$ 是漏感；L_m 是定子 A 相的磁化电感。同样，当 B 相励磁通电时，A 相看

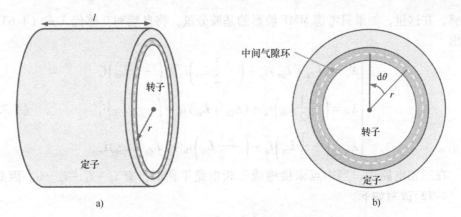

图4-11　用于计算磁通量的中间气隙半径 r 和转子堆芯长度 l

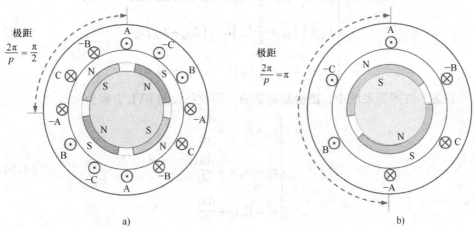

图4-12　三相4极 a）和2极 b）永磁同步电机定子中的极距

到的磁通量计算为

$$\psi \big|_{i_a, i_c=0} = \left(\frac{N_s \mu_0 lr}{g} i_b \right) \int_{\frac{4\pi}{3p}}^{\frac{2\pi}{p}} \sin\left(\frac{p}{2}\theta \right) \mathrm{d}\theta$$

$$= \frac{2N_s \mu_0 lr}{pg} i_b \left(\cos\frac{2\pi}{3} - \cos\pi \right) \tag{4-69}$$

因此，A 相与 B 相的互感为

$$L_{ab} = \frac{\lambda_a}{i_b} \bigg|_{i_a, i_c=0} = \frac{2}{p} \frac{N_s^2 \mu_0 Dl}{g} \cos\frac{2\pi}{3} = -\frac{1}{2} L_m \tag{4-70}$$

类似地，A 相与 C 相的互感为

$$L_{ac} = L_m \cos\frac{4\pi}{3} = -\frac{1}{2} L_m \tag{4-71}$$

考虑到绕组的布局，包括所有空间谐波的影响，还可以获得交流电机的自感和

互感。在这里，如果只考虑 MMF 波形的基波分量，将自感和互感代入式（4-63），写出

$$\begin{cases} \lambda_a = (L_{\ell a} + L_m)i_a + \left(-\frac{1}{2}L_m\right)i_b + \left(-\frac{1}{2}L_m\right)i_c \\ \lambda_b = \left(-\frac{1}{2}L_m\right)i_a + (L_{\ell b} + L_m)i_b + \left(-\frac{1}{2}L_m\right)i_c \\ \lambda_c = \left(-\frac{1}{2}L_m\right)i_a + \left(-\frac{1}{2}L_m\right)i_b + (L_{\ell c} + L_m)i_c \end{cases} \quad (4\text{-}72)$$

在三相电路中，当中点未接地或三相电路平衡时，有 $i_a + i_b + i_c = 0$。因此，式（4-72）改写如下：

$$\begin{cases} \lambda_a = \left(L_{\ell a} + \frac{3}{2}L_m\right)i_a = (L_{\ell a} + L_M)i_a \\ \lambda_b = \left(L_{\ell b} + \frac{3}{2}L_m\right)i_b = (L_{\ell b} + L_M)i_b \\ \lambda_c = \left(L_{\ell c} + \frac{3}{2}L_m\right)i_c = (L_{\ell c} + L_M)i_c \end{cases} \quad (4\text{-}73)$$

注意，在平衡系统中，磁链是解耦的，因此每相的 KVL 方程为

$$\begin{cases} v_a = R_a i_a + \dfrac{d\lambda_a}{dt} \\ v_b = R_b i_b + \dfrac{d\lambda_b}{dt} \\ v_c = R_c i_c + \dfrac{d\lambda_c}{dt} \end{cases} \quad (4\text{-}74)$$

对于具有相同定子绕组的三相系统，假设 $R_a = R_b = R_c = R_s$，以及 $L_{\ell a} = L_{\ell b} = L_{\ell c} = L_{\ell s}$。因此，利用式（4-73）和式（4-74），可得

$$\begin{cases} v_a = R_s i_a + L_{\ell s}\dfrac{di_a}{dt} + L_M\dfrac{di_a}{dt} \\ v_b = R_s i_b + L_{\ell s}\dfrac{di_b}{dt} + L_M\dfrac{di_b}{dt} \\ v_c = R_s i_c + L_{\ell s}\dfrac{di_c}{dt} + L_M\dfrac{di_c}{dt} \end{cases} \quad (4\text{-}75)$$

如图 4-13 所示，画出每相的等效电路。类似于前一章中描述的任何磁路模型，磁心损耗效应通过电阻来建模。由于绕组布局对称和三相平衡，只需要求解三相中的一相。同步和异步（感应）电机的定子电路都可以利用式（4-75）来建模。此外，将转子电路的模型添加到定子方程中，详见以下对感应

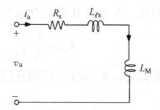

图 4-13　对称三相定子的每相定子绕组等效电路

（异步）电机和同步电机的讨论。

4.2.3　三相感应（异步）电机的电路模型

感应电机的转子电路是笼型的或绕线的。笼型转子的感应电机主要用作电动机。笼型转子的电路包含通过端环短路的导电条。然而，在绕线转子感应电机中，转子绕组通过 3 个集电环和电刷连接到外部电路。绕线转子用于高起动转矩感应电动机和双馈感应发电机（DFIG）。

如 4.2.1 节所描述的，无论转子类型如何，转子电路都可以建模为以更低频率运行的定子电路的镜像。因此，当 $v_{ar} = v_{br} = v_{cr} = 0$ 时，为转子电路编写一组类似的方程式，定子对转子的影响建模为感应电压 e_a、e_b 和 e_c。

$$\begin{cases} 0 = R_r i_{ar} + L_{\ell r} \dfrac{di_a}{dt} - e_a \\[2mm] 0 = R_r i_{br} + L_{\ell r} \dfrac{di_b}{dt} - e_b \\[2mm] 0 = R_r i_{cr} + L_{\ell r} \dfrac{di_c}{dt} - e_c \end{cases} \qquad (4\text{-}76)$$

将感应电机中每个相位的转子方程，用相量表示写成

$$0 = (R_r + j\omega_r L_{\ell r}) I_r - E_r \qquad (4\text{-}77)$$

在稳态条件下，由纯正弦定子电流供电的三相感应电机可以像三相变压器一样建模，其中二次侧绕组短路并以较低的频率 f_r 运行（见图 4-14）。如 4.2.1 节所描述，气隙磁场相对于转子以 $n_r = n_s - n_m$ 的速度旋转。因此，转子电路上感应电压的 RMS 值由下式给出：

$$E_r = 4.44 N_r \psi f_r \qquad (4\text{-}78)$$

气隙磁场相对于定子以 n_s 旋转，因此，定子绕组上感应电压的 RMS 值可通过以下公式获得

$$E_s = 4.44 N_s \psi f \qquad (4\text{-}79)$$

因此，定子侧和转子侧的电压比可通过下式获得

$$\frac{E_s}{E_r} = \frac{f}{f_r} \frac{N_s}{N_r} \qquad (4\text{-}80)$$

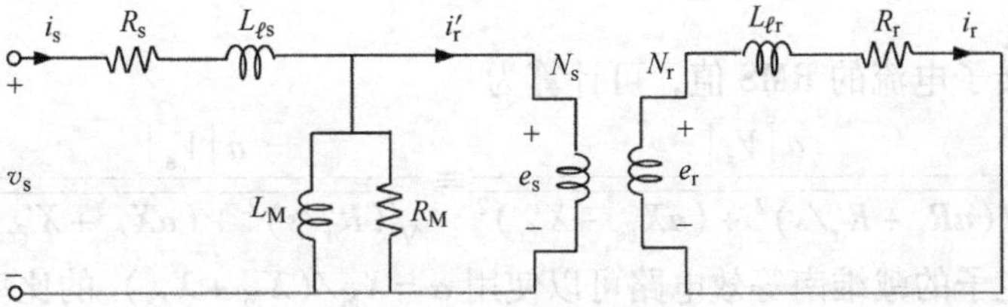

图 4-14　感应电机的每相等效电路

然而，电流比不是频率比的函数。利用安培定律，写出 $N_s I'_r - N_r I_r = \mathcal{R}\psi$，如果忽略磁心磁阻，即 $\mathcal{R} = 0$，写出 $I_r/I'_r = N_s/N_r$。相应地，从定子上看转子电路可从以下表达式推导。将 E_r 从式（4-80）代入式（4-77）得到

$$\frac{f_r}{f}\frac{N_r}{N_s}E_s = (R_r + j2\pi f_r L_{\ell r})\frac{N_s}{N_r}I'_r \tag{4-81}$$

从式（4-60）可知 $f_r = sf$。因此

$$E_s = \left(\frac{R'_r}{s} + j2\pi f L'_{\ell r}\right)I'_r \tag{4-82}$$

因此，感应电机的等效电路如图 4-15 所示。忽略等效电路中的 R_M，该电路通过戴维南等效电路代替定子电路来简化（见图 4-16）。假设 $R_s \ll \omega\,(L_{\ell s} + L_M)$，这是合理的近似，得到

$$V_{se} = \frac{j\omega L_M}{R_s + j\omega(L_{\ell s} + L_M)}V_s \cong \frac{L_M}{L_{\ell s} + L_M}V_s = aV_s \tag{4-83}$$

式中，$\omega = 2\pi f$。此外，等效阻抗可以写成

$$Z_{se} = \frac{j\omega L_M(R_s + j\omega L_{\ell s})}{R_s + j\omega(L_{\ell s} + L_M)} \cong \frac{L_M}{L_{\ell s} + L_M}(R_s + j\omega L_{\ell s})$$
$$= aR_s + j\omega(aL_{\ell s}) \tag{4-84}$$

稳态下产生的转矩可以在相量域中根据输送到转子电路的功率减去转子铜损来计算。

$$P_{em} = 3\left(\frac{R'_r}{s}I'^2_r - R'_r I'^2_r\right) \tag{4-85}$$

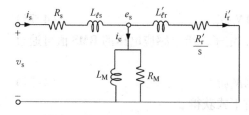

图 4-15　感应电机的每相 T 型等效电路
（转子电路折算到定子侧）

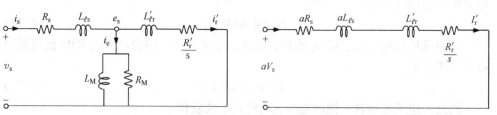

图 4-16　稳态条件下感应电机的
每相简化电路

式中，I'_r 是转子电流的 RMS 值，可计算为

$$|I'_r| = \frac{a|V_s|}{\sqrt{(aR_s + R'_r/s)^2 + (aX_{\ell s} + X'_{\ell r})^2}} \cong \frac{a|V_s|}{\sqrt{(R'_r/s)^2 + (aX_{\ell s} + X'_{\ell r})^2}} \tag{4-86}$$

式中，定子的戴维南等效电路可以使用 $\alpha = X_M/(X_M + X_{\ell s})$ 的比率来确定，如图 4-16 所示。

根据式（4-85），稳态情况下的转矩表示为

$$T_e = \frac{P_{em}}{\omega_m} = \frac{3\left(\dfrac{R'_r}{s}I'^2_r - R'_r I'^2_r\right)}{(1-s)\omega_s} \tag{4-87}$$

对式（4-87）的分母重新排列有

$$T_e = \frac{3\left(\dfrac{1-s}{s}\right)R'_r I'^2_r}{(1-s)\omega_s} = \frac{3R'_r I'^2_r}{s\omega_s} \tag{4-88}$$

将 I'^2_r 从式（4-86）代入式（4-88），感应电机的转矩表达式如下所示：

$$T_e = \frac{3}{\omega_s} \frac{(R'_r/s)\, a^2 V^2_s}{(R'_r/s)^2 + (aX_{\ell s} + X'_{\ell r})^2} \tag{4-89}$$

转矩曲线与转子速度的关系如图 4-17 所示。请注意对于 $\omega_m > \omega_s$，产生的转矩变成了负数，即 $s < 0$，这意味着感应电机作为发电机运行。当转子速度为 $0 < \omega_m < \omega_s$，即 $0 < s < 1$ 时，它作为电动机运行，当 $s > 1$ 时，机器处于制动模式。在式（4-89）中，将 $s = 1$ 代入，得到起动转矩

$$T_{start} = \frac{3}{\omega_s} \frac{(R'_r)\, a^2 V^2_s}{(R'_r)^2 + (aX_{\ell s} + X'_{\ell r})^2} \tag{4-90}$$

从这个方程中得出结论，漏感越低，输入电压 V_s 越高，转子电阻 R'_r 越高，起动转矩就越大，如图 4-17 所示。在绕线转子感应电机中，通过集电环将一组可变电阻器添加到转子电路中，以提供足够的起动转矩。

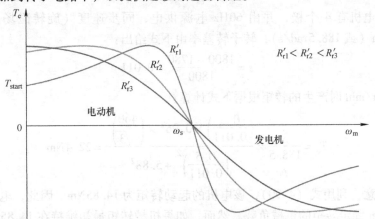

图 4-17　转子电阻越大，起动转矩越大

例 4.10

在 460V 的 4 极感应电机中，电机每相的参数为 $R_s = 0.2\Omega$、$R'_r = 0.3\Omega$、$X_M = 70\Omega$，以及 $X_{\ell s} = X'_{\ell r} = 3.5\Omega$。如果输入电压下降 10%，起动转矩会降低多少？

要使用式（4-90）计算起动转矩，系数 a 的计算公式如下：

$$a = \frac{X_M}{X_M + X_{\ell s}} = \frac{70}{70 + 3.5} = 0.952 \tag{4-91}$$

此外，同步速度可通过以下公式获得：

$$\omega_s = \frac{2}{p}(2\pi \times 60) = 188.5 \mathrm{rad/s} \tag{4-92}$$

将给定的电机参数和计算出的 a 和 ω_s 代入式（4-90）得

$$T_{\mathrm{start}} = \frac{3}{188.5}\frac{0.3 \times 0.952^2 \times \left(\frac{460}{\sqrt{3}}\right)^2}{0.3^2 + 6.83^2}$$

$$= 92.5 \times 10^{-6} \times \left(\frac{460}{\sqrt{3}}\right)^2 = 6.5 \mathrm{Nm} \tag{4-93}$$

电压下降 10%，得到的起动转矩为 $T_{\mathrm{start}} = (0.9 \times 460 \div 460)^2 \times 6.5 = 5.3 \mathrm{Nm}$，这意味着转矩下降了 18.5%。通常，如果起动转矩低于机械（负载）转矩，电机无法起动，定子绕组可能损坏。

例 4.11

在 60Hz、460V 的 4 极感应电机中，所有参数参考定子侧，每相参数为 $R_s = R'_r = 0.5\Omega$、$X_M = 72\Omega$，以及 $X_{\ell s} = X'_{\ell r} = 3\Omega$。在 1780r/min 的转速下，计算产生的转矩。

首先，定子戴维南等效中的 a 比计算得到

$$a = \frac{X_M}{X_M + X_{\ell s}} = \frac{72}{72 + 3} = 0.96 \tag{4-94}$$

由于电机有 4 个极，并由 60Hz 电源供电，同步速度（旋转磁场速度）为 1800r/min（或 188.5rad/s），转子转差率由下式给出：

$$s = \frac{1800 - 1780}{1800} = 0.011 \tag{4-95}$$

1780r/min 时产生的转矩根据下式计算：

$$T_e = \frac{3}{188.5} \times \frac{\left(\frac{0.5}{0.011}\right) \times 0.96^2 \times \left(\frac{460}{\sqrt{3}}\right)^2}{\left(\frac{0.5}{0.011}\right)^2 + 5.88^2} = 22.4 \mathrm{Nm} \tag{4-96}$$

请注意，利用式（4-90），该电机的起动转矩为 14.85Nm。因此，电机无法带动 22.4Nm 固定转矩的机械负载。然而，如果机械转矩最初维持在 14.85Nm 以下，然后在 1780r/min 下增加到 22.4Nm，电机可能会旋转。

实际感应电机的定子截面和绕组布局如图 4-18 所示。电机有两个电极，在 24 个定子槽中采用双层三相绕组分布。此外，图 4-18（底部）显示了其中一相的绕组分布。

为了演示绕组分布对电机性能的影响，使用不同的定子绕组分布和极数重新设计电机。表 4-1 展示了 24 个定子槽的 2 极和 4 极感应电机的单层和双层绕组。使用双层绕组布局，MMF 曲线中产生的空间谐波更少，从而产生更大的平均转矩。

此外，对于相同的电机几何结构（即几乎相同的额定功率），4 极电机的同步速度是 2 极电机的一半。因此，4 极电机中产生的转矩预计是 2 极电机的 2 倍。图 4-19 显示了 208V_{LL} 三相感应电机的转矩分布，绕组分布见表 4-1。在比较中，假设电机气隙为 $g = 1mm$、转子直径为 83mm、定子外径为 160mm、轴向转子长度为 80mm。上图显示了电机的转矩－速度特性，下图显示了 4.44% 转差率时电机的转矩曲线，即 2 极电机为 3440r/min，4 极电机为 1720r/min。

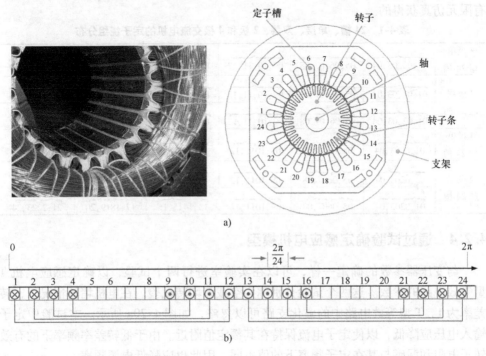

图 4-18   2 极三相感应电机的横截面 a）和其中一相的绕组分布 b）

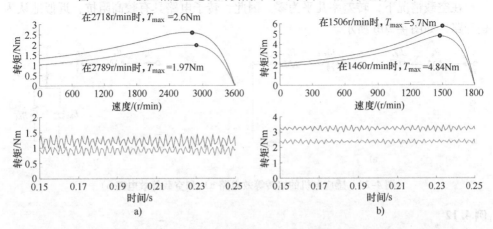

图 4-19   表 4-1 中所示单层和双层定子绕组分布的 2 极 a）和 4 极 b）感应电机的转矩分布，利用有限元仿真获得

在设计中每个插槽中的填充系数保持不变，即 0.7765。因此，在这些设计中，每相的总匝数保持不变。然而，2 极电机的漏感大于 4 极电机。这是因为 2 极电机的定子绕组的端部比 4 极电机的长，但电机的几何形状和匝数保持不变。这可以从表 4-1 所示的绕组分布中进行检查。因此，对于这些绕组分布，在相同的转差率下，4 极电机中的电流大于 2 极电机中的电流。同样，式（4-88）表明了为什么 2 极电机中的转矩小于 4 极电机中产生的转矩的 1/2（见图 4-19）。该曲线图是通过有限元仿真获得的。

表4-1　24 槽、单层、双层、2 极和 4 极交流电机的定子绕组分布

2 极单层 24 槽	a 01,02,03,04	$-c$ 05,06,07,08	b 09,10,11,12	$-a$ 13,14,15,16	c 17,18,19,20	$-b$ 21,22,23,24
2 极双层 24 槽	a 01,02,03,04	$-c$ 05,06,07,08	b 09,10,11,12	$-a$ 13,14,15,16	c 17,18,19,20	$-b$ 21,22,23,24
	$-c$ 01,02,03,04	b 05,06,07,08	$-a$ 09,10,11,12	c 13,14,15,16	$-b$ 17,18,19,20	a 21,22,23,24
4 极单层 24 槽	a $-c$ 01,0203,04	b $-a$ 05,0607,08	c $-b$ 09,1011,12	a $-c$ 13,1415,16	b $-a$ 17,1819,20	c $-b$ 21,2223,24
4 极双层 24 槽	a $-c$ 01,0203,04	b $-a$ 05,0607,08	c $-b$ 09,1011,12	a $-c$ 13,1415,16	b $-a$ 17,1819,20	c $-b$ 21,2223,24
	$-b$ a 01,0203,04	$-c$ b 05,0607,08	$-a$ c 09,1011,12	$-b$ a 13,1415,16	$-c$ b 17,1819,20	$-a$ c 21,2223,24

4.2.4　通过试验确定感应电机模型

与变压器参数的确定一样，可以在实验室进行两个试验，以确定感应电机 T 型等效电路的参数。这两个试验分别称为空载和堵转试验。在电机堵转情况下，转差率为 1，T 型等效电路中的磁化支路可以忽略，如图 4-20a 所示。本试验中定子输入电压应降低，以使定子电流保持在其额定值附近。由于低转差率频率下的有效转子电阻和漏感与其在定子频率下的值不同，因此也应降低电源频率。

在空载情况下，转差率几乎为零。因此，转子电路具有较高阻抗，近似地认为是开路，如图 4-20b 所示。

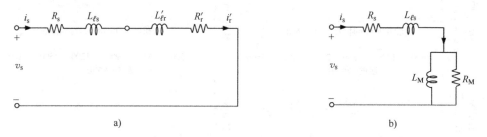

图 4-20　感应电机的堵转等效电路 a）和空载等效电路 b）

例4.12

在实验室测试了三相星形联结的 2.3kV、60Hz、6 极感应电机，测试数据如下。

线 – 线定子电阻	0.5Ω
额定电压和频率下的空载测试数据	线电流：3.1A，三相功率：2.4kW
15Hz 堵转测试	线电流：62A，三相功率：10kW，线电压：180V
额定转速下的摩擦损耗	750W

假设 $X_{\ell s} = X'_{\ell r}$，忽略空载等效电路中的定子电阻和漏感，计算等效电路参数，单位为 Ω。

通过堵转试验，等效电路的总电阻可从下式得到：

$$R_s + R'_r = \frac{P_{BR}}{3I^2_{s,BR}} \tag{4-97}$$

式中，$I_{s,BR}$ 是转子堵转测试时的定子电流。

$$R_s + R'_r = \frac{10000}{3 \times 62^2} = 0.867\Omega \tag{4-98}$$

因为每相 $R_s = 0.25\Omega$，参考定子侧的每相转子电阻为

$$R'_r = 0.867 - 0.25 = 0.617\Omega \tag{4-99}$$

转子堵转试验时的总等效阻抗计算如下：

$$Z_{BR} = \frac{V_{BR}}{I_{BR}} = \frac{180/\sqrt{3}}{62} = 1.676\Omega \tag{4-100}$$

因此，参考定子侧的定子和转子漏抗之和为

$$X_{\ell s} + X'_{\ell r} = \sqrt{Z^2_{BR} - (R_s + R'_r)^2} \tag{4-101}$$

请注意，堵转试验应在接近转子电路标称频率时降频进行。然而，对于小型感应电机，频率的影响忽略不计，堵转试验在额定频率下进行。由于堵转试验是在 15Hz 下进行的，因此应用 60/15 的频率比来转换 60Hz 操作的电抗值。

$$X_{\ell s} + X'_{\ell r} = \frac{60}{15}\sqrt{1.676^2 - 0.867^2} = 5.737\Omega \tag{4-102}$$

假设 $X_{\ell s} = X'_{\ell r}$，定子和转子电抗计算为

$$X_{\ell s} = X'_{\ell r} = \frac{5.737}{2} = 2.869\Omega \tag{4-103}$$

根据额定转速下的空载试验、定子铜损耗和机械损耗 P_{rot}，用以下等式计算磁心损耗。机械损耗包括轴承中的摩擦损耗和由于转子通过定子槽时的风力剪切造成的风阻损耗。

$$P_{core} = P_{NL} - P_{rot} - 3R_s I^2_{s,NL} \tag{4-104}$$

式中，$I_{s,NL}$ 是空载试验时的定子电流；R_s 是每相定子电阻。

$$P_{core} = 2400 - 750 - 3 \times 0.25 \times 3.1^2 = 1643W \tag{4-105}$$

请注意，空载测试通常在额定电压下进行。因此，使用图 4-20 所示的等效电路，等效电路中表示磁心损耗的磁心电阻为

$$P_M = \frac{(2300/\sqrt{3})^2}{1643/3} = 3.22k\Omega \tag{4-106}$$

请注意，与变压器中的磁心不同，感应电机中的磁阻路径包括一个气隙，这会降低励磁电感并增加空载电流。使用图 4-20 所示的空载等效电路，可估算额定频率下的励磁电抗，如下所示：

$$X_{\ell s} + X_M \cong \frac{Q_{NL}}{3I_{s,NL}^2} \tag{4-107}$$

式中，$Q_{NL} = \sqrt{S_{NL}^2 - P_{NL}^2} = \sqrt{(\sqrt{3} \times (2300 \times 3.1))^2 - 2400^2} = 12114 \text{var}$，请注意，一个更准确的表达式是 $X_{\ell s}I_{s,NL}^2 + X_M I_m^2 = Q_{NL}/3$；然而，由于在空载试验中功率因数最低，$Q_{NL} \gg P_{NL}$，可以假设 $I_m \cong I_{s,NL}$。

$$X_M = \frac{12114}{3 \times 3.1^2} - 2.868 = 417\Omega \tag{4-108}$$

图 4-21 所示为该感应电机的 T 型等效电路。由于空载试验中的功率因数最小，也可以简单地通过将空载相电压除以星形联结定子中的空载电流来估计励磁电抗。

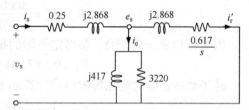

图 4-21　60Hz 下试验电机的每相 T 型等效电路

4.2.5　三相同步电机的电路模型

三相同步电机的定子方程早在式（4-75）中就已推导出来。在本节中，将转子效应建模为定子方程中额外的电压源，以模拟稳态条件下的同步电机。转子以同步速度旋转，转子绕组由直流电源励磁，或用永磁体代替绕组。因此，定子方程写成如下：

$$\begin{cases} v_a = R_s i_a + (L_{\ell s} + + L_M)\dfrac{di_a}{dt} + \dfrac{d\lambda_{af}}{dt} \\[2mm] v_b = R_s i_b + (L_{\ell s} + + L_M)\dfrac{di_b}{dt} + \dfrac{d\lambda_{bf}}{dt} \\[2mm] v_c = R_s i_c + (L_{\ell s} + + L_M)\dfrac{di_c}{dt} + \dfrac{d\lambda_{cf}}{dt} \end{cases} \tag{4-109}$$

由于转子磁场存在，定子绕组上的感应电压 λ_{af}、λ_{bf} 和 λ_{cf} 可以表示为 e_{af}、e_{bf} 和 e_{cf}。此外，定子漏感和励磁电感 $L_{\ell s}$ 和 L_M 可集总为电机的同步电感，即 $L_s = L_{\ell s} + L_M$（见图 4-22）。因此，式（4-109）改写如下：

$$\begin{cases} v_a = R_s i_a + L_s \dfrac{di_a}{dt} + e_{af} \\[2mm] v_b = R_s i_b + L_s \dfrac{di_b}{dt} + e_{bf} \\[2mm] v_c = R_s i_c + L_s \dfrac{di_c}{dt} + e_{cf} \end{cases} \tag{4-110}$$

同步电机定子绕组上的感应电压（如 e_{af}）计算如下：

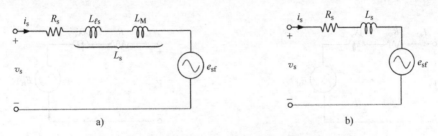

图 4-22 具有不同漏感和磁化电感的稳态条件下的同步电机等效电路 a)，
以及形成同步电感的集总漏感和励磁电感 b)

$$e_{sf} = e_{af} = \frac{d\lambda_{af}}{dt} = I_f \frac{dL_{af}}{dt} \tag{4-111}$$

转子和定子 A 相之间的互感随转子位置周期性变化，其可表示为转子 d 轴和 A 相磁轴之间电角度的余弦函数，如下所示：

$$L_{af} = \hat{L}_{af}\cos\left(\frac{p}{2}\theta_m\right) \tag{4-112}$$

式中，$\hat{L}_{af}$ 是最大定子 – 转子互感；$\theta_m = \omega_m t + \theta_0$；$p/2$ 系数用于将机械角度转换为电角度。注意，在这个公式中，定子和转子 MMF 波形的空间谐波被忽略。

$$\theta_s = \frac{p}{2}\theta_m = \frac{p}{2}(\omega_m t + \theta_0) = \omega t + \alpha \tag{4-113}$$

因此，转子和定子 A 相之间的互感改写为

$$L_{af} = \hat{L}_{af}\cos(\omega t + \alpha) \tag{4-114}$$

式中，$\omega = 2\pi f$ 是电机端子处的电压频率。将 L_{af} 从式（4-114）代入式（4-111）得到

$$e_{af} = I_f \frac{dL_{af}}{dt} = -I_f \hat{L}_{af}\omega\sin(\omega t + \alpha) \tag{4-115}$$

该电压称之为由转子磁场产生的 A 相内部电压（发电电压）。定子绕组的 B 相和 C 相也会感应到相同大小的电压，但分别偏移 120° 和 240°。该电压的方均根值可以简单从下式得到：

$$E_{sf} = E_{af} = \frac{I_f \hat{L}_{af}\omega}{\sqrt{2}} = 4.44 I_f \hat{L}_{af} f \tag{4-116}$$

请注意，对于转子上带有永磁极（而不是由外部直流电源通过集电环和电刷供电的转子磁场绕组）的同步电机，得到类似的表达式。同步电机在电动机和发电机运行条件下的等效电路及其相量图如图 4-23 所示。

4.2.6 通过试验确定同步电机模型

为了获得同步电机的电路参数，可以进行两个试验，即开路试验和短路试验。在开路试验中，当励磁电流逐渐增加，直到端电压略高于标称电压时，同步电机作

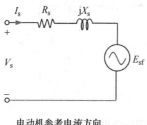

电动机参考电流方向

发电机参考电流方向

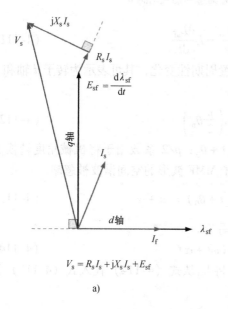

$$V_s = R_s I_s + jX_s I_s + E_{sf}$$

a)

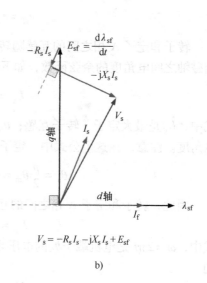

$$V_s = -R_s I_s - jX_s I_s + E_{sf}$$

b)

图 4-23　同步电动机中的端电压和内部电压 a)，以及同步发电机中的端电压和内部电压 b)

为发电机以额定转速运行。在此过程中，测量端电压 E_{af} 和励磁电流 I_f，以绘制同步电机的开路特性（OCC）（见图 4-24）。该图具有典型的带气隙的非线性磁路形状。换句话说，当磁心通过增加磁场电流接近其饱和区域时，感应电压的速率降低（见图 4-24b）。

　　在短路试验中，当励磁电流从零逐渐增加，直到端电流达到标称线路电流时，同步电机再次以额定转速作为发电机运行。在此过程中，测量一相的端电流（例如 I_a）和励磁电流（I_f），以绘制同步电机的短路特性（SCC），参见图 4-24b。由于定子电流产生的磁场几乎与励磁磁场相反，因此曲线将是一条直线（见图 4-24）。因此，在短路试验中，合成磁场将很低，磁心保持在其线性区域。

例 4.13

　　以下测量值取自一台 45kVA、三相、星形联结、240V（线－线）、6 极、60Hz、带圆柱形转子形状的同步电机的试验值。

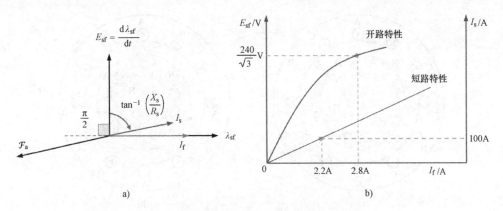

图 4-24　在同步电机短路试验时，定子和转子磁场几乎处于相反
方向 a)，同步电机开路和短路特性 b)

线－线定子电阻	0.2Ω
开路试验	线－线电压：240V；励磁电流：2.8A
短路试验	电枢电流：100A；励磁电流：2.2A

计算额定电压下同步电抗的饱和值。

相电阻简单地表示为 $R_s = 0.2/2 = 0.1\Omega$，使用图 4-23 的定子阻抗如下所示：

$$|Z_s| = \frac{E_{sf}}{I_s} = \frac{240/\sqrt{3}}{\dfrac{2.8}{2.2} \times 100} = 1.088\Omega \tag{4-117}$$

因此，定子同步电抗为

$$X_s = \sqrt{1.088^2 - 0.1^2} = 1.084\Omega/相 \tag{4-118}$$

同步电感计算为

$$L_s = \frac{X_s}{\omega} = \frac{1.084}{2\pi \times 60} = 2.87 \times 10^{-3} = 2.87\text{mH} \tag{4-119}$$

注意，在凸极同步电机中，同步电感在 d 轴和 q 轴上的值并不相同，如第 10 章所述。

4.2.7　永磁同步电机的转子电路

永磁交流电机分为两类，即表面安装式和内置式永磁电机。传统永磁同步电机的结构是在转子表面安装北极和南极永磁体（见图 4-25）。表面安装式永磁（SPM）电机中产生的磁矩来自转子磁铁和定子旋转磁场之间的相互作用。然而，内置式永磁（IPM）电机产生的转矩既来自可变磁阻效应，也来自转子磁铁和定子旋转磁场之间的相互作用。因此，与 SPM 电机相比，IPM 电机可以设计为使用更薄的永磁体，以获得相同的转矩。

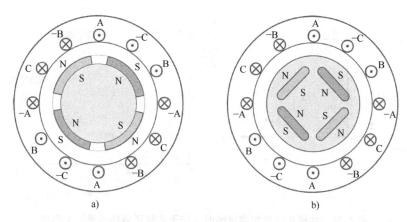

图 4-25　三相 4 极表面安装式永磁同步电机 a) 和内置式永磁同步电机 b) 的基本结构

　　与绕线转子（励磁）同步电机和感应电机相比，永磁电机通常是高功率密度和高效率的电机。这些优点对许多应用都很有吸引力，包括电动和混合电动汽车以及直接驱动风力发电机。因为永磁体不消耗电能，并且没有集电环和电刷，因此机械摩擦损耗较小，永磁电机的效率很高。然而，由于使用稀土磁性材料，永磁电机相对昂贵，磁体在高温下会退磁，其性能取决于温度。此外，即使永磁电机中的电机未通电，转子旋转时也会产生内部电压，从而使永磁电机驱动器面临短路故障的风险。在永磁电机驱动中，需要一个位置传感器来构建闭环速度、转矩或位置控制器。

　　目前，永磁电机中使用了不同的磁性材料，即铁氧体、铝镍钴（Alnico）、钐钴（Sm – Co）和钕铁硼（Nd – Fe – B）。铁氧体的工作温度可达 400℃（居里温度）左右，被认为是一种廉价的磁性材料，但它的剩余磁通密度（B_r）相对较低，这意味着特定的功率设计需要更多的材料，从而增加了永磁电机的尺寸和质量。请注意，居里温度是以法国物理学家皮埃尔·居里的名字命名的，是磁体失去永磁特性的温度点。铝镍钴具有相对较高的 B_r 和居里温度（700 ~ 850℃）。然而，它的矫顽力（H_c）非常低，这意味着由铝镍钴制成的磁体比其他类型的磁体更容易退磁。钐钴具有高 B_r、H_c 和优异的居里温度，但价格昂贵。钕铁硼是由通用汽车公司和住友特殊金属公司于 1982 年独立研发的。与其他磁性材料相比，它的 B_r 最高，为 1.4T，但居里温度最低。

4.2.8　表面安装式永磁同步电机

　　表面安装式永磁电机的特点是一个圆柱形（非凸极）转子，如图 4-25a 所示。通常，非磁性护环用于将磁铁固定在转子表面。在表面安装式永磁电机中，一个坚固的护环用来保持磁铁不受离心力的影响，可以在定子和转子之间产生更高的有效间隙，并降低产生的转矩。图 4-23 所示的同步电机等效电路也适用于表面安装式永磁电机。相对于角度位置，内部电压是正弦或梯形波形。转子和磁铁的几何形状决定了内部电压波形的形状，这可能导致出现正弦波形和梯形波形之间的形状。等效电路中的内部（感应）电压表示为

$$E_{pm} = k_{pm} n_m \tag{4-120}$$

式中，当转子速度为 n_m（以 r/min 为单位）时，E_{pm} 是转子上的永磁体而在定子绕组上产线的每相感应电压的 RMS 值；k_{pm} 是以 V/(r/min) 为单位的电压 – 速度比。

例 4.14

在 6 极星形联结三相表面安装式永磁电机中，60Hz 时的最大端电压为 $460V_{LL}$，最大线电流为 30A。电机通过类似于电流源的驱动器运行（见图 4-26）。电机轴上的编码器是一种将轴位置转换为电信号的装置，该电信号用作运动控制方案中的反馈信号。电机的同步电感为 1.42mH，每相电压 – 速度比为 0.22V/(r/min)。忽略定子绕组电阻，如果电机电流由驱动器调节，且电机以 900r/min（45Hz）的转速运行，线 – 线电压保持在 $460 \times (45/60) = 345V_{LL}$，求出产生 100Nm 转矩所需的定子电流。

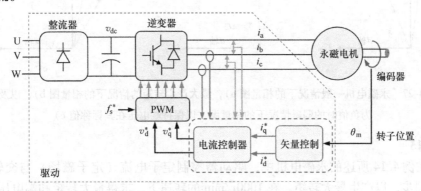

图 4-26　三相永磁电机驱动系统的基本原理图

电机有 6 个极，因此，线路频率为 45Hz，内部电压为

$$E_{pm} = k_{pm} n_m = 0.22 \times 900 = 198V \tag{4-121}$$

电机的同步电抗由下式给出：

$$X_s = \omega L = 2\pi \times 45 \times 1.42 \times 10^{-3} = 0.4\Omega \tag{4-122}$$

稳态下产生的转矩可根据通过气隙传递到转子的功率计算，如下所示：

$$T = \frac{P_g}{\omega_m} = \frac{3E_{pm}I_s \sin\delta}{\omega_m} = \frac{3E_{pm}I_q}{\omega_m} \tag{4-123}$$

式中，δ 是转矩角，将式（4-121）中的 E_{pm} 代入，且 $\omega_m = (2\pi \times 45) \times (2/6) = 94.24 \text{rad/s}$，得到 $I_q = 15.86$A，可在该电机中产生 100Nm 转矩。请注意，定子电流可以分解为直轴分量 $I_s \sin\delta = I_q$，交轴分量为 $I_s \cos\delta = I_d$。因此，从图 4-27 所示的 dq 坐标轴中，可得

$$(E_{pm} + X_s I_d)^2 + (X_s I_q)^2 = V_s^2 \qquad (4\text{-}124)$$

将已知值代入式（4-124）得到

$$(198 + 0.4I_d)^2 + 6.37^2 = \left(\frac{345}{\sqrt{3}}\right)^2 \qquad (4\text{-}125)$$

求解 I_d，可得 $I_d = 2.7A$，同样有 $\delta = \tan^{-1}\ (I_d/I_q)\ = 9.66°$，且有 $\alpha = \tan^{-1}$ $(X_s I_q/(E_{pm} + X_s I_q)) = 1.83°$。如果以端电压作为参考，即 $V_s = 199.2\angle0°$，定子电流相量计算为 $I_a = 16\angle-11.49°$，以及 $E_{pm} = 198\angle-1.83°$。

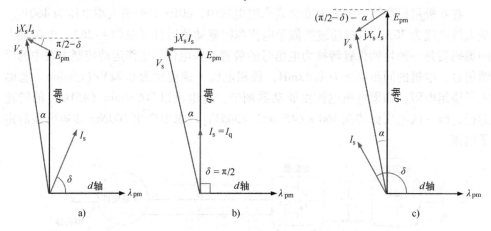

图 4-27　永磁电机一般情况下的相量图 a），最大产生转矩的情况下的相量图 b），以及 I_d 为负值时的弱磁情况下的相量图，以保持端电压在其标称值 c）

例 4.15

在例 4.14 所述的永磁电机中，驱动器控制定子电流（定子磁场）与交轴（q 轴）同步，以产生最大转矩。在 1000r/min 的转速下，求得最大转矩和端电压。

对于 1000r/min 的转速，线路频率为 50Hz。因此，$E_{pm} = 0.22 \times 1000 = 220V$。如果电流设置为 30A，则可通过下式获得最大转矩：

$$T = \frac{3E_{pm}I_q}{\omega_m} = \frac{3 \times 220 \times 30}{2\pi \times 50 \times \dfrac{2}{6}} = 189\text{Nm} \qquad (4\text{-}126)$$

对于 50Hz、$\omega = 2\pi \times 50 = 314\text{rad/s}$，以及 $X_s = \omega L_s = 0.446\Omega$。将 $I_d = 0$ 代入式（4-124），从图 4-27b 可写出

$$V_s^2 = 220^2 + (0.446 \times 30)^2 \qquad (4\text{-}127)$$

因此，相电压为 $V_s = 220.4\angle0° V$，$\alpha = \tan^{-1}(13.38/220) = 3.48°$，$I_a = 30\angle-3.48°A$，$E_{pm} = 220\angle-3.48°V$。

例 4.16

在例 4.14 中所述的 PM 电机中，如果电机电流由驱动器调节，使得线电压频率为 62.5Hz（1250r/min），且端电压保持在其最大值，即 $460V_{LL}$，求得产生 72Nm

转矩所需的定子电流。

在 1250r/min 时，内部电压由下式得到：

$$E_{pm} = k_{pm}n_m = 0.22 \times 1250 = 275V \tag{4-128}$$

电机的同步电抗由下式给出：

$$X_s = \omega L = 2\pi \times 62.5 \times 1.42 \times 10^{-3} = 0.558\Omega \tag{4-129}$$

将 E_{pm} 以及 $\omega_m = (2\pi \times 62.5)(2/6) = 131 rad/s$ 代入式(4-123)，这样在该电机中产生 72Nm 的转矩。如果利用式(4-124)，可写出

$$(275 + 0.558I_d)^2 + 6.377^2 = \left(\frac{460}{\sqrt{3}}\right)^2 \tag{4-130}$$

求解 I_d，可得 $I_d = -17A$。观察图 4-27c，负电流用来维持端电压在 $460V_{LL}$（或线 – 相电压266V）。同时有 $\delta = \tan^{-1}(|I_d|/I_q) = 56.1°$，且有 $\alpha = \tan^{-1}(X_sI_q/(E_{pm} - X_s|I_d|)) = 1.37°$。如果以端电压作为参考，$V_s = 266\angle 0°V$，定子电流相量计算为 $I_a = 20.5\angle 54.73°A$，以及有 $E_{pm} = 198\angle -1.37°V$。永磁电机驱动器的这种运行模式称为弱磁，第11章会对此进行讨论。

4.2.9 内置式永磁同步电机

在 IPM 电机中，电磁转矩的建立与凸极同步电机类似。转矩有两个分量，第一个转矩分量是由于定子磁场和永磁体之间的相互作用而产生的。产生第二个分量是因为 IPM 电机中的气隙不均匀，磁通量倾向于通过最小磁阻路径，从而在转子上产生力，从而产生称为磁阻转矩的转矩。IPM 电机中的凸极效应是因为永磁体的相对磁导率较低。因此，它们的行为就像 IPM 电机磁路中的气隙。与传统凸极同步电机不同，直轴磁阻低于交轴的电感，即 $L_q > L_d$。由于磁槽周围的磁心饱和，IPM 电机中的 q 轴和 d 轴磁阻随负载条件而变化。第10章讨论了 IPM 电机的转矩表达式和动力学。表4-2给出了感应电机（IM）、表面安装式永磁（SPM）电机和内置式永磁（IPM）电机之间的一般比较。

表4-2 感应电机（IM）、表面安装式永磁（SPM）电机和内置式永磁（IPM）电机之间的比较

	IM	SPM	IPM
功率密度	低	高	高
效率	中等	高	高
成本	高	低	低
结构可靠性	高	低	中等

4.3 开关磁阻电机的基础知识

开关磁阻电机（SRM）于1972年获得专利，但在1980年后才引起了电气工程

师的注意。SRM 具有结构简单、在恶劣环境下工作的能力、在宽速度范围内的卓越性能和高可靠性，这使得 SRM 在许多应用中成为选择。然而，SRM 会产生相对较高的转矩脉动，并且通常容易发出较大的噪声。

SRM 背后的物理原理是磁通量希望通过最短的磁阻路径。在传统的同步电机和感应电机中，转矩是由两个不同磁场（具有吸引和排斥分量）的相互作用产生的，而在磁阻电机中，转矩严格由磁引力产生。图 4-28 显示了一种典型的 SRM 设计，具有 6 个定子磁极和 4 个转子磁极，称为 6/4 SRM。定子有 6 个相等间隔的绕组，而转子有 4 个凸极。凸极是转子中最靠近定子的部分。

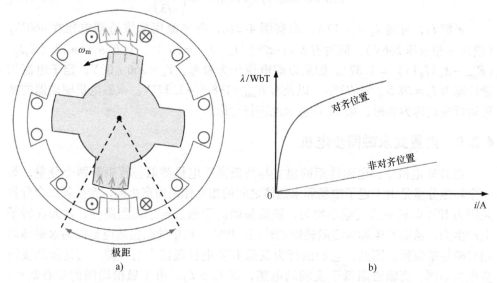

图 4-28 6 个定子磁极和 4 个转子磁极的 SRM 的横截面，称为 6/4 SRMa)，
两个转子位置的磁通量与电流的关系 b)

4.3.1 SRM 中的转矩建立

SRM 中的转矩是由定子 – 转子互磁阻的可变特性产生的。使用式（4-28），可得

$$T_e = \frac{\partial W'_f}{\partial \theta_m} = \frac{1}{2} i_s^2 \frac{\partial L_{sr}}{\partial \theta_m} \tag{4-131}$$

如图 4-28 所示，每个定子磁极的磁阻会变化。因此，如果当 $\partial L_{sr}/\partial \theta_m$ 为正时，定子电流由开关电路提供，则会产生一系列正转矩脉冲。如果随着转子磁极穿过定子磁极，定子磁极依次通电，则可以形成相对平滑的转矩曲线。图 4-29 仅显示了 3 个定子磁极之一产生的转矩。当转子磁极与定子磁极对齐时，电感处于其最大值，当磁极处于未对齐位置时，电感最小。如果恒定电流使每对定子磁极（相位）通电，则平均转矩变为零，因为图 4-29 所示互感剖面中的正斜率和负斜率分别产

生正和负转矩脉冲。因此，需要转子位置来产生非零转矩并控制 SRM 中的平均转矩。图 4-30 所示的开关电路（变换器）使用位置传感器，在适当的时间调节注入电流，以控制转矩。

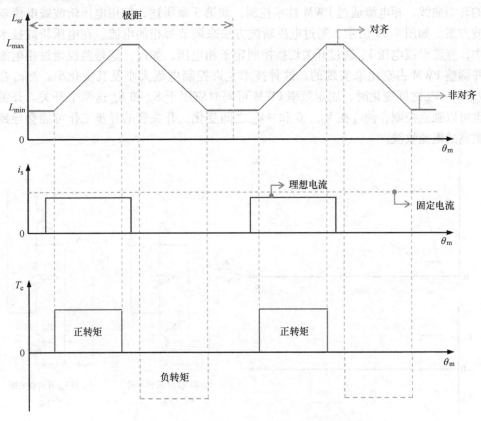

图 4-29　6/4 SRM 中 1 对定子磁极产生的转矩

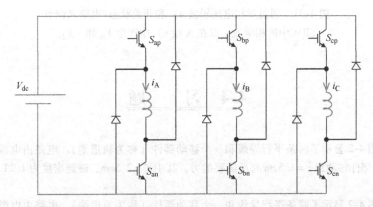

图 4-30　开关磁阻电机的典型开关电路（功率变换器）

4.3.2　电流调节的电压控制

在 SRM 中，必须调节相电流，并将其按顺序注入定子相，以产生正的、平滑的转矩曲线。相电流通过 PWM 技术控制，如第 5 章所述，使用电压斩波或电流斩波方案。如图 4-31 所示，通过电压斩波方法来调节每相的电流。在电压斩波技术中，直流母线电压 V_{dc} 通过开关切换控制定子相电压，如 v_A，这是监控通过相电流并调整 PWM 占空比来实现的。这种技术允许控制电流大小及其变化率。当 v_A 在 V_{dc} 和 $-V_{dc}$ 之间变化时，固定频率 PWM 可同时应用于 S_{ap} 和 S_{an} 这两个开关。开关也可以独立控制，使 v_A 在 V_{dc}、0 和 $-V_{dc}$ 之间变化。开关管的异步工作可能会导致更高的电流纹波。

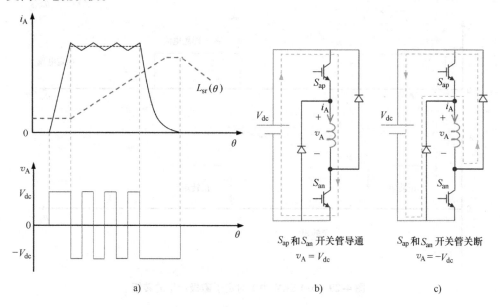

图 4-31　通过对相电压斩波 a）和开关状态/电路来调节
SRM 中的相电流，以在 A 相 c）中产生 V_{dc} 和 $-V_{dc}$

4.4　习　　题

4.1　图 4-2 显示了两条平行导线和一个移动部件（称为轨道炮）。电路由电源供电激励。求得使移动部件移动到 $x = 1.5\,cm$ 时所需要的力，其中 $\ell = 2.5\,cm$、磁通密度为 1.2T、直流电流为 50A。

4.2　图 4-2 显示了两条平行导线和一个移动部件（称为轨道炮）。电路由电源供电激励。求得使移动部件移动到 $x = 2\,cm$ 时所需要的力，其中 $\ell = 3.5\,cm$、磁通密度为 0.4T、直流电流为 20A。

4.3 在图 4-3 中，移动喷嘴受力，在非磁性材料上从零位 $x = 0$cm 滑动到背面，并在 $x = 1.4$cm 处停止。磁心的尺寸为 $l_1 = 4$cm、$l_2 = 3.6$cm、$\omega = 1.25$cm、$d = 2.1$cm、$N = 100$、$R_{dc} = 0.5\Omega$、$V_{dc} = 5$V。求将喷嘴保持在 $x = 1.4$cm 所需的力。

4.4 在图 4-3 中，移动喷嘴受力，在非磁性材料上从零位 $x = 0$cm 滑动到背面，并在 $x = 3.5$cm 处停止。磁心的尺寸为 $l_1 = 5$cm、$l_2 = 4.0$cm、$\omega = 1$cm、$d = 4$cm、$N = 200$、$R_{dc} = 1.0\Omega$、$V_{dc} = 12$V。求将喷嘴保持在 $x = 3.5$cm 所需的力。

4.5 在旋转电机中，转子 – 定子互感是转子和定子磁轴之间角度的函数，如 $L_{sr} = 50\cos\theta$mH，对于圆柱形转子（见图 4-6），假设定子和转子之间的气隙是固定的，$L_s = 30$mH，$L_r = 40$mH。此外，假设定子和转子电流为 $i_s = 25\cos(\omega_s t)$A 和 $i_r = 50\cos(\omega_r t + \beta)$A。计算该旋转电机中产生的转矩。

4.6 在旋转电机中，转子 – 定子互感是转子和定子磁轴之间角度的函数，如 $L_{sr} = 75\cos\theta$mH，对于圆柱形转子（见图 4-6），假设定子和转子之间的气隙是固定的，$L_s = 30$mH，$L_r = 40$mH。此外，假设定子和转子电流 $i_s = 2.5\cos(\omega_s t)$A 和 $i_r = \cos(\omega_r t + \beta)$A。计算该旋转电机中产生的转矩。

4.7 在旋转电机（见图 4-6）中，定子和转子线圈之间的互感为 $L_{sr} = 5\cos\theta$mH，自感分别为 $L_s = 3$mH 和 $L_r = 4$mH，其中 $\theta = \omega_m t + \alpha$ 是定子和转子线圈的磁轴之间的角度。如果定子线圈中的电流为 $i_s(t) = 75\cos(2\pi \times 60t)$A，转子线圈电流 $i_r(t) = 200$A。计算当 $\omega_m = 2\pi \times 60$rad/s 和 $\alpha = -\pi/4$rad 时所产生的转矩平均值。

4.8 在旋转电机（见图 4-6）中，定子和转子线圈之间的互感 $L_{sr} = 3\cos\theta$H，自感分别为 $L_s = 6$H 和 $L_r = 3.5$H，其中 $\theta = \omega_m t + \alpha$ 是定子和转子线圈的磁轴之间的角度。如果定子线圈中的电流 $i_s(t) = 6\cos(2\pi \times 60t)$A，转子线圈电流 $i_r(t) = 3$A。计算当 $\omega_m = 2\pi \times 60$rad/s 和 $\alpha = -\pi/3$rad 时所产生的转矩平均值。

4.9 在旋转电机中，定子和转子线圈之间的互感 $L_{sr} = 4.5\cos\theta$H，自感分别为 $L_s \cong 7.5 + 2\cos(2\theta)$H 和 $L_r = 5$H，其中 $\theta = \omega_m t + \alpha$ 是定子和转子线圈的磁轴之间的角度。如果定子线圈中的电流 $i_s(t) = 2.5\cos(2\pi \times 60t)$A，转子线圈电流 $i_r(t) = 1.25$A。计算当 $\omega_m = 2\pi \times 60$rad/s 和 $\alpha = -\pi/12$rad 时所产生的转矩平均值。

4.10 在旋转电机中，定子和转子线圈之间的互感 $L_{sr} = 4.5\cos\theta$H，自感分别为 $L_s \cong 7.5 + 2\cos(2\theta)$H 和 $L_r = 5$H，其中 $\theta = \omega_m t + \alpha$ 是定子和转子线圈的磁轴之间的角度。如果定子线圈中的电流 $i_s(t) = 12.5\cos(2\pi \times 60t)$A，转子线圈电流 $i_r(t) = 4.25$A。计算当 $\omega_m = 2\pi \times 60$rad/s 和 $\alpha = -\pi/4$rad 时所产生的转矩平均值。

4.11 在旋转电机中，定子和转子线圈之间的互感 $L_{sr} = 4.5\cos\theta$H，自感分别为 $L_s \cong 7.5 + 2\cos(2\theta)$H 和 $L_r = 5$H，其中 $\theta = \omega_m t + \alpha$ 是定子和转子线圈的磁轴之间的角度。如果定子线圈中的电流 $i_s(t) = 12.5\cos(2\pi \times 60t)$A、转子线圈电流 $i_r(t) = 4.25$A。计算当 $\omega_m = 2\pi \times 60$rad/s 和 $\alpha = -\pi/2$rad 时所产生的转矩平均值。

4.12 在旋转电机中，定子和转子线圈之间的互感为 $L_{sr} = 4.5\cos\theta$H，自感分别为 $L_s \cong 7.5 + 2\cos(2\theta)$H 和 $L_r = 5$H，其中 $\theta = \omega_m t + \alpha$ 是定子和转子线圈的磁轴之间的角度。如果定子线圈中的电流 $i_s(t) = 12.5\cos(2\pi \times 60t)$A，转子线圈电流为 $i_r(t) = 4.25$A。计算当 $\omega_m = 2\pi \times 60$rad/s 和 $\alpha = -\pi/30$rad 时所产生的转矩平均值。

4.13 考虑凸极同步电机，它具有两个相同的定子绕组 a 和 b，以及励磁绕组 f，如图 4-7

所示。忽略空间谐波，自感系数为 $L_{aa} = 0.5 + 0.25\cos(2\theta_r)$ H、$L_{bb} = 0.5 - 0.25\cos(2\theta_r)$ H 和 $L_{ff} = 0.4$H，互感系数分别为 $L_{ab} = 0.125\sin(2\theta_r)$ H、$L_{af} = 0.625\cos\theta_r$H 和 $L_{bf} = 0.625\sin\theta_r$H，其中 θ_r 定义为转子相对于 A 相磁轴的角度（见图 4-7）。此外，考虑励磁绕组由直流 $I_f = 8.35$A 励磁，且定子绕组连接到一个平衡的两相电压源，频率为 ω。在这种情况下，定子电流为 $i_a = \sqrt{2} \times 8\cos(\omega t + \pi/6)$ A 和 $i_b = \sqrt{2} \times 8\sin(\omega t + \pi/6)$ A。如果转子以同步速度旋转，假设 $\theta_r = (120\pi t - \pi/9)$ rad，求其平均转矩值。

4.14 考虑凸极同步电机，它具有两个相同的定子绕组 a 和 b，以及励磁绕组 f，如图 4-7 所示。忽略空间谐波，自感系数为 $L_{aa} = 0.2 + 0.1\cos(2\theta_r)$H、$L_{bb} = 0.2 - 0.1\cos(2\theta_r)$ H 和 $L_{ff} = 0.25$H，互感系数为 $L_{ab} = 0.1\sin(2\theta_r)$H、$L_{af} = 0.25\cos\theta_r$H 和 $L_{bf} = 0.25\sin\theta_r$H，其中 θ_r 定义为转子相对于 A 相磁轴的角度（见图 4-7）。此外，考虑励磁绕组由直流 $I_f = 12.025$A 励磁，且定子绕组连接到一个平衡的两相电压源，频率为 ω。在这种情况下，定子电流为 $i_a = \sqrt{2} \times 10\cos(\omega t + \pi/4)$ A，$i_b = \sqrt{2} \times 10\sin(\omega t + \pi/4)$ A。如果转子以同步速度旋转，假设 $\theta_r = (120\pi t - \pi/3)$ rad，求其平均转矩值。

4.15 60Hz 6 极感应电机以 1180r/min 的转速带额定负载运行：

（a）定子电流产生的旋转磁场相对于定子和转子的速度是多少？

（b）转子的转差率是多少？

（c）转子电流频率是多少？

（d）转子电流产生的旋转磁场相对于转子和定子的速度是多少？

4.16 120Hz 4 极感应电机以 3570r/min 的转速带额定负载运行：

（a）定子电流产生的旋转磁场相对于定子和转子的速度是多少？

（b）转子的转差率是多少？

（c）转子电流频率是多少？

（d）转子电流产生的旋转磁场相对于转子和定子的速度是多少？

4.17 在 460V 的 4 极感应电机中，每相电机参数为 $R_s = 0.3\Omega$、$R'_r = 0.35\Omega$、$X_M = 50\Omega$，以及 $X_{\ell s} = X'_{\ell r} = 2.8\Omega$。计算起动转矩。

4.18 在 460V 的 4 极感应电机中，每相电机参数为 $R_s = 0.3\Omega$、$R'_r = 0.35\Omega$、$X_M = 50\Omega$，以及 $X_{\ell s} = X'_{\ell r} = 2.8\Omega$。如果输入电压下降5%，起动转矩会降低多少？

4.19 60Hz、$460V_{LL}$、4 极感应电机以定子线圈为参考的每相参数为 $R_s = R'_r = 0.3\Omega$、$X_M = 50\Omega$，以及 $X_{\ell s} = X'_{\ell r} = 3.2\Omega$。计算在 1780r/min 的转速下产生的转矩。

4.20 60Hz、$460V_{LL}$、6 极感应电机以定子线圈为参考的每相参数为 $R_s = R'_r = 0.3\Omega$、$X_M = 50\Omega$，以及 $X_{\ell s} = X'_{\ell r} = 3.2\Omega$。计算在 1180r/min 的转速下产生的转矩。

4.21 表 P4-1 中的数据取自三相星形联结、2.3kV、60Hz、6 极感应电机的试验数据。计算等效电路参数，单位为 Ω，假设 $X_{\ell s} = X'_{\ell r}$ 并忽略空载等效电路中的定子电阻和漏感。

表 P4-1　感应电机的试验数据

两端的定子电阻	0.4Ω
额定电压和频率下的空载试验数据	线电流：2.8A；三相功率：3.3kW
15Hz 堵转试验	线电流：50A；线电压：190V；三相功率：9.5kW
额定转速下的摩擦损耗	625W

4.22 表 P4-2 中的数据取自三相星形联结、460V、60Hz、4 极感应电机的试验数据。计算等效电路参数，单位为 Ω，假设 $X_{\ell s} = X'_{\ell r}$ 并忽略空载等效电路中的定子电阻和漏感。

表 P4-2 感应电机的试验数据

两端的定子电阻	0.3Ω
额定电压和频率下的空载试验数据	线电流：1.6A；三相功率：1.25kW
15Hz 堵转试验	线电流：1835A；线电压：75V；三相功率：1.4kW
额定转速下的摩擦损耗	120W

4.23 表 P4-3 中的数据取自三相星形联结 30kVA、240V、6 极、60Hz 同步电机的试验数据，该同步电机具有圆柱形转子形状。计算额定电压下同步电抗的饱和值。

表 P4-3 同步电机的试验数据

线 - 线定子电阻	0.25Ω
开路试验	励磁电流：1.9A；线 - 线电压：240V
短路试验	电枢电流：105A；励磁电流：1.65A

4.24 表 P4-4 中的数据取自三相星形联结 20kVA、120V、4 极、60Hz 同步电机的试验数据，该同步电机具有圆柱形转子形状。计算额定电压下同步电抗的饱和值。

表 P4-4 同步电机的试验数据

线 - 线定子电阻	0.25Ω
开路试验	励磁电流：1.2A；线 - 线电压：120V
短路试验	电枢电流：60A；励磁电流：0.9A

4.25 在 6 极星形联结三相表面安装式永磁电机中，60Hz 时的最大端电压为 460V，最大线路电流为 50A。电机由一个类似于电流源的驱动器驱动运行（见图 4-26）。电机的同步电感为 1.65mH，每相电压 - 速度比为 $0.22V_{rms}/(r/min)$。忽略定子绕组电阻，如果电机电流由驱动器调节，电机以 800r/min（40Hz）的转速运行，线 - 线电压保持在 $460 \times (40/60) = 306.7V_{LL}$，求建立 80Nm 转矩所需的定子电流。

4.26 在 6 极星形联结三相表面安装式永磁电机中，60Hz 时的最大端电压为 460V，最大线路电流为 45A。电机由一个类似于电流源的驱动器驱动运行（见图 4-26）。电机的同步电感为 1.3mH，每相电压 - 速度比为 $0.23V_{rms}/(r/min)$。忽略定子绕组电阻，如果电机电流由驱动器调节，电机以 1000r/min(50Hz) 的转速运行，线 - 线电压保持在 $460 \times (50/60) = 383.3V_{LL}$，求建立 70Nm 转矩所需的定子电流。

4.27 在 6 极星形联结三相表面安装式永磁电机中，60Hz 时的最大端电压为 460V，最大线路电流为 50A。电机由一个类似于电流源的驱动器驱动运行（见图 4-26）。电机的同步电感为 1.65mH，每相电压 - 速度比为 $0.21V_{rms}/(r/min)$。忽略定子绕组电阻，如果电机电流由驱动器调节，电机以 800r/min（40Hz）的转速运行，线 - 线电压保持在 $460 \times (40/60) = 306.7V_{LL}$，驱动控制定子电流（定子磁场）与 q 轴（交轴）同相，以产生最大转矩。在 1000r/min 的转速下，求得最大转矩和端电压。

4.28 在 6 极星形联结三相表面安装式永磁电机中，60Hz 时的最大端电压为 460V，最大线路电流为45A。电机由一个类似于电流源的驱动器驱动运行（见图4-26）。电机的同步电感为1.3mH，每相电压－速度比为$0.25V_{rms}/(r/min)$。忽略定子绕组电阻，如果电机电流由驱动器调节，电机以1000r/min（50Hz）的转速运行，线－线电压保持在$460 \times (50/60) = 383.3V_{LL}$，驱动控制定子电流（定子磁场）与$q$轴（交轴）同相，以产生最大转矩。在1000r/min的转速下，求得最大转矩和端电压。

4.29 在6极星形联结三相表面安装式永磁电机中，60Hz时的最大端电压为460V，最大线路电流为50A。电机由一个类似于电流源的驱动器驱动运行（见图4-26）。电机的同步电感为1.65mH，每相电压－速度比为$0.22V_{rms}/(r/min)$。忽略定子绕组电阻，如果电机电流由驱动器调节，线路频率为62.5Hz（1250r/min），且端电压保持在其最大值，求得产生70Nm转矩所需的定子电流。

4.30 在6极星形联结三相表面安装式永磁电机中，60Hz时的最大端电压为460V，最大线路电流为45A。电机由一个类似于电流源的驱动器驱动运行（见图4-26）。电机的同步电感为1.3mH，每相电压－速度比为$0.22V_{rms}/(r/min)$。忽略定子绕组电阻，如果电机电流由驱动器调节，线路频率为62.5Hz（1250r/min），且端电压保持在其最大值，求得产生65Nm转矩所需的定子电流。

4.31 在6个定子磁极和4个转子磁极的开关磁阻电机（见图4-28）中，磁极间距为30°。对齐和非对齐转子位置的磁通量与电流关系如图P4-1所示。忽略开关损耗，计算

（a）如果定子电流为8A，电机中的平均转矩。

（b）当转子以2500r/min的转速旋转时，达到计算出的平均转矩所需的线－线电源电压。

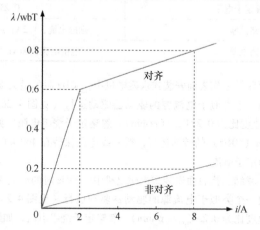

图P4-1 对齐和非对齐转子位置的磁通量与电流关系

第 5 章

DC-DC变换器的稳态分析

DC – DC 变换器通常用作许多设备（如手机、飞机、卫星和数据中心）电源的最后一级。这些变换器有时也被用作能源转换系统的第一级，如电网交互式电池储能系统（BESS）和光伏（PV）系统。在本章中，推导了分析两种不同稳态模式下的 DC – DC 变换器公式，即连续传导模式（CCM）和不连续传导模式（DCM）。本章全面分析了 DC – DC 变换器的主要拓扑结构，例如，降压（Buck）、升压（Boost）、降压 – 升压（Buck – Boost）、隔离升 – 降压（反激）和双向半桥和全桥 DC – DC 变换器。这些原理可应用于稳态条件下其他类型的开关电路。

5.1   基本栅极驱动电路

在推导分析 DC – DC 变换器所需的公式之前，先观察图 5-1 所示的典型栅极驱动电路。如第 1 章和第 2 章所述，MOSFET 和 IGBT 是电压控制器件，需要一定的栅极开启或关断电压。开关信号通常由数字信号处理器（DSP）或现场可编程门阵列（FPGA）产生，信号（0～3V）通过变换为正负幅度的更高功率脉冲，例如 +15V 和 –9V，分别标记为 + V_C 和 – V_E，如图 5-1 所示。负电压 – V_E 用于提高 IGBT（或 MOSFET）dv/dt 和 di/dt 串扰效应引起误动作的抗扰性。实际上，背对背齐纳二极管可以放置在 IGBT（或 MOSFET 的栅极源）的栅极 – 发射极端子上，通过钳制 V_{GE} 的幅值来防止栅极 – 发射极处的过电压。如果栅极电阻器 R_G 和栅极端子之间的走线相对较长，则还可以在栅极 – 发射极端子之间采用一个小电容与大电阻并联支路。

在栅极驱动电路中，信号发生电路必须与在高电压和电流下工作的栅极驱动电路隔离。因此，可以用光耦以光学隔离栅极驱动电路的信号（见图 5-1）。光耦是通过光在两个隔离电路之间传输电信号的电子元件，光耦输出需要单独的电源。

如第 2 章所述，较高的栅极电阻值会降低固态开关的开关速度并增加开关损耗。减小栅极电阻值可提高开关速度，但可能会在漏源极电压波形上叠加高频振荡。高频振荡由 dv/dt 和直流电源与开关之间的杂散电感引起。振荡电压的频率在 MHz 范围内，可导致辐射电磁干扰（EMI）。因此，必须选择合适的栅极电阻，将

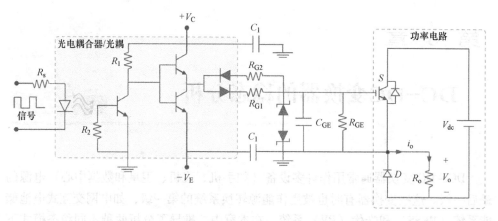

图 5-1　控制固态（半导体）开关的典型栅极驱动电路

EMI 保持在可接受水平以下的同时，将开关损耗降至最低，如第 12 章所述。为了简化分析，本章假设固态（半导体）开关器件是理想的。

5.2　Buck 变换器

　　Buck 变换器是最简单的单向 DC – DC 变换器之一，如图 5-2 所示。顾名思义，Buck 变换器的输出电压低于输入电压，这使得该变换器的性能类似于降压变压器，但适用于直流电路。与降压变压器一样，如果忽略损耗，输入功率必须等于输出功率，因此输出电流高于输入电流。与变压器不同，在单向 DC – DC 变换器中，功率仅从输入电路流向输出电路。

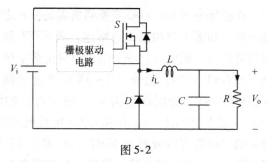

图 5-2

为了分析稳态工作的 Buck 变换器，电感电流决定变换器的工作模式。如果电感电流在整个开关周期内保持在零以上，称变换器在连续传导模式（CCM）下工作。否则，变换器在不连续传导模式（DCM）下工作。以下将更详细地探讨两种工作模式下 Buck 变换器的稳态分析。

5.2.1　CCM Buck 变换器

　　假设变换器电感的电流在整个开关周期内大于零，$T_s = 1/f_s$，假设 $t = 0$ 时刻为开关周期开始时的时间，$0 < t < t_{on}$ 为晶体管（例如 MOSFET 或 IGBT）导通电流的时间长度。电路导通时长定义为 t_{on}，关断时长定义为 $t_{off} = T_s - t_{on}$。使用第 2 章中

解释的电感伏秒平衡原理，每个开关周期 T_s 内电感上的平均电压为零。因此，对于 CCM 下工作的 DC – DC Buck 变换器，可以写出

$$\int_0^{T_s} v_L(t)\,\mathrm{d}t = \int_0^{t_{on}} v_L(t)\,\mathrm{d}t + \int_{t_{on}}^{T_s} v_L(t)\,\mathrm{d}t = 0 \tag{5-1}$$

图 5-3 显示了导通和关断状态下 Buck 变换器的等效电路。电感电压 $v_L(t)$ 在导通时刻为 $V_i - V_o$，在关断时刻为 $-V_o$。将这些电压代入式（5-1），可以写出以下方程式：

$$\int_0^{t_{on}} (V_i - V_o)\,\mathrm{d}t + \int_{t_{on}}^{T_s} (-V_o)\,\mathrm{d}t = 0 \tag{5-2}$$

假设开关周期与关断状态下电路的时间常数比较小，在稳态工作时，可以认为输出电压 V_o 保持几乎恒定。因此，可以写出

$$(V_i - V_o)t_{on} - V_o(T_s - t_{on}) = 0 \tag{5-3}$$

求解 V_o 得到如下所示的输入 – 输出电压关系：

$$V_o = \left(\frac{t_{on}}{T_s}\right)V_i = DV_i \tag{5-4}$$

式中，$D = t_{on}/T_s$ 是标量，称为占空比，由于 $0 < t_{on} < T_s$，占空比是介于 0 和 1 之间的值，即 $0 < D < 1$。因此，该电路中的输出电压始终低于或等于输入电压。对于理想的无损电路，即 $P_{out} = P_{in}$，可以从式（5-4）得到 $I_i = DI_o$。

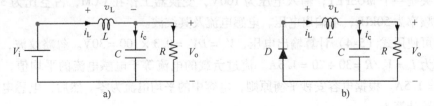

图 5-3　Buck 变换器导通状态 a）和关断状态 b）的等效电路

如图 5-4 所示，变换器可以工作在 CCM 或 DCM。在 DCM 中，电感电流在每个开关周期的关断结束时保持为零（见图 5-4b）。流过电感的电流变化，也称为电感电流的纹波 ΔI_L，可通过以下公式获得

$$\Delta I_L = \frac{1}{L}\int_0^{t_{on}} v_L(t)\,\mathrm{d}t \tag{5-5}$$

从图 5-4 中的电流波形可以最好地理解该表达式。以下用于计算电感电流纹波的表达式 ΔI_L 适用于 CCM 和 DCM。

$$\Delta I_L = \frac{t_{on}}{L}(V_i - V_o) \tag{5-6}$$

CCM 中，由于 $t_{on} = DT_s$ 和 $V_o = DV_i$，重写式（5-6）如下：

$$\Delta I_{\mathrm{L}} = \frac{DT_{\mathrm{s}}V_{\mathrm{i}}}{L}(1-D) = \frac{T_{\mathrm{s}}V_{\mathrm{o}}}{L}(1-D) \tag{5-7}$$

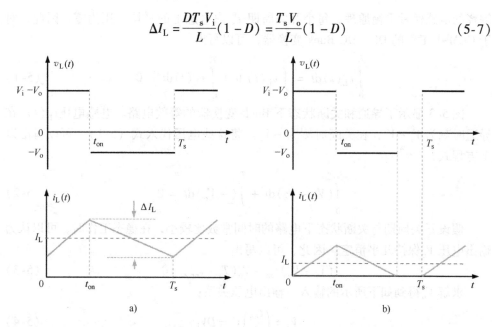

图 5-4　连续导通模式 a）和不连续导通模式 b），Buck 变换器在一个开关周期的电流和电压波形

例 5.1

　　DC – DC Buck 变换器的电路参数为 $L=1.5\mathrm{mH}$、$C=40\mu\mathrm{F}$ 和 $R=20\Omega$。如果固态开关是一个 MOSFET，输入电压为 100V，变换器工作在 CCM，占空比为 30%，开关频率为 50kHz，求输出电压、电感电流及其纹波。

　　可使用式（5-4）计算输出电压，$V_{\mathrm{o}} = DV_{\mathrm{i}} = 0.3 \times 100 = 30\mathrm{V}$。忽略纹波，输出电流为 $I_{\mathrm{o}} = V_{\mathrm{o}}/R = 30 \div 20 = 1.5\mathrm{A}$。流过负载的电流等于电感电流的平均值，即 $I_{\mathrm{L}} = I_{\mathrm{o}} = 1.5\mathrm{A}$。根据电容安秒平衡原则，电容中的平均电流为零。然后，电感电流中的纹波计算为

$$\Delta I_{\mathrm{L}} = \frac{T_{\mathrm{s}}V_{\mathrm{o}}}{L}(1-D) = \frac{30 \times (1-0.3)}{(1.5 \times 10^{-3}) \times (50 \times 10^{3})} = 0.28\mathrm{A} \tag{5-8}$$

　　为了确认 Buck 变换器是否工作在 CCM 中，可以将 I_{L} 与 $\Delta I_{\mathrm{L}}/2$ 进行比较，如果 $I_{\mathrm{L}} > \Delta I_{\mathrm{L}}/2$，则流过电感的最小电流始终保持在零以上。在本例中，$I_{\mathrm{L}} = 1.5\mathrm{A}$ 和 $\Delta I_{\mathrm{L}}/2 = 0.14\mathrm{A}$，所以 $I_{\mathrm{L}} > \Delta I_{\mathrm{L}}/2$，变换器工作在 CCM。

　　在上述公式中，假设输出电容足够大，以确保电阻负载上的电压在稳态下保持几乎恒定。然而，出于设计目的，需要估计电容电压中的纹波。为了计算 ΔV_{c}，可以研究输出电容中的电流。根据第 2 章中描述的电容安秒平衡，假设只有 i_{L} 的 AC 交流分量流过电容。因此，i_{L} 的直流分量通过电阻负载 R。这意味着电容峰值电流等于 $\Delta I_{\mathrm{L}}/2$（见图 5-5）。考虑电流波形中的一个正半周期，图 5-5 中标记为 A 的区域。该区域表示在一个正半周期内存储在电容中的电荷量。换句话说，ΔQ_{c} 可以

计算为

$$\Delta Q_c = \int_{t_0}^{t_0+T_s/2} i_c(t)\,dt = \frac{1}{2}\frac{\Delta I_L}{2}\frac{T_s}{2}$$

$$(5\text{-}9)$$

因此，CCM 中的输出电容电压纹波 ΔV_c，可得

$$\Delta V_c = \frac{\Delta Q_c}{C} = \frac{\Delta I_L T_s}{8C} \quad (5\text{-}10)$$

对于 CCM Buck 变换器，从式（5-7）中，$\Delta I_L = T_s(1-D)V_o/L$。Buck 变换器的输出电压纹波，$\Delta V_o = \Delta V_c$

$$\Delta V_o = \frac{V_o}{8LC}T_s^2(1-D) \quad (5\text{-}11)$$

如前所述，仅当变换器工作在 CCM 时，这些公式才有效。为了找到 Buck 变换器工作在 CCM 的条件，必须对边界条件进行分析。边界条件如图 5-6 所示，当电感电流在每个开关周期结束时达到零值，即 $i_{L,min}=0$。从该图中找到边界条件下电感电流的平均值 I_L^B，如下所示：

$$I_L^B = \frac{1}{T_s}\left(\frac{1}{2}i_{L,max}T_s\right) = \frac{1}{2}i_{L,max}$$

$$(5\text{-}12)$$

式中，$i_{L,max} = \Delta I_L$，也可表示为 $I_L^B = \Delta I_L/2$。为了确保 Buck 变换器工作在 CCM，可以检查是否有 $i_{L,min} > \varepsilon > 0$，$\varepsilon \to 0$，简化为

$$I_L - \frac{\Delta I_L}{2} > 0 \quad (5\text{-}13)$$

式中，$\Delta I_L = T_s(1-D)V_o/L$，因此，式（5-13）中的不等式改写为

$$\frac{V_o}{R} - \frac{T_s V_o}{2L}(1-D) > 0 \quad (5\text{-}14)$$

如果不满足此不等式，则在每个开关周期结束时的一段时间内，通过电感的电流等于零，则称变换器工作在 DCM。

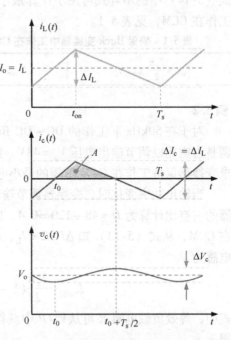

图 5-5 DC – DC Buck 变换器一个开关周期内的电感电流波形以及电容的电流和电压波形

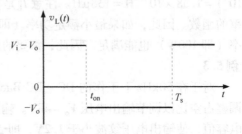

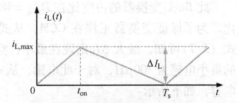

图 5-6 Buck 变换器边界条件下一个开关周期内的电感电压和电流波形

式（5-14）中的不等式可用于计算最小电感、最小开关频率或最大电阻，以确保工作在 CCM，见表 5-1。

表 5-1 确保 Buck 变换器中工作在 CCM 的最小电感、最小开关频率和最大电阻

$L_{min} = \dfrac{T_s R}{2}(1-D)$	$f_{s,min} = \dfrac{R}{2L}(1-D)$	$R_{max} = \dfrac{2L}{T_s(1-D)}$

例 5.2

对于在 50kHz 下工作的 DC–DC Buck 变换器，当直流电源电压 $V_i = 120V$ 时，调整占空比以调节输出电压 $V_o = 48V$。如果输出功率变化范围为 $75W \leqslant P_o \leqslant 100W$，求变换器保持工作在 CCM 所需的最小电感。

当输出功率变化时，变换器调节输出电压，输出电流相应地变化。首先将变换器的占空比计算为 $D = 48 \div 120 = 0.4$，以获得 48V 的期望输出电压。为了确保工作在 CCM，从式（5-13）知 $\Delta I_L/2 < I_L$、$I_L = I_o$。利用表 5-1，可以计算所需的最小电感为

$$L_{min} = \frac{T_s R}{2}(1-D) = \frac{T_s V_o^2}{2P}(1-D) \tag{5-15}$$

式中，等效负载电阻 R 可从 V_o^2/P 中获得。当 $P_o = 75W$ 时，将参数代入式（5-15）得

$$L_{min} = \frac{48^2 \times (1-0.4)}{2 \times (50 \times 10^3) \times 75} = 1.84 \times 10^{-4} H = 184 \mu H \tag{5-16}$$

对于 $P_o = 100W$，最小电感量变为 $L_{min} = [48^2 \times (1-0.4)]/(2 \times 100 \times 50 \times 10^3) = 1.38 \times 10^{-4} H = 138 \mu H$。注意 I_L 是功率的函数，而电感电流中的纹波不是功率的函数。因此，如果最小额定功率（即 75W）时满足 $\Delta I_L/2 < I_L$，则最大额定功率（即 100W）也能满足。因此，需要的最小电感为 $L_{min} = 184 \mu H$。

例 5.3

对于在 50kHz 下工作的 DC–DC Buck 变换器，当直流电源电压 $V_i = 120V$ 时，调整占空比以调节输出电压 $V_o = 48V$。输入电压变化为 $96V \leqslant V_i \leqslant 120V$。选择输出电容值，使输出电压纹波小于 1.2V，即 $\Delta V_o < 1.2V$。

此 Buck 变换器的占空比在 $D_{min} = 48 \div 120 = 0.4$ 和 $D_{max} = 48 \div 96 = 0.5$ 之间变化。为了保证变换器工作在 CCM，从式（5-13）可知，必须有 $\Delta I_L/2 < I_L$，而由式（5-7）可知，最大 ΔI_L 出现在最小占空比 D_{min} 时刻。利用表 5-1，可以计算所需的最小电感为 $300 \mu H$，对于此电感，从式（5-11）中获得 $\Delta V_o < 1.2V$ 所需的最小电容，如下所示：

$$C_{min} = \frac{T_s^2 V_o (1-D_{min})}{8L\Delta V_o} = \frac{48 \times (1-0.4)}{8 \times (50 \times 10^3)^2 \times (0.3 \times 10^{-3}) \times 1.2}$$

$$= 4 \mu F \tag{5-17}$$

如果不确定使用哪个占空比来获得最小电容，可以分别求得最大最小两个占空

比来比较，对于最小占空比 $D_{\min}$，$C > 4\mu F$，对于最大占空比 $D_{\max}$，$C > 3.33\mu F$。满足这两个不等式的最小电容为 $4\mu F$，以保持 $\Delta V_o < 1.2V$。

例 5.4

对于 DC – DC Buck 变换器，调整占空比以调节输出电压 $V_o = 48V$，输出功率 $P_o = 60W$。输入电压在 96V 和 160V 之间变化。Buck 变换器中的电感和电容值分别为 $336\mu H$ 和 $890\mu F$。假设所有元件都是理想的，计算保持变换器工作在 CCM 所需的最小开关频率。对于最小开关频率，计算输出电容电压纹波的百分比。

此 Buck 变换器的占空比在 $D_{\min} = 48 \div 160 = 0.3$ 和 $D_{\max} = 48 \div 96 = 0.5$ 之间变化。负载电流为 $I_o = P_o/V_o = 60/48 = 1.25A$，因为对于 Buck 变换器有 $I_o = I_L$，因此流过电感的平均电流为 $1.25A$。从式（5-14）或表 5-1 中，可以写出

$$f_{s,\min} = \frac{V_o/I_o}{2L}(1 - D_{\min}) \tag{5-18}$$

将参数代入式（5-18）中得

$$f_{s,\min} = \frac{(48/1.25) \times (1 - 0.3)}{2 \times (0.336 \times 10^{-3})} = 40 \times 10^3 Hz = 40kHz \tag{5-19}$$

利用式（5-11），变换器中输出电容电压纹波的百分比计算如下：

$$\frac{\Delta V_o}{V_o} = \frac{T_s^2(1 - D)}{8LC} = \frac{\pi^2}{2}\left(\frac{f_r}{f_s}\right)^2(1 - D) \tag{5-20}$$

式中，f_r 是 Buck 变换器电路中 LC 滤波器的谐振频率。请注意，二阶滤波器的截止频率 f_c 略高于谐振频率。在本例中，谐振频率为 $f_r = (1/2\pi \sqrt{LC}) = 291Hz$。利用式（5-20），电容电压中的纹波百分比为

$$\frac{\Delta V_o}{V_o} = \frac{\pi^2}{2}\left(\frac{291}{40000}\right)^2 \times (1 - 0.3) = 1.83 \times 10^{-4} = 0.0183\% \tag{5-21}$$

这意味着电压调节良好，几乎没有纹波。

5.2.2　DCM Buck 变换器

DC – DC 变换器工作在 DCM 更容易稳定，因为电感电流在每个开关周期的一段时间间隔内保持为零。然而，对于相同的电感电流 I_L，DCM 中的峰值电流 $i_{L,\max}$ 高于 CCM 中的峰值电流。在 DCM 中，从电感伏秒平衡来看，电感两端的平均电压在稳态下必须为零。可写出

$$\int_0^{t_{on}}(V_i - V_o)dt + \int_{t_{on}}^{T_s - t_d}(-V_o)dt + \int_{T_s - t_d}^{T_s}(0)dt = 0 \tag{5-22}$$

式中，t_d 是死区时间。因此，DCM 中的输出 – 输入电压比由下式给出：

$$\frac{V_o}{V_i} = \frac{t_{on}}{T_s - t_d} = \frac{D}{1 - t_d/T_s} \tag{5-23}$$

死区时间 t_d 需要使用已知的电路参数和测量来计算。在 DC – DC Buck 变换器

中，电感的平均电流始终等于输出电流，即 $I_L = I_o$，在 DCM 中，可以从图 5-7 中写出 $I_L = i_{L,\max}(T_s - t_d)/2T_s$。因此，有

$$t_d = \left(1 - \frac{2I_o}{i_{L,\max}}\right)T_s \tag{5-24}$$

在 DCM 中，$i_{L,\max} = \Delta I_L$，从式（5-6）可得 $\Delta I_L = (1/L)(V_i - V_o)DT_s$。因此，$t_d$ 可以计算为

$$t_d = \left(1 - \frac{2I_oL}{(V_i - V_o)DT_s}\right)T_s \tag{5-25}$$

将式（5-25）代入到式（5-23）得到

$$\frac{V_o}{V_i} = \frac{D}{\dfrac{2I_oL}{(V_i - V_o)DT_s}} = \frac{\left(1 - \dfrac{V_o}{V_i}\right)D^2T_sV_i}{2I_oL} \tag{5-26}$$

写成 V_o/V_i 形式如下：

$$\frac{V_o}{V_i} = \frac{1}{1 + \dfrac{2I_oL}{D^2T_sV_i}} \tag{5-27}$$

注意 $I_o = V_o/R$，因此输出 – 输入电压比出现在上述等式的两侧。因此，可通过求解以下二次方程得到 V_i/V_o：

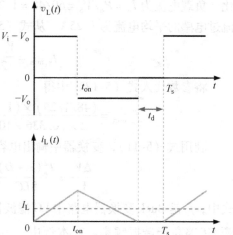

图 5-7　DCM 中一个开关周期的通断状态下的电流和电压波形

$$\left(\frac{V_i}{V_o}\right)^2 - \frac{V_i}{V_o} - \frac{2L}{D^2RT_s} = 0 \tag{5-28}$$

因此，输出 – 输入电压比，即 V_o/V_i，由下式给出：

$$\frac{V_o}{V_i} = \frac{1}{\dfrac{1}{2} + \dfrac{1}{2}\sqrt{1 + \dfrac{8L}{D^2RT_s}}} \tag{5-29}$$

该方程揭示了 DCM 的输出 – 输入电压比是负载电阻 R、LC 滤波器、电感 L 和占空比 D 的非线性函数。

例 5.5

DC – DC Buck 变换器以 20kHz 的开关频率工作；当输出功率 $P_o = 60W$，输入电压为 96V 时，调整占空比以调节输出电压为 $V_o = 48V$。电感值为 200μH。检查变换器是否工作在 DCM。计算电感电流的纹波 ΔI_L 和电感器峰值电流。

负载电流为 $I_o = P_o/V_o = 1.25A$。因此，通过电感的平均电流为 $I_L = 1.25A$。利用式（5-6），稳态工作时电感电流的纹波为 $\Delta I_L = (V_i - V_o)(t_{on}/L) = t_{on}(96 - 48)/$

(0.2×10^{-3})。如果假设变换器工作在 CCM，则利用式（5-4），$t_{on} = T_s(V_o/V_i) =$ $25\mu s$，因此，$\Delta I_L = 6A$，这意味着 $I_L < \Delta I_L/2$，与假设不一致。因此，此变换器工作在 DCM，并且式（5-4）不能应用于此变换器。使用式（5-27），可以计算所需的占空比

$$D = \sqrt{\frac{2I f_s P_o}{V_i(V_i - V_o)}} = \sqrt{\frac{2 \times (200 \times 10^{-6}) \times (20 \times 10^3) \times 60}{96 \times (96 - 48)}}$$
$$= 0.32 \tag{5-30}$$

因此，$t_{on} = DT_s = 16\mu s$，电感纹波电流为

$$\Delta I_L = \frac{(V_i - V_o)DT_s}{L} = \frac{(96 - 48) \times 16 \times 10^{-6}}{0.2 \times 10^{-3}} = 3.84A \tag{5-31}$$

在 DCM 中，电感峰值电流和 ΔI_L 相同。因此，死区时间为

$$t_d = \left(1 - \frac{2 \times 1.25}{3.84}\right) \times 50 \times 10^{-6} = 17.45\mu s \tag{5-32}$$

式中，$T_s = 50\mu s$ 和 $t_{on} = 16\mu s$（见图 5-8）。

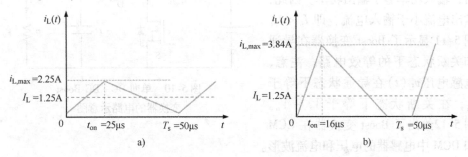

图 5-8　在 20kHz 下工作的 96V 转 48V Buck 变换器的电感电流，负载功率为 60W，
当 $L = 200\mu H$ 时工作在 DCM b)，当 $L = 600\mu H$ 时工作在 CCM a)

例 5.6

对于前例的 Buck 变换器，如果 $L = 600\mu H$，重新计算电感器电流中的纹波 ΔI_L 和电感器峰值电流 $i_{L,max}$。同时，计算两种情况下的电感电流，如果磁通密度必须 $B_{max} = 0.75T$ 且磁心的磁导率 $\mu = 0.002$，比较两个电感的磁心尺寸。此外，考虑印制电路板（PCB）空间，最终选择 2.5cm 内径和 3.5cm 外径的环形电感（见图 5-9）。

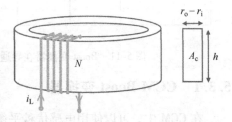

图 5-9　DC – DC 变换器中环形电感示意图

类似地，$I_L = I_o = 1.25A$，且 $\Delta I_L = (V_i - V_o)(t_{on}/L) = t_{on}(96 - 48)/(0.6 \times 10^{-3})$。如果假设变换器工作在 CCM，则利用式（5-4），$t_{on} = T_s(V_o/V_i) = 25\mu s$，因此，$\Delta I_L = 2A$，这意味着 $I_L > \Delta I_L/2$，符合 CCM 的假设。因此，$i_{L,max} = I_L + \Delta I_L/$

2 = 2.25A。两种电流在图 5-8 中并列显示。如果按峰值电流设计电感，根据安培定律，可以写出 $(B_{max}/\mu)\ell_c = Ni_{L,max}$，式中 $\ell_c = \pi(3 \times 10^{-2})$，得到 $N = 16$，$\lambda_{max} = Li_{L,max} = (600 \times 10^{-6}) \times 2.25 = 1.35\mathrm{mWbT}$，而且 $\lambda_{max} = NA_cB_{max}$，可以计算出磁心横截面积为 $A_c = 112.5 \times 10^{-6}\mathrm{m}^2$。这意味着磁心的高度必须为 $h = 1.125\mathrm{cm}$。

如果对 200μH 电感采取相同的步骤，可得匝数 $N = 9$，且 $\lambda_{max} = 0.768\mathrm{mWbT}$，因此磁心的横截面积为 $A_c = 113.7 \times 10^{-6}\mathrm{m}^2$。通过对两种电感的比较发现，CCM 电感的尺寸比 DCM 小，而 CCM 电感所需的电感量比 DCM 电感大。

5.3 Boost 变换器

Boost 变换器如图 5-10 所示。DC – DC Boost 变换器的输出电压高于输入电压，即 $V_o > V_i$。对于理想元件的变换器，输入功率等于输出功率。因此，输出电流小于输入电流，即 $I_o < I_i$。图 5-11 显示了 Boost 变换器在导通和关断状态下的等效电路。注意，电感电压 $v_L(t)$ 在导通状态下等于 V_i，在关断状态下等于 $V_i - V_o$。图 5-12 给出了 Boost 变换器在 CCM 和 DCM 中电感器的电压和电流波形。

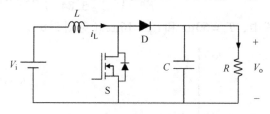

图 5-10 单向 DC – DC Boost 变换器的电路示意图

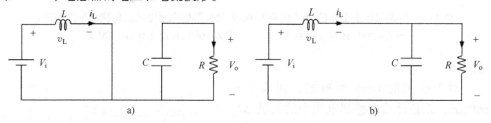

a)   b)

图 5-11 Boost 变换器在导通 a) 和关断 b) 状态下的等效电路

5.3.1 CCM Boost 变换器

在 CCM 中，可以使用电感伏秒平衡原理获得输出 – 输入电压关系，即稳态下，电感上的电压积分在每个开关周期内为零。同样，设 $t = 0$ 为开关周期开始时的时间，且 $0 < t < t_{on}$ 为晶体管（例如 MOSFET 或 IGBT）导通流过电流的时间。电路导通时间定义为 t_{on}，而关断时间定义为 $T_s - t_{on}$。

$$\int_0^{t_{on}} (V_i)\,\mathrm{d}t + \int_{t_{on}}^{T_s} (V_i - V_o)\,\mathrm{d}t = 0 \tag{5-33}$$

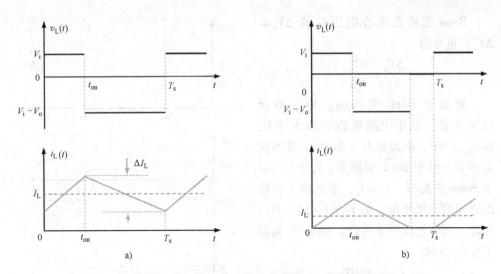

图 5-12　CCM a) 和 DCM b) 两种工作模式下，Boost 变换器在一个
开关周期的通断状态下的电压和电流波形

假设 V_i 和 V_o 在每个开关周期内保持不变，式（5-33）重写为

$$(V_i)t_{on} + (V_i - V_o)(T_s - t_{on}) = 0 \qquad (5-34)$$

因此，CCM 中 Boost 变换器的输入 - 输出电压比计算为

$$\frac{V_o}{V_i} = \frac{1}{1 - D} \qquad (5-35)$$

该方程适用于理想元件的 DC - DC Boost 变换器。如果考虑电感和电容的 r_L 和 r_C 固有串联电阻，则升压比是有限的，并且它不严格遵循式（5-35），尤其是当 $D > 0.5$ 时。从图 5-12 可以看出，CCM 和 DCM 中电感电流的纹波为

$$\Delta I_L = \frac{1}{L} \int_0^{t_{on}} (V_i)\,dt = \frac{V_i D T_s}{L} \qquad (5-36)$$

DCM 中的峰值电流等于纹波电流，即 $i_{L,max} = \Delta I_L$，而 CCM 中，$i_{L,max} = I_L + \Delta I_L/2$。此外，为了得到输出电压中的纹波，即 $\Delta V_o = \Delta V_c$，需要查看通过输出电容的电流。根据电容安秒平衡得到，只有 i_D 的 AC 分量流过电容，因此，i_D 的 DC 分量流过电阻负载 R，即 $I_o = I_D$。如果电容电流是负的（见图 5-13），减少的电荷计算为

$$\Delta Q_c = -\int_0^{t_{on}} i_c(t)\,dt = I_o t_{on} \qquad (5-37)$$

如果 $i_{L,min} > I_o$，$\Delta Q_c = I_o t_{on}$ 是准确的，意味着 $I_i - \Delta I_L/2 > I_o$（见图 5-13）。利用式（5-37），CCM 中电容纹波估计为

$$\Delta V_c = \frac{\Delta Q_c}{C} = \frac{I_o D T_s}{C} = \frac{V_o D T_s}{RC} \qquad (5-38)$$

Boost 变换器电容电压纹波 $\Delta V_\mathrm{o} = \Delta V_\mathrm{c}$，重写为

$$\frac{\Delta V_\mathrm{o}}{V_\mathrm{o}} = \frac{DT_\mathrm{s}}{RC} \tag{5-39}$$

类似于 Buck 变换器，为了确保 CCM 工作，最小电感电流必须大于 0，即 $i_\mathrm{L,min} > 0$，也即是 $I_\mathrm{L} > \Delta I_\mathrm{L}/2$。其不同点在于，对于 Buck 变换器，$I_\mathrm{L} = I_\mathrm{o}$，对于 Boost 变换器，$I_\mathrm{L} = I_\mathrm{i}$。根据输入和输出之间的功率平衡，有 $I_\mathrm{L} = I_\mathrm{o}/(1-D)$。因此，当满足以下条件时，Boost 变换器工作在 CCM。

$$\frac{I_\mathrm{o}}{1-D} > \frac{V_\mathrm{i}DT_\mathrm{s}}{2L} \tag{5-40}$$

将式（5-35）中的 V_i 代入式（5-40）得到

$$L > \frac{V_\mathrm{o}T_\mathrm{s}D(1-D)^2}{2I_\mathrm{o}} \tag{5-41}$$

重写为

$$L > \frac{RT_\mathrm{s}}{2}D(1-D)^2 \tag{5-42}$$

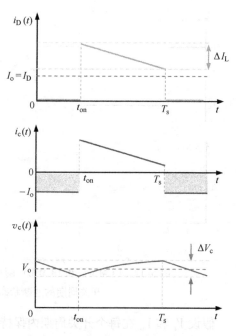

图 5-13 DC – DC Boost 变换器一个开关周期内的二极管电流波形以及电容器的电流和电压波形

对于一个固定电阻有：$R = V_\mathrm{o}/I_\mathrm{o}$，开关周期 $T_\mathrm{s} = 1/f_\mathrm{s}$ 和占空比 D。表 5-2 汇总了确保 Boost 变换器工作在 CCM 时的最小电感、最小开关频率和最大电阻。

表 5-2 确保 Boost 变换器工作在 CCM 的最小电感、最小开关频率和最大电阻

$L_\mathrm{min} = \dfrac{T_\mathrm{s}R}{2}D\,(1-D)^2$	$f_\mathrm{s,min} = \dfrac{R}{2L}D\,(1-D)^2$	$R_\mathrm{max} = \dfrac{2L}{T_\mathrm{s}D\,(1-D)^2}$

例 5.7

对于 DC – DC Boost 变换器，假设 $v_\mathrm{o}(t) \cong V_\mathrm{o} = 360\mathrm{V}$，如果 $V_\mathrm{i} = 144 \sim 216\mathrm{V}$、$f_\mathrm{s} = 20\mathrm{kHz}$、$P_\mathrm{o} = 1\mathrm{kW}$，计算变换器工作在 CCM 所需的电感最小值。此外，计算电容电压中 5% 纹波率所需的最小电容。

利用式（5-35），有 $D = (V_\mathrm{o} - V_\mathrm{i})/V_\mathrm{o}$，因此该 Boost 变换器的占空比在 $D_\mathrm{min} = (360 - 216)/360 = 0.4$ 和 $D_\mathrm{max} = (360 - 144)/360 = 0.6$ 之间变化。与 Buck 变换器不同，CCM 中占空比和最小电感之间的关系是一个非线性函数，如图 5-14 所示。CCM 所需的最小电感的峰值出现在 $D = 1/3$ 处，可通过表 5-2 中 L_min 表达式对 D 进行求导确认。占空比范围为 $0.4 < D < 0.6$，位于图 5-14a 中峰值的右侧，L_min 由下式给出：

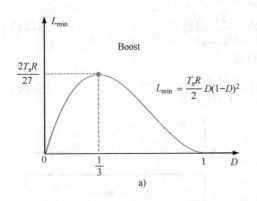
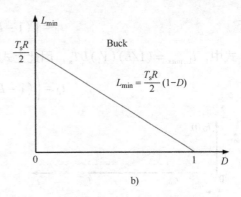

图 5-14　确保 CCM 工作的电感量与占空比的关系，Boost 变换器 a) 和 Buck 变换器 b)

$$L_{\min} = \frac{360^2/1000}{2 \times (20 \times 10^3)} \times 0.4 \times (1 - 0.4)^2 = 467 \times 10^{-6}\text{H}$$

$$= 467\,\mu\text{H} \tag{5-43}$$

最小电容必须在 $D_{\max} = 0.6$ 时计算，即

$$C_{\min} = \frac{D_{\max} T_{\text{s}}}{R \dfrac{\Delta V_{\text{o}}}{V_{\text{o}}}} = \frac{\dfrac{0.6}{20 \times 10^3}}{(360^2/1000) \times 0.05} = 4.6 \times 10^{-6}\text{F}$$

$$= 4.6\,\mu\text{F} \tag{5-44}$$

对于 D 的整个范围，将 $D = 1/3$ 代入式（5-42）获得所需的最小电感，如下所示：

$$L_{\min} = \frac{2}{27} \frac{R}{f_{\text{s}}} = \frac{2}{27} \frac{360^2/1000}{20 \times 10^3} = 480\,\mu\text{H} \tag{5-45}$$

5.3.2　DCM Boost 变换器

在 DCM 中，利用电感伏秒平衡，即在稳态工作时电感上的平均电压必须为零，可写出

$$\int_0^{t_{\text{on}}} (V_{\text{i}})\,\mathrm{d}t + \int_{t_{\text{on}}}^{T_{\text{s}}-t_{\text{d}}} (V_{\text{i}} - V_{\text{o}})\,\mathrm{d}t + \int_{T_{\text{s}}-t_{\text{d}}}^{T_{\text{s}}} (0)\,\mathrm{d}t = 0 \tag{5-46}$$

因此，DCM 中的输出 – 输入电压比由下式给出：

$$\frac{V_{\text{o}}}{V_{\text{i}}} = \frac{-(T_{\text{s}} - t_{\text{d}})}{t_{\text{on}} - (T_{\text{s}} - t_{\text{d}})} = \frac{1}{1 - \dfrac{D}{(1 - t_{\text{d}}/T_{\text{s}})}} \tag{5-47}$$

当工作于 DCM 时的 Boost 变换器，通过二极管的平均电流 I_{D} 始终等于输出电流，即 $I_{\text{D}} = I_{\text{o}}$，而 $I_{\text{o}} = i_{\text{L,max}} (T_{\text{s}} - t_{\text{on}} - t_{\text{d}})/2T_{\text{s}}$（见图 5-15）。因此，图 5-15 所示的死区时间 t_{d} 从下式获得：

$$t_d = \left((1-D) - \frac{2I_o}{i_{L,max}} \right) T_s \tag{5-48}$$

式中，$i_{L,max} = (1/L)(V_i)DT_s$，因此上式写成

$$t_d = \left((1-D) - \frac{2I_oL}{V_iDT_s} \right) T_s \tag{5-49}$$

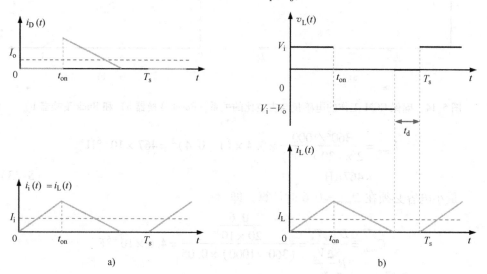

图 5-15 DCM 下一个开关周期的通断状态下的电流和电压波形

将式（5-49）代入式（5-47）得到

$$\frac{V_o}{V_i} = \frac{1}{1 - \dfrac{D}{\left(D + \dfrac{2I_oL}{V_iDT_s} \right)}} = 1 + \frac{D^2V_iT_s}{2I_oL} \tag{5-50}$$

有 $I_o = V_o/R$，代入式（5-50），因此，输出 – 输入电压比 V_o/V_i 也可写成下式：

$$\frac{V_o}{V_i} = \frac{1}{2} + \frac{1}{2}\sqrt{1 + \frac{2D^2RT_s}{L}} \tag{5-51}$$

请注意，DCM 中的输出 – 输入电压比是电路参数和占空比 D 的函数。

例 5.8

DC – DC Boost 变换器以固定频率 10kHz 工作，当输出功率为 $P_o = 600W$ 且输入电压为 75V 时，调整占空比得到输出电压 $V_o = 120V$。Boost 变换器中的电感和电容值分别为 150μH 和 80μF。检查变换器是否工作在 DCM。计算电感电流纹波 ΔI_L、电感峰值电流。

假设变换器工作在 CCM，占空比为 $D = 0.375$，电感电流的纹波计算为 $\Delta I_L = \dfrac{75 \times (37.5 \times 10^{-6})}{150 \times 10^6} = 18.75A$。在 Boost 变换器中，当功率平衡时有 $I_i = 600/75 = $

8A，输入电流和电感电流相同，即 $I_L = I_i$。这意味着 $I_L < \Delta I_L / 2$，这与 CCM 假设不一致。因此，在这些给定条件下，变换器工作在 DCM。利用式（5-50），占空比计算如下：

$$
\begin{aligned}
D &= \sqrt{\frac{2P_oL}{T_sV_i^2} - \frac{2I_oL}{V_iT_s}} \\
&= \sqrt{\frac{2 \times 600 \times (150 \times 10^{-6})}{75^2/(10 \times 10^3)} - \frac{2 \times 5 \times (150 \times 10^{-6})}{75/(10 \times 10^3)}} = 0.3464
\end{aligned}
\tag{5-52}
$$

因此，$t_{on} = DT_s = 34.64\mu s$，然后有

$$
\Delta I_L = \frac{V_iDT_s}{L} = \frac{75 \times (34.64 \times 10^{-6})}{150 \times 10^{-6}} = 17.32A \tag{5-53}
$$

在 DCM 中，电感峰值电流等于电感电流中的纹波，即 $\Delta I_L = i_{L,max}$，因此，可使用式（5-48）求得 t_d，如下所示：

$$
\begin{aligned}
t_d &= \left((1-D) - \frac{2I_O}{i_{L,max}} \right)T_s \\
&= \left((1 - 0.3464) - \frac{2 \times 5}{17.32} \right) \times 100 \times 10^{-6} = 7.62\mu s
\end{aligned}
\tag{5-54}
$$

式中，$T_s = 100\mu s$。

5.4　Buck - Boost 变换器

　　与 DC - DC Buck 和 Boost 变换器不同，当直流输入电源电压不固定且在所需电压附近变化时，Buck - Boost 变换器可于调节输出电压。Buck - Boost 变换器可以作为 Buck 变换器或 Boost 变换器工作，具体取决于输入电压是否高于或低于输入电压。图 5-16 显示了一个简单的 Buck - Boost 变换器。在这种电路拓扑中，输出电压的极性与输入电源电压极性相反。

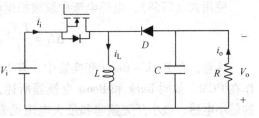

图 5-16　单向 DC - DC Buck - Boost
变换器电路示意图

5.4.1　CCM Buck - Boost 变换器

　　设 $t = 0$ 为开关周期开始时刻，使用伏秒平衡，可以写出

$$
\int_0^{T_s} v_L(t)\,dt = \int_0^{t_{on}} v_L(t)\,dt + \int_{t_{on}}^{T_s} v_L(t)\,dt = 0 \tag{5-55}
$$

图 5-17 显示了电感上的电压在开关管导通时为 V_i，在关断时为 $-V_o$，因此，式（5-55）重写为

$$\int_0^{t_{on}} (V_i) \, dt + \int_{t_{on}}^{T_s} (-V_o) \, dt = 0 \tag{5-56}$$

简化为

$$(V_i) t_{on} + (-V_o)(T_S - t_{on}) = 0 \tag{5-57}$$

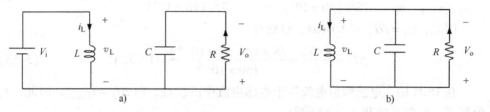

图 5-17　Buck – Boost 变换器的导通状态 a）和关断状态 b）的等效电路

因此，工作在 CCM 的 Buck – Boost 变换器的输出电压（根据输入电压和占空比 $D = t_{on}/T_s$）通过下式计算：

$$V_o = \left(\frac{D}{1-D}\right) V_i \tag{5-58}$$

注意：对于 $D < 0.5$，变换器在降压模式下工作，对于 $D > 0.5$，变换器在升压模式下工作。与 Boost 变换器类似，CCM 中 Buck – Boost 变换器中电感电流的纹波为

$$\Delta I_L = \frac{DT_s V_i}{L} \tag{5-59}$$

使用式（5-58），电感电流中纹波根据输出电压重写为

$$\Delta I_L = \frac{T_s V_o}{L}(1 - D) \tag{5-60}$$

注意，在 Buck – Boost 变换器中，有 $I_L = I_i + I_o$。如果 $I_L > \Delta I_L/2$，变换器则工作在 CCM。如同 Buck 和 Boost 变换器所述，确保 Buck – Boost 变换器工作在 CCM 的最小电感、最小开关频率和最大电阻见表 5-3。Buck – Boost 变换器工作在 CCM 所需的最小电感如图 5-18a 所示。

表 5-3　**Buck – Boost 变换器中工作在 CCM 的最小电感、最小开关频率和最大电阻**

$L_{min} = \dfrac{T_s R}{2}(1-D)^2$	$f_{s,min} = \dfrac{R}{2L}(1-D)^2$	$R_{max} = \dfrac{2L}{T_s(1-D)^2}$

计算电压纹波的公式 ΔV_c 与 Boost 变换器推导的公式相同。考虑到图 5-16，从电容安秒平衡得出结论，只有 i_D 的交流分量流过电容，因此，i_D 的直流分量流过电阻负载 R，即 $i_o = i_D$。考虑电容电流为负时的电容电流（见图 5-19），减少的电荷计算为

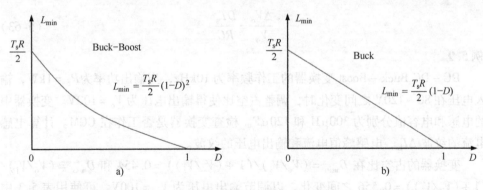

图 5-18 确保 CCM 与 Buck – Boost 变换器 a) 和 Buck 变换器 b) 中占空比的最小电感

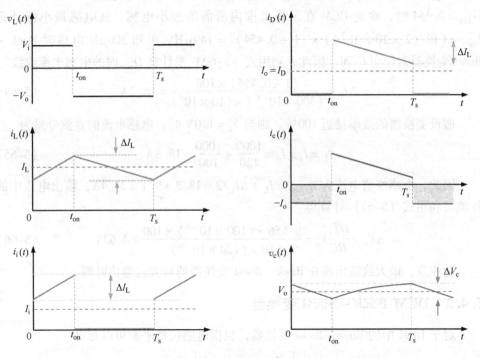

图 5-19 DC – DC Buck – Boost 变换器一个开关周期内的二极管电流
波形以及电容和电感的电流和电压波形

$$\Delta Q_c = - \int_0^{t_{on}} i_c(t) \, dt = I_o t_{on} \tag{5-61}$$

利用式 (5-61)，CCM 中输出电容纹波电压计算为

$$\Delta V_c = \frac{\Delta Q_c}{C} = \frac{I_o D T_s}{C} = \frac{V_o D T_s}{RC} \tag{5-62}$$

Buck – Boost 变换器的输出电容电压 $\Delta V_o = \Delta V_c$，根据输出电压改写为

$$\frac{\Delta V_c}{V_o} = \frac{DT_s}{RC} \tag{5-63}$$

例 5.9

DC – DC Buck – Boost 变换器的工作频率为 10kHz，当输出功率为 $P_o = 1\text{kW}$，输入电压在 80 ~ 120V 之间变化时，调整占空比使得输出电压为 $V_o = 100\text{V}$。变换器中的电感和电容值分别为 300μH 和 120μF。检查变换器是否工作在 CCM。计算电感电流的纹波 ΔI_L、电感峰值电流和输出电压的纹波。

变换器的占空比在 $D_{\min} = (V_o/V_i)/(1 + (V_o/V_i)) = 0.454$ 和 $D_{\max} = (V_o/V_i)/(1 + (V_o/V_i)) = 0.556$ 之间变化，以调节输出电压为 $V_o = 100\text{V}$。可使用表 5-3 中的三个标准中的任何一个来检查该变换器的工作条件。根据图 5-18a，当 $D = D_{\min} = 0.454$ 时，确定 CCM 在工作范围内所需的最小电感。从电感最小值计算 $L_{\min} = (10/(2 \times 10 \times 10^3)) \times (1 - 0.454)^2 = 149\mu\text{H}$，可知 300μH 电感时 Buck – Boost 变换器工作在 CCM。因此，利用式（5-60）来计算 $D_{\min}$ 时的电感电流纹波

$$\Delta I_L = \frac{(1 - 0.454) \times 100}{(300 \times 10^{-6}) \times (10 \times 10^3)} = 18.2\text{A} \tag{5-64}$$

假设变换器的效率接近 100%，则当 $V_i = 120\text{V}$ 时，电感电流的直流分量为

$$I_L = I_i + I_o \cong \frac{1000}{120} + \frac{1000}{100} = 18.3\text{A} \tag{5-65}$$

因此，电感峰值电流为 $i_{L,\max} = I_L + \Delta I_L/2 = 18.3 + 9.1 = 27.4\text{A}$，输出电压中的纹波可利用式（5-63）计算得

$$\Delta V_c = \frac{DT_s}{RC} V_o = \frac{0.556 \times (100 \times 10^{-6}) \times 100}{10 \times (120 \times 10^{-6})} = 4.63\text{V} \tag{5-66}$$

请注意，最大纹波出现在 Buck – Boost 变换器的最大占空比时刻。

5.4.2 DCM Buck – Boost 变换器

对于 DCM 中的 Buck – Boost 变换器，根据电感伏秒平衡可以写出

$$\int_0^{t_{on}} (V_i)\,dt + \int_{t_{on}}^{T_s - t_d} (-V_o)\,dt + \int_{T_s - t_d}^{T_s} (0)\,dt = 0 \tag{5-67}$$

如图 5-20b 所示，在 DCM 中导通开关管之前，电感电流保持在零。因此，DCM 中的输出 – 输入电压比由下式给出：

$$\frac{V_o}{V_i} = \frac{t_{on}}{(T_s - t_d) - t_{on}} = \frac{D}{(1 - t_d/T_s) - D} \tag{5-68}$$

在 Buck – Boost 变换器中，通过二极管的平均电流 I_D 始终等于输出电流，不管是 CCM 还是 DCM，都有 $I_D = I_o$。然而，在 DCM 中有 $I_o = i_{L,\max}(T_s - t_{on} - t_d)/2T_s$。因此有

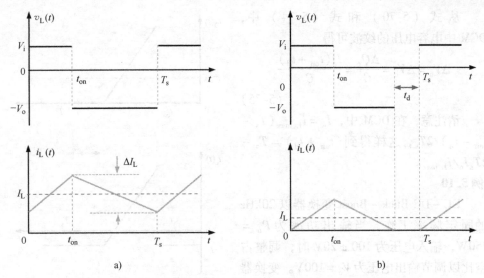

图 5-20　在两种工作模式 CCM a）和 DCM b）的一个开关周期内，
DC – DC Buck – Boost 变换器中电感的电流和电压波形

$$t_d = \left((1-D) - \frac{2I_o}{i_{L,\max}} \right) T_s \qquad (5\text{-}69)$$

式中，$i_{L,\max} = (1/L)(V_i) D T_s$，因此，$t_d$ 为

$$t_d = \left((1-D) - \frac{2I_o L}{V_i D T_s} \right) T_s \qquad (5\text{-}70)$$

将式（5-70）中的 t_d / T_s 替换并代入式（5-68）得到

$$\frac{V_o}{V_i} = \frac{D}{\dfrac{2I_o L}{V_i D T_s}} = \frac{D^2 V_i T_s}{2 I_o L} \qquad (5\text{-}71)$$

注意 $I_o = V_o / R$，因此输出 – 输入电压比可写为

$$\frac{V_o}{V_i} = D \sqrt{\frac{R T_s}{2L}} \qquad (5\text{-}72)$$

在 DCM 中，电感峰值电流等于电感电流的纹波，即 $i_{L,\max} = \Delta I_L$。因此，将式（5-72）中的 DV_i 代入式（5-59）得到

$$i_{L,\max} = \Delta I_L = \frac{V_o}{\sqrt{RL/2T_s}} \qquad (5\text{-}73)$$

为了计算电容的最大纹波电压，不能再利用式（5-63）。因此，需要使用二极管电流绘制电容电流波形（见图 5-21）。已知 t_d 和 t_{on}，可使用图 5-21 对一个开关周期内的电容放电进行近似，如下所示：

$$\Delta Q_c \cong -\left(\int_0^{t_{on}} i_c(t)\,dt + \int_{T_s - t_d}^{T_s} i_c(t)\,dt \right) = I_o(t_{on} + t_d) \qquad (5\text{-}74)$$

从式（5-70）和式（5-74）中，DCM 中电容电压的纹波可得

$$\Delta V_o = \Delta V_c = \frac{\Delta Q_c}{C} = \frac{I_o(t_{on} + t_d)}{C}$$

$$(5-75)$$

请注意，在 DCM 中，$I_o = i_{L,max}(T_s - t_{on} - t_d)/2T_s$，这样得到$(t_{on} + t_d) = T_s - 2T_s I_o/i_{L,max}$。

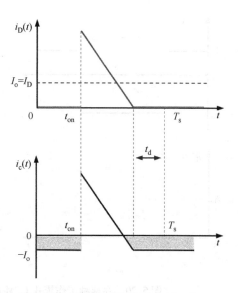

图 5-21　DCM 中 DC – DC Buck – Boost 变换器中的二极管和电容电流波形

例 5.10

DC – DC Buck – Boost 变换器以 20kHz 的固定频率工作，当输出功率为 $P_o = 750$W，输入电压为 100 ± 20V 时，调整占空比以调节输出电压为 $V_o = 100$V。变换器中的电感和电容值分别为 50μH 和 75μF。首先，确认变换器是工作在 DCM 还是 CCM，然后计算电感电流的纹波 ΔI_L 和电感峰值电流、输出电压纹波的百分比。

必须控制占空比以调节输出为 100V。首先，假设变换器工作在 CCM。因此，所需的最小和最大占空比分别为 0.455 和 0.556。使用表 5-3，最小占空比计算工作在 CCM 的变换器所需的最小电感量，即 $L_{min} = (13.33 \div (2 \times 20 \times 10^3)) \times (1 - (0.455)^2 = 99$μH。这意味着 $L = 50$μH $< L_{min}$，因此，变换器不能一直工作在 CCM。然而，为了确保变换器一直工作在 DCM，还需要检查占空比为 0.556 时所需的 L_{min} 值，即 $L_{min} = (13.33 \div (2 \times 20 \times 10^3)) \times (1 - 0.556)^2 = 65.7$μH，这意味着也有 $L = 50$μH $< L_{min}$。现在，可以得出结论，当输入电压在 80 ~ 100V 之间变化时，变换器始终工作在 DCM。

利用式（5-73），可以计算 $i_{L,max}$ 为

$$i_{L,max} = \frac{100}{\sqrt{(13.33 \times 50 \times 10^{-6}) \div (2 \times 50 \times 10^{-6})}} = 38.73A \qquad (5-76)$$

要计算电压纹波，首先计算 $(t_{on} + t_d) = T_s - 2T_s I_o/i_{L,max} = 50 \times (1 - 0.387) = 30.6$μs。电压纹波计算如下：

$$\Delta V_o = \frac{\Delta Q_c}{C} = \frac{I_o(t_{on} + t_d)}{C} = \frac{7.5 \times (30.6 \times 10^{-6})}{75 \times 10^{-6}} = 3.06V \qquad (5-77)$$

表 5-4 总结了 DC – DC Buck、Boost 和 Buck – Boost 变换器的输出 – 输入电压比。表 5-5 中还提供了这些 DC – DC 变换器中输入和输出电流的电感电流平均值。

下面，将讨论两种不同类型的 Buck – Boost 变换器。在第一种拓扑中，称为单端初级电感变换器（SEPIC），输入和输出电压极性相同，不同于本节中讨论的基

本降压 – 升压。第二种类型称为反激变换器，当输出与输入电路隔离时，可提供多个输出。

表 5-4 具有理想元件的 CCM 和 DCM 的 Buck、Boost 和 Buck – Boost
变换器的输出 – 输入电压比 (V_o/V_i)

	Buck	Boost	Buck – Boost
CCM	D	$\dfrac{1}{1-D}$	$\dfrac{D}{1-D}$
DCM	$\dfrac{1}{\dfrac{1}{2}+\dfrac{1}{2}\sqrt{1+\dfrac{8L}{D^2 RT_s}}}$	$\dfrac{1}{2}+\dfrac{1}{2}\sqrt{1+\dfrac{2D^2 RT_s}{L}}$	$D\sqrt{\dfrac{RT_s}{2L}}$

表 5-5 DC – DC Buck、Boost 和 Buck – Boost 变换器输入和输出电流的电感电流平均值

Buck	Boost	Buck – Boost
$I_L = I_o$	$I_L = I_i$	$I_L = I_i + I_o$

5.5 单端初级电感变换器 （SEPIC）

SEPIC 的电路拓扑如图 5-22 所示。在本节中，仅分析 CCM 中 SEPIC 的稳态行为。如图 5-22 所示，当在输入和输出电路之间插入 CL 电路时，SEPIC 电路拓扑包含传统的升压变换器。这种变换器的行为类似于传统的 Buck – Boost 变换器，但具有一些独特的特性。例如，与之前的 Buck – Boost 拓扑不同，输出电压与输入电压具有相同的极性。为了分析 SEPIC，考虑包含两个电感的回路。在该回路中写出直流电压的 KVL 方程得到

$$V_i = V_{L1} - V_{c1} + V_{L2} \qquad (5-78)$$

由于两个电感之间的平均电压在稳态工作时必须为零，即 $V_{L1} = V_{L2} = 0$，式 (5-78) 重写为

$$V_{c1} = -V_i \qquad (5-79)$$

在 SEPIC 中，C_1 的电容必须很大，因为功率通过该电容传输。因此，可以假设 C_1 上的电压在每个开关周期内是恒定的。由于电感上的平均电压在稳态下为零，考虑到 L_1 和图 5-23 所示的 SEPIC 的等效电路的通断状态，可以写出

$$\int_0^{T_s} v_{L1}(t)\, dt = \int_0^{t_{on}} v_{L1}(t)\, dt + \int_{t_{on}}^{T_s} v_{L1}(t)\, dt = 0 \qquad (5-80)$$

开通和关断状态下的电感电压可计算为

$$v_{L1} = \begin{cases} V_i & \text{当 SW 导通时} \\ V_i - V_o - v_{c1} & \text{当 SW 关断时} \end{cases} \qquad (5-81)$$

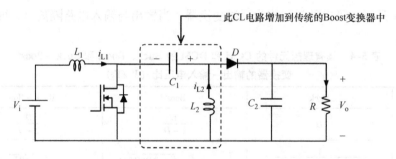

图 5-22　单端初级电感变换器（SEPIC）的电路示意图

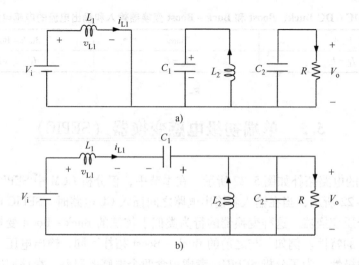

图 5-23　导通状态 a）和关断状态 b）下单端初级电感变换器（SEPIC）的等效电路

注意：对于很大的 C_1 值，可以假设电容两端的电压保持不变，即 $v_{c1}(t) \cong V_{c1} = -V_i$，因此 v_{L1} 在关断状态下等于 $-V_o$，这样有

$$\int_0^{t_{on}} (V_i) \, dt + \int_{t_{on}}^{T_s} (-V_o) \, dt = 0 \tag{5-82}$$

假设 V_i 和 V_o 中没有纹波，式（5-82）可简化为

$$V_i t_{on} - V_o (T_s - t_{on}) = 0 \tag{5-83}$$

因此，输入－输出电压关系如下所示：

$$V_o = \left(\frac{t_{on}}{T_s - t_{on}} \right) V_i = \frac{D}{1-D} V_i \tag{5-84}$$

二极管的正向导通电压降和开关时间是 SEPIC 可靠性和效率的关键指标。二极管速度需要很快，以避免电感上的高电压尖峰。注意二极管中的电流在从开到关的变换过程中从零跳到 $i_{D,max} = i_{L1,max} + i_{L2,max}$，如图 5-24 所示。

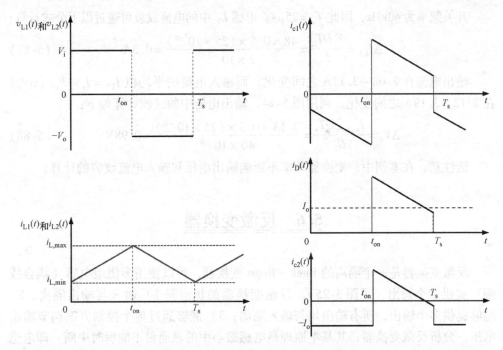

图 5-24　CCM 中 SEPIC 的电流和电压波形

例 5.11

在 SEPIC 中，通过控制开关占空比 D 将输出电压调节在 48V，当 $L_1 = 2\text{mH}$，$C_1 = 800\mu\text{F}$，$L_2 = 1\text{mH}$，$C_2 = 40\mu\text{F}$，$f_s = 20\text{kHz}$ 时，负载电阻为 10Ω，输入电压在 $(48 \pm 10)\text{V}$ 变化。求输入电流和输出电压中的纹波。

开关频率为 20kHz，因此 $T_s = 50\mu\text{s}$。与 Boost 变换器一样，电感 L_1 中的电流纹波可通过下列公式计算

$$\Delta I_{L1} = \frac{V_i D T_s}{L} = \frac{48 \times 0.5 \times (50 \times 10^{-6})}{2 \times 10^{-3}} = 0.6\text{A} \tag{5-85}$$

输入电流的平均值，即 $I_i = I_{L1} = 4.8\text{A}$。利用图 5-24，与 Boost 和 Buck - Boost 变换器一样，输出电压中的纹波计算如下：

$$\Delta V_c = \frac{V_o D T_s}{RC} = \frac{48 \times 0.5 \times (50 \times 10^{-6})}{10 \times 40 \times 10^{-3}} = 3\text{V} \tag{5-86}$$

可知电容电压中的纹波百分比为 6.25%。

例 5.12

在 SEPIC 中，通过控制开关占空比 D 将输出电压调节在 48V，当 $L_1 = 2\text{mH}$，$C_1 = 800\mu\text{F}$，$L_2 = 1\text{mH}$，$C_2 = 40\mu\text{F}$，$f_s = 40\text{kHz}$，输入电压为 48V 时。当输出功率在 $100 \sim 150\text{W}$ 之间变化时，求平均输入电流、电流中的最大纹波，假设变换器效率为 98%。

开关频率为40kHz，因此 $T_s = 25\mu s$。电感 L_1 中的电流纹波可通过以下公式计算：

$$\Delta I_{L1} = \frac{V_i D T_s}{L} = \frac{48 \times 0.5 \times (25 \times 10^{-6})}{2 \times 10^{-3}} = 0.3A \tag{5-87}$$

输出电流在 $2.08 \sim 3.13A$ 之间变化，而输入电流的平均值 $I_{L1} = I_i = P_o/(\eta V_o)$ 在 $2.12 \sim 3.19A$ 之间变化。利用图5-24，输出电压中的纹波计算如下：

$$\Delta V_c = \frac{I_{o,max} D T_s}{C_2} = \frac{3.13 \times 0.5 \times (25 \times 10^{-6})}{40 \times 10^{-6}} = 0.98V \tag{5-88}$$

请注意，在本例中，变换器效率不影响输出电压和输入电流纹波的计算。

5.6 反激变换器

反激变换器是一个隔离的 Buck – Boost 变换器，可以使用多绕组电感（耦合线圈）提供多个输出（见图5-25）。反激变换器的优点是 1）输入与输出隔离；2）能够提供多个输出，所有输出均与输入隔离；3）能够通过单个控制方案调节输出电压。分析反激变换器，其基本原理是电感磁心中的磁通量不能瞬时中断，即电感中的电流 $\lambda = Li$ 不能被中断。然而，在一组耦合线圈中，只要磁通量的连续性原理保持不变，一个线圈中的电流就可以中断。然而，绕组并不是理想的，因此需要一个由快速恢复二极管和电容串联组成的缓冲电路，以提供一条电流路径，在开关关断时释放一次绕组漏感的能量。电阻也与缓冲电容并联，为电容提供放电路径。缓冲时间常数 $R_s C_s$ 通常远高于开关周期 T_s，以最小化与缓冲器电路的损耗。图5-26显示变换器电流不连续，因此高 di/dt 可能导致附近设备和电路上出现 EMI。

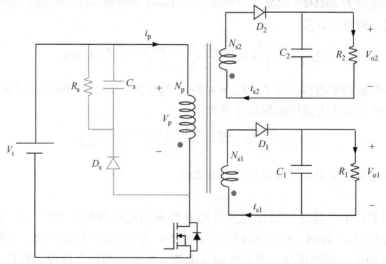

图5-25 具有两个输出的反激变换器的电路示意图

对于反激变换器，磁通量以及一次侧的磁链 λ_p 必须保持连续。请注意只要 λ_p 保持连续，一次侧和二次侧的电流波形就可以中断（不连续）。利用 $v_p = \mathrm{d}\lambda_p/\mathrm{d}t$，可得

$$\int_{\lambda_p(0)}^{\lambda_p(T_s)} \mathrm{d}\lambda_p = \int_0^{T_s} v_p(t)\,\mathrm{d}t \tag{5-89}$$

在稳态下，$\lambda_p(t_0) = \lambda_p(t_0 + T_s)$。因此，一次侧电压在一个开关周期内的积分必须为零。假设匝数比，即一次侧绕组匝数与二次侧绕组匝数之比为 N_p/N_s，当开关处于断开状态时，一次侧绕组上的电压 V_p 为 $-(N_p/N_s)V_o$，如图 5-26 所示。

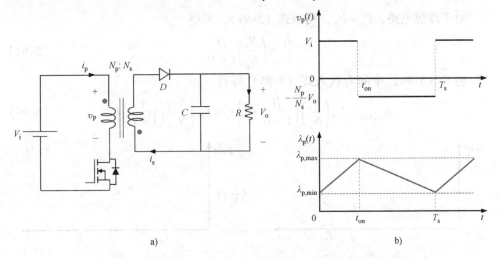

图 5-26　单输出反激变换器的电路示意图、磁通量和电压波形

5.6.1　CCM 隔离 Buck – Boost 变换器（反激变换器）

在 CCM 中，磁通量始终大于零，即 $\lambda_{p,\min} > 0$，可得

$$\int_0^{T_s} v_p(t)\,\mathrm{d}t = (V_i)DT_s - \left(\frac{N_p}{N_s}\right)V_o(1-D)T_s = 0 \tag{5-90}$$

因此，输出 – 输入电压比由下式给出：

$$\frac{V_o}{V_i} = \left(\frac{N_s}{N_p}\right)\frac{D}{(1-D)} \tag{5-91}$$

注意，对于具有多个输出的变换器，选择具有多个二次侧匝数 N_{s1}，N_{s2}，…，N_{sn} 的变压器（耦合线圈）以提供不同的电压大小，所有电压均通过控制占空比 D 进行调节。实际上，一次侧绕组和各二次侧绕组之间需要强耦合，因此，输出的数量受到耦合线圈（称为反激变压器）设计的限制。

利用第 3 章中讨论的变压器磁通量原理，一次侧的磁链可以表示为 $\lambda_p =$

$L_{pp}i_p + L_{ps}i_s$，同时忽略漏感。因此，λ_p 可写为

$$\lambda_p = L_M\left(i_p + \left(\frac{N_s}{N_p}\right)i_s\right) = L_M i_M \tag{5-92}$$

式中，L_M 是反激变压器的磁化电感；i_M 是磁化电流。请注意，一次侧和二次侧绕组中的电流可以中断（见图 5-27），而连续性原理对于磁通量和磁化电流 i_M 仍然有效。为了使 λ_p 始终保持在零以上，即 $\lambda_{p,min} > 0$，而平均磁通量必须大于磁通量波动的一半，即 $\lambda_{p,avg} > \Delta\lambda_p/2$。利用式（5-92），平均磁通量可计算为

$$\lambda_{p,avg} = L_M\left(I_i + \left(\frac{N_s}{N_p}\right)I_o\right) \tag{5-93}$$

对于理想电路，$P_i = P_o$，利用式（5-91），可得

$$\frac{I_i}{I_o} = \left(\frac{N_s}{N_p}\right)\frac{D}{1-D} \tag{5-94}$$

将式（5-94）中的 I_i 代入式（5-93）得到

$$\lambda_{p,avg} = L_M\left(\frac{N_s}{N_p}\right)\left(\frac{D}{1-D} + 1\right)I_o = L_M\left(\frac{N_s}{N_p}\right)\left(\frac{1}{1-D}\right)I_o \tag{5-95}$$

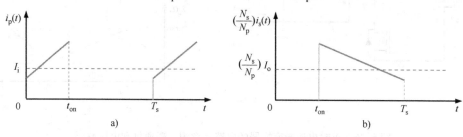

图 5-27 CCM 中单输出反激变换器的一次侧和二次侧电流波形

磁通量变化量 $\Delta\lambda_p$ 可根据导通时间内的法拉第定律进行计算，$t_{on} = DT_s$，如下所示：

$$\Delta\lambda_p = V_i DT_s = \left(\frac{N_p}{N_s}\right)(1-D)V_o T_s \tag{5-96}$$

若反激变换器工作在 CCM，必须有 $\lambda_{p,avg} > \Delta\lambda_p/2$。利用式（5-95）和式（5-96），以及 $I_o = V_o/R$，可以写出

$$L_M\left(\frac{N_s}{N_p}\right)\left(\frac{1}{1-D}\right)\frac{V_o}{R} > \left(\frac{N_p}{N_s}\right)\frac{(1-D)V_o T_s}{2} \tag{5-97}$$

这意味着变换器工作在 CCM 所需的最小磁化电感由下式给出：

$$L_{M,min} = \left(\frac{N_p}{N_s}\right)^2\frac{(1-D)^2 RT_s}{2} \tag{5-98}$$

类似地，利用式（5-97）可以获得保持反激变换器工作在 CCM 所需的最小磁化电感、最小开关频率和最大电阻，见表 5-6。

同时，从式（5-92）和式（5-95）中，平均磁化电流也可以表示为

$$I_M = \left(\frac{N_s}{N_p}\right)\left(\frac{1}{1-D}\right)I_o = \left(\frac{N_s}{N_p}\right)\left(\frac{1}{1-D}\right)\frac{V_o}{R} \tag{5-99}$$

表 5-6   确保反激变换器工作在 CCM 的最小磁化电感、最小开关频率和最大电阻

$L_{M,min} = \left(\frac{N_p}{N_s}\right)^2\frac{(1-D)^2 R T_s}{2}$	$f_{s,min} = \left(\frac{N_p}{N_s}\right)^2\frac{(1-D)^2 R}{2L_M}$	$R_{max} = \dfrac{2L_M}{T_s\left(\frac{N_p}{N_s}\right)^2(1-D)^2}$

例 5.13

反激变换器输出功率为 $P_o = 45W$，开关频率为 40kHz，输入电压范围为 126 ~ 162V，调整占空比以实现 $V_o = 36V$。求变压器匝数比和磁化电感值，满足 $\Delta B = 0.25B_{avg}$，且在 0.8T 以内时，磁心特性几乎呈线性，计算磁心的横截面积、气隙长度和输出电容值，将电压纹波率保持在 2.5% 以下。

由于输入电压的平均值为 144V，选择匝数比 $N_p/N_s = 4$。此外，所需的占空比介于 0.47 ~ 0.53 之间。与传统 Buck - Boost 变换器一样，必须计算最小占空比所需的磁化电感，以保证工作在 CCM。由于 $\Delta B = 0.25B_{avg}$，利用式（5-95）和式（5-96），磁化电感可计算为

$$L_M = 0.25\left(\frac{N_p}{N_s}\right)^2(1-D)^2 R T_s = 0.81\text{mH} \tag{5-100}$$

最大磁化电流出现在最大占空比时，因此，利用式（5-99），可得

$$I_{M,max} = \left(\frac{N_s}{N_p}\right)\left(\frac{1}{1-D}\right)\frac{P_o}{V_o} = \frac{1}{4}\times 2.143 \times 1.25 = 0.67\text{A} \tag{5-101}$$

选择 $N_s = 5$，因此 $N_p = 20$。根据第 3 章中所述的 $\lambda = Li$ 和 $\lambda = N\psi = NAB$，磁心的横截面积可计算为

$$A_c = \frac{L_M I_{M,max}}{N_p B_{max}} = \frac{0.81\times 10^{-3}\times 0.67}{20\times 0.8} = 33.92\text{mm}^2 \tag{5-102}$$

应用安培定律，忽略第 2 章中描述的磁心磁阻，可以近似计算气隙长度

$$l_g = \frac{N_p I_{M,max}}{B_{max}/\mu_0} = \frac{20\times 0.67}{0.8\div(4\pi\times 10^{-7})} = 0.021\text{mm} \tag{5-103}$$

为了验证结果，可以计算气隙磁阻，$\mathcal{R}_g = l_g/(\mu_0 A_c) = 492667\text{AT/Wb}$，折算到一次侧的磁化电感为 $L_M = N_p^2/\mathcal{R}_g = 0.81\times 10^{-3}\text{H} = 0.81\text{mH}$。

与传统的 Buck - Boost 变换器一样，输出电压纹波计算如下：

$$C = \frac{V_o D T_s}{\Delta V_o R} = \frac{36\times 0.53\times(25\times 10^{-6})}{0.9\times 28.8} = 18.4\mu\text{F} \tag{5-104}$$

如果选择 $C = 20\mu\text{F}$，输出电压中纹波百分比低至 2.3%。

5.6.2   DCM 隔离 Buck - Boost 变换器（反激变换器）

图 5-28 显示了 CCM 和 DCM 反激变换器中一次侧的电压和磁链。在稳态下，

利用 $v_p = \mathrm{d}\lambda_p/\mathrm{d}t$ 和 $\lambda_p(t_0) = \lambda_p(t_0 + T_s)$，可得

$$\int_0^{T_s} v_p(t)\,\mathrm{d}t = 0 \tag{5-105}$$

对于 DCM，利用图 5-28b，式（5-105）可重写为

$$\int_0^{t_{on}} v_p(t)\,\mathrm{d}t + \int_{t_{on}}^{T_s - t_d} v_p(t)\,\mathrm{d}t = (V_i)DT_s - \left(\frac{N_p}{N_s}\right)V_o(T_s - t_d - t_{on})$$
$$= 0 \tag{5-106}$$

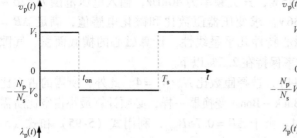
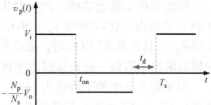
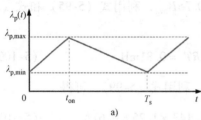
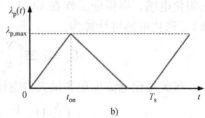

图 5-28　CCM a）和 DCM b）中反激变压器一次侧的电压和磁链

因此，输出－输入电压比由下式给出：

$$\frac{V_o}{V_i} = \left(\frac{N_s}{N_p}\right)\frac{D}{(1 - t_d/T_s) - D} \tag{5-107}$$

在 DCM 中（见图 5-29），$I_o = i_{s,\max}(T_s - t_{on} - t_d)/2T_s$，并且 $i_{s,\max} = (N_p/N_s)$ $i_{p,\max}$，可得

$$t_d = \left((1 - D) - \left(\frac{N_s}{N_p}\right)\frac{2I_o}{i_{p,\max}}\right)T_s \tag{5-108}$$

式中，$i_{p,\max} = (1/L_M)(V_i)DT_s$，忽略变压器的漏感，可得 t_d 为

$$t_d = \left((1 - D) - \left(\frac{N_s}{N_p}\right)\frac{2I_o L_M}{V_i DT_s}\right)T_s \tag{5-109}$$

将 t_d/T_s 从式（5-109）代入式（5-107）得到

$$\frac{V_o}{V_i} = \frac{D}{\left(\dfrac{N_s}{N_p}\right)\dfrac{2I_o L_M}{V_i DT_s}} = \left(\frac{N_p}{N_s}\right)\frac{V_i D^2 T_s}{2I_o L_M} \tag{5-110}$$

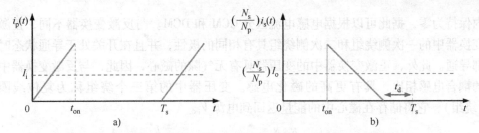

图 5-29　DCM 中单输出反激变换器变压器的一次侧和二次侧电流

因为 $I_o = V_o / R$，所以输出 – 输入电压比为

$$\frac{V_o}{V_i} = D \sqrt{\left(\frac{N_p}{N_s}\right)\frac{RT_s}{2L_M}} \tag{5-111}$$

式中，等效输出电阻为 $R = V_o^2 / P_o$。

例 5.14

反激变换器的工作频率为 50kHz，输入电压为 144V，输出功率在 12 ~ 24W，调整占空比以调节输出为 $V_o = 12V$。找出使变换器保持工作在 DCM 中的最大磁化电感，然后确定占空比范围。

工程师可以选择 $N_p / N_s = 12$。对于给定的输出电压和功率，等效输出电阻在 $12 \sim 6\Omega$ 之间变化。对于该 R 范围，利用表 5-6，如果能满足下式，则反激变换器工作在 DCM

$$L_M < \left(\frac{N_p}{N_s}\right)^2 \frac{(1-D)^2 RT_s}{2} = \frac{12^2 \times (1-0.5)^2 \times 6}{2 \times (50 \times 10^3)}$$
$$= 2.16mH \tag{5-112}$$

选择 $L_M = 1.5mH$。对于 $R = 6\Omega$，利用式（5-111），占空比如下所示：

$$D = \frac{V_o}{V_i} / \sqrt{\left(\frac{N_p}{N_s}\right)\frac{RT_s}{2L_M}} = \frac{12/144}{\sqrt{0.08 \times 6}} = 0.12 \tag{5-113}$$

对于 $R = 12\Omega$，利用式（5-111），占空比必须为

$$D = \frac{V_o}{V_i} / \sqrt{\left(\frac{N_p}{N_s}\right)\frac{RT_s}{2L_M}} = \frac{12/144}{\sqrt{0.08 \times 12}} = 0.085 \tag{5-114}$$

因此，当负载在 12 ~ 24W 之间变化时，闭环控制器必须自动调整占空比在 0.085 ~ 0.12 之间变化。但是，如果 $L_M > 4.32mH$，变换器工作在 CCM，占空比与负载无关，并且可以保持在 0.5 左右。

5.7　正激变换器

图 5-30 所示的正激变换器本质上由变压器和降压变换器组成。与 Buck 变换器的电感原理相同可用于设计输出电感 L。如果在关断状态下，电感电流在一段时间

内保持为零，据此可以根据电感电流区分 CCM 和 DCM。与反激变换器不同，正激变换器中的一次侧绕组和二次侧绕组具有相同的极性，并且在开关处于导通状态时都导通。此外，正激变换器中的变压器具有无气隙的磁心，因此，与反激变换器中的耦合电感相比，具有更高的磁化电感。变压器中的第三个绕组称为复位线圈（绕组），它将储存在磁心中的能量返回到电源 V_i。

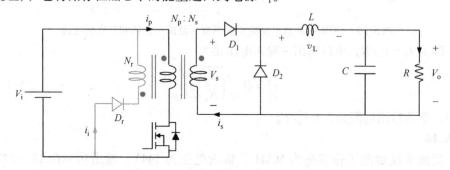

图 5-30　正激变换器的电路示意图

当开关处于接通状态时，D_1 正向偏置，D_2 反向偏置，因此，电感电压 $v_L = V_s - V_o = (N_s/N_p)V_i - V_o$。当开关处于关断状态时，$D_2$ 正向偏置，电感电压 $v_L = -V_o$。应用电感的伏秒平衡，可得

$$\int_0^{T_s} v_p(t)\,\mathrm{d}t = \left(\left(\frac{N_s}{N_p}\right)V_i - V_o\right)DV_s - V_o(1-D)T_s = 0 \tag{5-115}$$

已有

$$\frac{V_o}{V_i} = \left(\frac{N_s}{N_p}\right)D \tag{5-116}$$

同样，基本原则是电感或变压器磁心中的磁通量不能瞬间中断。因此，如图 5-30 所示，一个与二极管串联的复位绕组 N_r，在开关处于关断状态期间将磁通量衰减为零。复位绕组允许 i_p 和 i_s 同时中断，同时 i_r 保持磁通量的连续性。一次侧绕组中的磁链磁通量可以写成 $\lambda_p = L_{pp}i_p + L_{ps}i_s + L_{pr}i_r$，基于三个线圈中相互之间的极性和电流方向，磁链磁通量可改写为

$$\lambda_p = L_M\left(i_p - \left(\frac{N_s}{N_p}\right)i_s + \left(\frac{N_r}{N_p}\right)i_r\right) = L_M i_M \tag{5-117}$$

式中，L_M 为磁化电感；i_M 为磁化电流。当开关处于导通状态时，$i_p > 0$，D_r 反向偏置，因此 $i_r = 0$。因此，i_p 和 $(N_s/N_p)\,i_s$ 之间的差形成磁化电流。当开关处于关断状态时，$i_p = 0$，D_r 正向偏置，因此，i_r 可以立即恢复到其最大值，以保证磁通量的连续性（见图 5-31）。设 $t = 0$ 为开关周期开始时刻，$0 < t < t_{on}$ 为开关导通时的时间。因此，根据数学上磁通量连续性原理，$\lambda_p(t_{on}^-) = \lambda_p(t_{on}^+)$ 或 $i_M(t_{on}^-) = i_M(t_{on}^+)$，可得

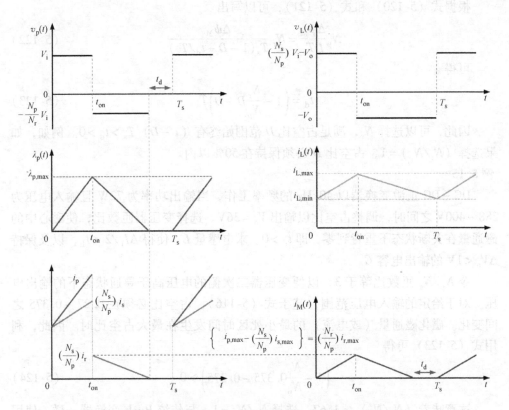

图 5-31   正激变压器一次侧的电压、电流和磁通波形

$$i_p(t_{on}^-) - \left(\frac{N_s}{N_p}\right)i_s(t_{on}^-) = \left(\frac{N_r}{N_p}\right)i_r(t_{on}^+) \tag{5-118}$$

这也可改写为

$$i_{p,max} - \left(\frac{N_s}{N_p}\right)i_{s,max} = \left(\frac{N_r}{N_p}\right)i_{r,max} \tag{5-119}$$

复位绕组的设计必须使 i_r 在给定的开关周期内迅速衰减为零。电流必须归零，以便在下一个周期将开关管导通。同时，电感电流必须连续流动，即 $i_L > 0$，以允许 D_2 在任何关断状态下正向偏置，D_1 在任何关断状态下反向偏置。

从图 5-30 可以看出，在导通状态下，可得

$$V_i = \frac{d\lambda_p}{dt} = N_p \frac{\Delta \psi_M}{DT_s} \tag{5-120}$$

式中，ψ_M 是磁心中的磁通量。在关断状态下，当 D_r 导通时，通过复位绕组的电压为 $-V_i$，而磁通量衰减到零，可得

$$-V_i = -\frac{d\lambda_r}{dt} = -N_r \frac{\Delta \psi_M}{T_s(1 - D - t_d/T_s)} \tag{5-121}$$

根据式 (5-120) 和式 (5-121)，可以写出

$$N_p \frac{\Delta\psi_M}{DT_s} = N_r \frac{\Delta\psi_M}{T_s(1 - D - t_d/T_s)} \tag{5-122}$$

可得

$$t_d = \left(1 - \frac{N_r}{N_p}D - D\right)T_s \tag{5-123}$$

因此，可以选择 N_r，满足占空比 D 范围始终有 $(1-D)\,T_s > t_d > 0$。例如，如果选择 $(N_r/N_p) = 1$，占空比 D 必须保持在 50% 以内。

例 5.15

DC – DC 正激变换器以 40kHz 的频率工作，当输出功率为 72W 且输入电压为 288~400V 之间时，调整占空比以输出 $V_o = 36$V。选择变压器匝数比，使磁心中的磁通量在关断状态下重置到零，即 $t_d > 0$。求电感量 L，使得 $\Delta I_L/2 < I_L$，以及保持 $\Delta V_o < 1$V 的输出电容 C。

令 N_p/N_s 匝数比等于 3，以便变压器二次侧的电压高于导通状态下的输出电压。对于给定的输入电压范围，基于式 (5-116)，占空比必须在 0.27~0.375 之间变化。磁化磁通量（或电流）的最小死区时间发生在最大占空比时。因此，利用式 (5-123) 可得

$$\left(1 - \frac{N_r}{N_p}0.375 - 0.375\right) > 0 \tag{5-124}$$

这意味着 $(N_r/N_p) < 1.67$，选择 $N_r/N_p = 1$。与传统 Buck 变换器一样，使用图 5-31，电感电流中的纹波计算如下：

$$\Delta I_L = \frac{DT_s}{L}\left(\frac{N_s}{N_p}V_i - V_o\right) \tag{5-125}$$

将式 (5-116) 中的 V_i 替换到式 (5-125) 得到

$$\Delta I_L = \frac{T_s}{L}(1 - D)V_o \tag{5-126}$$

电感中的平均电流，类似地由 $I_L = I_o = 72 \div 36 = 2$A 给出。为了满足 $\Delta I_L/2 < I_L$ 的要求，电感可得

$$L > \frac{T_s}{2}(1 - D_{min})\frac{V_o}{I_o} = \frac{25 \times 10^{-6}}{2} \times 0.73 \times \frac{36}{2} = 164.25\mu\text{H} \tag{5-127}$$

因此，可以选择 180μH，3A 的电感来满足设计要求。使用式 (5-11)，所需的输出电容可以计算为

$$C > \frac{1}{8L\Delta V_o}T_s^2(1 - D_{min})V_o = \frac{(25 \times 10^{-6})^2 \times 0.73 \times 36}{8 \times (180 \times 10^{-6}) \times 1} = 11.4\mu\text{F} \tag{5-128}$$

可以选择一个 12μF、40V 的标准电容，以满足 $\Delta V_o < 1$V 的要求。

5.8 双向半桥和全桥 DC – DC 变换器

与前面章节讨论的单向单开关 DC – DC 变换器不同，双向 DC – DC 变换器为电流提供双向流动的路径。图 5-32 所示为两个双向 DC – DC 变换器，通常用于可充电储能（电池）系统和直流电机驱动器。在这些变换器中，输入直流电压在开关频率 f_s 下被斩波，以形成一系列脉冲。如图 5-32b 所示，H 桥变换器同时产生正脉冲和负脉冲，而半桥变换器仅在输出端产生正脉冲。必须对产生的脉冲进行滤波，低通滤波器的截止频率必须远低于开关频率 f_s，以使输出电压几乎无纹波。

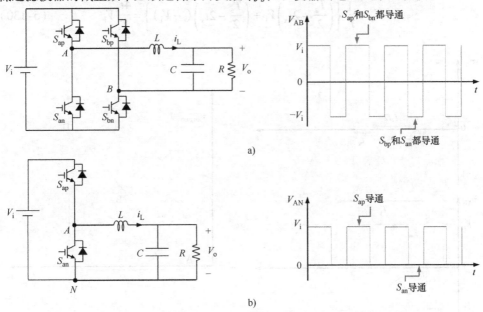

图 5-32 双向全桥 a）和半桥 b）DC – DC 变换器的电路原理图及其输出电压

有两种不同的技术，称为双极性和单极性脉宽调制（PWM），均可用于 H 桥变换器。在双极性 PWM 中，参考信号 v_r 与高频三角形（载波）波形 v_{tri} 进行比较。在这个比较中，如果 $v_r > v_{tri}$，则 S_{ap} 和 S_{bn} 导通，如果 $v_r < v_{tri}$，则 S_{an} 和 S_{bp} 都会同时导通。注意，在多开关变换器中，必须避免直流母线短路的开关状态。因此，必须避免同时导通每条臂上的两个开关。换句话说，当 S_{ap} 的栅极驱动为正时，开关处于导通状态，S_{an} 的栅极信号必须为零或负。表 5-7 给出了双极性 PWM 技术中 H 桥变换器的所有可能状态。

表 5-7 DC – DC H 桥变换器的双极性 PWM 开关状态和输出电压

v_r	S_{ap}	S_{an}	S_{bp}	S_{bn}	V_{AB}
$v_r \geqslant v_{tri}$	1	0	0	1	V_i
$v_r < v_{tri}$	0	1	1	0	$-V_i$

实际上，需要为导通和断开瞬态加入死区时间（也称为消隐时间），以防止任何短路。死区时间取决于开关的速度。对于快速开关器件，例如 SiC MOSFET 和 GaN 晶体管，死区时间可以小于 $1\mu s$，而对于 Si IGBT，死区时间应该在 $0.5 \sim 2\mu s$ 的范围内。

通过改变参考信号的电平，可以调整图 5-33 中标记为 t_x 的时间，从而控制输出电压。使用图 5-33a，可根据以下公式计算平均电压：

$$V_o = \frac{1}{T_s} \int_0^{t_0+T_s} v_{AB} dt = \frac{1}{T_s} \int_{t_0}^{t_0+T_s/2+2t_x} (V_i) dt + \frac{1}{T_s} \int_{t_0+T_s/2+2t_x}^{t_0+T_s} (-V_i) dt \qquad (5\text{-}129)$$

式中，V_i 是输入电压。如果对积分化简，输出电压计算为

$$V_o = \frac{1}{T_s}\left\{\left(\frac{T_s}{2}+2t_x\right)V_i + \left(\frac{T_s}{2}-2t_x\right)(-V_i)\right\} = \frac{4t_x}{T_s}V_i \qquad (5\text{-}130)$$

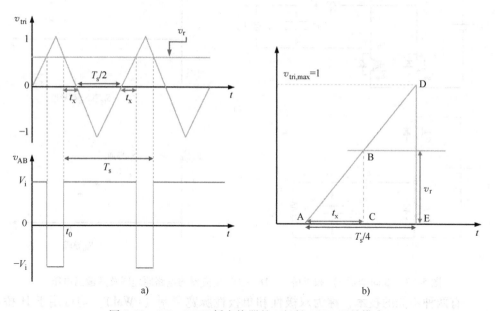

图 5-33　DC – DC H 桥变换器的双极性 PWM 开关模式

下一步是找到 t_x 和 v_r 之间的关系。三角形波形的四分之一放大如图 5-33b 所示。因为这些三角形中的两个角度相等，所以三角形 ABC 和三角形 ADE 是相似的。因此，在这两个三角形中面向相等角度的边的比率相等，结果可以获得 t_x 作为 v_r 的函数如下所示：

$$t_x = \frac{v_r}{v_{tri,max}} \frac{T_s}{4} = \frac{T_s}{4}v_r \qquad (5\text{-}131)$$

式中，$v_{tri,max}=1$ 和 $0<v_r<1$ 是参考信号。因此，通过双极性 PWM 模式控制的 H 桥变换器的平均输出电压如下所示：

$$\frac{V_o}{V_i} = v_r \tag{5-132}$$

对于 $-1 < v_r < 0$，如果重复式（5-129）~式（5-132）的过程，则可以得到同样的结果。因此，输出电压可以根据需要通过调节 v_r 在 $-1 < v_r < 0$ 来控制。

在单极性 PWM 中，每个桥臂独立控制。为了实现这种开关模式，每个桥臂都需要自己的参考信号，即 A 桥臂的 v_{ra} 和 B 桥臂的 v_{rb}，其幅值相等但符号相反，即 $v_{ra} = -v_{rb}$，如图 5-34 所示。根据表 5-8 可知，变换器输出端产生两个零状态。

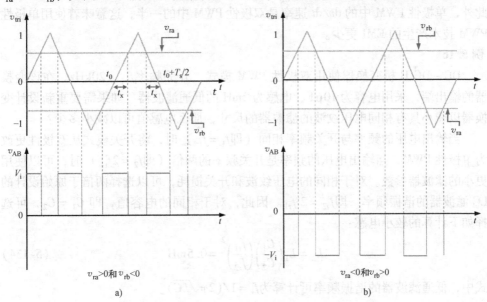

图 5-34   DC – DC H 桥变换器的单极性 PWM 开关模式

表 5-8   DC – DC H 桥变换器单极性 PWM 开关状态和输出电压

S_{ap}	S_{an}	S_{bp}	S_{bn}	V_{AB}
1	0	1	0	0
0	1	0	1	0
1	0	0	1	V_i
0	1	1	0	$-V_i$
$v_{rb} = -v_{ra}$				
v_{rx} $(x: a, b)$	S_{xp}		S_{xn}	
$v_{rx} \geqslant v_{tri}$	1		0	
$v_{rx} < v_{tri}$	0		1	

类似地，使用单极性 PWM 技术开关的 H 桥变换器中的平均输出电压计算如下：

$$V_o = \frac{1}{T_s} \int_0^{t_0 + \frac{T_s}{2}} v_{AB} dt = \frac{2}{T_s} \left\{ (2t_x) V_i + \left(\frac{T_s}{2} - 2t_x \right)(0) \right\} = \frac{4t_x}{T_s} V_i$$

$$= V_i v_{ra} \tag{5-133}$$

通过比较式（5-132）和式（5-133），可以观察到，这两种技术在输出端产生相同的平均电压。然而，在单极性 PWM 中，输出脉冲的频率是开关频率的两倍。这样输出滤波器比用于在相同开关频率下通过双极性 PWM 开关的变换器的更小。此外，单极性 PWM 中的 dv/dt 速率是双极性 PWM 中的一半，这意味着使用单极性 PWM 技术产生的 EMI 更少。

例 5.16

DC – DC H 桥变换器使用双极性 PWM 模式，开关频率 $f_{tri} = 20kHz$。在该变换器的输出端，采用电容为 $10\mu F$、电感为 $2mH$ 的低通滤波器。如果需要重新设计变换器以减小具有相同电压纹波的滤波器的尺寸，那么电感值可以减小多少？

当输出电压的频率与开关频率相同（即 $f_1 = f_{tri}$）时，将开关模式从双极性更改为单极性 PWM，当输出电压的频率是开关频率的两倍（即 $f_2 = 2f_{tri}$）时，可以使用更小的滤波器参数。对于相同的电压纹波和开关损耗，可以选择两倍于原始设计的 LC 滤波器的谐振频率，即 $f_{r2} = 2f_{r1}$。因此，对于相同的电容值，即 $C_1 = C_2$，可选择如下计算的较小电感：

$$L_2 = L_1 \left(\frac{C_1}{C_2} \right) \left(\frac{f_{r1}}{f_{r2}} \right)^2 = 0.5mH \tag{5-134}$$

式中，低通滤波器的谐振频率可计算为 $f_r = 1/(2\pi\sqrt{LC})$。

5.9　习　　题

5.1　对于工作在 CCM 的 DC – DC Buck 变换器，输入电压为 120V，输出功率为 $P_o = 100W$，调整占空比使得输出电压 $V_o = 48V$。Buck 变换器的输出电容为 $C = 1\mu F$。电感电流和输出电压的纹波率必须小于 5%。求满足给定工作条件所需的占空比、开关频率和电感值。

5.2　DC – DC Buck 变换器的电路参数为，$L = 20\mu H$ 和 $C = 720\mu F$。当输出功率 $P_o = 100W$，输入电压为 12V，开关频率为 10kHz 时，调整占空比使得输出电压为 $V_o = 5V$。检查电路是否工作在 CCM，并求出占空比，计算电感电流中的纹波。

5.3　对于 DC – DC Buck 变换器，MOSFET 导通时间 $t_{on} = 20\mu s$，调整占空比使得输出电压为 $V_o = 48V$，输出功率 $P_o = 120W$，同时输入电压变化为 $72V \leqslant V_i \leqslant 96V$。求在不同的输入电压下，电感纹波电流 ΔI_L 最大时的占空比，并计算开关频率 f_s。然后，求保持变换器工作在 CCM 的最小电感值和保持电压纹波 $\Delta V_o < 2.4V$ 的最小电容值。

5.4　DC – DC Buck 变换器的工作频率为 $f_s = 50kHz$，调整占空比使得输出电压为 $V_o = 36V$，当 $R_o = 20\Omega$ 时，同时输入电压变化为 $72V \leqslant V_i \leqslant 96V$。计算电感电流中的最小纹波 ΔI_L，以及在

不同输入电压下确保 DCM 工作的最大电感值。

5.5 对于 DC – DC Buck 变换器,当输入电压变化为 $100V \leqslant V_i \leqslant 120V$ 时,调整占空比使得输出电压为 $V_o = 72V$。Buck 变换器中的电感值为 $288\mu H$。假设所有元件都是理想的,如果所需的最小开关频率 $f_{s,\min} = 50kHz$,则计算维持变压器工作在 CCM 所需的最大负载电阻。此外,计算所需的最小电容值,以保持输出纹波 $\Delta V_o < 3.6V$,并计算电感电流纹波和输出功率 P_o。

5.6 DC – DC Buck 变换器在固定频率下工作,输入为 60V,输出为 $V_o = 24V$。如果电感电流的纹波 $\Delta I_L = 0.208A$,变换器电感为 $L = 230.4\mu H$,如果要将电流纹波率保持在 10% 以下,求所需的负载电阻和最小开关频率 $f_{s,\min}$。

5.7 DC – DC Buck 变换器的工作频率为 15kHz,当输出功率为 $P_o = 72W$,输入电压为 96V 时,调整占空比以使得输出电压为 $V_o = 48V$。如果电感值为 $100\mu H$,检查变换器是工作在 CCM 还是 DCM。然后,计算输出 – 输入电压比 V_o/V_i 和电感电流的纹波 ΔI_L,以及电感峰值电流。

5.8 DC – DC Buck 变换器的工作频率为 40kHz,调整占空比 $D = 0.289$,以在输出功率 $P_o = 75W$ 时调节输出电压为 $V_o = 48V$。电感值选择为 $120\mu H$。检查变换器是否工作在 DCM。计算电感电流的纹波 ΔI_L、电感峰值电流和零电流死区时间 t_d。

5.9 DC – DC Buck 变换器的工作频率为 40kHz,调整占空比 $D = 0.289$,以在输出功率 $P_o = 75W$ 时调节输出电压为 $V_o = 48V$。电感值为 $470\mu H$。检查变换器的工作模式,计算电感电流的纹波 ΔI_L、电感峰值电流,如果磁通密度必须保持在 1T 以下,磁心磁导率 $\mu = 0.0015$,比较两个电感的尺寸。环形电感的内径和外径分别为 2cm 和 3cm。

5.10 DC – DC Boost 变换器以 50kHz 的固定频率工作,当输出功率为 $P_o = 72W$,输入电压为 32 ~ 40V,调整占空比以使得输出电压为 $V_o = 48V$。计算

(a) 保持 Boost 变换器工作在 CCM 的最小电感量。

(b) 电感电流中的纹波 ΔI_L。

(c) 如果 $C = 50\mu F$,计算电压纹波 ΔV_o。

5.11 对于 DC – DC Boost 变换器,当输入电压变化为 $100V \leqslant V_i \leqslant 140V$ 时,调整占空比以使得输出电压为 $V_o = 240V$。Boost 变换器中的电感值为 $10.2mH$,且变换器在最大负载下工作,$R_{\max} = 96\Omega$。假设所有元件都是理想的,计算

(a) 直流电源消耗的功率。

(b) 确保 CCM 工作所需的最小频率 $f_{s,\min}$。

(c) 电感电流的平均值和峰值。

(d) 将输出电压纹波率保持在 4% 以下所需的最小电容值。

5.12 输出功率为 $P_o = 180W$,输入电压为 $V_i = 9V$,DC – DC Boost 变换器以 25kHz 的固定频率工作,调整占空比使得输出电压为 $V_o = 36V$。计算

(a) 确保工作在 DCM 的最大电感值。

(b) 如果功率降低到 30W,计算新的占空比 D。

(c) 满足输出电压纹波率小于 5% 的电容值。

5.13 输出功率为 $P_o = 150W$,输入电压为 $V_{in} = 90V$,DC – DC Boost 以 40kHz 的固定频率工作,调整占空比使得输出电压为 $V_o = 240V$。如果变换器工作在 DCM,且电感电流中的纹波为 1.5A,计算占空比 D、电感值 L。

5.14 工作在 CCM 的 DC – DC Boost 变换器,如果只考虑电感的等效串联电阻 r_L,并且假定

电感中的纹波是最小的，考虑功率平衡 $P_s = P_o + P_L$，并且二极管和电感的平均值之间的关系满足 $I_D = (1-D)I_L$，证明，$\dfrac{V_o}{V_i} = \left(\dfrac{1}{k}\right)\dfrac{1}{1-D}$，其中 $k = 1 + \dfrac{r_L}{R(1-D)^2}$，并绘出 V_o/V_i 曲线。

5.15 如图 P5-1 所示，交错式 DC - DC Boost 变换器的工作频率为 20kHz，当输出功率为 $P_o = 72\text{W}$，输入电压为 $V_i = 32\text{V}$ 时，调整占空比使得输出电压为 $V_o = 48\text{V}$。如果变换器工作在 CCM，且输入电流中的纹波为 72mA，计算

（a）占空比 D 和电感值 L_1 和 L_2。

（b）每个支路中的平均电感电流及纹波电流。

（c）当 $C = 12\mu\text{F}$ 时，输出电压中的纹波。

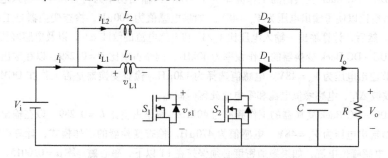

图 P5-1　交错式 DC - DC Boost 变换器的电路拓扑

5.16 图 P5-2 显示了考虑（虚线）和不考虑（实线）电感等效串联电阻（ESR）时，输出 - 输入电压比与占空比之间的关系。

（a）证明当考虑电感 ESR（r_L）时，输出 - 输入电压比为

$$\frac{V_o}{V_i} = \left(\frac{1}{1-D}\right)\left(\frac{1}{1 + r_L/[R(1-D)^2]}\right)$$

（b）当占空比 D 从 0 变为 1 时，如果 1）$r_L = 0.1\Omega$ 和 2）$r_L = 0.2\Omega$ 时，则绘制 V_o/V_i 与 D 的曲线。

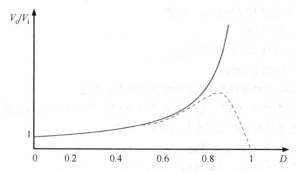

图 P5-2　有/无电感等效串联电阻时 DC - DC Boost 变换器输出 - 输入电压比与占空比的关系

5.17 DC - DC Buck - Boost 变换器的工作频率为 50kHz，当输出功率为 $P_o = 90\text{W}$ 时，并且输入电压在 36 ~ 100V 之间，调整占空比使得输出电压为 $V_o = 48\text{V}$。计算确保 CCM 工作的最小电感，以及保持电压纹波率低于 4% 的最小电容值。

5.18 对于 DC - DC Buck - Boost 变换器，当输出功率为 $P_o = 30\text{W}$ 时，调整占空比使得输出

电压 $V_o = 12\mathrm{V}$，输入电压变化为 $10\mathrm{V} \leqslant V_i \leqslant 15\mathrm{V}$。电感电流纹波和输出电压纹波必须分别保持在 0.2A 和 0.24V 以内。检查 Buck－Boost 变换器是否工作在 CCM，并计算 $f_s = 10\mathrm{kHz}$ 时的电感和输出电容值。

5.19 DC－DC Buck－Boost 变换器的工作频率为 40kHz，当输出功率为 $P_o = 1000\mathrm{W}$，输入电压为（240 ± 15）V 时，调整占空比使得输出电压 $V_o = 240\mathrm{V}$。变换器中的电感和电容值分别为 $L = 172\mu\mathrm{H}$ 和 $C = 4.7\mu\mathrm{F}$。首先，检查变换器在给定输入范围内工作在 CCM 还是 DCM。如果变换器工作在 DCM，求死区时间 t_d。

5.20 DC－DC Buck－Boost 变换器的工作频率为 50kHz，当输出功率为 $P_o = 800\mathrm{W}$，输入电压为（220 ± 10）V 时，调整占空比使得输出电压 $V_o = 220\mathrm{V}$。变换器中的电感和电容值分别为 $L = 150\mu\mathrm{H}$ 和 $C = 2.7\mu\mathrm{F}$。计算电感电流纹波 ΔI_L 和输出电压中的纹波 ΔV_o。然后，计算所需的电容值，使电压纹波率小于 2%。

5.21 设计一个 DC－DC SEPIC 变换器，当输出功率为 $P_o = 1000\mathrm{W}$，开关频率为 40kHz，输入电压为 $V_i = 90\mathrm{V}$ 时，调节占空比使得输出电压 $V_o = 240\mathrm{V}$。电感电流 ΔI_{L1} 和 ΔI_{L2} 以及电容电压 ΔV_{C1} 和 ΔV_{C2} 的纹波率必须小于 5%。求得每个电感和电容的值。

5.22 设计一个 DC－DC SEPIC 变换器，当输入电压为 $V_i = 30\mathrm{V}$ 且输出功率 P_o 从 $50 \sim 70\mathrm{W}$ 变化时，通过控制占空比 D 调节输出电压为 $V_o = 12\mathrm{V}$。随着负载的变化，电感电流中的纹波百分比 ΔI_{L1} 和 ΔI_{L2} 必须保持在 10% 以内，电容电压上的纹波 ΔV_{C1} 和 ΔV_{C2} 必须小于 0.2V。如果选择开关频率 $f_s = 20\mathrm{kHz}$，求每个电感和电容的值。

5.23 图 P5-3 显示了一种 Buck－Boost DC－DC 变换器，也称为 CUK 变换器，它利用电压源 V_i 向电阻负载 R 供电。MOSFET Q_1 在 DT_s 期间保持导通，其中 T_s 为开关周期，D 为占空比。变换器工作在 CCM，假设变换器所有元件都是理想无损耗的。

（a）推导并绘制该电路的直流等效电路模型。

（b）根据占空比 D 确定该变换器的电压变换比（V_i/V_o）的解析表达式。

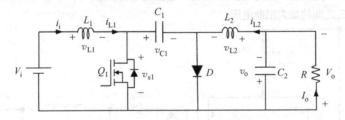

图 P5-3　DC－DC CUK 变换器

5.24 对于图 P5-3 中所示的 DC－DC 变换器工作在 CCM，$L_1 = 2.6\mathrm{mH}$，$L_2 = 1.2\mathrm{mH}$，$C_1 = C_2 = 28\mathrm{mF}$，$f = 25\mathrm{kHz}$，负载电阻为 12Ω，输入电压为 12V。变换器工作在 CCM，通过控制占空比 D 调节输出电压。该变换器的占空比为 0.6。计算

（a）输出电压 V_o。

（b）通过 L_1 和 L_2 的平均电流、最大电流和最小电流。

（c）输出电压纹波 ΔV_o。

5.25 反激变换器的工作频率为 20kHz，当输出功率为 $P_o = 150\mathrm{W}$ 且输入电压为 $V_i = 48\mathrm{V}$ 时，调整占空比 D 使得输出电压为 $V_o = 240\mathrm{V}$。如果选择匝数比为 $N_p/N_s = 3$，计算

（a）二次侧绕组产生的平均电流。

（b）二次侧绕组电感值，以保持电流纹波率低于20%。

（c）将输出电压纹波率保持在10%以下的输出电容值。

5.26 反激变换器的工作频率为50kHz，当输出功率为$P_o = 100W$且输入电压为$V_i = 48V$时，调整占空比D使得输出电压为$V_o = 240V$。二次侧绕组的电感为19.2mH，输出端连接一个100nF电容。必须选择合适的匝数比，以便能够在二次侧感应输出电压值V_o。计算

（a）匝数比和负载电阻值。

（b）磁心的横截面积及其气隙长度（当$\Delta B = 0.25B_{avg}$且磁心材料在1T以内呈线性）。

（c）二次侧绕组电流和输出电压的纹波百分比。

5.27 反激变换器的工作频率为20kHz，当输出功率为$P_o = 50W$，输入电压为$V_i = 72V$时，调整占空比D使得输出电压为$V_o = 24V$。如果匝数比为$N_p/N_s = 1$且磁化电感为$L_m = 140\mu H$，检查变换器是否工作在CCM。如果$L_s = 147\mu H$，计算二次侧绕组电流中的纹波。同时计算输出电容大小，使输出电压纹波率保持在5%以下。

5.28 反激变换器的工作频率为10kHz，当输出功率为$P_o = 30W$，输入电压变化为$90V \leqslant V_i \leqslant 110V$时，调整占空比$D$使得输出电压为$V_o = 12V$。如果匝数比为$N_p/N_s = 1$，则计算使变换器保持工作在DCM的磁化电感，并计算给定输入电压范围的占空比。

5.29 DC-DC正激变换器的工作频率为50kHz，当输出功率为$P_o = 200W$，输入电压为$V_i = 240V$时，调整占空比使得输出电压为$V_o = 48V$。如果$N_p/N_s = 2$，求匝数比N_r/N_p，使磁心在关断状态和死区时间复位为零。当$\Delta I_L = 0.416A$时，计算电感量L。

5.30 对于图P5-4所示的双开关管正激变换器，一次侧绕组和二次侧绕组的匝数分别为120和25。两个开关管的占空比均为35%。如果输入电压为180V，假设变换器所有元件都是理想的，计算

（a）输出电压V_o。

（b）开关管、变压器一次侧绕组和二极管D_{o1}上的电压波形。

（c）S_p和S_n之间的最大阻断电压。

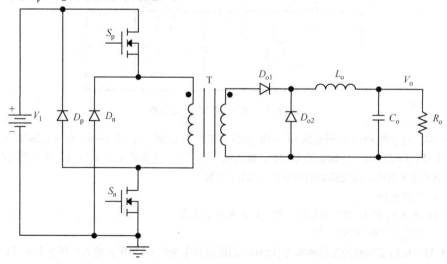

图P5-4 隔离双开关管DC-DC正激变换器拓扑

5.31 DC – DC 正激变换器的工作频率为 100kHz，当输出功率为 $P_o = 10W$，输入电压为 $V_i = 12V$ 时，调整占空比 D 使得输出电压为 $V_o = 5V$。如果匝数比 $N_r/N_p = 1$，求匝数比 N_p/N_s，并计算变换器工作在 DCM 中电感量 L 的取值范围，以及使纹波电压保持在 0.25V 以内的输出电容值。

5.32 在 DC – DC H 桥变换器中，当开关频率为 10kHz 时，输出 LC 滤波器的电容为 $1.8\mu F$，电感为 3mH，采用双极性 PWM 模式。如果采用单极性 PWM 模式，计算电感电流中相同纹波所需的新电容值。

5.33 DC – DC H 桥变换器的工作频率为 40kHz，采用双极性 PWM 模式。调整占空比 D 使得输出电压 $V_o = -12V$，输出功率为 $P_o = 36W$，输入电压为 $V_i = 24V$。计算

（a）保持电感电流纹波率低于 4% 的电感值。

（b）确定输出电容值，使输出电压纹波率保持在 1% 以下。

（c）确定参考电压 v_r 幅值和 LC 滤波器的截止频率 f_c。

第 **6** 章

DC–DC变换器的动力学

本章讨论 Buck、Boost 和 Buck – Boost 变换器的动力学行为。建立变换器的状态空间模型和推导其传递函数是设计变换器控制器的关键步骤。平均技术通常用于简化这些模型，与变换器的开关频率相比，仍然能获得系统的低频动态响应。在本章中，变换器被建模为时不变系统，以研究其动力学特性。然后对已建立的模型线性化，推导出用于设计基本控制方案的传递函数。请注意，本章介绍的方法可用于建立其他 DC – DC 变换器的动态模型。

6.1 Buck 变换器的动力学

建立电路状态空间模型的第一步是确定状态变量。状态变量是电路中的变量，通过一组微分方程描述电路的动态，如第 2 章所述。在图 6-1 所示的 DC – DC Buck 变换器中，通过电感的电流 i_L 和电容两端的电压 v_c 是状态变量，可以为储能元件写入 $L di_L/dt = v_L$ 和 $C dv_c/dt = i_c$（见图 6-1）。注意在 Buck 变换器中有 $v_c = v_o$，因此，可将输出电压视为状态变量。第二步是写出 di_L/dt 和 dv_c/dt 方程，描述电路模型的通断状态。这些方程可以使用状态空间表示中的 KVL 和 KCL 来写出。对于动态分析，忽略二极管两端的正向导通压降，可以写出以下导通时的微分方程：

$$\frac{d}{dt}\begin{bmatrix} i_L \\ v_c \end{bmatrix} = \begin{bmatrix} 0 & -\dfrac{1}{L} \\ \dfrac{1}{C} & -\dfrac{1}{RC} \end{bmatrix}\begin{bmatrix} i_L \\ v_c \end{bmatrix} + \begin{bmatrix} \dfrac{1}{L} \\ 0 \end{bmatrix}v_i \tag{6-1}$$

图 6-1   DC – DC Buck 变换器的电路示意图

174

对于关断状态，可得

$$\frac{\mathrm{d}}{\mathrm{d}t}\begin{bmatrix} i_{\mathrm{L}} \\ v_{\mathrm{c}} \end{bmatrix} = \begin{bmatrix} 0 & -\dfrac{1}{L} \\ \dfrac{1}{C} & -\dfrac{1}{RC} \end{bmatrix}\begin{bmatrix} i_{\mathrm{L}} \\ v_{\mathrm{c}} \end{bmatrix} + \begin{bmatrix} 0 \\ 0 \end{bmatrix} v_{\mathrm{i}} \tag{6-2}$$

组合两组方程可得

$$\frac{\mathrm{d}}{\mathrm{d}t}\begin{bmatrix} i_{\mathrm{L}} \\ v_{\mathrm{c}} \end{bmatrix} = \begin{bmatrix} 0 & -\dfrac{1}{L} \\ \dfrac{1}{C} & -\dfrac{1}{RC} \end{bmatrix}\begin{bmatrix} i_{\mathrm{L}} \\ v_{\mathrm{c}} \end{bmatrix} + \begin{bmatrix} \dfrac{z(t)}{L} \\ 0 \end{bmatrix} v_{\mathrm{i}} \tag{6-3}$$

可以定义一个二进制函数 $z(t)$，当 $z(t) = 1$ 时，开关为导通状态，当 $z(t) = 0$ 时，开关为关断状态。请注意系统的状态空间表示，例如：当 A 或 B 至少一个是时间的函数时，$\dot{X} = AX + BU$ 是时变的。如果计算式（6-3）一个开关周期 T_{s} 的平均值，即

$$\frac{\mathrm{d}}{\mathrm{d}t}\begin{bmatrix} \widetilde{i}_{\mathrm{L}} \\ \widetilde{v}_{\mathrm{c}} \end{bmatrix} = \begin{bmatrix} 0 & -\dfrac{1}{L} \\ \dfrac{1}{C} & -\dfrac{1}{RC} \end{bmatrix}\begin{bmatrix} \widetilde{i}_{\mathrm{L}} \\ \widetilde{v}_{\mathrm{c}} \end{bmatrix} + \begin{bmatrix} \dfrac{d}{L} \\ 0 \end{bmatrix} \widetilde{v}_{\mathrm{i}} \tag{6-4}$$

式中，$\widetilde{x}$ 是 x 的平均值。一个开关周期内 $z(t)$ 的平均值为 $t_{\mathrm{on}}/T_{\mathrm{s}} = D$。通常，控制器改变开关管的占空比，以在输入电压变化或负载时调节输出电压。控制器将变换器的占空比视为时变参数、输入或状态变量。为了区分常数和时变占空比，在动态模型中使用 d 而不是 D。此外，假设 v_{i} 在每个开关周期中没有显著变化，即 $\widetilde{v}_{\mathrm{i}} = v_{\mathrm{i}}$ 得到式（6-4）。或者，应用以下引理推导周期性开关电路的平均动态模型。

引理电路导通状态的方程为 $\dot{X} = A_1 X + B_1 U$，关断状态的方程为 $\dot{X} = A_2 X + B_2 U$。由于电路导通时间和关断时间分别为 $t_1 = t_{\mathrm{on}}$ 和 $t_2 = T_{\mathrm{s}} - t_{\mathrm{on}}$，状态空间平均模型可近似为

$$\frac{\mathrm{d}}{\mathrm{d}t}\widetilde{X} = \left(\frac{A_1 t_1 + A_2 t_2}{T_{\mathrm{s}}}\right)\widetilde{X} + \left(\frac{B_1 t_1 + B_2 t_2}{T_{\mathrm{s}}}\right)\widetilde{U} \tag{6-5}$$

应用式（6-5）这个引理，再次利用式（6-1）和式（6-2）可推导出式（6-4）中的相同动力学方程，如下所示：

$$\frac{\mathrm{d}}{\mathrm{d}t}\begin{bmatrix} \widetilde{i}_{\mathrm{L}} \\ \widetilde{v}_{\mathrm{c}} \end{bmatrix} = \frac{1}{T_{\mathrm{s}}}\left(\begin{bmatrix} 0 & -\dfrac{t_1}{L} \\ \dfrac{t_1}{C} & -\dfrac{t_1}{RC} \end{bmatrix} + \begin{bmatrix} 0 & -\dfrac{t_2}{L} \\ \dfrac{t_2}{C} & -\dfrac{t_2}{RC} \end{bmatrix}\right)\begin{bmatrix} \widetilde{i}_{\mathrm{L}} \\ \widetilde{v}_{\mathrm{c}} \end{bmatrix}$$

$$+ \frac{1}{T_{\mathrm{s}}}\left(\begin{bmatrix} \dfrac{t_1}{L} \\ 0 \end{bmatrix} + \begin{bmatrix} 0 \\ 0 \end{bmatrix}\right)\widetilde{v}_{\mathrm{i}} \tag{6-6}$$

电路处于导通状态的时间为 $t_1 = t_{on}$，处于关断状态的时间为 $t_2 = T_s - t_{on}$。状态空间平均模型简化为

$$\frac{d}{dt}\begin{bmatrix} \widetilde{i}_L \\ \widetilde{v}_c \end{bmatrix} = \begin{bmatrix} 0 & -\dfrac{1}{L} \\ \dfrac{1}{C} & -\dfrac{1}{RC} \end{bmatrix}\begin{bmatrix} \widetilde{i}_L \\ \widetilde{v}_c \end{bmatrix} + \begin{bmatrix} \dfrac{d}{L} \\ 0 \end{bmatrix}\widetilde{v}_i \tag{6-7}$$

对于式（6-4）中给出的任何动态模型，平衡点定义为系统处于静止状态。从数学上讲，所有导数项都为零，即 $\dot{X}_e = 0$。因此，从式（6-4）可得

$$\begin{bmatrix} 0 & -\dfrac{1}{L} \\ \dfrac{1}{C} & -\dfrac{1}{RC} \end{bmatrix}\begin{bmatrix} \widetilde{i}_L \\ \widetilde{v}_c \end{bmatrix} + \begin{bmatrix} \dfrac{d}{L} \\ 0 \end{bmatrix}\widetilde{v}_i = \begin{bmatrix} 0 \\ 0 \end{bmatrix} \tag{6-8}$$

矩阵方程的第一行重写为

$$-\frac{1}{L}\widetilde{v}_c + \frac{d}{L}\widetilde{v}_i = 0 \tag{6-9}$$

可得 $\widetilde{v}_c = d(\widetilde{v}_i)$。该方程已在第 5 章中通过使用 DC – DC Buck 变换器的电感伏秒平衡得到，即 $V_c = V_o = DV_i$。

如果 d 成为变量或输入，则变换器模型为一个非线性系统。要使用线性控制理论，必须围绕一个工作点对模型进行线性化。通常，对于 $\mathscr{Y} = g(x_1, x_2, \cdots, x_n)$ 形式的任何非线性方程，围绕工作点的线性化方程可以写成

$$\delta\mathscr{Y} = \frac{\partial g}{\partial x_1}\bigg|_0 \delta x_1 + \frac{\partial g}{\partial x_2}\bigg|_0 \delta x_2 + \cdots + \frac{\partial g}{\partial x_n}\bigg|_0 \delta x_n \tag{6-10}$$

应用此规则，式（6-4）中的状态空间方程可在工作点 $X_0 = (I_L, V_c, V_i, D)$ 附近线性化，如下所示：

$$\frac{d}{dt}\begin{bmatrix} \widetilde{\delta i}_L \\ \widetilde{\delta v}_c \end{bmatrix} = \begin{bmatrix} 0 & -\dfrac{1}{L} \\ \dfrac{1}{C} & -\dfrac{1}{RC} \end{bmatrix}\begin{bmatrix} \widetilde{\delta i}_L \\ \widetilde{\delta v}_c \end{bmatrix} + \begin{bmatrix} \dfrac{D}{L} & \dfrac{V_i}{L} \\ 0 & 0 \end{bmatrix}\begin{bmatrix} \widetilde{\delta v}_i \\ \delta d \end{bmatrix} \tag{6-11}$$

式中，在工作点处 $d = D$。d 和 D 之间的关系可以表示为 $d = D + \delta d$。利用式（6-11），可以推导出描述输出电压相对于占空比动态传递函数。将式（6-11）中的线性化模型转换到拉普拉斯频域，可得

$$\begin{cases} si_L(s) = -\dfrac{1}{L}v_o(s) + \dfrac{D}{L}v_i(s) + \dfrac{V_i}{L}d(s) \\ sv_o(s) = \dfrac{1}{C}i_L(s) - \dfrac{1}{RC}v_o(s) \end{cases} \tag{6-12}$$

式中，$\mathcal{L}\{\widetilde{\delta i}_L\} = i_L(s)$，$\mathcal{L}\{\widetilde{\delta v}_i\} = v_i(s)$，$\mathcal{L}\{\widetilde{\delta v}_c\} = \mathcal{L}\{\widetilde{\delta v}_o\} = v_o(s)$，$\mathcal{L}\{\delta d\} = d(s)$。将式（6-12）中第一个方程式中的 $i_L(s)$ 替换为第二个方程式得到

$$sv_o(s) = \frac{1}{sLC}(-v_o(s) + Dv_i(s) + V_id(s)) - \frac{1}{RC}v_o(s) \quad (6\text{-}13)$$

因此，Buck 变换器的开环传递函数，或输出电压相对于占空比 $d(s)$ 和输入电压 $v_i(s)$ 的关系可如下所示：

$$v_o(s) = \left(\frac{V_i}{LC}\right)\frac{d(s)}{s^2 + \frac{1}{RC}s + \frac{1}{LC}} + \left(\frac{D}{LC}\right)\frac{v_i(s)}{s^2 + \frac{1}{RC}s + \frac{1}{LC}} \quad (6\text{-}14)$$

如果占空比是控制信号，则输入直流电压 v_i 的任何变化都可以建模为对系统的干扰（见图 6-2）。使用终值定理，可以检查传递函数的终值是否与第 5 章中给出的稳态工作方程相吻合。情况 1），假设 $v_i(s) = 0$ 和 $d(s) = D/s$，以及情况

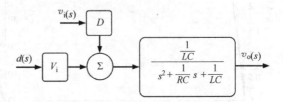

图 6-2　DC - DC Buck 变换器的开环框图

2），假设 $v_i(s) = V_i/s$ 和 $d(s) = 0$。对于这两种情况推导出

$$V_o = v_o(\infty) = \lim_{s \to \infty} sv_o(s) = DV_i \quad (6\text{-}15)$$

请注意，两个传递函数的最终值都与第 5 章中给出的输入和输出电压之间的关系一致。

例 6.1

在 Buck 变换器中，输入电压为 100V，$L = 2.5\text{mH}$、$C = 5\mu\text{F}$、$f = 20\text{kHz}$ 且负载电阻为 20Ω 时，通过设置占空比 $D = 0.5$ 使得输出电压为 50V。首先，使用电路仿真器构建一个变换器，然后利用变换器的传递函数，并比较从传递函数和电路仿真获得的电感电流和输出电压波形。

使用表 5-1，保证工作在 CCM 的最小电感为 $L_{\min} = 20 \times (1 - 0.5) \div (2 \times 20 \times 10^3) = 0.25\text{mH}$，$L = 2.5\text{mH} > L_{\min}$，确认 Buck 变换器工作在 CCM，则式（6-12）中给出的平均模型适用于该变换器的动态分析。图 6-3 显示了 Buck 变换器的电路和平均模型。在本例中 $\widetilde{\delta v_i}$ 为零，因此，在图 6-2 所示的模型中 $v_i(s) = 0$。如果在 MATLAB 或其他仿真软件中运行电路仿真和传递函数模型（见图 6-3），则可以绘

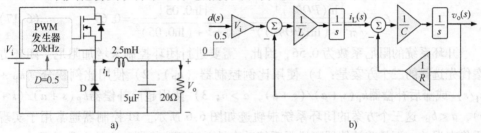

图 6-3　示例 6.1 中 DC - DC Buck 电路 a) 和平均模型 b)

制电感电流和输出电压波形，如图 6-4 所示。该图表明，Buck 变换器的动态行为可以用其平均模型很好地表示。此外，可以从传递函数中获得超调的百分比 $100 \times (56 - 50) \div 50 = 12\%$，与电路仿真相吻合。

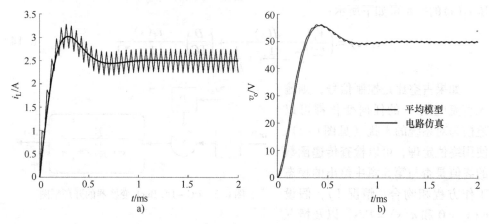

图 6-4　通过平均模型和电路仿真获得的 DC – DC Buck 的电感电流 a）和输出电压波形 b）

例 6.2

在 Buck 变换器中，如果输入电压范围为（100 ± 10）V、$L = 2.5 \text{mH}$、$C = 5\mu\text{F}$、$f = 20\text{kHz}$ 且负载电阻为 20Ω 时，通过控制占空比 D，使 $v_o \cong V_o = 50\text{V}$ 并保持恒定。设计闭环控制方案，当稳态误差为零时，超调量保持在 5% 以下。将电路参数代入式（6-14），可以写出

$$G(s) = \frac{v_o(s)}{d(s)} = \frac{100 \times 8944^2}{s^2 + 10000s + 8944^2} \tag{6-16}$$

假设输入电压为常数，即 $\mathcal{L}\{\widetilde{\delta v_i}\} = v_i(s) = 0$。根据特征方程 $\Delta(s) = s^2 + 10000s + 8944^2 = 0$，得出开环极点为 $s = -5000 \pm j7416$。因此，开环阻尼系数可计算为 $10000 \div (2 \times 8944) = 0.56$。通过采用闭环控制，可以将极点转移到新的位置，以满足所需的超调量。图 6-5 显示了反馈路径，以及添加到图 6-2 所示开环系统的控制器传递函数。如果所需的特性方程写为 $\Delta_d(s) = s^2 + 2\xi\omega_n s + \omega_n^2 = 0$，则阻尼系数 ξ 可从最大超调的百分比 PO 中获得，如下所示：

$$\xi = \frac{|\ln(PO\%)|}{\sqrt{\pi^2 + (\ln(PO\%))^2}} = \frac{|\ln 0.05|}{\sqrt{\pi^2 + (\ln 0.05)^2}} = 0.69 \tag{6-17}$$

开环系统的阻尼系数为 0.56，因此，需要进行闭环控制来增加阻尼。闭环方案优先选择的三个方案是：1）使用比例控制器（k_P）；2）使用比例积分（$k_P + k_I/s$）或滞后补偿器 $k_P(s+a)/(s+b)$，$a > b$；3）使用超前补偿器 $k_P(s+a)/(s+b)$，$a < b$。这三个方案的闭环系统根轨迹如图 6-6 所示。PI 控制器通常用于实现零稳态误差，而超前补偿器可增强系统动态性并缩短变换器响应的上升时间。

在这个例子中，采用比例积分微分（PID）控制器。从式（6-17）中，选择

$\xi = 0.7$，对于 0.4ms 的稳定时间，$\xi\omega_n = 10000$，因此，$\omega_n = 14286\mathrm{rad/s}$。

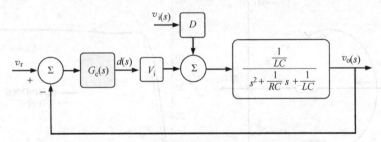

图 6-5 传统 DC – DC Buck 变换器的闭环控制框图

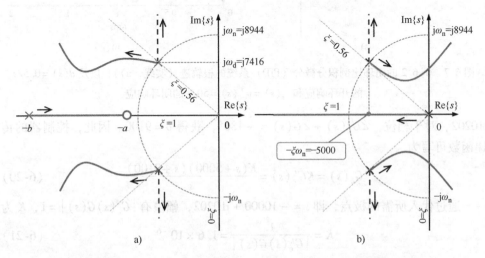

图 6-6 示例 6.2 中 DC – DC Buck 变换器的闭环系统、比例（P）控制器（虚线）与超前
补偿器（实线，a））和比例积分（PI）控制器（实线，b））的根轨迹对比

因此，所需特征方程为 $\Delta_d(s) = s^2 + 20000s + 14286^2 = 0$，所需解（系统极点）
为 $s = -10000 \pm \mathrm{j}10202$。当传递函数由下式给出时，PID 对系统根轨迹的影响如
图 6-7 所示。

$$G_c(s) = k_P + \frac{k_I}{s} + k_D s = \frac{k(s+a)(s+b)}{s} \qquad (6\text{-}18)$$

式中，PID 控制器的参数为 $k_D = K$，$k_I = (ab)K$、$k_p = (a+b)K$。有两种方法可计算
所需特征方程 $\Delta_d(s)$ 的 K、a 和 b 系数。一种方法是使闭环特征方程与期望值相等，
而另一种方法是将期望值极点代入闭环特征方程，$1 + G_c(s)G(s) = 0$，可写成

$$G_c(s)G(s) = -1 = e^{-\mathrm{j}180°} \Rightarrow \begin{cases} |G_c(s)G(s)| = 1 \\ \measuredangle G_c(s) + \measuredangle G(s) = -180° \end{cases} \qquad (6\text{-}19)$$

在这两种方法中，有三个未知数，可以写出两个方程。因此，在设计中有一定
的自由度。选择一个零点，例如 $a = 5000$，并替换所需的极点，即 $s = -10000 +$

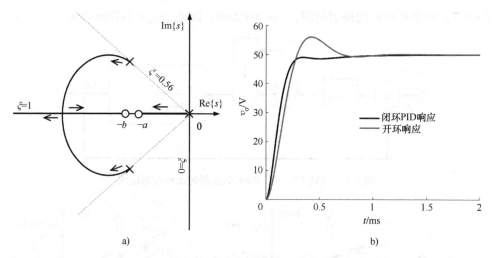

a)   b)

图 6-7 例 6.2 的闭环比例积分微分（PID）系统的根轨迹（实线，a）），以及 $d(s) = 0.5/s$
的开环响应和 $v_r(s) = v_o^*(s) = 50/s$ 的闭环响应

j10202，对于相位，$\angle G_c(s) + \angle G(s) = -180°$，获得 $b = 9100$。因此，控制器的传递函数可写为

$$G_c(s) = KG_c'(s) = \frac{K(s+5000)(s+9100)}{s} \tag{6-20}$$

通过代入所需的极点，即 $s = -10000 + j10202$，幅值有 $|G_c(s)G(s)| = 1$，K 为

$$K = \frac{1}{|G_c'(s)G(s)|} = 1.6 \times 10^{-6} \tag{6-21}$$

因此，$k_D = K = 1.6 \times 10^{-6}$，$k_I = (ab)K = 73.2$，$k_P = (a+b)K = 0.0227$。

6.2 Boost 变换器的动力学

Boost 变换器的状态空间平均模型的推导过程与 Buck 变换器的方法类似。对于相同的状态变量 i_L 和 v_c，Boost 变换器的导通和关断状态可以用两组不同的微分方程来描述（见图 6-8）。Boost 变换器在导通状态和 CCM 中的微分方程或状态空间模型推导如下：

$$\frac{d}{dt}\begin{bmatrix} i_L \\ v_c \end{bmatrix} = \begin{bmatrix} 0 & 0 \\ 0 & -\frac{1}{RC} \end{bmatrix}\begin{bmatrix} i_L \\ v_c \end{bmatrix} + \begin{bmatrix} \frac{1}{L} \\ 0 \end{bmatrix}v_i$$

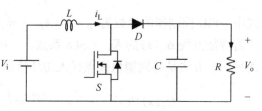

图 6-8 单向 DC – DC Boost
变换器的电路示意图

$$\tag{6-22}$$

对于关断状态，有

$$\frac{\mathrm{d}}{\mathrm{d}t}\begin{bmatrix} i_{\mathrm{L}} \\ v_{\mathrm{c}} \end{bmatrix} = \begin{bmatrix} 0 & -\dfrac{1}{L} \\ \dfrac{1}{C} & -\dfrac{1}{RC} \end{bmatrix}\begin{bmatrix} i_{\mathrm{L}} \\ v_{\mathrm{c}} \end{bmatrix} + \begin{bmatrix} \dfrac{1}{L} \\ 0 \end{bmatrix}v_{\mathrm{i}} \tag{6-23}$$

利用式（6-5）在一个开关周期 T_{s} 内对这些模型进行平均可得

$$\frac{\mathrm{d}}{\mathrm{d}t}\begin{bmatrix} \widetilde{i}_{\mathrm{L}} \\ \widetilde{v}_{\mathrm{c}} \end{bmatrix} = \frac{1}{T_{\mathrm{s}}}\left(\begin{bmatrix} 0 & 0 \\ 0 & -\dfrac{t_1}{RC} \end{bmatrix} + \begin{bmatrix} 0 & -\dfrac{t_2}{L} \\ \dfrac{t_2}{C} & -\dfrac{t_2}{RC} \end{bmatrix}\right)\begin{bmatrix} \widetilde{i}_{\mathrm{L}} \\ \widetilde{v}_{\mathrm{c}} \end{bmatrix}$$

$$+ \frac{1}{T_{\mathrm{s}}}\left(\begin{bmatrix} \dfrac{t_1}{L} \\ 0 \end{bmatrix} + \begin{bmatrix} \dfrac{t_2}{L} \\ 0 \end{bmatrix}\right)\widetilde{v}_{\mathrm{i}} \tag{6-24}$$

电路处于导通状态的时段为 $t_1 = t_{\mathrm{on}}$，处于关断状态的时段为 $t_2 = T_{\mathrm{s}} - t_{\mathrm{on}}$，状态空间平均模型简化为

$$\frac{\mathrm{d}}{\mathrm{d}t}\begin{bmatrix} \widetilde{i}_{\mathrm{L}} \\ \widetilde{v}_{\mathrm{c}} \end{bmatrix} = \begin{bmatrix} 0 & -\dfrac{1-d}{L} \\ \dfrac{1-d}{C} & -\dfrac{1}{RC} \end{bmatrix}\begin{bmatrix} \widetilde{i}_{\mathrm{L}} \\ \widetilde{v}_{\mathrm{c}} \end{bmatrix} + \begin{bmatrix} \dfrac{1}{L} \\ 0 \end{bmatrix}\widetilde{v}_{\mathrm{i}} \tag{6-25}$$

式中，使用 d 代替 D，以强调 d 不是一个常数，因此式（6-25）表示一组非线性微分方程。同时，平均值仍然是时变量，即 $\widetilde{i}_{\mathrm{L}}(t) = \langle i_{\mathrm{L}}(t)\rangle$，$\widetilde{v}_{\mathrm{c}}(t) = \langle v_{\mathrm{c}}(t)\rangle$，$\widetilde{v}_{\mathrm{i}}(t) = \langle v_{\mathrm{i}}(t)\rangle$。

例 6.3

工作在 CCM 的 Boost 变换器中，输入电压为 50V，$L = 2\mathrm{mH}$，$C = 40\mu\mathrm{F}$，$f = 10\mathrm{kHz}$，$L = 2\mathrm{mH}$，负载电阻为 15Ω。对于 $d = 0.375$，仿真式（6-25）中的平均状态空间模型，并比较从其电路仿真中获得的结果。

系统的状态空间模型为

$$\frac{\mathrm{d}}{\mathrm{d}t}\begin{bmatrix} \widetilde{i}_{\mathrm{L}} \\ \widetilde{v}_{\mathrm{c}} \end{bmatrix} = \begin{bmatrix} 0 & -312.5 \\ 15625 & -1667 \end{bmatrix}\begin{bmatrix} \widetilde{i}_{\mathrm{L}} \\ \widetilde{v}_{\mathrm{c}} \end{bmatrix} + \begin{bmatrix} 500 \\ 0 \end{bmatrix}\widetilde{v}_{\mathrm{i}} \tag{6-26}$$

式中，假设 $\widetilde{v}_{\mathrm{i}}$ 为阶跃函数 $50u(t)$。可以仿真这个模型和电路。从电路仿真和平均模型中获得的电感和输出电压波形如图 6-9 所示。同样可以看到，该模型很好地代表了 Boost 变换器的动态行为。

式（6-25）中的状态空间平均模型可以线性化，以获得 Boost 变换器的小信号模型。线性化模型为 DC – DC 变换器线性控制理论中的设计准则提供了必要的基础。定义 $g(X)$ 为

$$g(X) = \begin{bmatrix} 0 & -\dfrac{1-d}{L} \\ \dfrac{1-d}{C} & -\dfrac{1}{RC} \end{bmatrix} \begin{bmatrix} \widetilde{i}_L \\ \widetilde{v}_c \end{bmatrix} + \begin{bmatrix} \dfrac{1}{L} \\ 0 \end{bmatrix} \widetilde{v}_i \qquad (6\text{-}27)$$

式中，$X = [\widetilde{i}_L, \ \widetilde{v}_c, \ \widetilde{v}_i, \ d]$，该多变量函数可使用

$$\delta g = \dfrac{\partial g}{\partial \widetilde{i}_L}\bigg|_0 \delta i_L + \dfrac{\partial g}{\partial \widetilde{v}_c}\bigg|_0 \delta v_c + \dfrac{\partial g}{\partial \widetilde{v}_i}\bigg|_0 \delta v_i + \dfrac{\partial g}{\partial d}\bigg|_0 \delta d \qquad (6\text{-}28)$$

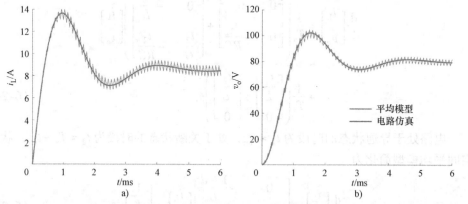

图 6-9　通过平均模型和电路仿真得到的 DC – DC Boost 变换器的电感电流 a）和输出电压 b）

从式（6-25）和式（6-27）中易看出，g 也等于 $\dfrac{\mathrm{d}}{\mathrm{d}t}\begin{bmatrix} \widetilde{i}_L \\ \widetilde{v}_c \end{bmatrix}$，可写为 $\delta_g = \dfrac{\mathrm{d}}{\mathrm{d}t}\begin{bmatrix} \widetilde{\delta i}_L \\ \widetilde{\delta v}_c \end{bmatrix}$。

因此，式（6-25）在工作点附近 $X_o = [I_L, \ V_c, \ V_i, \ D]$ 线性化为

$$\dfrac{\mathrm{d}}{\mathrm{d}t}\begin{bmatrix} \widetilde{\delta i}_L \\ \widetilde{\delta v}_c \end{bmatrix} = \begin{bmatrix} 0 & -\dfrac{1-D}{L} \\ \dfrac{1-D}{C} & -\dfrac{1}{RC} \end{bmatrix}\begin{bmatrix} \widetilde{\delta i}_L \\ \widetilde{\delta v}_c \end{bmatrix} + \begin{bmatrix} \dfrac{1}{L} \\ 0 \end{bmatrix}\widetilde{\delta v}_i + \begin{bmatrix} 0 & \dfrac{1}{L} \\ -\dfrac{1}{C} & 0 \end{bmatrix}\begin{bmatrix} I_L \\ V_c \end{bmatrix}\delta d \qquad (6\text{-}29)$$

将这个方程式改写为

$$\dfrac{\mathrm{d}}{\mathrm{d}t}\begin{bmatrix} \widetilde{\delta i}_L \\ \widetilde{\delta v}_c \end{bmatrix} = \begin{bmatrix} 0 & -\dfrac{1-D}{L} \\ \dfrac{1-D}{C} & -\dfrac{1}{RC} \end{bmatrix}\begin{bmatrix} \widetilde{\delta i}_L \\ \widetilde{\delta v}_c \end{bmatrix} + \begin{bmatrix} \dfrac{1}{L} & \dfrac{V_c}{L} \\ 0 & \dfrac{I_L}{C} \end{bmatrix}\begin{bmatrix} \widetilde{\delta v}_i \\ \delta d \end{bmatrix} \qquad (6\text{-}30)$$

然后使用该线性模型推导传递函数。使用拉普拉斯变换将微分方程转换为代数方程，如下所示：

$$\begin{cases} si_L(s) = -\dfrac{1-D}{L}v_o(s) + \dfrac{1}{L}v_i(s) + \dfrac{V_0}{L}d(s) \\ sv_o(s) = \dfrac{1-D}{C}i_L(s) - \dfrac{1}{RC}v_o(s) + \dfrac{I_L}{C}d(s) \end{cases} \qquad (6\text{-}31)$$

式中，$\mathcal{L}\{\widetilde{\delta i}_L\} = i_L(s)$，$\mathcal{L}\{\widetilde{\delta v}_c\} = \mathcal{L}(\{\widetilde{\delta v}_o\} = v_o(s)$，$\mathcal{L}\{\delta d\} = d(s)$。将 $i_L(s)$ 代入第

二个方程式得到

$$sv_o(s) = \frac{(1-D)^2}{LCs}v_o(s) + \frac{1-D}{LCs}v_i(s) + \frac{V_o(1-D)}{LCs}d(s)$$

$$- \frac{1}{RC}v_o(s) - \frac{I_L}{C}d(s) \tag{6-32}$$

将方程的两侧乘以 s，并求输出电压 v_o，并有

$$\left(s^2 + \frac{1}{RC}s + \frac{(1-D)^2}{LC}\right)v_o(s) = \frac{1-D}{LC}v_i(s) + \left(\frac{V_o(1-D)}{LC} - \frac{I_L}{C}s\right)d(s) \tag{6-33}$$

DC – DC Boost 变换器工作在 CCM，有 $V_o = V_i/(1-D)$，$I_o = (1-D)I_i$ 以及 $V_c = V_o$，$I_L = I_i$，$I_o = V_o/R$。因此，Boost 变换器相对于占空比和输入电压的传递函数如下所示：

$$v_o(s) = \frac{V_i}{LC}\frac{1 - \frac{L}{R(1-D)^2}s}{s^2 + \frac{1}{RC}s + \frac{(1-D)^2}{LC}}d(s) + \frac{1}{LC}\frac{1-D}{s^2 + \frac{1}{RC}s + \frac{(1-D)^2}{LC}}v_i(s) \tag{6-34}$$

请注意，在 s 域中建立的模型仅在 $X_o = (I_L, V_c, V_i, D)$ 的工作点附近有效。与 Buck 变换器不同，有效电感 L_e 大于实际电感，即 $L_e = L/(1-D)^2$，d 阶跃变化最终 V_o 值与预期稳态值 $V_i/(1-D)$ 不吻合。虽然在 s 域中建立的模型仅在工作点附近有效，但基于该模型设计并针对实际变换器实施的闭环控制方案能在变换器的工作范围内有效。

式（6-34）中的右半平面零点给系统带来了负相位，这会导致系统响应延迟。Boost 变换器的闭环控制框图如图 6-10 所示。如果输入电压 $v_i(s)$ 在一定范围内受到扰动，则可以调整占空比 $d(s)$ 以调节输出电压 $v_o(s)$。假设从式（6-34）开始，对于 $v_i = 0$，可写出 $v_o(s) = G_d(s)d(s) + G_v(s)v_i(s)$，采用简单积分控制器的闭环传递函数，即 $G_c(s) = k_I/s$，如下所示：

$$\frac{v_o(s)}{v_r(s)} = \frac{G_c(s)G_d(s)}{1 + G_c(s)G_d(s)} = \frac{\frac{V_i k_I}{LC}\left(1 - \frac{L}{R(1-D)^2}s\right)}{s^3 + \frac{1}{RC}s^2 + \left(\frac{(1-D)^2}{LC} - \frac{V_i k_I}{RC(1-D)^2}\right)s + \frac{V_i k_I}{LC}}$$

$$\tag{6-35}$$

式中，$v_r(s)$ 是输出电压的期望值 V_o^*。请注意，输入中阶跃变化的输出最终值，即 $v_r(s) = V_o^*/s$，如下所示：

$$v_o(\infty) = \lim_{s \to 0}sv_o(s) = \lim_{s \to 0}\left(s\frac{G_c(s)G_d(s)}{1 + G_c(s)G_d(s)}\frac{V_o^*}{s}\right) = V_o^* \tag{6-36}$$

因此，尽管 d 阶跃变化时，$G_d(s)$ 最终值与预期稳态值不吻合，但所建立的模型准确预测了闭环系统中的预期最终值。下面的例子说明了该模型对闭环系统分析的有效性。

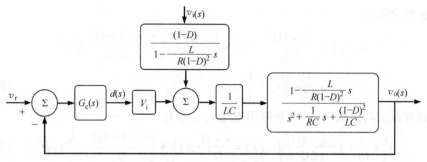

图 6-10　传统 DC – DC Boost 变换器的闭环控制框图

例 6.4

在 Boost 变换器中，输入电压在 50V 左右变化，通过控制占空比 D 将输出电压调节为 80V，当 $L=2\text{mH}$，$C=40\mu\text{F}$，$f=10\text{kHz}$ 时，负载电阻为 15Ω。对于工作在 CCM 的变换器，如果 $G_c(s)=k_I/s$，首先绘制闭环系统的根轨迹，并确定 k_I 的临界值。然后进行电路仿真，通过绘制系统的输出响应来检查 k_I 的临界值。

式（6-35）中的传递函数在右半 s 平面上为零，导致闭环控制方案不稳定。对于本例，Boost 变换器的开环传递函数如下所示：

$$G_d(s)=\frac{-(213\times10^3)\times(s-2930)}{s^2+1667s+2210^2} \tag{6-37}$$

闭环系统的根轨迹如图 6-11 所示。正如所看到的，随着增益增加，闭环系统会使 Boost 变换器不稳定。在 $G_c(s)=k_I/s$ 的情况下，当增益大于 $k_I=8.35$ 时，系统变得不稳定，如图 6-12 所示。注意，当控制器增益增加时，零点靠近闭环极点。分析右半平面零点并解释 CCM 中 Boost 变换器的振荡行为是状态空间平均建模技术的早期成果之一。

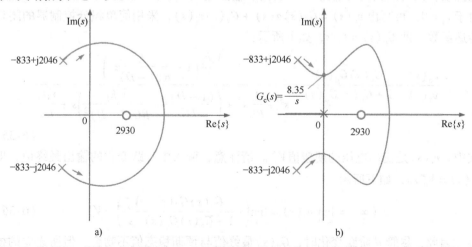

图 6-11　例 6.4 中由 P 控制器 a) 和 PI 控制器 b) 控制的闭环 DC – DC Boost 变换器的根轨迹

电路仿真结果如图 6-12 所示。由图可知，闭环 Boost 变换器在 $k_I=8.35$ 时振荡，这与图 6-11 所示的平均模型根轨迹分析结果一致。注意，在电路仿真中，电感和电容被假定为理想元件，即 $r_L = 0$ 和 $r_C = 0$，二极管的正向导通压降为零，即 $V_D = 0$。例如，考虑到电容的等效串联电阻（ESR），即 $r_C \neq 0$，变换器的开环传递函数 $G_d(s)$ 如下所示：

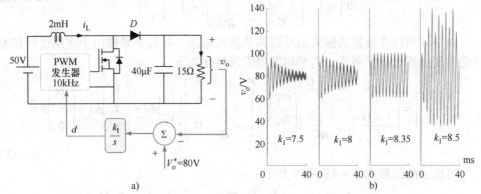

a)

图 6-12　由 PI 控制器控制的闭环 DC – DC Boost 变换器的电路
a)和不同 k_1 值的仿真结果，利用根轨迹图确认了不稳定边界增益

$$G_d(s) = \frac{V_i}{LC} \frac{\left(1 - \dfrac{L}{R(1-D)^2}s\right)(1 + r_C C s)}{s^2 + \left(\dfrac{1}{RC} + \dfrac{r_C(1-D)^2}{L}\right)s + \dfrac{(1-D)^2}{LC}} \tag{6-38}$$

请注意，电容 ESR r_C 会在 s 平面产生一个零点，并给变换器带来更大的阻尼。

6.3　Buck – Boost 变换器的动力学

利用图 6-13 所示的开关状态下 Buck – Boost 变换器的等效电路，推导出开关状态下的状态空间模型，如下所示：

$$\frac{d}{dt}\begin{bmatrix} i_L \\ v_c \end{bmatrix} = \begin{bmatrix} 0 & 0 \\ 0 & -\dfrac{1}{RC} \end{bmatrix}\begin{bmatrix} i_L \\ v_c \end{bmatrix} + \begin{bmatrix} \dfrac{1}{L} \\ 0 \end{bmatrix}v_i \tag{6-39}$$

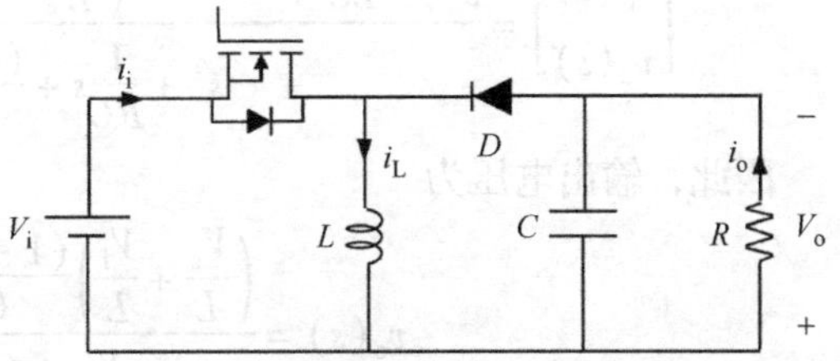

图 6-13　传统 DC – DC Buck – Boost
变换器的电路示意图

对于关断状态，同样有

$$\frac{d}{dt}\begin{bmatrix} i_L \\ v_c \end{bmatrix} = \begin{bmatrix} 0 & -\dfrac{1}{L} \\ \dfrac{1}{C} & -\dfrac{1}{RC} \end{bmatrix}\begin{bmatrix} i_L \\ v_c \end{bmatrix} + \begin{bmatrix} 0 \\ 0 \end{bmatrix}v_i \tag{6-40}$$

考虑到开关状态下的等效电路，并使用式（6-5），一个开关周期 T_s 内的平均状态空间模型如下所示：

$$\frac{\mathrm{d}}{\mathrm{d}t}\begin{bmatrix} \widetilde{i}_L \\ \widetilde{v}_c \end{bmatrix} = \begin{bmatrix} 0 & -\dfrac{1-d}{L} \\ \dfrac{1-d}{C} & -\dfrac{1}{RC} \end{bmatrix}\begin{bmatrix} \widetilde{i}_L \\ \widetilde{v}_c \end{bmatrix} + \begin{bmatrix} \dfrac{d}{L} \\ 0 \end{bmatrix}\widetilde{v}_i \tag{6-41}$$

由于 d 用作变换器的输入信号以调节输出电压，并且如果倾向于应用线性控制理论为变换器设计控制器，则平均模型应线性化如下

$$\frac{\mathrm{d}}{\mathrm{d}t}\begin{bmatrix} \widetilde{\delta i}_L \\ \widetilde{\delta v}_c \end{bmatrix} = \begin{bmatrix} 0 & -\dfrac{1-D}{C} \\ \dfrac{1-D}{C} & -\dfrac{1}{RC} \end{bmatrix}\begin{bmatrix} \widetilde{\delta i}_L \\ \widetilde{\delta v}_c \end{bmatrix} + \begin{bmatrix} 0 & \dfrac{1}{L} \\ -\dfrac{1}{C} & 0 \end{bmatrix}\begin{bmatrix} I_L \\ V_c \end{bmatrix}\delta d + \begin{bmatrix} \dfrac{V_i}{L} \\ 0 \end{bmatrix}\delta d + \begin{bmatrix} \dfrac{D}{L} \\ 0 \end{bmatrix}\delta\widetilde{v}_i \tag{6-42}$$

写成矩阵的形式 $\dot{X} = AX + BU$ 如下：

$$\frac{\mathrm{d}}{\mathrm{d}t}\begin{bmatrix} \widetilde{\delta i}_L \\ \widetilde{\delta v}_c \end{bmatrix} = \begin{bmatrix} 0 & -\dfrac{(1-D)}{C} \\ \dfrac{1-D}{C} & -\dfrac{1}{RC} \end{bmatrix}\begin{bmatrix} \widetilde{\delta i}_L \\ \widetilde{\delta v}_c \end{bmatrix} + \begin{bmatrix} \dfrac{D}{L} & \dfrac{V_c}{L}+\dfrac{V_i}{L} \\ 0 & -\dfrac{I_L}{C} \end{bmatrix}\begin{bmatrix} \widetilde{\delta v}_i \\ \delta d \end{bmatrix} \tag{6-43}$$

为了推导 Buck – Boost 变换器的传递函数，使用拉普拉斯变换写出

$$\begin{bmatrix} i_L(s) \\ v_c(s) \end{bmatrix} = \begin{bmatrix} s & \dfrac{(1-D)}{L} \\ -\dfrac{(1-D)}{C} & s+\dfrac{1}{RC} \end{bmatrix}^{-1}\begin{bmatrix} \dfrac{D}{L} & \dfrac{V_c}{L}+\dfrac{V_i}{L} \\ 0 & -\dfrac{I_L}{C} \end{bmatrix}\begin{bmatrix} v_i(s) \\ d(s) \end{bmatrix} \tag{6-44}$$

式中，$\mathcal{L}\{\widetilde{\delta i}_L\} = i_L(s)$，$\mathcal{L}\{\widetilde{\delta v}_c\} = \mathcal{L}\{\widetilde{\delta v}_o\} = v_o(s)$，$\mathcal{L}\{\widetilde{\delta v}_i\} = v_i(s)$，$\mathcal{L}\{\delta d\} = d(s)$。对矩阵 A 求逆，输入的状态变量可以重写为

$$\begin{bmatrix} i_L(s) \\ v_o(s) \end{bmatrix} = \frac{\begin{bmatrix} \dfrac{D}{L}\left(s+\dfrac{1}{RC}\right) & \left(\dfrac{V_c}{L}+\dfrac{V_i}{L}\right)\left(s+\dfrac{1}{RC}\right)+\dfrac{I_L(1-D)}{LC} \\ \dfrac{(1-D)D}{LC} & \left(\dfrac{V_c}{L}+\dfrac{V_i}{L}\right)\dfrac{(1-D)}{C}-\dfrac{I_L}{C}s \end{bmatrix}}{s^2+\dfrac{1}{RC}s+\dfrac{(1-D)^2}{LC}}\begin{bmatrix} v_i(s) \\ d(s) \end{bmatrix} \tag{6-45}$$

因此，输出电压为

$$v_o(s) = \frac{\left(\dfrac{V_c}{L}+\dfrac{V_i}{L}\right)\dfrac{(1-D)}{C}-\dfrac{I_L}{C}s}{s^2+\dfrac{1}{RC}s+\dfrac{(1-D)^2}{LC}}d(s)$$

$$+ \frac{\dfrac{(1-D)D}{LC}}{s^2+\dfrac{1}{RC}s+\dfrac{(1-D)^2}{LC}}v_i(s) \tag{6-46}$$

重新排列有

$$v_o(s) = \frac{1}{LC} \frac{(V_c + V_i)(1 - D) - sLI_L}{s^2 + \frac{1}{RC}s + \frac{(1-D)^2}{LC}} d(s)$$

$$+ \frac{1}{LC} \frac{(1-D)D}{s^2 + \frac{1}{RC}s + \frac{(1-D)^2}{LC}} v_i(s) \tag{6-47}$$

注意 $V_c = V_o$ 和 $V_o/V_i = D/(1-D)$，因此 $(V_c + V_i)(1-D) = V_i$，可得

$$\frac{v_o(s)}{d(s)} = \frac{1}{LC} \frac{V_i - sLI_L}{s^2 + \frac{1}{RC}s + \frac{(1-D)^2}{LC}} \tag{6-48}$$

将电感电流 I_L 替换后可得

$$I_L = I_i + I_o = \left(\frac{D}{1-D} + 1\right)I_o = \left(\frac{1}{1-D}\right)\frac{V_o}{R} = \left(\frac{D}{(1-D)^2}\right)\frac{V_i}{R} \tag{6-49}$$

代入式（6-48）中有

$$\frac{v_o(s)}{d(s)} = \frac{V_i}{LC} \frac{1 - s\dfrac{DL}{(1-D)^2R}}{s^2 + \frac{1}{RC}s + \frac{(1-D)^2}{LC}} \tag{6-50}$$

注意，当有效电感为 $L_e = L/(1-D)^2$ 时，Boost 和 Buck – Boost 变换器具有相同的特性方程［从式（6-47）到式（6-50）］。Buck – Boost 变换器的闭环框图如图 6-14 所示。如果输入电压 $v_i(s)$ 在一定范围内受到扰动，采用合适的控制器 $G_c(s)$，则会调整占空比 $d(s)$ 以稳定输出电压 $v_o(s)$。

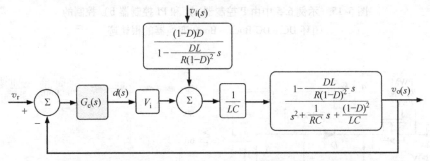

图 6-14　传统 DC – DC Buck – Boost 变换器的闭环控制框图

例 6.5

Buck – Boost 变换器的工作频率为 $f = 20\text{kHz}$，输入电压为 100V，给 16Ω 负载供电，$L = 1\text{mH}$ 和 $C = 40\mu\text{F}$。变换器工作在 CCM，首先绘制闭环系统的根轨迹（如果 $G_c(s) = k_I/s$），确定 k_I 的临界值。然后进行电路仿真，通过绘制系统的输出响应来检查 k_I 的临界值。

与 Boost 变换器一样，式（6-50）中 Buck – Boost 变换器的传递函数在 s 右半

平面上有一个零点,这可能会导致闭环控制不稳定。对于本例,Boost 变换器的开环传递函数如下所示:

$$G_{\mathrm{d}}(s) = \frac{-(312.5 \times 10^3) \times (s - 8000)}{s^2 + 1562s + 2500^2} \tag{6-51}$$

请注意,开环极点位于 $s = -781 \pm j2375$。当增益增加使得系统不稳定时,闭环系统的根轨迹如图 6-15 所示。在 $G_{\mathrm{c}}(s) = k_I/s$ 的情况下,当增益大于 $k_I = 3.2$ 时,系统变得不稳定。闭环 Boost 变换器在 $k_I = 3.2$ 时振荡,电路仿真结果如图 6-16 所示。这证实了从图 6-15 的平均模型根轨迹分析中获得的结果。请注意,在电路仿真中,假设电感和电容为理想元件,即 $r_L = 0$ 和 $r_C = 0$,二极管的正向导通电压降为零,即 $V_D = 0$。

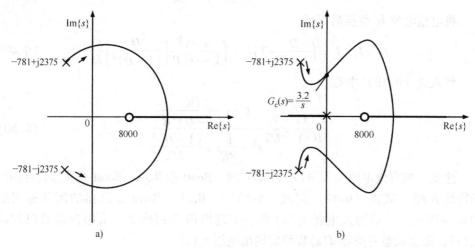

图 6-15　示例 6.5 中由 P 控制器 a) 和 PI 控制器 b) 控制的
闭环 DC - DC Buck - Boost 变换器的根轨迹

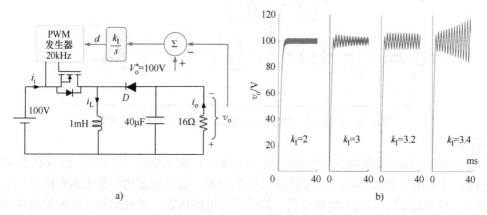

图 6-16　由 PI 控制器控制的闭环 Buck - Boost 变换器的电路图 a) 和不同
k_I 值的仿真结果,根轨迹图确认了不稳定边界增益

6.4 SEPIC 的动力学

单端初级电感变换器（SEPIC）是一种 DC – DC 降压 – 升压变换器。如图 6-17 所示，SEPIC 拓扑中存在四个储能元件，因此，可以用一个四阶模型来建模 SEP-IC。SEPIC 的四阶特性使该变换器控制具有挑战性，适用于缓慢变化的应用。与高阶系统一样，对 SEPIC 最好采用状态空间方法，而不是去推导传递函数。如第 5 章所述，中间电容上的平均电压等于极性相反的输入电压，即 $v_{c1} = -v_i$，流过中间电感的平均电流等于稳态条件下的输出电流，即 $I_{L2} = I_o$。

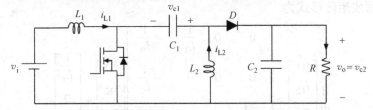

图 6-17 单端初级电感变换器（SEPIC）的电路图

为了求得 SEPIC 的平均模型，考虑了开关管的通断状态。在导通状态下，二极管反向偏置，输出电容从电路的其余部分断开，即 $v_D = -(v_i + v_o)$，SEPIC 的等效电路由三个隔离电路组成，从左到右，输入电源与 L_1 并联，C_1 与 L_2 并联，C_2 与 R 并联。因此，导通时的 KVL 和 KCL 方程可以写成

$$\begin{cases} L_1 \dfrac{di_{L1}}{dt} = v_i \\[2mm] L_2 \dfrac{di_{L2}}{dt} = v_{c1} \\[2mm] C_1 \dfrac{dv_{c1}}{dt} = i_{L2} \\[2mm] C_2 \dfrac{dv_{c2}}{dt} = -\dfrac{v_{c2}}{R} \end{cases} \tag{6-52}$$

写成矩阵形式为

$$\frac{d}{dt}\begin{bmatrix} i_{L1} \\ i_{L2} \\ v_{c1} \\ v_{c2} \end{bmatrix} = \begin{bmatrix} 0 & 0 & 0 & 0 \\ 0 & 0 & -\dfrac{1}{L_2} & 0 \\ 0 & \dfrac{1}{C_1} & 0 & 0 \\ 0 & 0 & 0 & -\dfrac{1}{RC_2} \end{bmatrix} \begin{bmatrix} i_{L1} \\ i_{L2} \\ v_{c1} \\ v_{c2} \end{bmatrix} + \begin{bmatrix} \dfrac{1}{L_1} \\ 0 \\ 0 \\ 0 \end{bmatrix} v_i \tag{6-53}$$

在关断状态下，二极管流过输入电流。因此，开关管断开时的 KVL 和 KCL 方程为

$$
\begin{cases}
L_1 \dfrac{\mathrm{d}i_{L1}}{\mathrm{d}t} = v_{c1} - v_{c2} + v_i \\[2mm]
L_2 \dfrac{\mathrm{d}i_{L2}}{\mathrm{d}t} = -v_{c2} \\[2mm]
C_1 \dfrac{\mathrm{d}v_{c1}}{\mathrm{d}t} = -i_{L1} \\[2mm]
C_2 \dfrac{\mathrm{d}v_{c2}}{\mathrm{d}t} = i_{L1} + i_{L2} - \dfrac{v_{c2}}{R}
\end{cases}
\tag{6-54}
$$

同样写成矩阵形式为

$$
\frac{\mathrm{d}}{\mathrm{d}t}
\begin{bmatrix} i_{L1} \\ i_{L2} \\ v_{c1} \\ v_{c2} \end{bmatrix}
=
\begin{bmatrix}
0 & 0 & \dfrac{1}{L_1} & -\dfrac{1}{L_1} \\[2mm]
0 & 0 & 0 & -\dfrac{1}{L_2} \\[2mm]
-\dfrac{1}{C_1} & 0 & 0 & 0 \\[2mm]
\dfrac{1}{C_2} & \dfrac{1}{C_2} & 0 & -\dfrac{1}{RC_2}
\end{bmatrix}
\begin{bmatrix} i_{L1} \\ i_{L2} \\ v_{c1} \\ v_{c2} \end{bmatrix}
+
\begin{bmatrix} \dfrac{1}{L_1} \\ 0 \\ 0 \\ 0 \end{bmatrix} v_i
\tag{6-55}
$$

类似地，如传统 Buck – Boost 变换器所述，利用式（6-5），SEPIC 的平均模型如下所示：

$$
\frac{\mathrm{d}}{\mathrm{d}t}
\begin{bmatrix} i_{L1} \\ i_{L2} \\ v_{c1} \\ v_{c2} \end{bmatrix}
=
\begin{bmatrix}
0 & 0 & \dfrac{1-d}{L_1} & -\dfrac{1-d}{L_1} \\[2mm]
0 & 0 & -\dfrac{d}{L_2} & -\dfrac{1-d}{L_2} \\[2mm]
-\dfrac{1-d}{C_1} & \dfrac{d}{C_1} & 0 & 0 \\[2mm]
\dfrac{1-d}{C_2} & \dfrac{1-d}{C_2} & 0 & -\dfrac{1}{RC_2}
\end{bmatrix}
\begin{bmatrix} i_{L1} \\ i_{L2} \\ v_{c1} \\ v_{c2} \end{bmatrix}
+
\begin{bmatrix} \dfrac{1}{L_1} \\ 0 \\ 0 \\ 0 \end{bmatrix} v_i
\tag{6-56}
$$

通常希望尽量减少变换器中检测传感单元的数量。例如，如果用电压传感器测量电容电压，而其他状态变量已知时，则可以设计降阶观测器。将式（6-56）改写为

$$
\frac{\mathrm{d}}{\mathrm{d}t}
\begin{bmatrix} X_1 \\ X_2 \end{bmatrix}
=
\begin{bmatrix} A_{11} & A_{12} \\ A_{21} & A_{22} \end{bmatrix}
\begin{bmatrix} X_1 \\ X_2 \end{bmatrix}
+
\begin{bmatrix} B_1 \\ B_2 \end{bmatrix} u
\tag{6-57}
$$

式中，$u = v_i$ 和 $X_2 = [v_{c1}\ v_{c2}]^T$ 被测量，因此，它们被视为已知变量，但 $X_1 = [i_{L1}\ i_{L2}]^T$ 是未知变量，需要通过设计降阶线性观测器来估计。此后，将使用一种新的

符号来描述未知变量（向量）的估计值 $\hat{X}_1$ 与实际值 X_1。在线性观测器的概念中，构造了一个动态系统，该系统使用已知的参数和变量来估计未知变量。考虑式（6-57）根据已知和未知变量编写变换器方程，如下所示：

$$\begin{cases} \dot{\hat{X}}_1 = A_{11}\hat{X}_1 + A_{12}X_2 + B_1 u \\ \dot{\hat{X}}_2 = A_{21}\hat{X}_1 + A_{22}X_2 + B_2 u \end{cases} \quad (6\text{-}58)$$

当 X_2 和 u 分别是测量变量和输入时，求解式（6-58）中的第一个方程得到 $\hat{X}_1$。然而，第二个等式也必须满足。请注意，可以为 X_1 的实际值编写相同的方程组，如下所示：

$$\begin{cases} X_1 = A_{11}X_1 + A_{12}X_2 + B_1 u \\ X_2 = A_{21}X_1 + A_{22}X_2 + B_2 u \end{cases} \quad (6\text{-}59)$$

如果两组方程相减，可得

$$\begin{cases} \dot{X}_1 - \dot{\hat{X}}_1 = A_{11}(X_1 - \hat{X}_1) \\ 0 = A_{21}(X_1 - \hat{X}_1) \end{cases} \quad (6\text{-}60)$$

观察器的目标是使实际值和估计值之间的误差为零，即 $e = X_1 - \hat{X}_1$。式（6-60）中的两个方程，即 $\dot{e} = A_{11}e$ 和 $A_{21}e = 0$，都可以通过选择适当的观察器矩阵 L_o 来满足，进而得到下面误差动态方程：

$$e = (A_{11} - L_0 A_{21})e \quad (6\text{-}61)$$

如果选择 L_o 使得估计误差接近零，并且观测器的动态速度快于变换器和控制器的动态速度，则可以实现观测器的正确设计。

为了形成用于估计未知变量 $\hat{X}_1$ 的动力学方程，可将式（6-58）的第一个方程和式（6-60）的第二个方程组合为

$$\dot{\hat{X}}_1 = A_{11}\hat{X}_1 + A_{12}X_2 + B_1 u + L_0 A_{21}(X_1 - \hat{X}_1) \quad (6\text{-}62)$$

注意，$A_{21}X_1$ 可以使用式（6-59）中的第二个等式，用已知变量来表示，因此，式（6-62）重写为

$$\dot{\hat{X}}_1 = A_{11}\hat{X}_1 + A_{12}X_2 + B_1 u + L_0((\dot{X}_2 - A_{22}X_2 - B_2 u) - A_{21}\hat{X}_1) \quad (6\text{-}63)$$

如果将式（6-63）重新排列为

$$\dot{\hat{X}}_1 = (A_{11} - L_0 A_{21})\hat{X}_1 + (A_{12} - L_0 A_{22})X_2 + (B_1 - L_0 B_2)u + L_0 \dot{X}_2 \quad (6\text{-}64)$$

降阶观测器的动态模型（见图6-18）可表述如下：

$$\dot{\hat{X}}_1 = (A_{11} - L_0 A_{21})\hat{X}_1 + Z \quad (6\text{-}65)$$

式中，Z 是观察器的输入，由式（6-64）得到，如下所示：

$$Z = (A_{12} - L_0 A_{22})X_2 + (B_1 - L_0 B_2)u + L_0 \dot{X}_2 \quad (6\text{-}66)$$

式中矩阵中的占空比 d 可通过测量输入和输出电压，利用 $d = (v_{c2}/v_\text{i})/(1 + (v_{c2}/v_\text{i}))$ 实时更新。

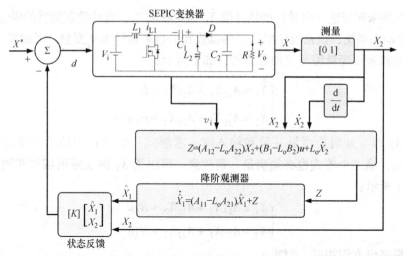

图 6-18　一个降阶观测器，用于估计 SEPIC 内部电感和电容的电流和电压，以实现状态反馈

例 6.6

在 SEPIC 变换器中，输入电压范围为（50 ± 2）V，$L_1 = 2\text{mH}$、$C_1 = 800\mu\text{F}$、$L_2 = 1\text{mH}$、$C_2 = 50\mu\text{F}$、$f = 50\text{kHz}$，通过控制占空比 d 将输出电压调节为 50V，负载电阻为 25Ω。设计一个降阶观测器观察流过 L_1 和 L_2 的电流。

变换器的工作点为：$V_i = V_o = 50\text{V}$，$V_{c1} = -V_i = -50\text{V}$，$I_{L2} = I_o = V_o/R = 2\text{A}$，$I_{L1} = I_i = 2\text{A}$，$D = 0.5$。如果可以使用传感器测量电压，则需要通过设计降阶观测器来观察其他状态变量，即 i_{L1} 和 i_{L2}。使用式（6-56），系统的状态空间模型可写成

$$\frac{\mathrm{d}}{\mathrm{d}t}\begin{bmatrix} i_{L1} \\ i_{L2} \\ v_{c1} \\ v_{c2} \end{bmatrix} = \begin{bmatrix} 0 & 0 & 250 & -250 \\ 0 & 0 & -500 & -500 \\ -625 & 625 & 0 & 0 \\ 10000 & 10000 & 0 & -800 \end{bmatrix}\begin{bmatrix} i_{L1} \\ i_{L2} \\ v_{c1} \\ v_{c2} \end{bmatrix} + \begin{bmatrix} 500 \\ 0 \\ 0 \\ 0 \end{bmatrix}v_i \qquad (6\text{-}67)$$

变换器的开环极点（特征值）位于 $-397 \pm j2719$ 和 $-3.1 \pm j643$。为了使观测器的动态速度快于系统的动态变化，选择降阶观测器的极点，即（$A_{11} - L_o A_{21}$）的特征值，为 -800 和 -1000。因此，根据特征方程，即 $|sI - (A_{11} - L_o A_{21})| = 0$，期望的极点为 $s_1 = -800$ 和 $s_2 = -1000$，可得

$$\begin{bmatrix} 0 & 0 \\ 0 & 0 \end{bmatrix} - \overbrace{\begin{bmatrix} L_{11} & L_{12} \\ L_{21} & L_{22} \end{bmatrix}}^{L_o}\begin{bmatrix} -625 & 625 \\ 10000 & 10000 \end{bmatrix} = \begin{bmatrix} -800 & 0 \\ 0 & -1000 \end{bmatrix} \qquad (6\text{-}68)$$

求解 L_o 得到 $L_{11} = -0.64$，$L_{12} = 0.04$，$L_{21} = 0.8$，$L_{22} = 0.05$。基于系统参数和选择的观测器矩阵 L_o，观测器动态模型可以简单地写成

$$\hat{\dot{X}}_1 = \begin{bmatrix} -800 & 0 \\ 0 & -1000 \end{bmatrix}\hat{X}_1 + Z \qquad (6\text{-}69)$$

式中输入 Z 由以下公式给出：

$$Z = \begin{bmatrix} 250 & -218 \\ -500 & -460 \end{bmatrix} X_2 + \begin{bmatrix} 500 \\ 0 \end{bmatrix} v_i + \begin{bmatrix} -0.64 & 0.04 \\ 0.8 & 0.05 \end{bmatrix} \dot{X}_2 \qquad (6\text{-}70)$$

基本上，式（6-69）和式（6-70）构成了观测器设计，在计算时均假设占空比 d 为常数或变化不大。在闭环系统中，当输入电压变化时，必须改变 d 以调节输出电压。因此，可以通过测量输入和输出电压并计算占空比 $d = (v_{c2}/v_i)/(1 + (v_{c2}/v_i))$ 实时更新式（6-70）中的常数矩阵。图 6-19 显示了当输入电压从 50V 瞬时跳至 52V 时，i_{L1} 的估计值和实际值，并且使用 PI 控制器 $d = (k_p + k_I/s)/(v_o^* - v_o)$ 对输出电压进行调节，此时期望输出电压为 $v_o^* = 50V$、$v_o = v_{c2}$、$k_p = 0$ 和 $k_I = 0.75$。如图 6-19a 所示，输出电压和电感电流随着输入端的 2V 阶跃变化而振荡。增加控制器系数并不能改善系统的动态性能。所以，SEPIC 更适用于输入直流电压缓慢变化的调节。

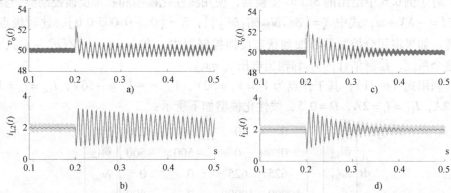

图 6-19　例 6.6a）～b）和例 6.7c）～d）中所述的情况下，$t = 0.2s$ 时输入电压从 50V 到 52V 的阶跃变化，对应输出电压 v_o（a 和 c）以及通过 L_2 的仿真电流和估计电流波形（b 和 d）

采用状态反馈控制技术的极点配置对 SEPIC 来说也是一个挑战。设计线性控制器的第一步是将式（6-56）中开发的 SEPIC 平均动态模型线性化。如 Buck 和 Boost 变换器所述，式（6-56）中的模型可在 $X_0 = \begin{bmatrix} I_{L1} & I_{L2} & V_{c1} & V_{c2} \end{bmatrix}^T$ 的工作点附近线性化，如下所示：

$$\frac{d}{dt}\begin{bmatrix} \delta i_{L1} \\ \delta i_{L2} \\ \delta v_{c1} \\ \delta v_{c2} \end{bmatrix} = \begin{bmatrix} 0 & 0 & \dfrac{1-D}{L_1} & -\dfrac{1-D}{L_1} \\ 0 & 0 & -\dfrac{D}{L_2} & -\dfrac{1-D}{L_2} \\ \dfrac{1-D}{C_1} & \dfrac{D}{C_1} & 0 & 0 \\ \dfrac{1-D}{C_2} & \dfrac{1-D}{C_2} & 0 & -\dfrac{1}{RC_2} \end{bmatrix} \begin{bmatrix} \delta i_{L1} \\ \delta i_{L2} \\ \delta v_{c1} \\ \delta v_{c2} \end{bmatrix}$$

$$+ \begin{bmatrix} \dfrac{1}{L_1} & \dfrac{-V_{c1}+V_{c2}}{L_1} \\[2mm] 0 & \dfrac{-V_{c1}+V_{c2}}{L_2} \\[2mm] 0 & \dfrac{I_{L1}+I_{L2}}{C_1} \\[2mm] 0 & -\dfrac{I_{L1}+I_{L2}}{C_2} \end{bmatrix} \begin{bmatrix} \delta v_i \\ \delta d \end{bmatrix} \qquad (6\text{-}71)$$

线性化模型可用于设计闭环控制器，而设计的控制应用于硬件设计测试或电路仿真。

例 6.7

对于例 6.6 中给出的 SEPIC 变换器，使用线性化模型和状态反馈控制器，具体为 $\delta d = -KX + \omega$，式中 $X = [\,\delta v_{c1}\, \delta i_{L2}\, \delta i_{L1}\, \delta v_{c2}\,]^T$，$K = [\,0\ -0.005\ 0\ 0\,]$，比较极点的位置。如果将积分控制器添加到状态反馈控制器中，有 $\omega = (k_I/s)/(v_o^* - v_o)$，仿真整个系统，绘制估计的 i_{L2} 和输出电压 $v_o = v_{c2}$。

利用式（6-71），其工作点为 $V_i = V_o = 50\text{V}$，$V_{c1} = -V_i = -50\text{V}$，$I_{L2} = I_o = V_o/R = 2\text{A}$，$I_{L1} = I_i = 2\text{A}$，$D = 0.5$，线性化模型如下所示：

$$\frac{\mathrm{d}}{\mathrm{d}t} \begin{bmatrix} \delta i_{L1} \\ \delta i_{L2} \\ \delta v_{c1} \\ \delta v_{c2} \end{bmatrix} = \begin{bmatrix} 0 & 0 & 250 & -250 \\ 0 & 0 & -500 & -500 \\ -625 & 625 & 0 & 0 \\ 10000 & 10000 & 0 & -800 \end{bmatrix} \begin{bmatrix} \delta i_{L1} \\ \delta i_{L2} \\ \delta v_{c1} \\ \delta v_{c2} \end{bmatrix}$$

$$+ \begin{bmatrix} 500 & 50000 \\ 0 & 100000 \\ 0 & 5000 \\ 0 & -80000 \end{bmatrix} \begin{bmatrix} \delta v_i \\ \delta d \end{bmatrix} \qquad (6\text{-}72)$$

在这个模型中，有两个输入，d 用于控制变换器，v_i 是一个变化的输入电压。当 $K = [\,0\ -0.005\ 0\ 0\,]$ 时实现状态反馈。线性化系统可写成

$$\frac{\mathrm{d}}{\mathrm{d}t} \begin{bmatrix} \delta i_{L1} \\ \delta i_{L2} \\ \delta v_{c1} \\ \delta v_{c2} \end{bmatrix} = \begin{bmatrix} 0 & 250 & 250 & -250 \\ 0 & 500 & -500 & -500 \\ -625 & 650 & 0 & 0 \\ 10000 & 9600 & 0 & -800 \end{bmatrix} \begin{bmatrix} \delta i_{L1} \\ \delta i_{L2} \\ \delta v_{c1} \\ \delta v_{c2} \end{bmatrix} + \begin{bmatrix} 500 \\ 0 \\ 0 \\ 0 \end{bmatrix} \delta v_i \qquad (6\text{-}73)$$

通过求解系统的特征方程，使用状态反馈，可以观察到系统的极点位于 $-7.6 \pm \mathrm{j}657$ 和 $-142 \pm \mathrm{j}2631$，而原始的开环极点位于 $-3.1 \pm \mathrm{j}643$ 和 $-397 \pm \mathrm{j}2719$。正如观察到的，s 左平面主导极点的实部从 -3.1 变化至 -7.6，对低频振荡的阻尼增加，仍然需要 PI 控制器来调节输出电压。闭环系统如图 6-20 所示，其中状态反

馈提高了系统动态性能，积分控制器调节输出电压。输入端 2V 阶跃变化时输出电压和电感电流波形如图 6-19 所示，结果并列在一起显示，无需使用例 6.6 中讨论的状态反馈回路。如图所示，使用状态反馈控制改善了系统的阻尼，但响应的电压超调稍高。

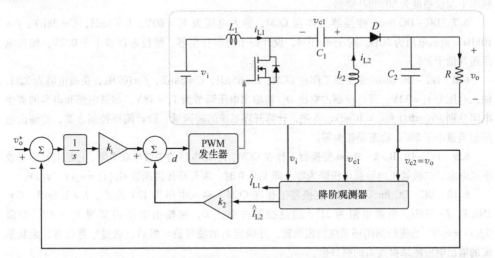

图 6-20　SEPIC 的控制方案，包括用于估计未测量状态变量的降阶观测器、用于重新布置系统极点以增强动态性能的内环状态反馈以及用于调节输出电压的 PI 控制器

6.5　习　　题

6.1　DC – DC Buck 变换器工作在 CCM，r_L 是电感的等效串联电阻，r_c 是电容的等效串联电阻，二极管正向导通电压降为零，即 $V_D = 0$ 时。求开环传递函数 $G_d(s) = v_o(s)/d(s)$。

6.2　DC – DC Buck 变换器工作在 CCM，输入电压为 $V_i = 150V$，$L = 2.5mH$，$C = 32\mu F$，$f = 100kHz$，负载电阻为 10Ω。通过控制占空比 D，将输出电压调节为 $V_o = 60V$。首先，获得传递函数 $G_d(s) = v_o(s)/d(s)$ 的波特图，然后确定增益裕度、相位裕度和交越频率，并设计一个在交越频率下相位裕度为 $50°$ 的补偿器。

6.3　DC – DC Buck 变换器工作在 CCM，输入电压为 $V_i = 100V$，$L = 1.5mH$，$C = 40\mu F$，负载电阻为 20Ω。如果固态开关为 MOSFET，在 32% 的占空比和 $50kHz$ 的频率下工作。首先，检查开环系统的相位裕度、增益裕度和交越频率。为上述系统设计一个滞后补偿器，使超调量小于 5%，稳态误差小于 1%。

6.4　DC – DC Buck 变换器工作在 CCM，输入电压为 $V_i = 150V$，$L = 2.8mH$，$C = 30\mu F$，$f = 100kHz$，负载电阻为 10Ω。通过控制占空比 D，将输出电压调节为 $V_o = 60V$。如果电感和电容的寄生电阻分别为 $r_L = 1m\Omega$ 和 $r_c = 1m\Omega$。首先，计算开环系统的超调量，设计闭环控制方案，使输出电压超调量小于 2%，稳态误差为零。

6.5　DC – DC Boost 变换器工作在 CCM，r_L 是电感的等效串联电阻，r_c 是电容的等效串联电阻，二极管正向导通电压降为零，即 $V_D = 0$ 时。求开环传递函数 $G_d(s) = v_o(s)/d(s)$。

6.6 DC – DC Boost 变换器工作在 CCM，输入电压为 $V_i = 32V$，$L = 70\mu H$，$C = 60\mu F$，$f = 10kHz$，负载电阻为 32Ω。通过控制占空比 D，将输出电压调节为 $V_o = 48V$。首先，获得传递函数 $G_d(s) = v_o(s)/d(s)$ 的波特图，然后确定增益裕度、相位裕度和交越频率。并设计一个在交越频率下相位裕度为 $60°$ 的补偿器。

6.7 DC – DC Boost 变换器工作在 CCM，输入电压为 $V_i = 60V$，$L = 3mH$，$C = 38\mu F$，$f = 10kHz$，负载电阻为 20Ω。对于 $d = 0.4$，设计一个超前补偿器，使稳态误差小于 $0.2V$，输出电压超调低于 2%。

6.8 DC – DC Boost 变换器工作在 CCM，$L = 65\mu H$，$C = 58\mu F$，$f = 10kHz$，负载电阻为 32Ω，输入电压为 $V_i = 32V$。通过控制占空比 D，将输出电压调节为 $V_o = 48V$。如果电感和电容的寄生电阻分别为 $r_L = 0\Omega$ 和 $r_c = 10m\Omega$。首先，计算开环系统的超调量，设计闭环控制方案，使输出电压超调量小于 5%，稳态误差为零。

6.9 DC – DC Buck – Boost 变换器工作在 CCM，r_L 是电感的等效串联电阻，r_c 是电容的等效串联电阻，二极管正向导通电压降为零，即 $V_D = 0$ 时。求开环传递函数 $G_d(s) = v_o(s)/d(s)$。

6.10 DC – DC Buck – Boost 变换器工作在 CCM，输入电压为 $12V$ 左右，$L = 1.5mH$，$C = 250\mu F$，$f = 5kHz$，负载电阻为 3Ω。通过控制占空比 D，将输出电压调节为 $V_o = 4V$。如果 $G_c(s) = k_I/s$，首先绘制闭环系统的根轨迹，并确定 k_I 的临界值。然后，通过电路仿真，绘制系统的输出响应图来检查 k_I 的临界值。

6.11 DC – DC Buck – Boost 变换器的工作频率为 $f = 40kHz$，输入电压在 $60 \sim 180V$ 之间变化，当输出功率为 $P_o = 72W$ 时，调整占空比以调节使得输出电压为 $V_o = 96V$。对于该变换器，计算

（a）保持 Buck – Boost 变换器工作在 CCM 的最小电感。

（b）设计降阶观测器观察电感电流。

6.12 对于工作频率为 $10kHz$ 的 SEPIC，当输出功率为 $P_o = 1kW$，且输入电压范围为 $(80 \pm 15)V$，调整占空比使得输出电压为 $V_o = 100V$。首先，求出电感和电容的值，使两个电感的电流在平均值的 20% 范围内变化，输出电压变化在 5% 以内。获得开环系统的传递函数和根轨迹。同时，将电路仿真的输出与传递函数模型进行比较，求电压超调的百分比。

6.13 在 SEPIC 中，输入电压范围为 $(80 \pm 10)V$，$L_1 = 2.5mH$，$C_1 = 40\mu F$，$L_2 = 1mH$，$C_2 = 40\mu F$，$f = 20kHz$，负载电阻为 20Ω。通过控制占空比 D，将输出电压调节为 $V_o = 80V$。如果 $G_c(s) = k_I/s$，首先绘制闭环系统的根轨迹，并确定 k_I 的临界值。然后，通过电路仿真，绘制系统的输出响应图来检查 k_I 的临界值。

6.14 在 SEPIC 中，输入电压范围为 $(48 \pm 10)V$，$L_1 = 2mH$，$C_1 = 2.5\mu F$，$L_2 = 1mH$，$C_2 = 40\mu F$，$f = 20kHz$，负载电阻为 10Ω。通过控制占空比 D，将输出电压调节为 $V_o = 48V$。设计一个降阶观测器，以观察 C_1 的电压和流过 L_1 的电流。

第 7 章

逆变器的稳态分析

逆变器通常分为电流源型逆变器（CSI）和电压源型逆变器（VSI）。由于 VSI 的开环控制是稳定的，通过采用不同的闭环控制方案，它们可以作为电流源或电压源工作，因此更受欢迎。此外，VSI 可分为两电平和多电平逆变器。两电平逆变器通常用于中低压应用。通过采用串联和串并联结构的固态开关，两级拓扑也可用于中高压应用。然而，将开关管上的电压应力降至最低的另一种方法是采用多电平逆变器。与两电平 VSI 相比，多电平逆变器产生的电磁干扰（EMI）更少，可扩展性更强，这使得它们在高压和大功率应用中更具吸引力。三种基本的电路拓扑是级联 H 桥（CHB）、二极管箝位和飞跨电容多电平逆变器。在本章将学习如何为单相和三相两电平 VSI 实现不同的开关技术，以及 CHB 和二极管箝位逆变器的开关技术。

7.1 单相两电平电压源逆变器

单相逆变器得到了广泛应用，如屋顶光伏发电机组和电机驱动。通常，光伏阵列分两级连接到本地负载和配电系统，即与单相逆变器级联的 DC – DC 变换器（见图 7-1）。在该图中，当逆变器调节直流母线电压时，DC – DC Boost 变换器被控制以跟踪光伏阵列的最大可用功率。因此，捕获的功率被传输到电网，而无功功率可以由逆变器独立控制。关于逆变器控制的更多细节见第 9 章和第 11 章。本节介绍了单相两电平逆变器的各种开关模式，以最小化输出电压谐波。图 7-2 显示了典型单相两电平逆变器的电路拓扑。四个开关管交替导通和关断，以从直流电压源产生交流电压。基本原理是避免每条支路上的两个开关管同时接通，以防止短路。最简单的单相逆变器通过控制两对开关管，即（S_{ap}，S_{bn}）和（S_{an}，S_{bp}），产生矩形方波。这些开关管对可以交替导通或关断。如果开关频率为 $f_s = f_1$，f_1 为基波频率，则节点 A 交替连接至输入直流电源的正极和负极，以形成方波输出，如图 7-3 所示。

例 7.1

对于矩形方波波形的单相逆变器，如图 7-3a 所示，如果直流母线电压为 150V，计算输出电压的 1 次、2 次和 3 次谐波的 RMS 值。

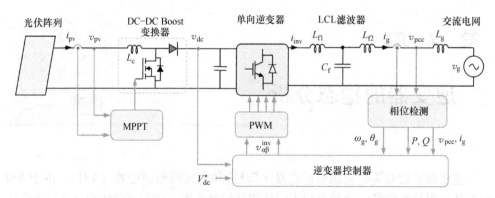

图 7-1 基于光伏的发电装置，包含 DC – DC Boost 变换器，
与通过 LCL 滤波器向电网供电的单相逆变器级联

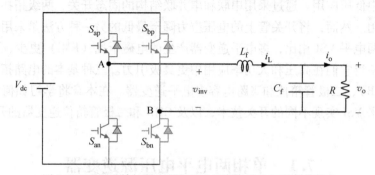

图 7-2 两电平单相逆变器通过 LC 滤波器向电阻负载供电

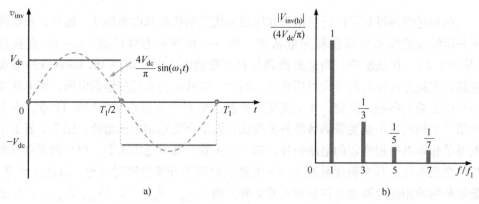

图 7-3 单相逆变器的矩形方波及其基波分量 a)，以及矩形方波的谐波分量 b)

方波输出电压 v_{inv} 可以用奇数函数表示，如图 7-3a 所示。因此，使用傅里叶级数（见附录 A），计算第 1 次谐波分量为

$$b_1 = \frac{2}{\pi}\int_0^\pi v_{\mathrm{inv}}\sin\theta \mathrm{d}\theta = \frac{2}{\pi}V_{\mathrm{dc}}\int_0^\pi \sin\theta \mathrm{d}\theta = \frac{4}{\pi}V_{\mathrm{dc}} \tag{7-1}$$

2 次谐波分量计算如下：

$$b_2 = \frac{2}{\pi}\int_0^\pi v_{inv}\sin(2\theta)\,d\theta = \frac{2}{\pi}V_{dc}\int_0^\pi \sin(2\theta)\,d\theta = 0 \tag{7-2}$$

3 次谐波分量计算如下：

$$b_3 = \frac{2}{\pi}\int_0^\pi v_{inv}\sin(3\theta)\,d\theta = \frac{2}{\pi}V_{dc}\int_0^\pi \sin(3\theta)\,d\theta = \left(\frac{1}{3}\right)\times\frac{4}{\pi}V_{dc} \tag{7-3}$$

注意，v_{inv} 的傅里叶级数只包含奇数次谐波（见图 7-3b）。因此，输出电压的 1 次谐波和 3 次谐波的有效值分别为 $v_{rms1} = b_1/\sqrt{2} = 0.9\times150 = 135V$ 和 $v_{rms3} = b_3/\sqrt{2} = 0.3\times150 = 45V$。

一般来说，方波的傅里叶级数可表示为

$$v_{inv}(t) = \frac{4}{\pi}V_{dc}\sum_{h=1}^\infty \frac{1}{(2h-1)}\sin\big((2h-1)\omega_1 t\big) \tag{7-4}$$

式中，$\omega_1 = 2\pi f_1$ 是输出波形的角频率，当 h 是奇数整数时，每次谐波的方均根值由 $v_{rms(h)} = (4/\sqrt{2}\pi)(V_{dc}/(2h-1))$ 给出。该表达式表明输出波形仅包含奇数谐波分量。这些谐波如图 7-3b 所示。

为了在输出端得到正弦波形，需要一个低通滤波器来滤除谐波分量。然而，该低通滤波器的截止频率应大于 f_1 且小于最低谐波的频率。对于谐振频率为 $f_r = 1/(2\pi\sqrt{L_f C_f})$ 的 LC 滤波器，如果 f_1 和最低次谐波频率之间的差异很小，且 f_1 位于 f_r 附近，则基波分量可能会被放大，甚至开环逆变器也可能变得不稳定。还应注意，对于方波逆变器，输出电压的基本分量是一个固定量。因此，如果需要具有纯正弦波形的可控电压源，则必须采用脉冲宽度调制（PWM）技术。PWM 技术可以显著地将谐波转移到更高的频率，因此，所需的截止频率可以设置为更高，这使得所需的低通滤波器的 L 和 C 更小，因此，滤波器谐振频率将远离基波频率。

例 7.2

对于 60Hz 的矩形方波单相逆变器，逆变器输入为 100V 直流电源，向 20Ω 电阻负载供电，计算输出电压的总谐波失真。

使用第 2 章中总谐波失真（THD）的定义，写出以下表达式：

$$THD^2 = \left(\frac{V_{rms}}{V_1}\right)^2 - 1 = \frac{1}{V_1^2}\sum_{h=1}^\infty V_h^2 - 1 = \left(\frac{1}{3}\right)^2 + \left(\frac{1}{5}\right)^2 + \left(\frac{1}{7}\right)^2 + \cdots \tag{7-5}$$

式中，V_h 是第 h 次谐波分量的 RMS 值。因此，无论电路参数如何，产生的输出电压的总谐波为 $THD = 100\sqrt{0.234} = 48.3\%$。

对于 H 桥单相逆变器，两种常用的 PWM 技术是双极性和单极性正弦 PWM（SPWM）模式。在 SPWM 方案中，参考信号与载波信号进行比较，载波信号是高频三角形波形，$f_s = 1/T_s$。由于目标输出波形预期为纯正弦波形，因此参考信号为

$r(t) = m\sin(2\pi f_1 t)$。如果选择滤波器截止频率介于主频 f_1 和开关频率 f_s 之间，则生成的 PWM 波形可以通过 LC 或 LCL 滤波器进行滤波。对于双极性 SPWM，表 7-1 给出了所有可能的状态。为了求得预期的波形，使用图 7-4，可以计算每个开关周期的平均电压。请注意，如果 $f_1 \ll f_s$，则可以假设一个开关周期内的参考信号几乎恒定，因此，双极性 PWM 的平均电压可以从下式得出

$$V_0 = \frac{1}{T_s}\int_{t_0}^{t_0+T_s} v_{AB}dt = \frac{1}{T_s}\left\{\left(\frac{T_s}{2} + 2t_x\right)V_{dc} + \left(\frac{T_s}{2} - 2t_x\right)(-V_{dc})\right\} = \frac{4t_x}{T_s}V_{dc} \tag{7-6}$$

式中，t_x 如图 7-4 所示。如第 5 章所述，时间间隔 t_x 可以使用类似的三角形获得，这会得到

$$t_x = \frac{r(t)}{c_{max}}\left(\frac{T_s}{4}\right) \tag{7-7}$$

表 7-1 双极性 PWM 开关状态

$r(t)$	S_{ap}	S_{an}	S_{bp}	S_{bn}	V_{AB} (V_{inv})
$r \geq c$	1	0	0	1	V_{dc}
$r < c$	0	1	1	0	$-V_{dc}$

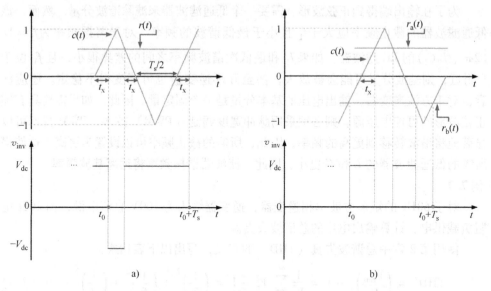

图 7-4 全 H 桥单相逆变器的双极 a) 和单极 b) PWM 开关调制

最大载波信号归一化为 $c_{max} = 1$。因此式（7-7）可以重写为

$$t_x = \frac{T_s}{4}r(t) \tag{7-8}$$

将式（7-8）代入式（7-6）可得

$$v_o(t) = V_{dc}r(t) = mV_{dc}\sin(\omega_1 t) \tag{7-9}$$

式中，m 是调制指数；$\omega_1 = 2\pi f_1$；$v_o(t)$ 是在低通滤波器输出处实际看到的 PWM 波形的平均值。如图 7-5 所示，输出电压在 PWM 频率下被斩波，使谐波含量在开关频率附近移动。为了消除任何偶数谐波，PWM 波形必须具有四分之一波对称性。因此，对于双极性 PWM，频率指数 $m_f = f_s/f_1$，必须是奇数，$m_f = 2k + 1$，k 是一个整数。然而，对于单相逆变器中的单极性技术，m_f 应该是偶数。在单相逆变器的单极性调制技术中，r_a 和 r_b 以 180° 分开，因此，如果将 m_f 选择为偶数整数，即 $m_f = 2k$，因为谐波角度为 $\angle v_{AN} - \angle v_{BN} = (180)m_f$，则偶数谐波可以减小。

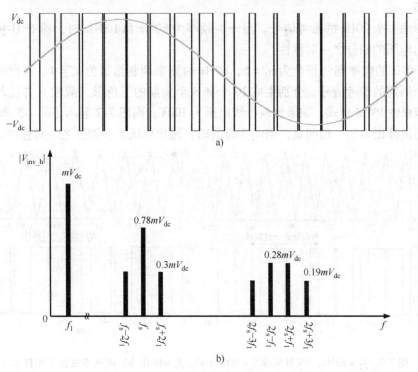

图 7-5　单相 H 桥逆变器的双极性 PWM 技术的输出电压 a）和主频分量 b），
其中 $f_1 = 60\text{Hz}$、$f_s = 1020\text{H}$ 和 $m = 0.9$

如图 7-6 所示，当电流纹波可表示为

$$\Delta I_L = \frac{|\Delta V_L|t_b}{L_f} \tag{7-10}$$

式中，t_b 是电感电流积累的时间，$\Delta V_L \cong V_{dc} - v_o(t)$，最大值出现在电流的过零点附近。在图 7-6 中，当参考信号的幅度大于载波信号的幅度时，逆变器输出电压在 t_b 期间为正。对于 t_b，电感上出现正电压，即 $\Delta V_L > 0$，这会增加通过滤波器的电流。此外，当输出电压在其峰值点（正半周和负半周时）时，$|\Delta V_L|$ 最小，此时电感电流中的纹波最小。

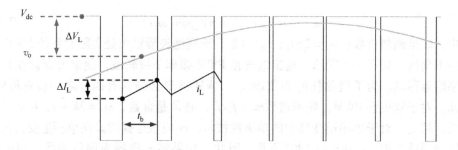

图 7-6 单相逆变器的输出电压和电流波形，当电流通过 LC 滤波器时逐渐增大

例 7.3

考虑一个 20Hz 的参考信号。当开关频率为 80Hz 和 100Hz 时，检查 H 桥逆变器输出电压的四分之一对称性。

100Hz 的频率调制指数为 $m_f = 5$，80Hz 的频率调制指数为 $m_f = 4$。这意味着对于两个周期的参考信号，分别生成 10 个和 8 个周期的三角形（载波）并比较，以形成双极性 PWM 模式。如果直流母线电压为 100V，则图 7-7 显示了 $m_f = 5$ 和 $m_f = 4$ 逆变器的输出电压。很明显，当 m_f 为奇数时，输出电压具有四分之一对称性。

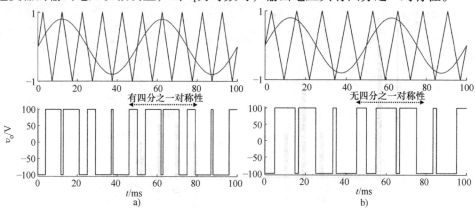

图 7-7 $f_1 = 20\text{Hz}$，PWM 频率 $f_s = 100\text{Hz a}$），$f_s = 80\text{Hz b}$）时的双极性调制技术

在单极性 PWM 技术中，每个支路通过使用单独的参考信号进行独立控制。这一特性使单极技术可扩展到多相逆变器和有源整流器。对于 H 桥单相逆变器的单极性 PWM 技术，表 7-2 给出了所有可能的状态。可以观察到，当两个顶部或两个底部开关管处于导通状态时，会产生零输出电压。产生的 PWM 如图 7-4 所示。如图中所见，输出电压被斩波两倍于 PWM 频率，使谐波分量向开关频率的两倍左右移动，参见图 7-8b。与双极性 PWM 技术相比，当开关损耗保持不变时，这使得低通滤波器更小。使用图 7-4，单极性 SPWM 输出电压的平均值计算如下：

$$V_0 = \frac{2}{T_s} \int_{t_0}^{t_0 + \frac{T_s}{2}} v_{AB} \mathrm{d}t = \frac{2}{T_s} \left\{ (2t_x) V_{dc} + \left(\frac{T_s}{2} - 2t_x \right)(0) \right\} = \frac{4t_x}{T_s} V_{dc} \tag{7-11}$$

表 7-2   单极性 PWM 开关状态（单相逆变器）

S_{ap}	S_{an}	S_{bp}	S_{bn}	V_{AB} （V_{inv}）
1	0	1	0	0
0	1	0	1	0
1	0	0	1	V_{dc}
0	1	1	0	$-V_{dc}$
对于单相 $r_b = -r_a$				
>r_x （x: a, b）		S_{xp}		S_{xn}
$r_x \geqslant C$		1		0
$r_x < C$		0		1

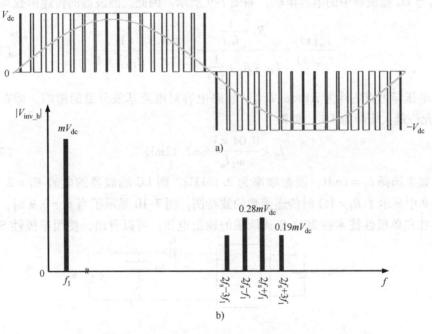

图 7-8   单相 H 桥逆变器的单极性 PWM 技术的输出电压 a）和
主频分量 b），其中 $f_1 = 60\text{Hz}$，$f_s = 1080\text{Hz}$，$m = 0.9$

将 t_x 从式（7-8）代入式（7-11）得到

$$v_o(t) = V_{dc}r(t) = mV_{dc}\sin(\omega_1 t) \tag{7-12}$$

双极性和单极性 SPWM 技术的平均输出电压与式（7-9）和式（7-12）中的结果相同。请注意，输出电压的幅值可以通过调制指数 $0 < m \leqslant 1$ 进行线性控制。然而，在单极性 PWM 中，输出电压被斩波为开关频率的两倍，与双极性技术相比，所需的输出滤波器更小，双极性技术的输出脉冲频率与开关频率相同。此外，在单极性 SPWM 中，输出电压从 0 变换到 V_{dc} 或 $-V_{dc}$，而在双极性 SPWM 中，输出电压

在 V_{dc} 和 $-V_{dc}$ 之间变化（见图 7-8a），并将其与图 7-5a 进行比较。这意味着单极性 PWM 中的 $\Delta v/\Delta t$ 在导通和关断时间是双极性 PWM 中的一半，从而减少漏电流和 EMI。应该注意的是，IGBT 的上升时间和下降时间在 $100 \sim 300$ns 之间，而 SiC MOSFET 和 GaN 晶体管的这些时间均小于 50ns。这两种技术在 $f_1 = 60$Hz，$f_s = 17 \times 60 = 1020$Hz，$m = 0.9$ 时的输出如图 7-5 和图 7-8 所示。

例 7.4

对于 PWM 频率为 4.38kHz、基波频率为 60Hz 的单相逆变器，如果逆变器从 100V 直流电源向 20Ω 电阻负载供电时，设计一个 LC 滤波器，滤波器两端的电压降小于 4%。

LC 滤波器的谐振频率为 $f_r = 1/(2\pi \sqrt{L_f C_f})$，为了阻尼或避免谐振，可以将电阻 R_f 与 LC 滤波器中的电容串联，如图 7-9 所示。因此，滤波器的传递函数写为

$$\frac{v_o(s)}{v_{inv}(s)} = \frac{R_f + \dfrac{1}{C_f s}}{L_f s + R_f + \dfrac{1}{C_f s}} = \frac{R_f C_f s + 1}{L_f C_f s^2 + R_f C_f s + 1} \qquad (7\text{-}13)$$

电压降可以估计为 $\Delta V \cong \omega_1 L_f I_L$。忽略电容对电流基波分量的影响，即有 $I_L \cong I_o$，允许最大压降为 4%，可得

$$L_f < \frac{0.04 \times V_o}{\omega_1 I_o} = 2.12\text{mH} \qquad (7\text{-}14)$$

如果选择 $L_f = 2$mH，谐振频率为 2.16kHz，则 LC 滤波器的电容 $C_f = 2.7\mu$F。图 7-9 中显示了 $R_f = 1\Omega$ 时传递函数的波特图。图 7-10 显示了当 $m = 0.9$ 时，使用双极性和单极性技术在 20Ω 负载两端的输出电压。可以看出，使用单极性 SPWM

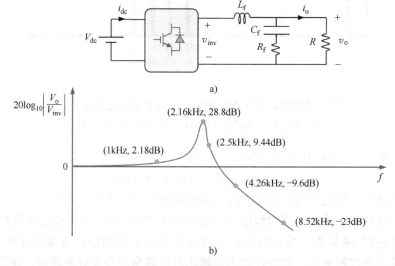

图 7-9 通过 LC 为电阻负载供电的单相逆变器，例 7.4 中的过滤器 a）和输出滤波器 b）的波特图

的逆变器输出电压比使用双极性 SPWM 的输出电压干净得多。请注意，该 LC 滤波器在 $f_s = 4.26\text{kHz}$ 的衰减为 9.6dB，而在 $2f_s = 8.52\text{kHz}$ 时的衰减为 23dB。

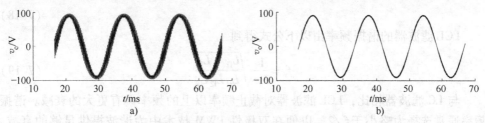

图 7-10　示例 7.4 中单相逆变器的输出电压，当逆变器使用
双极性 SPWM a)，以及单极性 SPWM b)

电网交互式风力和太阳能发电机组在 PQ 控制模式下作为电流源运行。必须限制注入电网的电流谐波。例如，IEEE – 519 标准对并网发电机组的要求为 $\text{THD}_i < 5\%$。因此，可以采用 LCL 滤波器（见图 7-11）来满足谐波限值。将 LCL 滤波器作为一个双端口电路，其中 $i_2 = Y_{21}v_1 + Y_{22}v_2$（见图 7-11b）。LCL 滤波器的传递函数可以通过计算如下定义的 Y_{21} 来获得：

$$Y_{21} = \frac{i_2(s)}{v_1(s)}\bigg|_{v_2=0} = \frac{-i_o(s)}{v_{\text{inv}}(s)} \tag{7-15}$$

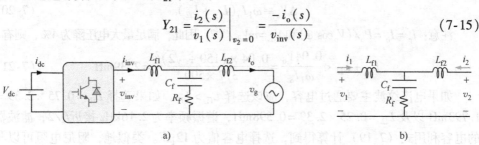

图 7-11　单相逆变器通过 LCL 滤波器 a）向理想电压源供电，
以及 LCL 滤波器的两端口电路 b)

利用图 7-11，当 $v_2 = 0$ 时，可得

$$\frac{i_o(s)}{v_{\text{inv}}(s)} = \frac{R_f + \dfrac{1}{C_f s}}{L_{f2}s + \left(R_f + \dfrac{1}{C_f s}\right)} \tag{7-16}$$

当 $v_2 = 0$ 时，逆变器电流可用逆变器的输出电压来表示

$$\frac{i_{\text{inv}}(s)}{v_{\text{inv}}(s)} = \frac{\left(L_{f2}s + \left(R_f + \dfrac{1}{C_f s}\right)\right)}{L_{f1}s\left(L_{f2}s + \left(R_f + \dfrac{1}{C_f s}\right)\right) + L_{f2}s\left(R_f + \dfrac{1}{C_f s}\right)} \tag{7-17}$$

将 i_{inv} 从式（7-17）代入式（7-16），LCL 滤波器传递函数可以写成

$$\frac{i_o(s)}{v_{inv}(s)} = \left(\frac{i_o(s)}{i_{inv}(s)}\right)\left(\frac{i_{inv}(s)}{v_{inv}(s)}\right) = \frac{R_f C_f s + 1}{s\left(L_{f1}C_f L_{f2}s^2 + R_f C_f(L_{f1} + L_{f2})s + (L_{f1} + L_{f2})\right)}$$

$$(7\text{-}18)$$

LCL 滤波器的谐振频率由以下公式得到

$$f_r = \frac{1}{2\pi}\sqrt{\frac{L_{f1} + L_{f2}}{L_{f1}L_{f2}C_f}} \tag{7-19}$$

与 LC 滤波器相比,LCL 滤波器对截止频率以上的频率具有更大的衰减。谐振频率通常选择为略小于$f_s/2$,以便在双极性 PWM 技术中为谐波提供足够的衰减。对于单极性 PWM,谐振频率可在$f_s/2$和f_s之间选择,因为 PWM 的谐波频率约为 PWM 频率的两倍($2f_s$)(见图 7-8b),并将其与图 7-5b 进行比较。

例 7.5

对于 PWM 频率为 4.38kHz、基波频率为 60Hz 的单相逆变器,如果逆变器输入为 150V 直流电源,当 a)以单位功率因数,b)以 0.8 的功率因数向电网注入 0.5kW 的功率时,设计 LCL 滤波器,使得滤波器的压降小于 4%。

忽略电容对电流基波分量的影响,压降百分比可写成

$$\Delta V_o \cong \omega_1 I_o (L_{f1} + L_{f2}) \tag{7-20}$$

注意:$I_g = I_o = P_o/(V_o\cos\varphi)$和$V_o = mV_{dc}/\sqrt{2}$,因此,满足最大电压降为 4%,则有

$$L_{f1} + L_{f2} < \frac{0.04 V_o}{\omega_1 I_o} = \frac{0.04 \times (150 \div \sqrt{2})^2}{377 \times 500} = 2.39\text{mH} \tag{7-21}$$

如果电流纹波主要通过电容,应该选择$L_{f1} > L_{f2}$。如果选择$L_{f1} = 0.75 \times 2.39 = 1.793\text{mH}$以及$L_{f2} = 0.25 \times 2.39 = 0.598\text{mH}$,谐振频率为 2.16kHz 接近$f_s/2$,滤波器的电容利用式(7-19)计算得到,选择电容值为 12μF。类似地,阻尼电阻可以与电容串联,以避免谐振引起的不稳定性。另一种方法是使用控制策略实现虚拟阻尼电阻。在这种方法中,可以使用虚拟电阻主动有源阻尼谐振,而不会增加系统的功率损耗。虚拟阻尼电阻的缺点是需要额外的电流传感器来测量电容电流。如果逆变器以 0.8 的功率因数运行,则意味着逆变器向电网注入 500W 和 375var,从而有

$$L_{f1} + L_{f2} < \frac{0.04 V_o}{\omega_1 I_o} = \frac{0.04 \times (0.8 \times 150 \div \sqrt{2})^2}{377 \times 500} = 1.53\text{mH} \tag{7-22}$$

在这种情况下,可以选择$L_{f1} = 0.75 \times 1.53 = 1.15\text{mH}$以及$L_{f2} = 0.25 \times 1.53 = 0.38\text{mH}$,因此,滤波器电容必须增加到 19μF。

7.2 三相两电平电压型逆变器

三相两电平 VSI 和 CSI 电路拓扑分别如图 7-12 和图 7-13 所示。三相两电平 VSI 的开关模式设计为将直流电压转换为三个振幅相等且相位相差 120°的正弦波。

VSI 的主要开关控制方式有

- 空间矢量脉宽调制（SVPWM）
- 正弦脉宽调制（SPWM）
- 特定谐波消除脉宽调制（SHE – PWM）
- 滞环 PWM

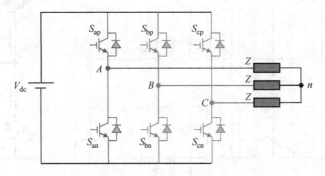

图 7-12　典型三相两电平电压源逆变器的电路示意图

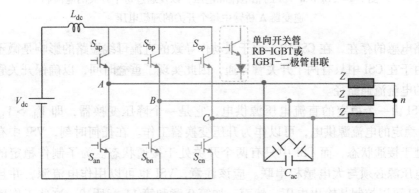

图 7-13　带有单向开关的典型三相电流源逆变器的电路示意图

在三相两电平逆变器中，三条桥臂上的六个开关管需要形成三相系统。当电压和电流波形不同相，而输出电压与开关管状态同相时，开关管在 VSI 中必须具有反并联二极管，以便为电流提供返回路径。在 VSI 中，必须避免直流母线短路，也称为直通，这意味着每个桥臂的两个开关管不能同时处于导通状态。因此，必须采用死区时间算法，以避免 VSI 中的任何直流母线直通。图 7-14 显示了向电阻感性负载供电的三相 VSI 产生的相电压 v_A 和相电流 i_A。顶部和底部开关，S_{ap} 和 S_{an} 之间的电压及其电流如图 7-14 所示。请注意，在任何时刻，只有一个开关管对相电流有贡献，图 7-14 中的负电流表示电流正在通过相关的反并联二极管。

在 CSI 逆变器中，由于电流极性始终与开关管状态同相，因此不需要反并联二极管来调制直流链路电流。然而，必须保护开关管不受开关管输出电流引起的电压尖峰的影响，因此，二极管通常与每个开关串联放置（见图 7-13）。此外，由于直

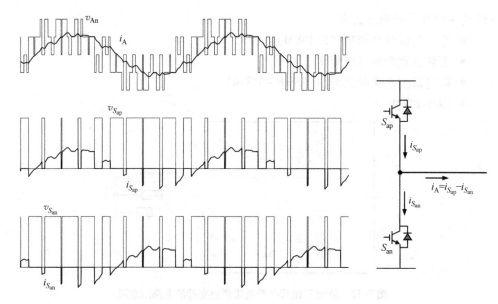

图 7-14 SPWM VSI 的相电流和电压，以及通过每个开关的电流和
逆变器 A 桥臂中每个开关的理想电压

流链路电感的存在，在 CSI 中，由于误动作导致的直流母线短路的影响是微不足道的。由于在 CSI 中只有两个开关管导通，因此实现了重叠时间，以确保开关管瞬态期间的电流流通路径。

VSI 由一个稳定的直流电压源供电，它是一个降压变换器，即 $V_{dc} > V_{LL}$，而 CSI 由稳定的电流源供电，可以作为升压变换器工作。在任何时刻，VSI 中有三个开关处于接通状态，而 CSI 中只有两个开关处于接通状态。为了制作稳定的电流源，电压源必须与大电感相串联。应该注意，VSI 也可以用作电流源，并且类似地，CSI 可以控制其输出电压。然而，如第 9 章和第 11 章所述，这些工作模式只能在闭环控制方案中实现。本章的重点是电力行业中常用的 VSI 结构。

7.3 六步换相开关模式

在下一节讨论空间矢量 PWM 技术之前，本节介绍了一种称为六步换相开关的简单开关方法。为了公式化表示出六步开关模式，VSI 中的六个开关管由六个向量表示，这样表示上侧开关的向量，即 S_{ap}、S_{bp} 和 S_{cp} 以逆时针顺序彼此相差 120°（见图 7-15）。此外，代表连接在正负直流母线轨上的两个开关管（例如 S_{ap} 和 S_{an}）的矢量相差 180°。图 7-15 还显示了近一半的半圆盘（180° - γ）角度，其中 γ 是一个小角度，避免一个桥臂的两个开关管同时落入半圆盘中。如果半圆盘以逆时针方向的速度旋转，放置在圆盘中的三个开关管，在任何时刻都必须处于导通状态。角

度 γ 代表固态开关固有的非零上升和下降时
间所需的死区时间，避免任何直流母线短
路。当圆盘旋转时，导通状态开关可以是
$(S_{cp}、S_{bn}、S_{ap})$，$(S_{bn}、S_{ap}、S_{cn})$，$(S_{ap}、$
$S_{cn}、S_{bp})$，$(S_{cn}、S_{bp}、S_{an})$，$(S_{bp}、S_{an}、$
$S_{cp})$ 或 $(S_{an}、S_{cp}、S_{bn})$。仅考虑上侧开关
管的状态，即 S_{ap}、S_{bp} 和 S_{cp}，开关管状态可
用三位数字表示为（101）、（100）、（110）、
（010）、（011）和（001）。上侧开关管总是
与下侧开关管互补。因此，开关状态可以在
任何时刻用一个三位二进制数来完全描述。

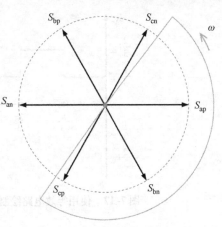

图 7-15　三相两电平逆变器的所有
可能开关状态显示为六个矢量

考虑到这六种可能的状态，这六种状态
的等效电路如图 7-16 所示。使用这些等效
电路，可以获得表 7-3 中输出的相电压。例
如，A 相的电压波形如图 7-17 所示。由于四分之一对称性，逆变器输出电压有一
个基波分量且只有奇数次谐波。使用傅里叶级数，对于图 7-17 所示的波形。可以
写出

$$v_{An}(t) = \sum_{h=1}^{\infty} a_h \sin(h\omega t) \tag{7-23}$$

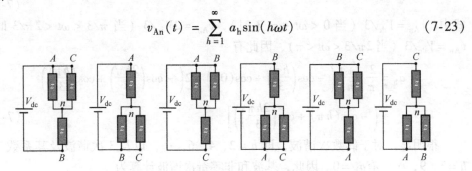

图 7-16　图 7-12 中 VSI 的等效电路的六种可能的开关状态

表 7-3　六步换相 VSI 的输出相电压

	第一步	第二步	第三步	第四步	第五步	第六步
	101	100	110	010	011	001
V_{An}	$\frac{1}{3}V_{dc}$	$\frac{2}{3}V_{dc}$	$\frac{1}{3}V_{dc}$	$-\frac{1}{3}V_{dc}$	$-\frac{2}{3}V_{dc}$	$-\frac{1}{3}V_{dc}$
V_{Bn}	$-\frac{2}{3}V_{dc}$	$-\frac{1}{3}V_{dc}$	$\frac{1}{3}V_{dc}$	$\frac{2}{3}V_{dc}$	$\frac{1}{3}V_{dc}$	$-\frac{1}{3}V_{dc}$
V_{Cn}	$\frac{1}{3}V_{dc}$	$-\frac{1}{3}V_{dc}$	$-\frac{2}{3}V_{dc}$	$-\frac{1}{3}V_{dc}$	$\frac{1}{3}V_{dc}$	$\frac{2}{3}V_{dc}$

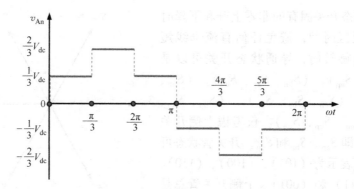

图 7-17   使用等效电路绘制的六步 VSI 的 A 相输出电压波形 v_{An}

傅里叶级数系数 a_h 可得

$$a_h = \frac{2}{\pi} \int_0^\pi v_{An}(t) \sin(h\omega t) \, d(\omega t) \tag{7-24}$$

使用图 7-17，可以将式（7-24）中的积分分为以下三部分：

$$a_h = \frac{2}{\pi} \left[\int_0^{\pi/3} \frac{V_{dc}}{3} \sin(h\omega t) \, d(\omega t) + \int_{\pi/3}^{2\pi/3} \frac{2V_{dc}}{3} \sin(h\omega t) \, d(\omega t) + \int_{2\pi/3}^{\pi} \frac{V_{dc}}{3} \sin(h\omega t) \, d(\omega t) \right] \tag{7-25}$$

式中，$v_{An} = V_{dc}/3$（当 $0 < \omega t < \pi/3$ 时），$v_{An} = 2V_{dc}/3$（当 $\pi/3 < \omega t < 2\pi/3$ 时），$v_{An} = V_{dc}/3$（当 $2\pi/3 < \omega t < \pi$），因此有

$$a_h = \frac{2}{\pi} \frac{V_{dc}}{3h} \left[\left(-\cos\left(\frac{h\pi}{3}\right) + \cos(0) \right) + 2\left(-\cos\left(\frac{2h\pi}{3}\right) + \cos\left(\frac{h\pi}{3}\right) \right) \right.$$
$$\left. + \left(-\cos(h\pi) + \cos\left(\frac{2h\pi}{3}\right) \right) \right] \tag{7-26}$$

很明显，对于偶数次谐波，即 $h = 2, 4, 6, \cdots$，以及 3 次谐波及其系数，即 $h = 3, 9, \cdots$，有 $a_h = 0$。因此，基波和非零奇次谐波计算为

$$a_h = \frac{2V_{dc}}{h\pi} \quad \text{其中 } h = 1, 5, 7, \cdots \tag{7-27}$$

这意味着 $v_{Ah}(t)$ 可以写成

$$v_{Ah}(t) = \frac{2V_{dc}}{\pi} \left(\sin(\omega t) + \frac{1}{5}\sin 5(\omega t) + \frac{1}{7}\sin 7(\omega t) + \cdots \right) \tag{7-28}$$

图 7-18 绘制了式（7-28）中考虑基波分量和第 5 次、第 7 次、第 11 次和第 13 次谐波分量的相电压及其估计波形。对于 B 相，可以用将式（7-28）中的 ωt 替换为 $(\omega t - 2\pi/3)$，可得

$$v_{Bh}(t) = \frac{2V_{dc}}{\pi} \left(\sin\left(\omega t - \frac{2\pi}{3}\right) + \frac{1}{5}\sin 5\left(\omega t - \frac{2\pi}{3}\right) + \frac{1}{7}\sin 7\left(\omega t - \frac{2\pi}{3}\right) + \cdots \right)$$
$$\tag{7-29}$$

类似地，将式（7-28）中的 ωt 替换为（$\omega t - 4\pi/3$），以获得 C 相的电压表达式，如下所示：

$$v_{\mathrm{Ch}}(t) = \frac{2V_{\mathrm{dc}}}{\pi}\left(\sin\left(\omega t - \frac{4\pi}{3}\right) + \frac{1}{5}\sin5\left(\omega t - \frac{4\pi}{3}\right) + \frac{1}{7}\sin7\left(\omega t - \frac{4\pi}{3}\right) + \cdots \right)$$

(7-30)

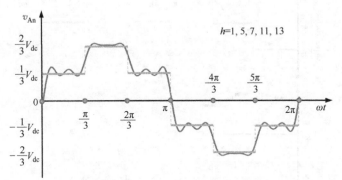

图 7-18　六步换相 VSI 的 A 相的输出电压波形 v_{Ah} 以及第 1 次、

第 5 次、第 7 次、第 11 次和第 13 次谐波分量之和

相应的线 – 线电压，即 $v_{\mathrm{AB}} = v_{\mathrm{An}} - v_{\mathrm{Bn}}$，如图 7-19 所示。线 – 线电压的傅里叶表达式也可以通过将 v_{An} 移动 $+30°$ 并将 v_{An} 幅值乘以因子 $\sqrt{3}$ 获得，如第 2 章所述。因此，v_{AB} 可以写成

$$v_{\mathrm{AB}}(t) = \frac{2\sqrt{3}V_{\mathrm{dc}}}{\pi}\left(\sin\left(\omega t + \frac{\pi}{6}\right) + \frac{1}{5}\sin5\left(\omega t + \frac{\pi}{6}\right) + \frac{1}{7}\sin7\left(\omega t + \frac{\pi}{6}\right) + \cdots \right)$$

(7-31)

线 – 线电压的基波分量也如图 7-19 所示。六步换相开关法的主要缺点是输出电压含有低次谐波。如果可以通过在两个相邻的电压电平和两个零电平（即（111）和（000））之间切换来建立新的平均电压，那么可以制作一个形成正弦波形的 PWM 波形。这种方法被称为空间矢量脉宽调制（SVPWM），如 7.4 节所示。

例 7.6

对于具有六步换相开关控制且基波频率为 60Hz 的三相两电平 VSI，如果逆变器为电阻负载供电，计算输出相电压的总谐波失真。

总谐波失真可通过以下公式计算：

$$\mathrm{THD}^2 = \left(\frac{V_{\mathrm{rms}}}{V_1}\right)^2 - 1 = \left(\frac{1}{V_1^2}\sum_{h=1}^{\infty} V_{\mathrm{h}}^2\right) - 1 = \left(\frac{1}{5}\right)^2 + \left(\frac{1}{7}\right)^2 + \cdots \quad (7\text{-}32)$$

因此，无论逆变器额定值和电路参数如何，产生的输出电压的总谐波失真为 $\mathrm{THD} = 31\%$。PWM 技术将这些谐波分量转移到更高的频率，可以使用小型滤波器有效地进行衰减。请注意，更高的 PWM 频率会增加开关损耗，这样会削弱减小滤

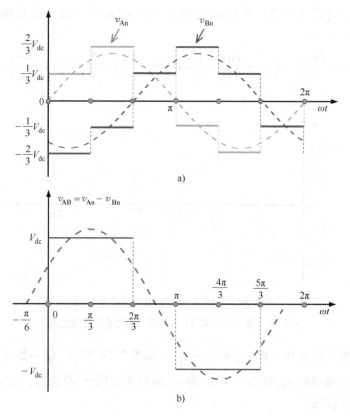

图 7-19 六步换相三相 VSI 的输出相电压 a）和线 – 线 b）电压

波器的尺寸的优势，从而需要更大的散热器和冷却系统。

例 7.7

对于具有六步换相开关模式且基波频率为 60Hz 的三相两电平 VSI，如果逆变器通过 300V 直流电源向 Y 型连接的 RL 负载供电，每相负载参数为 $10 + j4\Omega$，忽略逆变器损耗，求得直流链路平均电流。

忽略系统损耗，输入和输出功率是相等的，即 $P_{dc} = P_{ac}$，得到

$$V_{dc}I_{dc} = \sqrt{3}V_{LL}I_L\cos\varphi \tag{7-33}$$

对于近似正弦的电流波形，只有电压的基波分量贡献有功功率，如第 2 章所述。相电压可通过式（7-28）计算得出，即 $V_{ph} = 2V_{dc}/\pi\sqrt{2}$。因此，线电流近似为

$$I_L = \frac{V_{ph}}{\sqrt{R^2 + X^2}} = \frac{2V_{dc}/\pi\sqrt{2}}{\sqrt{R^2 + X^2}} = \frac{2 \times 300/\pi\sqrt{2}}{\sqrt{100 + 16}} = 12.54\text{A} \tag{7-34}$$

利用式（7-33），负载功率因数角为 $\varphi = \tan^{-1}(4 \div 10) = 21.8°$，可以如下计算直流侧电流：

$$I_{dc} = \frac{\sqrt{3} \times 234 \times 12.54 \times \cos(21.8°)}{300} = 15.73A \qquad (7\text{-}35)$$

利用式（7-33），输入 – 输出电流比变为

$$\frac{I_{dc}}{I_L} = \frac{\sqrt{3}V_{LL}\cos\varphi}{V_{dc}} = \frac{\sqrt{3} \times [2\sqrt{3}V_{dc} \div (\pi\sqrt{2})] \times \cos\varphi}{V_{dc}}$$

$$= \frac{3\sqrt{2}\cos\varphi}{\pi} = 1.25 \qquad (7\text{-}36)$$

此外，仿真的输出电压和电流波形如图 7-20 所示。

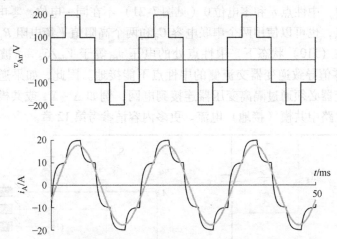

图 7-20　例 7.7 中六步换相逆变器的相电压和线电流

例 7.8

编写代码，为例 7.7 中的六步换相三相逆变器生成驱动信号。为了对开关模式进行编程，可以定义三个参考正弦信号，例如 $r_a = \cos(2\pi ft)$，$r_b = \cos(2\pi ft - 2\pi/3)$，$r_c = \cos(2\pi ft - 4\pi/3)$，然后计算第 2 章中定义的空间向量，即 $\vec{r} = \frac{2}{3}(r_a + \alpha r_b + \alpha^2 r_c)$，其中 $\alpha = e^{j2\pi/3}$。角度 $\vec{r}$ 可用于确定图 7-15 中半圆盘的位置以及任何时刻的开关状态。控制代码非常简单，如下所示。

```
function S = fcn(ra, rb, rc)
y = [0 0 0]; d = 0;
j = sqrt(complex(-1));
a = exp(j * 2 * pi/3);
r = (2/3) * (ra + (a) * rb + (a^2) * rc);
d = (180/pi) * angle(r);
if d < 0 d = d + 360; end
if d >= 0 && d < 60
  y = [1 0 1];
elseif d >= 60 && d < 120
```

```
  y = [1 0 0];
elseif d > = 120 && d < 180
  y = [1 1 0];
elseif d > = 180 && d < 240
  y = [0 1 0];
elseif d > = 240 && d < 300
  y = [0 1 1];
elseif d > = 300 && d < 360
  y = [0 0 1];
end
S = y;
```

在 VSI 中，中性点 n 和零电位 0（见图 7-21）不在同一电位。零电位点可以是一个虚拟节点，也可以使用两个串联电容 C_d 和两个高阻值平衡电阻 R_d 进行物理构建。例如，在（110）状态下，中性点处的电压 v_{n0} 等于 $V_{dc}/6$。v_{n0} 被称为共模电压。v_{n0} 的非零值导致逆变器交流侧的中性点不能接地。因此，如果逆变器向电网供电，则逆变器必须通过隔离变压器连接到电网，例如 $\Delta - Y$，或共模滤波器，以避免或减小电路中共模（接地）电流。更多内容请参考第 12 章。

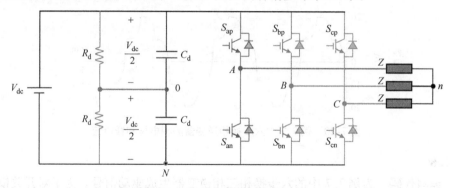

图 7-21　带有直流母线电容器的三相两电平电压源逆变器的电路示意图

7.4　空间矢量脉宽调制（SVPWM）

空间矢量脉宽调制（SVPWM）技术可以从六步换相开关方法中推导出来。然而，除了前面描述的六种状态外，还必须添加两种零状态以形成 SVPWM 技术，如图 7-22 所示，见表 7-4。这种 PWM 技术在每个开关周期中产生一系列电压脉冲，从而使合成空间矢量的尖端平均值停留在一个圆上，而不是表 7-4 中给出的不同矢量。通过从现有状态中适当选择开关状态，并精确计算开关周期中每个状态的时间，可在每个采样周期内实现该技术。选择的开关状态及其计算时间基于第 2 章前面解释的空间矢量变换。因此，这种开关模式被称为空间矢量 PWM（SVPWM）。为了更好地理解 SVPWM 的概念，可以学习以下例子。

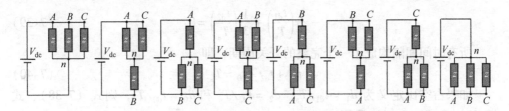

图 7-22　通过 SPWM 或 SVPWM 的 VSI 等效电路，有八种可能的开关状态

表 7-4　SVPWM 技术中的开关状态、相电压和空间矢量

S_{ap}	S_{bp}	S_{cp}	V_{An}	V_{Bn}	V_{Cn}	$\vec{V_s}$
0	0	0	0	0	0	$\vec{V_0}=0$
1	0	0	$\frac{2}{3}V_{dc}$	$-\frac{1}{3}V_{dc}$	$-\frac{1}{3}V_{dc}$	$\vec{V_1}=\frac{2}{3}V_{dc}$
1	1	0	$\frac{1}{3}V_{dc}$	$\frac{1}{3}V_{dc}$	$-\frac{2}{3}V_{dc}$	$\vec{V_2}=\frac{2}{3}V_{dc}(e^{j\pi/3})$
0	1	0	$-\frac{1}{3}V_{dc}$	$\frac{2}{3}V_{dc}$	$-\frac{1}{3}V_{dc}$	$\vec{V_3}=\frac{2}{3}V_{dc}(e^{j2\pi/3})$
0	1	1	$-\frac{2}{3}V_{dc}$	$\frac{1}{3}V_{dc}$	$\frac{1}{3}V_{dc}$	$\vec{V_4}=\frac{2}{3}V_{dc}(e^{j3\pi/3})$
0	0	1	$-\frac{1}{3}V_{dc}$	$-\frac{1}{3}V_{dc}$	$\frac{2}{3}V_{dc}$	$\vec{V_5}=\frac{2}{3}V_{dc}(e^{j4\pi/3})$
1	0	1	$\frac{1}{3}V_{dc}$	$-\frac{2}{3}V_{dc}$	$\frac{1}{3}V_{dc}$	$\vec{V_6}=\frac{2}{3}V_{dc}(e^{j5\pi/3})$
1	1	1	0	0	0	$\vec{V_7}=0$

例 7.9

当 $v_{Bn}=0$ 时，确定可能的开关状态和时间间隔，以便在一个开关周期内，在 v_{An} 的输出端平均电压达到 $V_{dc}/2$。

根据表 7-4，可能的正电压为 $2V_{dc}/3$ 和 $V_{dc}/3$。请注意，v_{An} 所需的 $V_{dc}/2$ 不能直接由任何这些开关状态产生，如（100）和（110）。然而，平均而言，在一个开关周期内可得 $V_{dc}/2$。如果将一个开关周期 T_s 分为三个时间间隔，这样逆变器在 t_{d1} 时段保持状态（100），然后切换到状态（110）并保持 t_{d2} 时间，最后在 t_0 时段保持状态（111），则平均电压可以等于所需电压，即 $V_{dc}/2$。在数学上可以写成

$$\frac{1}{T_s}\left\{t_{d1}\left(\frac{2}{3}V_{dc}\right)+t_{d2}\left(\frac{1}{3}V_{dc}\right)+t_0(0)\right\}=\frac{1}{2}V_{dc} \tag{7-37}$$

如果将式（7-37）的两侧除以 V_{dc}，简化如下：

$$\frac{2}{3}\left(\frac{t_{d1}}{T_s}\right)+\frac{1}{3}\left(\frac{t_{d2}}{T_s}\right)=\frac{1}{2} \tag{7-38}$$

有一个方程和两个未知参数，这意味着 t_{d1} 和 t_{d2} 有无穷多个解。然而，同时对于 B 相，如果希望平均电压为 0，可能的电压为 $-V_{dc}/3$ 和 $V_{dc}/3$，这意味着

$$-\frac{1}{3}\left(\frac{t_{d1}}{T_s}\right)+\frac{1}{3}\left(\frac{t_{d2}}{T_s}\right)=0 \tag{7-39}$$

所有时间间隔构成了一个完整的开关周期，即

$$t_{d1}+t_{d2}+t_0=T_s \tag{7-40}$$

如果占空比定义为 $d_1=t_{d1}/T_s$、$d_2=t_{d2}/T_s$ 和 $d_0=t_{d0}/T_s$，则式（7-38）、式（7-39）和式（7-40）重写为

$$\begin{cases} 2d_1+d_2=\dfrac{3}{2} \\ d_1-d_2=0 \\ d_1+d_2+d_0=1 \end{cases} \tag{7-41}$$

求解这些方程得到 $d_1=d_2=0.5$，$d_0=0$。这意味着，如果 $f_s=5\mathrm{kHz}$，在一个开关周期内，$T_s=200\mu s$，逆变器必须在状态（100）并保持 $t_{d1}=100\mu s$，然后切换到状态（110）并保持 $t_{d2}=100\mu s$，在 $\omega t=2\pi/3$ 附近，以产生平均电压 $v_{An}=V_{dc}/2$、$v_{Bn}=0$ 和 $v_{Cn}=-V_{dc}/2$。

这个例子可以扩展为其他 PWM 开关控制模式。表 7-4 显示了空间向量 $\vec{v}_s=(2/3)(v_{An}+\alpha v_{Bn}+\alpha^2 v_{Cn})$ 对于六种主要开关状态。基本概念是，如果空间向量 $\vec{v}_s$ 的平均值落在一个圆上，那可以确保 v_{An}、v_{Bn} 和 v_{Cn} 的基波分量代表了一个对称的三相系统。在 SVPWM 方式中，6 个非零空间矢量定义了 6 个扇区，如图 7-23 所示。目标电压的空间矢量 $\vec{v}_s$，然后用于根据 $\vec{v}_s$ 的位置确定三种可能的状态。例如，如果 $\vec{v}_s$ 位于扇区 I，可能的状态为（100）、（110）和（000）或（111）中的任何一个。问题是，逆变器必须在每个状态下保持多长时间，才能生成所需的 $\vec{v}_s$ 平均电压。

图 7-24 展示了当 $\vec{v}_s$ 在扇区 VI 和扇区 V 的情况，这是开关模式的两个例子。可以设计不同的开关模式来优化逆变器性能。例如，如果对于图 7-24 中的扇区 V，对于相同的 t_{d1}、t_{d2} 和 t_{d0}，开关顺序选择为（001）、（101）和

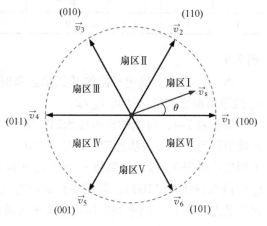

图 7-23　扇区、主空间矢量和相关开关状态，以及所需空间向量 $\vec{v}_s$，以基波角频率（$\omega=\mathrm{d}\theta/\mathrm{d}t$）旋转

（000），而不是（001）、（101）和（111），则输出电压相同。然而，当四个开关管在每个（101）到（000）转换的关 - 开或开 - 关瞬态中加入时，开关损耗变得更大，见表 7-5。

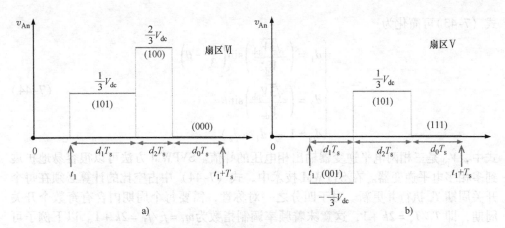

图 7-24 当 $\vec{v}_s$ 落在扇区Ⅵ a) 和扇区Ⅴ b) 时, 可能的状态和相关的 v_{An}

表 7-5 形成相同输出电压时开关顺序对转换次数的影响

情形 1	S_{ap}	S_{an}	S_{bp}	S_{bn}	S_{cp}	S_{cn}	情形 2	S_{ap}	S_{an}	S_{bp}	S_{bn}	S_{cp}	S_{cn}
(101)	1	0	0	1	1	0	(101)	1	0	0	1	1	0
(111)	1	0	1	0	1	0	(000)	0	1	0	1	0	1
变化	–	–	x	x	–	–	变化	x	x	–	–	x	x

假设目标空间向量位于第 k 扇区, 如图 7-25 所示。图中所示的三角形用正弦定律可以写成

$$\frac{|\vec{v}_s|}{\sin\left(\frac{2\pi}{3}\right)} = \frac{d_1|\vec{v}_k|}{\sin\left(\frac{\pi}{3} - \theta\right)} = \frac{d_2|\vec{v}_{k+1}|}{\sin\theta} \tag{7-42}$$

式中, $|\vec{v}_s|$ 是逆变器的期望输出电压, 对于任何 k, 有 $|\vec{v}_k| = 2V_{dc}/3$, 见表 7-4。需要利用占空比 d_1 和 d_2 来计算逆变器在这两种状态下的保持时间, 利用式 (7-42) 进行计算, 如下所示:

$$\begin{cases} d_1 = \frac{2}{\sqrt{3}}\left(\frac{|\vec{v}_s|}{|\vec{v}_k|}\right)\sin\left(\frac{\pi}{3} - \theta\right) \\ d_2 = \frac{2}{\sqrt{3}}\left(\frac{|\vec{v}_s|}{|\vec{v}_{k+1}|}\right)\sin\theta \end{cases} \tag{7-43}$$

无论 $\vec{v}_s$ 相对于扇区的位置如何, 在这些等式中始终有 $0 < \theta < \pi/3$。注意有, $|\vec{v}_1| = |\vec{v}_2| = \cdots = |\vec{v}_6| = (2/3)V_{dc}$, 因此

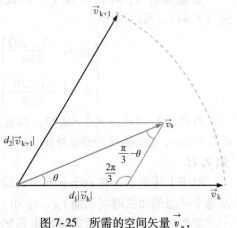

图 7-25 所需的空间矢量 $\vec{v}_s$, 由两个向量构成, $d_1|\vec{v}_k|$ 和 $d_2|\vec{v}_{k+1}|$, 分别与 $\vec{v}_k$ 和 $\vec{v}_{k+1}$ 对齐

式（7-43）可简化为

$$
\begin{cases}
d_1 = \left(\dfrac{\sqrt{3}\,\hat{V}_{\text{ph}}}{V_{\text{dc}}} \right) \sin\left(\dfrac{\pi}{3} - \theta \right) \\[3mm]
d_2 = \left(\dfrac{\sqrt{3}\,\hat{V}_{\text{ph}}}{V_{\text{dc}}} \right) \sin\theta \\[3mm]
d_0 = 1 - (d_1 + d_2)
\end{cases}
\tag{7-44}
$$

式中，$\hat{V}_{\text{ph}}$ 是三相两电平逆变器输出相电压的峰值。SVPWM 方法可以很容易地扩展到多相多电平逆变器。在 SVPWM 技术中，式（7-44）中占空比的计算必须在每个开关周期 T_{s} 执行并更新。对于四分之一对称性，需要每个周期内含有奇数个开关周期，即 $T_1/T_{\text{s}} = 2k+1$，这意味着频率调制指数为 $m_{\text{f}} = f_{\text{s}}/f_1 = 2k+1$。以下例子可以帮助理解在微控制器中编码 SVPWM 技术之前计算占空比的过程。

例 7.10

控制一个 $V_{\text{dc}} = 650\text{V}$ 的光伏逆变器，需要在逆变器输出端的 A 相得到平均电压 $210\angle 10°$。在一个开关周期内，$T_{\text{s}} = 100\mu\text{s}$，在 $\omega t = 2\pi/3$ 附近，确定开关切换状态，计算占空比 d_0、d_1 和 d_2，以及每个状态的时间间隔 t_0、t_1 和 t_2。

首先，需要计算期望输出电压的空间矢量。如果假设为正弦（而非余弦）信号，$v_{\text{An}} = 210\sqrt{2}\sin(120° + 10°) = 227.5\text{V}$、$v_{\text{Bn}} = 210\sqrt{2}\sin(120° + 10° - 120°) = 51.57\text{V}$ 和 $v_{\text{Cn}} = 210\sqrt{2}\sin(120° + 10° - 240°) = -279.1\text{V}$，因此

$$
\vec{v}_{\text{s}} = \frac{2}{3}\left(227.5 + \alpha \times 51.57 + \alpha^2 \times (-279.1) \right) = 297e^{i(40°)}\text{V}
\tag{7-45}
$$

这意味着 $\vec{v}_{\text{s}}$ 落在扇区 I，因此，可能的状态为（100）和（110）。利用式（7-44），可以写出

$$
\begin{cases}
d_1 = \left(\dfrac{\sqrt{3} \times 297}{650} \right) \sin(60° - 40°) = 0.27 \\[3mm]
d_2 = \left(\dfrac{\sqrt{3} \times 297}{650} \right) \sin(40°) = 0.51
\end{cases}
\tag{7-46}
$$

有 $d_0 = 1 - (d_1 + d_2) = 0.22$，相应地，$t_0 = d_0 T_{\text{s}} = 22\mu\text{s}$，$t_1 = d_1 T_{\text{s}} = 27\mu\text{s}$，$t_2 = d_2 T_{\text{s}} = 51\mu\text{s}$，也即意味着逆变器在（100）状态停留 $27\mu\text{s}$，在（110）状态停留 $51\mu\text{s}$。

例 7.11

对于上述例子，在 $\omega t = \pi/6$ 时，确定切换状态，计算占空比 d_0、d_1 和 d_2，以及每个状态的相关时间间隔 t_{d0}、t_{d1} 和 t_{d2}。

类似地，首先计算所需输出电压的空间矢量。再次假设正弦参考信号，$v_{\text{An}} = 210\sqrt{2}\sin(30° + 10°) = 190.9\text{V}$、$v_{\text{Bn}} = 210\sqrt{2}\sin(30° + 10° - 120°) = -292.5\text{V}$ 和 $v_{\text{Cn}} = 210\sqrt{2}\sin(30° + 10° - 240°) = 101.6\text{V}$，因此空间矢量可以立即计算得

$$
\vec{v}_{\text{s}} = \frac{2}{3}\left(190.9 + \alpha \times (-292.5) + \alpha^2 \times (101.6) \right) = 297e^{j(310°)}\text{V}
\tag{7-47}
$$

这意味着 $\vec{v}_s$ 落在扇区 Ⅵ，因此，可能的状态为（101）和（100），注意式（7-44）中总有 $0 < \theta < \pi/3$，因此 $\theta = 310° - 300° = 10°$，即 $\vec{v}_6$ 的角度为 $300°$。现可以计算出占空比为

$$\begin{cases} d_1 = \left(\dfrac{\sqrt{3} \times 297}{650} \right) \sin(60° - 10°) = 0.61 \\ d_2 = \left(\dfrac{\sqrt{3} \times 297}{650} \right) \sin(10°) = 0.137 \end{cases} \tag{7-48}$$

已知 d_1 和 d_2，可以计算 $d_0 = 1 - (d_1 + d_2) = 0.253$，相应地，$t_{d0} = d_0 T_s = 25.3\mu s$，$t_{d1} = d_1 T_s = 61\mu s$，$t_{d2} = d_2 T_s = 13.7\mu s$，也即意味着，在 $\omega t = \pi/6$ 时，逆变器在（101）状态停留 $61\mu s$，在（100）状态停留 $13.7\mu s$。

可以设计不同的开关模式来减少逆变器中的共模电压、总谐波失真或开关损耗。图 7-26 显示了一种典型的波形对称模式，它将两个连续的开关周期合在一起。在 SVPWM 中，在 t_x 之前，必须确定所需空间矢量所在的扇区。然后计算相应开关状态 $d_1 T_s$、$d_2 T_s$ 和 $d_0 T_s$ 的时间间隔，以满足所需的输出电压 $\vec{v}_s$，即 $d_1 \vec{v}_1 + d_2 \vec{v}_2 + d_0 \vec{v}_0 = \vec{v}_s$。对于图 7-26 所示的模式，式（7-44）中占空比的计算过程应在每两个连续的开关周期 $2T_s$ 执行并重复一次。

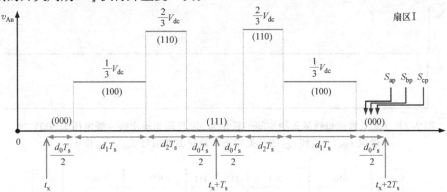

图 7-26　当 $\vec{v}_s$ 落在扇区 Ⅰ 时，得到 v_{An} 的可能状态，有两个开关周期以提供波形对称性

例 7.12

对于图 7-26 所示的 SVPWM 模式，当下标中的 N 表示图 7-21 所示的负电源轨时，绘制参照直流母线负轨相电压的开关模式，即 v_{AN}、v_{BN} 和 v_{CN}。如果直流母线电压为 650V，当空间矢量角约为 $30°$ 和 $150°$ 时，在两个不同的瞬间，所需线 - 线输出电压的峰值为 400V。

空间矢量在一个圆上以基频角频率旋转，该圆可以近似为具有多个弦的多边形，这取决于用于编码 SVPWM 技术的 f_s/f_1 或 $f_s/(2f_1)$ 比率。对于给定的空间矢量角度，当角度为 $30°$ 时，空间矢量落在扇区 Ⅰ 中，当角度为 $150°$ 时，空间矢量落在扇区 Ⅲ 中。首先，需要计算 d_1、d_2 和 d_0，并在随后的两个开关周期中保持它们不

变。当空间向量的角度为 30° 时，最可能的状态为（100）和（110）。利用式（7-44）和 $\theta = 30°$，可以写出

$$\begin{cases} d_1 = \left(\dfrac{400}{650}\right)\sin(60° - 30°) = 0.307 \\[2mm] d_2 = \left(\dfrac{400}{650}\right)\sin(30°) = 0.307 \end{cases} \qquad (7\text{-}49)$$

已知 d_1 和 d_2，可以计算 $d_0 = 1 - (d_1 + d_2) = 0.386$。当空间矢量角为 150° 时，最可能的状态为（010）和（011），利用式（7-44），$\theta = 150° - 120° = 30°$，其中 $\vec{v}_3$ 的角度为 120°。可以计算 $d_1 = d_2 = 0.307$。因此，$d_0 = 1 - (d_1 + d_2) = 0.386$。现在，对于这两个瞬间，在相邻的两个开关周期中形成 v_{AN}、v_{BN} 和 v_{CN} 的栅极信号如图 7-27 和图 7-28 所示。在这些图中，显示了上侧开关管的状态，但请注意，任何时刻都有三个开关管导通。

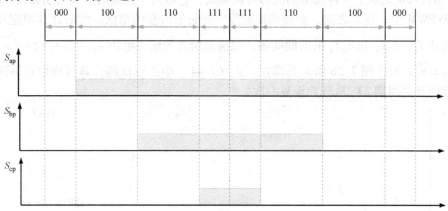

图 7-27　650V 直流母线的理想空间矢量角为 30° 且理想输出线 - 线电压为 400V 时，形成 v_{AN}、v_{BN} 和 v_{CN} 的开关状态和栅极驱动信号 S_{ap}、S_{bp} 和 S_{cp}

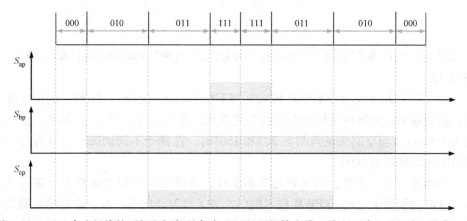

图 7-28　650V 直流母线的理想空间矢量角为 150° 且理想输出线 - 线电压为 400V 时，形成 v_{AN}、v_{BN} 和 v_{CN} 的开关状态和栅极驱动信号 S_{ap}、S_{bp} 和 S_{cp}

7.5 正弦脉宽调制 (SPWM)

多相逆变器的 SPWM 控制基于 7.1 节中针对单相逆变器单极性 PWM 技术。在多相逆变器的 SPWM 技术中，参考信号与三角形波形进行比较，如图 7-29 所示。对于线性调制，调制指数必须低于 1，即 $0 < m < 1$。对于 $m > 1$，逆变器会被过度调制，产生的输出电压中会出现低次谐波，例如第 5 次和第 7 次谐波。在三相逆变器的单极技术中，r_a、r_b 和 r_c 相隔 120°，因此，输出的谐波角度为 $\angle v_{AN} - \angle v_{BN} = (120)m_f$。如果将 m_f 选择为 3，则可以消除线 – 线电压中的一些谐波。由于线 – 线电压的四分之一对称性，频率调制指数必须是奇数且为 3 的倍数，即 $m_f = 3(2k+1)$。一个开关周期内 v_{AN} 的平均值计算如下：

$$v_{AN} = \frac{1}{T_s} \int_{t_0}^{t_0+T_s} v_{AN} dt = \frac{1}{T_s} \left\{ \left(\frac{T_s}{2} + 2t_x \right) V_{dc} + \left(\frac{T_s}{2} - 2t_x \right) (0) \right\} \quad (7\text{-}50)$$

时间间隔 t_x 可以使用类似的三角形获得。类似地，正如针对单相逆变器所讨论的，可以写入 $t_x = (T_s/4)r_a$，因此，v_{AN} 重写为

$$v_{AN} = \left(\frac{1}{2} + \frac{1}{2}r_a \right) V_{dc} = \frac{V_{dc}}{2} (1 + m\sin(\omega t)) \quad (7\text{-}51)$$

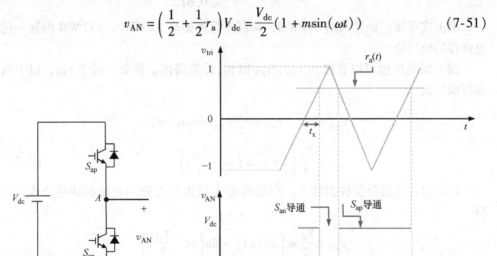

图 7-29 $f_s \gg f_1$ 时的参考信号和 SPWM 技术用于开关多相逆变器一个桥臂的三角波（载波）信号

根据图 7-21 和式（7-51），参考直流母线电压中点的 A 相电压 v_{A0} 可计算为

$$v_{A0} = v_{AN} + v_{N0} = \frac{V_{dc}}{2} (1 + m\sin(\omega t)) - \frac{V_{dc}}{2} = \frac{V_{dc}}{2} m\sin(\omega t) \quad (7\text{-}52)$$

类似地，可以计算其他相电压，因此 v_{A0}、v_{B0} 和 v_{C0} 可以表示为

$$\begin{cases} v_{A0} = \dfrac{V_{dc}}{2}m\sin(\omega t) \\[2mm] v_{B0} = \dfrac{V_{dc}}{2}m\sin\left(\omega t - \dfrac{2\pi}{3}\right) \\[2mm] v_{C0} = \dfrac{V_{dc}}{2}m\sin\left(\omega t - \dfrac{4\pi}{3}\right) \end{cases} \tag{7-53}$$

根据第 2 章中的知识，可以从单相波形中获得对应的线电压，如下所示：

$$\begin{cases} v_{AB} = \dfrac{\sqrt{3}V_{dc}}{2}m\sin\left(\omega t + \dfrac{\pi}{6}\right) \\[2mm] v_{BC} = \dfrac{\sqrt{3}V_{dc}}{2}m\sin\left(\omega t + \dfrac{\pi}{6} - \dfrac{2\pi}{3}\right) \\[2mm] v_{CA} = \dfrac{\sqrt{3}V_{dc}}{2}m\sin\left(\omega t + \dfrac{\pi}{6} - \dfrac{4\pi}{3}\right) \end{cases} \tag{7-54}$$

对于通过 SPWM 模式开关的三相逆变器，对于所需的线 – 线 RMS 电压 V_{LL}，当 $m=1$ 时，所需的直流母线电压可通过以下公式获得：

$$V_{dc} = \frac{2}{\sqrt{3}}\left(\sqrt{2}V_{LL}\right) = \frac{V_{LL}}{0.612} \tag{7-55}$$

由上式可知，如果采用 SVPWM，调制系数将提高 15.47%。SVPWM 的这一优点将在后续讨论。

线 – 线电压也可以直接从 v_{AN}、v_{BN} 和 v_{CN} 计算得出。例如，对于 v_{AB}，以下内容可以写成

$$v_{AB} = v_{AN} - v_{BN} = \frac{V_{dc}}{2}\left(1 + m\sin(\omega t)\right)$$

$$- \frac{V_{dc}}{2}\left(1 + m\sin\left(\omega t - \frac{2\pi}{3}\right)\right) \tag{7-56}$$

很明显，直流分量被消除了。利用附录 A 给出的正弦和差化积转换公式，可得

$$v_{AB} = \frac{V_{dc}}{2}m\left\{\sin(\omega t) - \sin\left(\omega t - \frac{2\pi}{3}\right)\right\}$$

$$= 2\frac{V_{dc}}{2}m\left\{\cos\left(\omega t - \frac{\pi}{3}\right)\sin\left(\frac{\pi}{3}\right)\right\} \tag{7-57}$$

可以化简为

$$v_{AB} = \frac{\sqrt{3}V_{dc}}{2}m\cos\left(\frac{\pi}{3} - \omega t\right) \tag{7-58}$$

图 7-30 分别通过比较载波信号和参考信号，显示了参考信号 r_a 和 r_b 载波信号以及产生的相电压 v_{AN} 和 v_{BN}。利用附录 A 的余弦到正弦转换三角公式，线 – 线电压

可重写如下:

$$v_{AB} = \frac{\sqrt{3}V_{dc}}{2}m\sin\left(\omega t + \frac{\pi}{6}\right)$$ (7-59)

正如所料,该方程与式(7-54)中给出的 v_{AB} 方程一致。

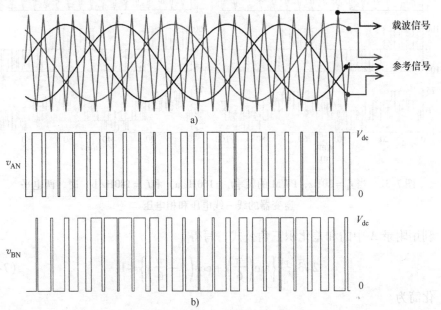

图 7-30 SPWM 技术的参考信号和载波信号 a),以及三相逆变器的相应输出电压 v_{AN} 和 v_{BN} b)

例 7.13

考虑一个 20Hz 的参考信号。当开关频率为 160Hz 和 180Hz 时,检查三相 SP-WM 逆变器输出电压的四分之一对称性。

160Hz 的频率调制指数为 $m_f = 8$,180Hz 的频率调制指数为 $m_f = 9$。这意味着对于参考信号的两个完整周期,分别生成 16 个和 18 个周期的三角形(载波),以形成 PWM 开关模式。如果直流母线电压为 100V,$m_f = 8$ 和 $m_f = 9$ 的逆变器输出电压如图 7-31 所示。很明显,当 m_f 为奇数且为 3 的倍数时,输出电压具有四分之一对称性。当 $m_f = 9$ 时,线 - 线和相电压波形中都可以看到四分之一对称性,如图 7-31b 所示。

7.5.1 SVPWM 和 SPWM 中的直流母线利用率

SVPWM 方法比传统的 SPWM 技术更多地利用了直流母线电压。本节将证明这一事实。在 SVPWM 技术中,目标电压 $\hat{V}_{ph}$(相电压峰值)是在占空比始终满足 $(d_1 + d_2) \leq 1$ 不等式的情况下,基于计算的占空比对电压进行平均化而建立的。将式(7-44)中的 d_1 和 d_2 代入该不等式:

$$\sqrt{3}\frac{\hat{V}_{ph}}{V_{dc}}\left\{\sin\left(\frac{\pi}{3}-\theta\right)+\sin\theta\right\}\leqslant 1 \qquad (7\text{-}60)$$

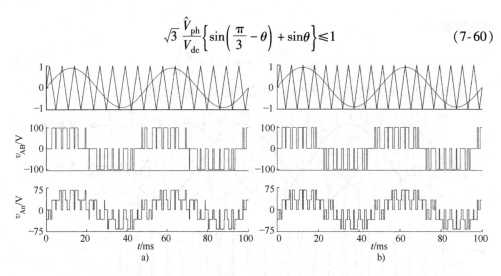

图 7-31 当 $f_1=20\,\text{Hz}$，PWM 的频率 $f_s=160\,\text{Hz}$ a)和 $f_s=180\,\text{Hz}$ b)时，两电平

逆变器的线 - 线电压和相电压

利用附录 A 中的和差化积三角公式，写得

$$2\sqrt{3}\frac{\hat{V}_{ph}}{V_{dc}}\left\{\sin\left(\frac{\pi}{6}\right)+\cos\left(\theta-\frac{\pi}{6}\right)\right\}\leqslant 1 \qquad (7\text{-}61)$$

化简为

$$\hat{V}_{ph}\leqslant\frac{V_{dc}}{\sqrt{3}\cos\left(\theta-\dfrac{\pi}{6}\right)} \qquad (7\text{-}62)$$

在这些方程式中有 $0<\theta<\pi/3$，式（7-62）中分母的范围为 $\sqrt{3}/2<\cos(\theta-\pi/6)<1$，最大目标相电压可表示为

$$\hat{V}_{ph}\leqslant\frac{V_{dc}}{\sqrt{3}} \qquad (7\text{-}63)$$

当半径为 $V_{dc}/\sqrt{3}$ 的圆显示 $(d_1+d_2)\leqslant 1$ 所在区域的边界时，可以使用图 7-32 得出相同的结果。因此，SVPWM 开关模式产生的相电压（例如 A 相）可以写成

$$v_A=m\frac{V_{dc}}{\sqrt{3}}\sin(\omega t) \qquad (7\text{-}64)$$

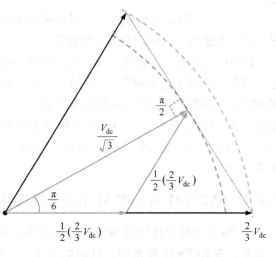

图 7-32 当扇区角度为 30°时，期望的

空间矢量落在第 k 扇区的中部

为了满足 $(d_1 + d_2) \leqslant 1$，$0 < m < 1$。因此，线 – 线电压可以表示为

$$v_{AB} = mV_{dc}\sin\left(\omega t + \frac{\pi}{6}\right) \tag{7-65}$$

比较 SPWM 和 SVPWM 技术产生的线电压或相电压，有

$$\frac{\hat{V}_{ph}(\text{SVPWM})}{\hat{V}_{ph}(\text{SPWM})} = \frac{\dfrac{V_{dc}}{\sqrt{3}}}{\dfrac{V_{dc}}{2}} = \frac{2}{\sqrt{3}} = 1.1547 \tag{7-66}$$

这意味着对于相同的直流母线电压，当 PWM 保持在线性调制区域时，通过 SVPWM 开关方法的三相两电平逆变器的输出电压可以比 SPWM 方法产生的输出电压高 15.47%。

例 7.14

在 SPWM 技术中，向参考信号中添加一个 3 次谐波分量，并求出 3 次谐波幅值，以得到与 SVPWM 技术一样高的直流母线电压利用率。

如果将 3 次谐波信号添加到参考信号（称为 3H – SPWM）中，SPWM 可以最大地利用直流母线电压（见图 7-33）。3 次谐波信号是可以在不损失四分之一对称性的情况下添加的最低次谐波。请注意，3 次谐波在线电压中也被抵消，如果负载侧未接地，则不会有 3 次谐波电流流动。在这个例子中，3 次谐波的幅值是通过数学计算得到的。假设 3 次谐波的幅值为 γ，参考信号可以写为

$$r_a(t) = m(\sin(\omega t) + \gamma\sin(3\omega t)) \tag{7-67}$$

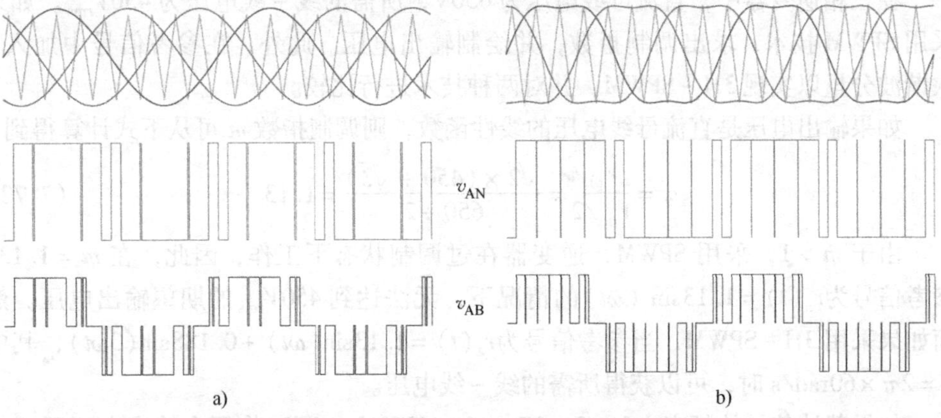

图 7-33 当调制指数为 $m = 1.1547$ 时三相逆变器的参考信号，以及采用
SPWM 技术 a) 和 3H – SPWM 技术 b) 的 v_{AN} 和线 – 线电压 v_{AB}

利用附录 A 中的三角恒等式变换，有 $\sin(3\theta) = 3\sin\theta - 4\sin^3\theta$，假设 $\omega t = \theta$，则有

$$r_a = m((3\gamma + 1)\sin\theta - 4\gamma\sin^3\theta) \tag{7-68}$$

r_a 的最大值和最小值出现在式 (7-68) 中 r_a 相对于 θ 的导数为零的时候，即

$$\frac{\mathrm{d}r_a}{\mathrm{d}\theta} = m\big((3\gamma+1)\cos\theta - 12\gamma\cos\theta\sin^2\theta\big) = 0 \tag{7-69}$$

有 $\cos\theta = 0$，或 $\sin^2\theta = (3\gamma+1)/12\gamma$。第一个解，即 $\cos\theta = 0$，使 $r_a = 0$，这是不合理的。所以将第二个解 $\sin^2\theta = (3\gamma+1)/12\gamma$ 代入式 (7-68)，可以写出

$$r_{a,\max} = m(3\gamma+1)\left(\frac{3\gamma+1}{12\gamma}\right)^{\frac{1}{2}} - m(4\gamma)\left(\frac{3\gamma+1}{12\gamma}\right)^{\frac{3}{2}}$$

$$= m(8\gamma)\left(\frac{3\gamma+1}{12\gamma}\right)^{\frac{3}{2}} \tag{7-70}$$

如果需要求得 SVPWM 的直流母线利用率，即 SPWM 方法中的 $m = 1.1547$，不采用过调制，即 $r_a \leqslant 1$ 或 $r_{a,\max} = 1$，则求解式 (7-70) 得到 $\gamma = 1/6$。因此，对于 3H – SPWM，最佳参考信号为

$$r_a(t) = m\left(\sin(\omega t) + \frac{1}{6}\sin(3\omega t)\right) \tag{7-71}$$

式中，$0 < m < 1.1547$，逆变器无需进行任何过调制。B 相和 C 相的参考信号从式 (7-71) 中获取，只需将 (ωt) 分别替换为 $(\omega t - 2\pi/3)$ 和 $(\omega t - 4\pi/3)$ 即可。当调制指数为 $m = 1.1547$ 时三相逆变器的参考信号，以及采用 SPWM 技术 a) 和 3H – SPWM 技术 b) 的 v_{AN} 和线 – 线电压 v_{AB} 如图 7-33 所示。

例 7.15

在三相逆变器中，直流母线电压为 650V，所需的线 – 线电压为 $450V_{\mathrm{rms}}$。如果采用 SPWM 技术，求出调制指数，并绘制输出电压。此外，在参考信号中加入 3 次谐波分量以实现 3H – SPWM，并对两种技术进行比较。

如果输出电压是直流母线电压的线性函数，则调制指数 m 可从下式计算得到

$$m = \frac{\hat{V}_{\mathrm{ph}}}{V_{\mathrm{dc}}/2} = \frac{\sqrt{2}\times(450\div\sqrt{3})}{650\div 2} = 1.13 \tag{7-72}$$

由于 $m > 1$，采用 SPWM，逆变器在过调制状态下工作，因此，在 $m = 1.13$，参考信号为 $r_a(t) = 1.13\sin(\omega t)$ 的情况下，无法达到 $450V_{\mathrm{rms}}$ 的期望输出电压。然而如果采用 3H – SPWM，当参考信号为 $r_a(t) = 1.13\sin(\omega t) + 0.188\sin(3\omega t)$，其中 $\omega = 2\pi\times 60\mathrm{rad/s}$ 时，可以获得所需的线 – 线电压。

如果载波信号的频率为 $f_s = 3\times 27\times 60 = 4860\mathrm{Hz}$，可以将两个输出电压通过相同的二阶滤波器，以证明输出电压基波分量之间的过调制效应和 $m > 1$ 引起的非线性。在本例中，滤波器的传递函数为 $H(s) = \big[(s/\omega_c)^2 + \alpha(s/\omega_c) + 1\big]^{-1}$，其中 $\alpha = 1.4142$，以及 $\omega_c = 2\pi\times 1215\mathrm{rad/s}$。图 7-34 显示了 SPWM 和 3H – SPWM 技术滤波器前后的输出线 – 线电压，其中可以观察到过调制对输出电压基波分量的影响，以及使用 3H – SPWM 技术优于传统 SPWM 技术的优势。

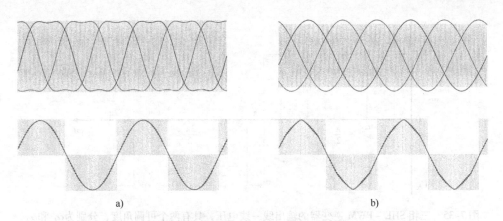

图 7-34 采用 3H – SPWM 技术 a) 和 SPWM 技术 b) 时，$f_s = 3 \times 27 \times 60 = 4860$Hz 和

$m = 1.13$ 时，低通滤波器前后的参考信号、输出线 – 线电压

7.5.2 SPWM 和 SVPWM 中的共模电压

中性点的电压也称为共模电压 v_{n0}，见表 7-6。在表中，v_{np} 是相对于直流母线
正轨的中性点电压，$v_{p0} = V_{dc}/2$ 是正轨电压。因此，对于（000）和（111）状态，
共模电压可高达 $V_{dc}/2$，另见图 7-21。在驱动电缆 – 电机系统中，共模电压会导致
共模电流主要通过滚珠轴承流入地。由于反射波，电机端子处的电压尖峰可能会变
成逆变器处电压的两倍，从而使电机处的共模电压高达 V_{dc}，差模电压高达 $2V_{dc}$，
详见第 12 章。

表 7-6 VSI 中 PWM 控制产生的共模电压

	111	101	100	110	010	011	001	000
V_{np}	0	$-\frac{1}{3}V_{dc}$	$-\frac{2}{3}V_{dc}$	$-\frac{1}{3}V_{dc}$	$-\frac{2}{3}V_{dc}$	$-\frac{1}{3}V_{dc}$	$-\frac{2}{3}V_{dc}$	$-V_{dc}$
$v_{n0} = v_{np} + v_{p0}$	$\frac{1}{2}V_{dc}$	$\frac{1}{6}V_{dc}$	$-\frac{1}{6}V_{dc}$	$\frac{1}{6}V_{dc}$	$-\frac{1}{6}V_{dc}$	$\frac{1}{6}V_{dc}$	$-\frac{1}{6}V_{dc}$	$-\frac{1}{2}V_{dc}$

7.6 特定次谐波消除脉宽调制（SHE – PWM)

在某些应用中，采用具有较小频率调制指数 m_f 的 PWM 技术来消除目标低次谐
波，称为特定次谐波消除（SHE）PWM。为了解释 SHE – PWM 技术，考虑图 7-35
中所示的 PWM 波形。对于这种电压波形，傅里叶级数可以写为

$$v_0(t) = \sum_{h=1}^{\infty} b_h \sin(h\omega t) \tag{7-73}$$

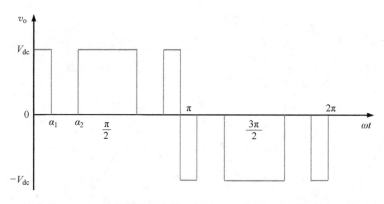

图 7-35　三相 SHE - PWM 逆变器的输出线-线电压，具有两个可调角度，分别为α_1和α_2

其中傅里叶系数b_h通过以下公式计算：

$$b_h = \frac{2}{\pi}\int_0^{\pi} v_{ab}(t)\sin(h\omega t)\,\mathrm{d}(\omega t) = \frac{4}{\pi}\int_0^{\pi/2} v_{ab}(t)\sin(h\omega t)\,\mathrm{d}(\omega t) \qquad (7\text{-}74)$$

为了简化下文中的推导，令$\omega t = \theta$。使用图 7-35，当$0 < \theta < \alpha_1$和$\alpha_2 < \theta < \pi/2$时，四分之一波形上的输出电压具有非零值。因此

$$b_h = \frac{4}{\pi}\left\{\int_0^{\alpha_1} V_{dc}\sin(h\theta)\,\mathrm{d}\theta + \int_{\alpha_2}^{\pi/2} V_{dc}\sin(h\theta)\,\mathrm{d}\theta\right\} \qquad (7\text{-}75)$$

系数b_h可进一步简化为

$$b_h = \frac{4V_{dc}}{\pi h}\left\{\left[-\cos(h\theta)\right]_0^{\alpha_1} - \left[\cos(h\theta)\right]_{\alpha_2}^{\pi/2}\right\} \qquad (7\text{-}76)$$

波形具有四分之一波对称性，因此，b_h只有奇数值h的非零值，即$\cos(h\pi/2) = 0$，因此，b_h表示为

$$b_h = \frac{4V_{dc}}{\pi h}\left\{-\cos(h\alpha_1) + \cos(h\alpha_2)\right\} \qquad (7\text{-}77)$$

在这个等式中，有两个角度需要确定。为了控制输出电压的基波分量，即$b_1 = \sqrt{2}V_{rms}$，写出以下方程式：

$$V_{rms} = \frac{b_1}{\sqrt{2}} = 0.9V_{dc}(1 - \cos\alpha_1 + \cos\alpha_2) \qquad (7\text{-}78)$$

在此，可以自由选择α_1和α_2，但是，只能从图 7-35 所示的输出电压波形中选择一个谐波进行消除。

例 7.16

在三相逆变器中，直流母线电压为 650V，期望的 RMS 电压为 460V。计算α_1和α_2以消除 5 次谐波。

为了消除 5 次谐波，利用式（7-77）有

$$1 - \cos(5\alpha_1) + \cos(5\alpha_2) = 0 \tag{7-79}$$

利用式（7-78）调节到电压为 460V，可将以下方程式写成

$$1 - \cos\alpha_1 + \cos\alpha_2 = \frac{460}{0.9 \times 650} = 0.786 \tag{7-80}$$

求解这两个非线性方程，结果分别为 $\alpha_1 = 16.61°$ 和 $\alpha_2 = 41.8°$。这些计算可以在 VSI 编码 PWM 发生器之前离线完成。

如果增加更多的脉冲或陷波器，就有更多的自由度来消除 VSI 中输出波形更多选定次谐波。考虑图 7-36，与图 7-35 中的 SHE - PWM 波形相比，有一个未知角度。对于该电压波形，电压的傅里叶级数的形式与式（7-73）中给出的形式相同。然而，当 $\alpha_1 < \theta < \alpha_2$ 和 $\alpha_3 < \theta < \pi/2$ 时，四分之一波形上的输出电压具有非零值，因此

$$b_h = \frac{4}{\pi} \left\{ \int_{\alpha_1}^{\alpha_2} V_{dc} \sin(h\theta) \, d\theta + \int_{\alpha_3}^{\pi/2} V_{dc} \sin(h\theta) \, d\theta \right\} \tag{7-81}$$

系数 b_h 可进一步简化为

$$b_h = \frac{4V_{dc}}{\pi h} \left\{ \left[-\cos(h\theta) \right]_{\alpha_1}^{\alpha_2} + \left[-\cos(h\theta) \right]_{\alpha_3}^{\pi/2} \right\} \tag{7-82}$$

最后，b_h 表示为

$$b_h = \frac{4V_{dc}}{\pi h} \left\{ \cos(h\alpha_1) - \cos(h\alpha_2) + \cos(h\alpha_3) \right\} \tag{7-83}$$

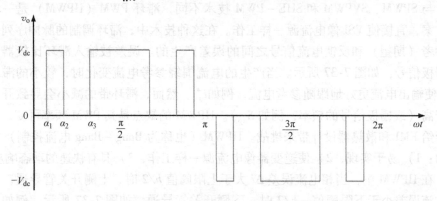

图 7-36　具有三个可调角度的 SHE - PWM 三相逆变器的输出线 - 线电压，调节输出
电压的基波分量并消除两个选定的低次谐波

同样，波形具有四分之一对称性，因此，对于 h 的奇数值，b_h 有非零值。但是，由于有三个角度可以调节，因此可以消除两个谐波。来消除第 5 次和第 7 次谐波。要实现这一点，必须满足以下等式：

$$\begin{cases} \cos(5\alpha_1) - \cos(5\alpha_2) - \cos(5\alpha_3) = 0 \\ \cos(7\alpha_1) - \cos(7\alpha_2) - \cos(7\alpha_3) = 0 \end{cases} \tag{7-84}$$

对于输出电压的给定基波分量，即 $V_{rms} = b_1 / \sqrt{2}$，得到第三个方程为

$$V_{rms} = 0.9 V_{dc} (\cos\alpha_1 - \cos\alpha_2 - \cos\alpha_3) \tag{7-85}$$

因此，共有三个方程来求解三个角度。

例 7.17

在三相逆变器中，直流母线电压为 650V，期望的 RMS 电压为 460V，计算图 7-36 所示 SHE – PWM 输出电压中的 α_1、α_2 和 α_3，以消除第 5 次和第 7 次谐波。

为了消除第 5 次和第 7 次谐波，并调节电压到 460V，利用式（7-84）和式（7-85），得到如下方程式：

$$\begin{cases} \cos\alpha_1 - \cos\alpha_2 + \cos\alpha_3 = 0.73 \\ \cos(5\alpha_1) - \cos(5\alpha_2) + \cos(5\alpha_3) = 0 \\ \cos(7\alpha_1) - \cos(7\alpha_2) + \cos(7\alpha_3) = 0 \end{cases} \tag{7-86}$$

求解这三个非线性方程组的结果分别为 $\alpha_1 = 24.38°$、$\alpha_2 = 38.2°$ 和 $\alpha_3 = 48.61°$。对于求解非线性方程组，可以使用其他数学解算器，例如 MATLAB 中的 "fsolve" 命令。当利用任何非线性方程求解器时，正确选择初始值至关重要，即 $\alpha_{1o} < \alpha_{2o} < \alpha_{3o}$。

7.7　滞环脉宽调制（HPWM）

与 SPWM、SVPWM 和 SHE – PWM 技术不同，滞环 PWM（HPWM）是一种闭环方案，直接使 VSI 像电流源一样工作。在这种技术中，滞环调制的脉冲序列是利用参考（期望）和反馈电流信号之间的误差产生的。误差被输入滞环比较器以产生栅极信号，如图 7-37 所示。当产生的电流围绕参考电流变化时，较小的滞环带 h 迫使输出电流更好地跟随参考电流，例如 i_a^*。然而，滞环带的减小会导致开关频率变高（或栅极信号的频率，例如 S_{ap}）。HPWM 的缺点是其 PWM 频率可变，这可能会给 EMI 和散热器设计带来挑战。HPWM（也称为 Bang – Bang 电流控制）的优点为：1）易于实现，2）使逆变器像电流源一样工作，3）具有快速的动态响应。

在 HPWM 中，当相电流误差 Δi 大于上限阈值 $h/2$ 时，上侧开关管导通，当相位电流误差小于下限阈值 $-h/2$ 时，下侧开关管导通，如图 7-37 所示。例如，对于 A 相，如果 $\Delta i_a = i_a^* - i_a > h/2$，$S_{ap}$ 保持开通状态，当 $\Delta i_a = i_a^* - i_a < -h/2$，$S_{an}$ 保持开通状态。而电流误差位于二者之间时，即 $(-h/2) < \Delta i_a < (h/2)$，开关状态保持不变。对于其他相，独立实现同样的逻辑。如图 7-37 所示，S_{an} 的状态始终与 S_{ap} 的状态相反。

例 7.18

在三相逆变器中，直流母线电压为 650V，向每相阻抗为 $R = 10\Omega$ 和 $L = 20mH$ 的 Y 型连接负载中注入的峰值电流为 10A，频率为 60Hz。用 HPWM 方法对逆变器

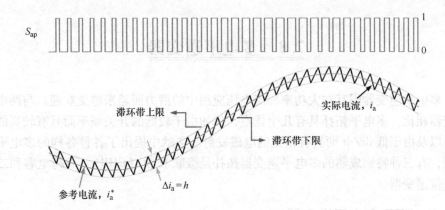

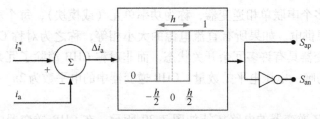

图 7-37 多相逆变器中 A 相滞环 PWM 技术的简单演示

系统进行仿真，然后绘制负载中性点接地和中性点不接地时的输出电流和开关信号。

HPWM 控制的唯一参数是滞环带 h，必须在硬件设置中利用电流传感器来测量输出电流。假设滞环带为 $h = 3A$，图 7-38 显示了栅极信号 S_{ap} 和 A 相电流 i_a。请注意，当负载的中性点接地时，共模电流有一个流通路径。

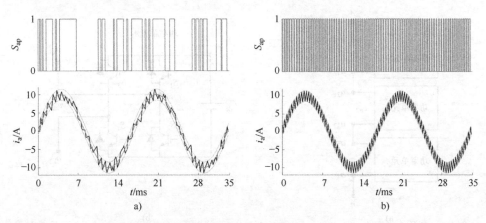

图 7-38 负载中性点接地 b) 和负载中性点不接地 a) 时三相滞环
PWM 逆变器的栅极信号 S_{ap} 和 A 相电流 i_a

7.8 多电平逆变器

多电平逆变器因其在大功率和高电压应用中的潜力而越来越受欢迎。与两电平逆变器相比，多电平拓扑具有几个优点，例如由于较低的开关频率而具有较高的效率，以及由于低 dv/dt 而具有较低的电磁发射。文献中提出了各种各样的多电平逆变器，有三种特别成熟的多电平逆变器拓扑是级联 H 桥（CHB）、飞跨电容和二极管箝位逆变器。

7.8.1 CHB 多电平逆变器

CHB 使用多个串联单相逆变器，称为功率单元（或模块），每个功率单元通常由隔离直流电源供电。如果所有直流电源的大小相等，称之为对称 CHB 多电平逆变器。CHB 逆变器具有许多冗余开关状态，而非对称 CHB 消除了冗余状态，增加了逆变器产生的唯一电压电平的数量。CHB 逆变器中的电平数为 $2n_c + 1$，n_c 是功率单元数。

七电平 CHB 逆变器的电路拓扑如图 7-39 所示。在 CHB 逆变器中，线对中性点的电压是各功率单元输出电压的总和。图 7-40 显示了每个功率单元的输出电压 v_{a1}、v_{a2} 和 v_{a3}，以及相电压 $v_{An} = v_{a1} + v_{a2} + v_{a3}$。如图所示，与六步换相法两电平逆变器的相电压相比，输出电压更接近正弦波形。当增加每相的功率单元数时，产生的输出电压可以更接近正弦波形。此外，可以控制每个功率单元的开启时间间隔，以消除某些选定的谐波。例如，在一个七电平逆变器中，有 3 个可调角度，即 $0 < \alpha_1$、α_2 和 $\alpha_3 < 90°$，以调节输出电压的基波分量 v_{An}，并消除两个选定的谐波。

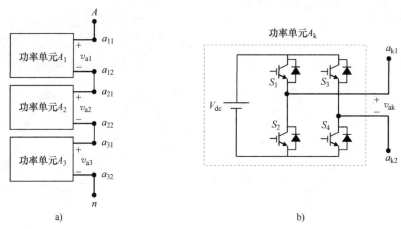

图 7-39 七电平 CHB 逆变器，其中一相 a) 和每个功率单元的电路拓扑 b)

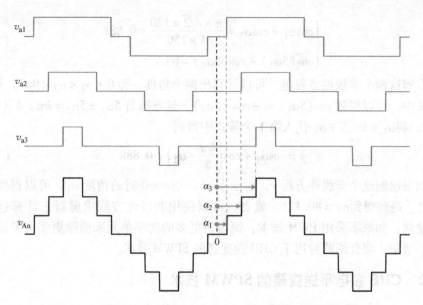

图 7-40　三个功率单元的输出电压和七电平 CHB 逆变器的相电压

例 7. 19

在 CHB 五电平逆变器中，每个功率单元的直流母线电压为 150V。计算 α_1、α_2，使期望的 RMS 电压调节为 120V，并消除 5 次谐波。

如图 7-40 所示，如果采用简单的开关模式，相电压 v_{An} 可以写成一系列正弦波之和，即

$$v_{An} = \sum_{h=1}^{\infty} b_h \sin(h\omega t) \tag{7-87}$$

利用附录 B，可以得到傅里叶系数 b_h，因此，谐波分量的 RMS 值通过以下公式计算：

$$V_{rms}(h) = \frac{2}{\pi\sqrt{2}} \int_0^{\pi} v_{An}(t) \sin(h\omega t) d(\omega t) \tag{7-88}$$

同样，为了简化下文中的推导，令 $\omega t = \theta$，该积分可分为两个部分，如下所示：

$$V_{rms}(h) = \frac{4V_{dc}}{\pi} \frac{1}{\sqrt{2}} \left\{ \int_{\alpha_1}^{\alpha_2} \sin(h\theta) d\theta + \int_{\alpha_2}^{\pi/2} 2\sin(h\theta) d\theta \right\} \tag{7-89}$$

最后，谐波分量可用下式的 α_1 和 α_2 表示：

$$V_{rms}(h) = \frac{4V_{dc}}{\pi\sqrt{2}h} \left\{ \cos(h\alpha_1) + \cos(h\alpha_2) \right\} \tag{7-90}$$

基波分量的理想 RMS 电压为 120V，希望消除 5 次谐波分量。因此，可以写出

$$\begin{cases} \cos\alpha_1 + \cos\alpha_2 = \dfrac{\pi \times \sqrt{2} \times 120}{4 \times 150} = 0.888 \\ \cos(5\alpha_1) + \cos(5\alpha_2) = 0 \end{cases} \tag{7-91}$$

求解这两个非线性方程组，可以计算出两个角度，即 $0 < \alpha_1 < \alpha_2 < 90°$。从第 2 个等式中，可以得到 $\cos(5\alpha_1) = -\cos(5\alpha_2)$，这意味着 $5\alpha_1 \pm 5\alpha_2 = k\pi$，$k = 1$，3，5，…。将 $\alpha_2 = k\pi/5 + \alpha_1$ 代入第 1 个等式中得到

$$y = \cos\alpha_1 + \cos\left(\dfrac{k\pi}{5} + \alpha_1\right) - 0.888 \tag{7-92}$$

如果绘制这个非线性方程 y，对于 $k = 1$，当 $y = 0$ 时的角度 α_1，可以得到 $\alpha_1 = 44.12°$，进而得到 $\alpha_2 = 80.12°$。或者，可以使用非线性方程求解器来计算这些角度。显然，如果不采用 PWM 技术，则需要更多的功率单元来消除更多次谐波。在下一小节中，将介绍两种用于 CHB 逆变器的 SPWM 技术。

7.8.2　CHB 多电平逆变器的 SPWM 技术

CHB 多电平逆变器可以使用 SPWM 和 SVPWM 技术进行开关调制。CHB 多电平逆变器的 SPWM 技术可分为相移 PWM（PSPWM）和叠层 PWM（LSPWM），如图 7-41 所示，适用于五电平 CHB 逆变器。在这两种技术中，对于每相的 n_c 个功率单元，产生 $2n_c + 1$ 电平，并且需要 $2n_c$ 载波信号。在 PSPWM 技术中，两个相邻载波波形之间的相移由下式给出：

$$\varphi_c = \dfrac{180°}{n_c} \tag{7-93}$$

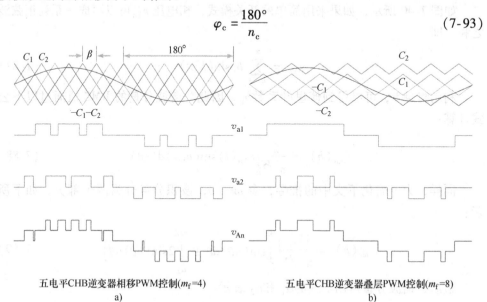

五电平CHB逆变器相移PWM控制(m_f=4)
a)

五电平CHB逆变器叠层PWM控制(m_f=8)
b)

图 7-41　五电平 CHB 逆变器的相移 PWM a) 和叠层 PWM b) 技术的载波和参考信号以及功率单元和相电压

其中180°基于载波频率f_c，而基于参考频率f_1的每两个相邻载波的相移是从 $\beta = \varphi_c / m_f$ 中获得的，m_f是由$m_f = f_c / f_1$ 给出的频率调制指数，类似于两电平逆变器的 SPWM。两种 PWM 技术的幅值调制指数 m 定义为

$$m = \frac{\hat{V}_{\mathrm{ph}}}{n_c V_{\mathrm{dc(cell)}}} \tag{7-94}$$

式中，$\hat{V}_{\mathrm{ph}}$是相电压的峰值。图 7-41a 显示了载波（三角形）波形 C_1、C_2 和 $-C_1$、$-C_2$，对于 $m = 0.8$，$m_f = 4$ 和两个功率单元，$n_c = 2$ 的 PSPWM CHB 逆变器，这样载波信号在f_c的基础上彼此间隔$\varphi_c = 90°$，或在f_1的基础上间隔$\beta = 22.5°$。图 7-41b显示了载波波形 C_1、C_2 和 $-C_1$、$-C_2$，对于 $m = 0.8$，$m_f = 8$ 和两个功率单元，$n_c = 2$ 的 LSPWM CHB 逆变器，这会使载波信号电平化，并间隔 $\pm 1/n_c$。这两种技术比较表明，PSPWM 有助于 CHB 逆变器中功率单元之间的功率均衡，如下例所述。

图 7-42 所示为多电平 CHB 逆变器的功率单元生成开关脉冲的两个比较器。对于每一相，所有功率单元使用相同的参考信号，例如，A 相参考信号为$(m) \sin (2\pi f_1 t)$。然而，根据 PSPWM 或 LSPWM 的载波波形，它们在每相的功率单元之间是不同的，如图 7-41 所示。由于四分之一对称性，图 7-41 中所示的载波信号与基准同步，尽管对于高频载波不需要同步，即m_f是一个大整数。此外，PSPWM 的频率调制指数可以是任何正整数，而 LSPWM 的频率调制指数必须是偶数，即$m_f = 2k$，以确保四分之一对称性。

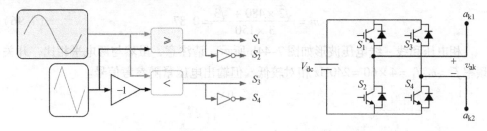

图 7-42　多电平 CHB 逆变器每个功率单元开关状态的实现

例 7.20

单相五电平 CHB 逆变器每个功率单元由理想的 200V 直流电源供电，幅值调制指数为 $m = 0.813$，输出为$230V_{\mathrm{rms}}$，给电阻为 15Ω、电感为 $10\mathrm{mH}$ 的负载供电。如果选择$m_f = 48$，分别采用 PSPWM 和 LSPWM 技术，绘制出输出电压、相电流和从每个直流电源传输到负载的瞬时功率。

图 7-43 显示了输出电压、相电流以及每个功率单元向负载输送的瞬时功率P_{c1}和P_{c2}。电流波形非常接近纯正弦波形，方均根电流可计算为

$$I = \frac{mn_c V_{\mathrm{dc(cell)}}}{R + \mathrm{j}\omega_1 L} = \frac{0.813 \times 2 \times 200 \div \sqrt{2}}{15 + 377 \times 0.01\mathrm{j}} = 14.87 \angle -14.1° \mathrm{A} \tag{7-95}$$

也即 $i_A = 21 \times \sin(377t - 14.1°)$。此外，比较功率图表明，当采用 PSPWM 技术时，两个功率单元对输出功率的贡献是相同的。然而，当采用 LSPWM 技术时，功率单元 1 的贡献大于功率单元 2。

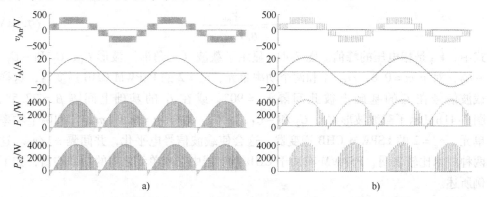

图 7-43　五电平 CHB 逆变器使用 PSPWM a）和 LSPWM b）技术将输出电压、相电流和瞬时功率从每个功率单元传输到电阻感性负载，其中 $m_f = 48$

例 7.21

计算三相七电平 CHB 逆变器的调制指数 m，每个功率单元由 150V 直流电源供电，输出电压为 $480 V_{LL}$。绘制采用 $m_f = 4$ 的 PSPWM 时的归一化输出电压波形。

对于七电平逆变器，即 $2n_c + 1 = 7$，$n_c = 3$，因此利用（7-94）可得

$$m = \frac{\sqrt{2} \times 480 \div \sqrt{3}}{3 \times 150} = 0.87 \tag{7-96}$$

相电压和线 – 线电压波形如图 7-44b 所示。请注意，虽然与两电平相比，开关频率 $f_s = m_f f_1 = 4 \times 60 = 240\text{Hz}$ 相对较低，但输出电压紧随参考信号。

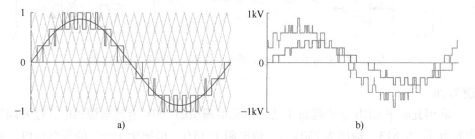

图 7-44　当 $m_f = 4$，$m = 0.87$，$V_{dc(cell)} = 150\text{V}$ 时，PSPWM 七电平 CHB 逆变器的归一化相电压、载波信号和参考信号 a）以及相电压和线 – 线电压波形 b）

7.8.3　不对称三相 CHB 多电平逆变器

多电平逆变器的模块化特性可以提高多电平逆变器的自愈（容错）能力。多电平逆变器可能由于内部故障或某些输入直流电源电压下降而失去一个功率单元。

在功率单元故障过程中，如果可以使用旁路开关隔离旁路故障单元，或者在直流电源电压下降的情况下，重新调整各相之间的参考信号，以在中性点浮动时保持线 – 线电压平衡。这种技术被称为基本相移补偿（FPSC）。在这种技术中，当故障后的线 – 线电压幅值相等时，即 $|V_{AB}| = |V_{BC}| = |V_{CA}|$，必须计算一组新的相角，且它们的角度彼此相隔 120°。利用附录 A 中的三角恒等式余弦定律，有

$$\begin{cases} V_A^2 + V_B^2 - 2V_A V_B \cos\theta_{AB} = V_B^2 + V_C^2 - 2V_B V_C \cos\theta_{BC} \\ V_A^2 + V_B^2 - 2V_A V_B \cos\theta_{AB} = V_C^2 + V_A^2 - 2V_C V_A \cos\theta_{CA} \\ \theta_{AB} + \theta_{BC} + \theta_{CA} = 360° \end{cases} \tag{7-97}$$

式中，θ_{AB}、θ_{BC} 和 θ_{CA} 是未知变量，为各相之间的角度。如果每个桥臂损坏很多的功率单元时，式（7-97）可能没有解。下面的例子帮助读者更好地理解 FPSC 方法。

例 7.22

七电平 CHB 逆变器的功率单元正常结构和对应的相电压如图 7-45 所示。在七电平 CHB 逆变器中，功率单元 C_1 被隔离旁路，即 $v_{c1} = 0$（见图 7-46）。为了在失去功率单元 C_1 后保持故障后的线 – 线电压平衡，计算新的 θ_{AB}、θ_{BC} 和 θ_{CA}。在该逆变器中，每个功率单元由 150V 电源供电，正常运行时所需的输出电压为 $480V_{LL}$。如果采用 $m_f = 16$ 的 PSPWM，逆变器给电阻 $R = 20\Omega$、电感 $L = 15\text{mH}$ 负载供电，绘制故障前和故障后的电流波形。

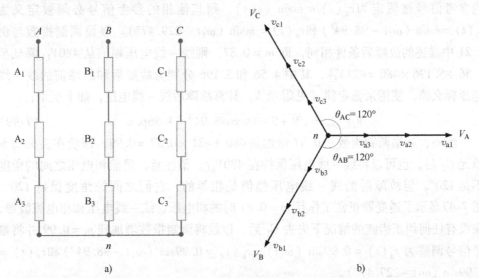

图 7-45　包含所有功率单元的七电平 CHB 逆变器 a）和故障前的输出电压相量图 b）

功率单元 C_1 损坏后，归一化相电压幅值为 $V_A = 3$、$V_B = 3$、$V_C = 2$（标幺值）。利用式（7-97），可以写出

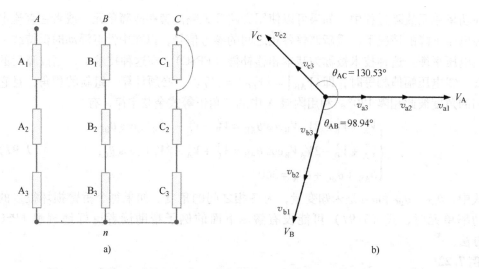

图 7-46　旁路 C_1 时的七电平 CHB 逆变器 a) 和故障后的输出电压相量图 b)

$$\begin{cases} 9 + 9 - 18\cos\theta_{AB} = 9 + 4 - 12\cos\theta_{BC} \\ 9 + 9 - 18\cos\theta_{AB} = 4 + 9 - 12\cos\theta_{CA} \\ \theta_{AB} + \theta_{BC} + \theta_{CA} = 360° \end{cases} \tag{7-98}$$

求解这些非线性方程组，结果为 $\theta_{AB} = 98.94°$ 和 $\theta_{BC} = \theta_{AC} = 130.53°$。如果 A 相的参考信号被假定为 $r_a(t) = m\sin(\omega_1 t)$，则其他相的参考信号必须被定义为 $r_b(t) = m\sin(\omega_1 t - 98.94°)$ 和 $r_c(t) = m\sin(\omega_1 t - 229.47°)$。假设调制指数与例 7.21 中描述的故障后条件相同，即 $m = 0.87$，则线－线电压幅值从 $480V_{LL}$ 降低至 $4.56 \div 5.196 \times 480 = 421V_{LL}$，其中 4.56 和 5.196 分别为故障后和故障前的线－线电压标幺值。使用余弦定律（见附录 A）计算故障后线－线电压，如下所示：

$$V_{LL,new} = \sqrt{9 + 9 - 18\cos98.94°} = 4.56\text{p.u.} \tag{7-99}$$

然而，如果调制指数从 0.87 增加到 $480 \div 421 \times 0.87 = 0.99$，即使在丢失功率单元 C_1 后，也可以将线－线电压保持在 $480V_{LL}$。请注意，虽然相电压之间的角度不是 120°，但故障后的线－线电压幅值是相等的，它们之间的角度保持 120°。图 7-47 显示了逆变器正常工作且 $m = 0.87$ 时的相电压、线－线电压和相电流波形，在没有任何纠正措施的情况下失去 C_1 后，以及将调制指数增加到 $m = 0.99$ 并将参考信号调整为 $r_a(t) = 0.99\sin(\omega_1 t)$，$r_b(t) = 0.99\sin(\omega_1 t - 98.94°)$ 和 $r_c(t) = 0.99\sin(\omega_1 t - 229.47°)$。

如前所述，对于某些故障情况，可能没有解决方案，或者该解决方案不是最优的。通常，如果在解决式（7-97）的故障场景后，中性点落在 ABC 三角形之外，或者两相功率单元的总和小于或等于另一相的正常功率单元数，需要将两相分离 180°，并降低第三相的电压幅值，以满足一组平衡的线－线电压（见图 7-48）。如

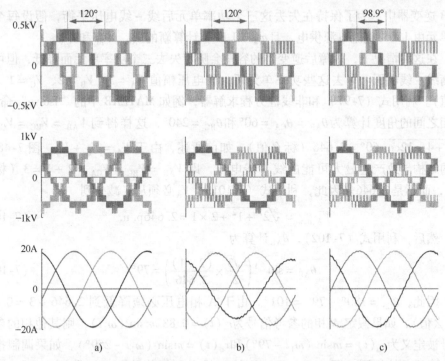

图 7-47　当 $m = 0.87$ 正常状态 a)、C_1 被隔离旁路 b) 以及示例 7.22c) 中描述的

故障后状态时，七电平 CHB 逆变器的相电压、线 – 线电压和相电流

果假设 A 相有最多的正常功率单元，则最大可能的线 – 线电压可从 $V_{BC} = V_B + V_C$ 获得。此外，考虑到图 7-48，满足平衡线 – 线电压的 A 相降低的电压可通过以下公式计算：

$$V_{A,new}^2 = V_B^2 + V_{AB}^2 - 2V_B V_{AB} \cos 60°$$

(7-100)

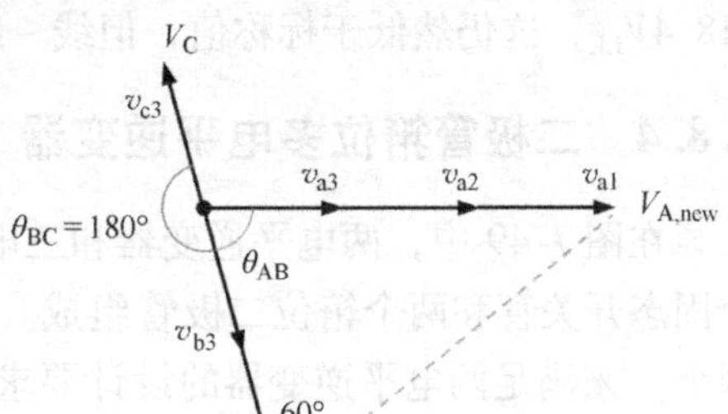

式中，$V_{AB} = V_{CA} = V_{BC} = V_B + V_C$，式 (7-100) 简化为

$$V_{A,new}^2 = V_B^2 + V_C^2 + V_B V_C$$ (7-101)

同样，利用图 7-48，以及附录 A 中的正弦定律，θ_{AB} 可得为

图 7-48　当 A 相可用功率单元大于或等于 B 相和 C 相可用功率单元之和时，在不对称 CHB 逆变器中形成平衡的线 – 线电压

$$\frac{V_{A,new}}{\sin 60°} = \frac{V_{AB}}{\sin \theta_{AB}}$$

(7-102)

式中，已知 $V_{AB} = V_B + V_C$，则 $V_{A,new}$ 通过式 (7-101) 计算得出。

例 7.23

考虑功率单元 C_1、C_2 和 B_1 被损坏旁路，即 $v_{c1} = v_{c2} = 0$ 和 $v_{b1} = 0$，在七电平

CHB 逆变器中。为了保持在失去这三个功率单元后线－线电压平衡，假设每个功率单元由 150V 直流电源供电，且 $m_a = 0.87$，计算新的 θ_{AB}、θ_{BC} 和 θ_{CA}。

在这种情况下，故障后逆变器的容量会随着失去三个功率单元而降低，但可以平衡线－线电压。失去这些功率单元后，相电压幅值 $V_A = 3$、$V_B = 2$、$V_C = 1$（标幺值）。利用式（7-97）和非线性方程求解器，例如 MATLAB 中的"fsolve"命令，各相之间的角度计算为 $\theta_{AB} = \theta_{CA} = 60°$ 和 $\theta_{BC} = 240°$，这样得到 $V_{AB} = V_{BC} = V_{CA} = \sqrt{9 + 4 - 12\cos 60°} = 2.646$（标幺值）。如前所述，由于 $V_A = V_B + V_C$，图 7-48 所示的结构导致产生最大可能的线－线电压，即 $V_{AB} = V_{BC} = V_{CA} = 2 + 1 = 3$（标幺值），而不是 2.646。因此，利用式（7-101），V_A 必须从 3 减少到

$$V_{A,new} = \sqrt{2^2 + 1^2 + 2 \times 1} = 2.646 \text{p.u.} \tag{7-103}$$

然后，利用式（7-102），θ_{AB} 计算为

$$\theta_{AB} = \sin^{-1}\left(\frac{\sqrt{3}}{2} \times \frac{(2+1)}{2.646}\right) = 79° \tag{7-104}$$

因此，$\theta_{CA} = 180° - 79° = 101°$。由于 A 相电压必须降低到 $2.646 \div 3 = 0.882$（标幺值），如果假定 A 相的参考信号为 $r_a(t) = 0.882m\sin(\omega_1 t)$，则其他相的参考信号被定义为 $r_b(t) = m\sin(\omega_1 t - 79°)$ 和 $r_c(t) = m\sin(\omega_1 t - 259°)$。如果调制指数与故障后条件相同，即 $m = 0.87$，则线－线电压幅值从 $480V_{LL}$ 降至 $3 \div 5.196 \times 480 = 277V_{LL}$。即使将调制指数增加到 $m = 1$，线－线电压幅值也会增加到 $318.4V_{LL}$，这仍然低于标称值，但线－线电压是对称的。

7.8.4 二极管箝位多电平逆变器

在图 7-49 中，两电平逆变器和三电平二极管箝位电路拓扑并列显示。它由四个固态开关管和两个箝位二极管组成。当需要六个以上的固态开关（每个桥臂有两个）来满足两电平逆变器的设计要求时，多电平逆变器在中压和高压应用中十分经济（见图 7-49）。二极管箝位逆变器也称为中性点箝位（NPC）逆变器。在图 7-49b 所示的三电平二极管中，上侧二极管的阳极 D_{ap} 连接到直流母线电容的中点，其阴极连接到上侧开关管对的中点。较低的二极管 D_{an} 的阴极连接到电容的中点。在两电平电压源逆变器（见图 7-49a）中，节点 A 可连接至直流母线的正轨或负轨，即 v_{AO} 可为 $V_{dc}/2$ 或 $-V_{dc}/2$，而在三电平 NPC 逆变器中，可以将节点 A 连接到正轨、负轨或直流母线的中点，即 v_{AO} 可为 $V_{dc}/2$、$-V_{dc}/2$ 或者 0。因为存在中点，使得该电路拓扑成为三电平逆变器。

具有图 7-49b 所示桥臂结构的三相逆变器可以在每个线－线电压中产生五个电压电平，但该逆变器仍被称为三电平逆变器。线－线五个电压电平，即 $+V_{dc}$、$+V_{dc}/2$、0、$-V_{dc}/2$、$-V_{dc}$，具体可以查看图 7-50。再考虑只在图 7-49b 中显示的 NPC 逆变器的一个桥臂。如果上侧开关管 S_{ap1} 和 S_{ap2} 导通，下侧开关管 S_{an1} 和

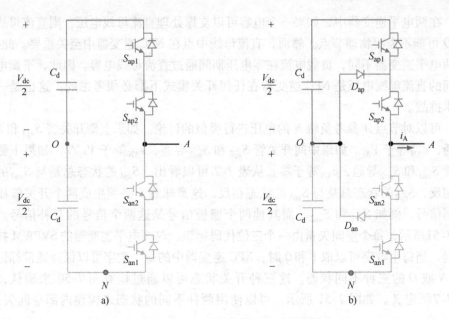

图 7-49　两电平逆变器 a) 与二极管箝位三电平逆变器 b) 的一相对比

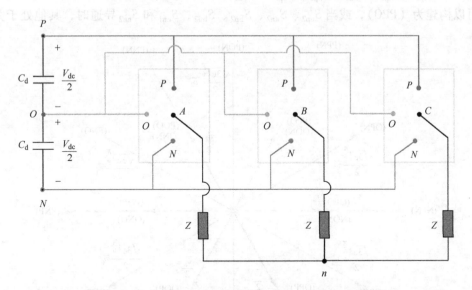

图 7-50　三相三电平二极管箝位逆变器中可能的开关状态

S_{an2} 必须保持断开，因此 v_{AO} 变为 $+V_{dc}/2$。同样，如果下侧开关管 S_{an1} 和 S_{an2} 接通，上侧开关管 S_{ap1} 和 S_{ap2} 必须保持断开，因此 v_{AO} 变为 $-V_{dc}/2$。为了实现零电压，即 $v_{AO}=0$，S_{ap2} 和 S_{an2} 必须都处于导通状态，而根据负载电流的方向，只有一个导通，即，如果 $i_A>0$，S_{ap2} 导通，如果 $i_A<0$，S_{an2} 导通。注意二极管 D_{ap} 和 D_{an} 提供 A 点和 O 点之间的电流路径。

在两电平逆变器中,如果一个电容可以支撑处理直流母线电压,则直流母线中点 O 可能不需要物理节点。然而,直流母线中点在 NPC 逆变器中至关重要。此外,与两电平逆变器不同,负载电流在零电压期间通过直流母线电容。因此,平衡电容之间的直流母线电压是 NPC 逆变器在任何开关模式下都必须考虑的,这也是一个技术挑战。

可以对节点 A 参考负轨 N 的电压进行类似的讨论。如果上侧开关管 S_{ap1} 和 S_{ap2} 导通,v_{AN} 等于 V_{dc}。如果中间开关管 S_{ap2} 和 S_{an2} 导通,v_{AN} 等于 $V_{dc}/2$,如果下侧开关管 S_{an1} 和 S_{an2} 导通,v_{AN} 等于零。从表 7-7 可以看出,S_{ap1} 的状态总是与 S_{an2} 的状态相反,S_{ap2} 的状态总是与 S_{an1} 的状态相反。这意味着,必须生成两个开关管栅极控制信号,例如 S_{ap1} 和 S_{ap2},而其他两个栅极信号是这两个信号的互补信号。如图 7-51 所示,每个空间矢量由一个三位代码标识。与两电平逆变器的 SVPWM 技术不同,当每个数字可以取 1 和 0 时,NPC 逆变器中的每个数字可以保持通常标记为 P、N 或 O 的三种不同状态。这三种开关状态可以通过检查图 7-50 来确认,如表 7-7 所定义。如图 7-51 所示,可以使用两种不同的状态来构建内部空间矢量。例如当 S_{ap1}、S_{ap2}、S_{bp1}、S_{bp2}、S_{cp2} 和 S_{cn2} 导通时,其他处于关断状态,矢量 $\vec{v}_3/2$ 可以构建为(PPO),或当 S_{ap2}、S_{an2}、S_{bp2}、S_{bn2}、S_{cn1} 和 S_{cn2} 导通时,其他处于关

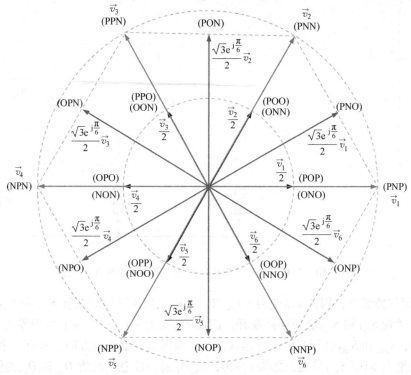

图 7-51　三电平 NPC 逆变器的可能输出电压及其开关状态的空间矢量

断状态，矢量 $\vec{v}_3/2$ 可以构建为（OON）。与三相两电平逆变器和 CHB 多电平逆变器一样，SPWM 和 SVPWM 技术都可以用于 NPC 逆变器。显然，在多电平逆变器中，存在更多的矢量和状态来实现各种 PWM 技术。

表 7-7　三电平 NPC 逆变器各桥臂可能的输出电平

状态	S_{ap1}	S_{ap2}	S_{an2}	S_{an1}	v_{AO}	v_{AN}
P	1	1	0	0	$\frac{1}{2}V_{dc}$	V_{dc}
O	0	1	1	0	0	$\frac{1}{2}V_{dc}$
N	0	0	1	1	$-\frac{1}{2}V_{dc}$	0

7.9　习　　题

7.1　如图 P7-1 所示，对于 50Hz 矩形方波单相逆变器，如果直流母线电压为 120V，计算输出电压的第 1 次、第 5 次和第 7 次谐波的峰值和 RMS 值。

7.2　对于单相 50Hz 逆变器，输出波形为图 P7-1 中所示，如果逆变器给 15Ω 电阻负载供电，计算前 5 个奇次谐波分量的总谐波失真（THD）。

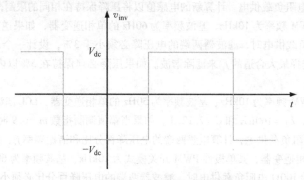

图 P7-1　单相逆变器的输出电压波形

7.3　如图 P7-2 所示，对于死区时间 $t_d = 1ms$、频率为 60Hz 矩形方波单相逆变器，如果直流母线电压为 480V，计算输出电压的第 1 次和第 3 次谐波的峰值和 RMS 值。

7.4　如图 P7-2 所示，对于死区时间 $t_d = 1ms$ 的 60Hz 矩形方波单相逆变器，如果逆变器给 1kW 电阻负载供电，计算总谐波失真（THD）。

7.5　考虑 60Hz 的参考信号，当开关频率为 420Hz 和 600Hz 时，设计并检查 H 桥逆变器输出电压的四分之一对称性。

7.6　对于使用双极性 PWM 开关模式的单相 H 桥逆变器，直流母线电压为 220V，幅值调制指数 $m = 0.8$，频率调制指数 $m_f = 6$。计算基波分量的峰值，找出是否存在偶数谐波和四分之一对称性。当开关模式变为单极性 PWM 时，确定是否存在偶数谐波和四分之一对称性。

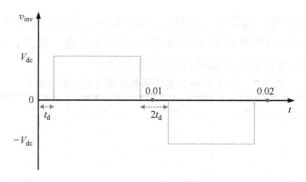

图 P7-2　死区时间为 $t_d = 1\text{ms}$ 的单相逆变器的输出电压波形

7.7　对于使用单极性 PWM 开关模式的单相 H 桥逆变器，直流母线电压为 120V，幅值调制指数 $m = 0.9$，频率调制指数 $m_f = 4$。计算基波分量的 RMS 值，找出是否存在偶数谐波和四分之一对称性。

7.8　对于双极性 PWM 频率为 5kHz、基波频率为 60Hz 的单相逆变器，LC 滤波器的电感和电容的值 $L = 1\text{mH}$，$C = 9.3\mu\text{F}$。如果在幅值调制指数 m 设定为获得最大输出电压时，逆变器从 180V 直流电源给 200W 电阻负载供电，计算电感两端的电压降百分比和谐振频率 f_r，以滤除谐波。

7.9　对于双极性 PWM 频率为 5kHz、基波频率为 60Hz 的单相逆变器，LC 滤波器的电感和电容的值 $L = 1\text{mH}$，$C = 9.3\mu\text{F}$。当幅值调制指数 m 设定为获得最大输出电压时，逆变器从 180V 直流电源给 200W 电阻负载供电。计算新的电感值以将压降保持在相同的限制范围内。

7.10　对于 PWM 频率为 10kHz、基波频率为 60Hz 的单相逆变器，如果逆变器从 120V 直流电源给 100Ω 电阻负载供电时，滤波器两端的电压降必须小于 3%，设计一个 LC 滤波器，调制指数为 $m = 0.9$，选择最大合适的 f_r 来滤除谐波。如果压降必须保持在 5% 以内，计算最大滤波电感值。

7.11　对于 PWM 频率为 10kHz、基波频率为 50Hz 的单相逆变器，LCL 滤波器的电感和电容的值为 $L_1 = 477\mu\text{H}$，$L_2 = 160\mu\text{H}$ 和 $C = 2.12\mu\text{F}$。如果当幅值调制指数 $m = 0.9$ 时，逆变器从 220V 直流电源向 20Ω 电阻负载供电，计算电感两端的电压降百分比和谐振频率 f_r，以滤除谐波。

7.12　对于单相逆变器，其单极性 PWM 开关模式为 10kHz、基波频率为 60Hz，如果逆变器从 600V 直流电源给 100Ω 电阻负载供电时，滤波器两端的电压降百分比必须小于 5%，设计 LCL 滤波器，调制指数为 $m = 0.8$ 时，选择最大合适的 f_r 来滤除谐波。此外，如果压降必须保持在 4% 以内，计算最大滤波电感值。

7.13　对于单相逆变器，其单极性 PWM 开关模式为 25kHz，基波频率为 60Hz，如果逆变器从 600V 直流电源向 60Ω 电阻负载供电时，滤波器两端的电压降百分比必须小于 7%，设计 LCL 滤波器，调制指数为 $m = 0.8$ 时，选择最大合适的 f_r 来滤除谐波。如果开关模式变为双极性，电感值加倍，重新计算载波信号频率，以将压降保持在相同的限制范围内。

7.14　六步换相开关模式的三相两电平 VSI 从 650V 直流电源向 Y 型连接的 RL 负载供电，每相负载为 $8 + \text{j}6\Omega$。

（a）忽略逆变器损耗，求直流母线平均电流。

（b）计算输出电压的总谐波失真。

7.15 三相两电平 VSI 采用六步换相开关模式，基频为 60Hz，由 300V 直流电源供电。

（a）求输出线–线电压的傅里叶系数的一般表达式。

（b）如果逆变器给电阻负载供电，计算输出相电压的总谐波失真。

7.16 光伏控制器的供电电压为 $V_{dc} = 480V$，通过控制方案估计在逆变器输出端的 A 相产生平均电压为 $220\angle15°$。在一个开关周期中，$T_s = 66\mu s$，在 $\omega t = \pi$ 附近，确定开关状态，然后计算每个状态的占空比 d_0、d_1 和 d_2，以及对应的时间间隔 t_0、t_1 和 t_2。

7.17 光伏控制器的供电电压为 $V_{dc} = 650V$，通过控制方案估计在逆变器输出端的 A 相产生平均电压为 $250\angle20°$。在一个开关周期中，$T_s = 150\mu s$，在 $\omega t = \pi/2$ 附近，确定开关状态，然后计算每个状态的占空比 d_0、d_1 和 d_2，以及对应的时间间隔 t_0、t_1 和 t_2。

7.18 光伏控制器的供电电压为 V_{dc}，通过控制方案估计在逆变器输出端的 A 相产生平均电压为 $280\angle5°$。在一个开关周期中，$T_s = 60\mu s$，在 $\omega t = \pi/2$ 附近，各个开关状态的时间分别为 $t_0 = 2.62\mu s$，$t_1 = 51.8\mu s$ 和 $t_2 = 5.5\mu s$，确定开关状态，并计算每个状态的占空比 d_0、d_1 和 d_2，同样计算直流母线电压 V_{dc}。

7.19 光伏控制器的供电电压为 $V_{dc} = 650V$，通过控制方案估计在逆变器端需要产生 $v_{an} = V\angle\theta°$ 的电压。在一个开关周期中，$T_s = 100\mu s$，在 $\omega t = 2\pi/3$ 附近，各个开关状态的时间分别为 $t_0 = 7.10\mu s$，$t_1 = 3.11\mu s$ 和 $t_2 = 89.78\mu s$。如果空间矢量 $\overrightarrow{v_s}$ 的角度为 $45°$，计算 v_{an}、v_{bn} 和 v_{cn}。

7.20 当矢量 $\overrightarrow{v_s}$ 连续两个开关周期落入扇区 III，绘制可能的状态和对应的 v_{bn}，并绘制出表示相电压（参考直流母线负轨），即 v_{AN}、v_{BN} 和 v_{CN} 的开关模式。如果直流母线电压为 700V，当空间矢量角约为 45° 和 165° 时，期望的输出电压在两个不同瞬间为 480V。

7.21 对于图 P7-3 所示的 SVPWM 模式，绘制出表示参考直流母线负轨的相电压的开关模式，即 v_{AN}、v_{BN} 和 v_{CN}。如果直流母线电压为 700V，当空间矢量角约为 330° 时，在两个不同的瞬间，期望的输出电压为 400V。

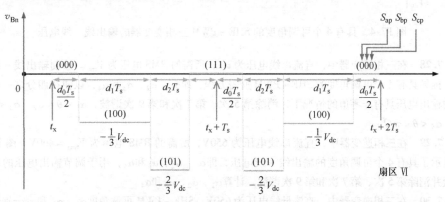

图 P7-3　发生故障时的可能状态和相关的 v_{bN}，$\overrightarrow{v_s}$ 位于扇区 VI，

形成两个开关周期，以提供波形对称性

7.22 考虑 15Hz 的参考信号，在开关频率为 105Hz 和 210Hz 时，检测三相 SPWM 逆变器输出电压的四分之一对称性。

7.23 在三相逆变器中，直流母线电压为 700V，所预期的线–线电压为 480V。如果使用

3H – SPWM 技术，求 3 次谐波的幅值。与 SVPWM 技术比较其直流母线电压利用率。

7.24　在三相逆变器中，直流母线电压为 700V 时，注入每相阻抗为 $R = 20\Omega$ 和 $L = 35\text{mH}$ 的 Y 型连接负载的期望电流峰值为 15A，频率为 60Hz。当逆变器采用滞环 PWM 时，滞环带 $h = 2\text{A}$，仿真该系统。

（a）绘制负载中性点接地和负载中性点不接地时的输出电流和开关信号。

（b）绘制谐波的输出频谱，并确定两种情况下的 THD。

（c）绘制 THD 与 h 的曲线，其中 h 从 0.5A 变化到 10A，步长为 0.5A。

7.25　在三相逆变器中，直流母线电压为 540V，期望的 RMS 电压为 330V，计算 α_1 和 α_2，以消除 7 次谐波。

7.26　在三相逆变器中，期望的 RMS 电压为 300V，SHE – PWM 可调角度 α_1 和 α_2 分别选择为 18° 和 38°，以消除 5 次谐波。计算直流母线电压。

7.27　在三相逆变器中，直流母线电压为 700V，所需的 RMS 电压为 $V_{\text{rms}} = 480\text{V}$。图 P7-4 中显示了具有 4 个可调角度的输出线 – 线电压，即 α_1、α_2、α_3 和 α_4，用于调节输出电压的基波分量并消除第 5 次、第 7 次和第 9 次谐波。计算 α_1、α_2、α_3 和 α_4。

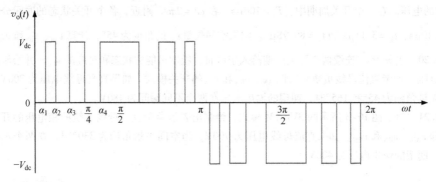

图 P7-4　具有 4 个可调角度的 SHE – PWM 三相逆变器的输出线 – 线电压

7.28　在三相逆变器中，直流母线电压为 v_{dc}，所需的 RMS 电压为 V_{rms}。绘制输出线 – 线电压，推导具有 4 个可调角度的 SHE – PWM 所需方程，即 α_1、α_2、α_3 和 α_4，以便在四分之一波形上的输出电压具有非零值的情况下，消除第 5 次、第 7 次和第 9 次谐波，$\alpha_1 < \theta < \alpha_2$，$\alpha_3 < \theta < \alpha_4$，$\alpha_5 < \theta < \pi/2$。

7.29　在三相逆变器中，直流母线电压为 650V，所需的 RMS 电压为 $V_{\text{rms}} = 460\text{V}$。图 P7-4 中显示了具有 4 个可调角度的输出线 – 线电压，即 α_1、α_2、α_3 和 α_4，用于调节输出电压的基波分量并消除第 5 次、第 7 次和第 9 次谐波。计算 α_1、α_2、α_3 和 α_4。

7.30　在三相逆变器中，直流母线电压为 650V，SHE – PWM 可调角度 α_1、α_2 和 α_3 分别选择为 28°、39° 和 52°，以消除第 5 次和第 7 次谐波。计算逆变器的输出 RMS 电压。

7.31　考虑五电平 CHB 逆变器，每个功率单元的直流母线电压为 200V。

（a）求输出电压的傅里叶系数 v_o 的一般表达式。

（b）如果 α_1 和 α_2 分别被选为 15° 和 35° 时，计算前 7 个奇次谐波的傅里叶系数。

7.32　在 CHB 五电平逆变器中，每个功率单元的直流母线电压为 210V。计算 α_1 和 α_2，将期望的 RMS 电压调节为 300V，并消除第 7 次谐波。

7.33　在 CHB 七电平逆变器中，每个功率单元的直流母线电压为 150V，选择可调角度 $\alpha_1 = 19°$、$\alpha_2 = 35°$ 和 $\alpha_3 = 40°$，以消除第 5 次和第 7 次谐波。计算基波分量的 RMS 电压。

7.34　在 CHB 七电平逆变器中，每个功率单元的直流母线电压为 150V，计算 α_1、α_2 和 α_3，期望输出 RMS 电压调节为 190V，并消除第 5 次和第 7 次谐波。

7.35　七电平 CHB 逆变器的功率单元正常组合和相关的相电压如图 7-45 所示。如果功率单元 A_1 和功率单元 B_1 被旁路，即 $v_{a1} = 0$、$v_{b1} = 0$，计算 θ_{AB}、θ_{BC} 和 θ_{CA} 角的新值。

7.36　当每个功率单元由理想的 150V 直流电源供电时，单相七电平 CHB 逆变器向 RL 负载 $20 + j8\Omega$ 供电，幅值调制指数为 $m_a = 0.9$，以提供 $220V_{rms}$。如果选择 $m_f = 54$，采用 PSPWM 和 LSPWM 开关模式，绘制输出电压、相电流和从每个直流电源传输到负载的瞬时功率。

7.37　当每个功率单元由 120V 直流电源供电，且调制指数 $m_a = 0.96$，以提供期望的输出电压为 $294V_{LLrms}$，计算三相 CHB 逆变器所需的功率单元数量。当采用 $m_f = 6$ 的 PSPWM 时，绘制归一化输出电压波形。

7.38　在一个 CHB 九电平逆变器中，每个单元的直流母线电压为 150V，期望输出电压为 $460V_{LLrms}$。在 CHB 逆变器发生故障后，一些功率单元丢失，θ_{AB}、θ_{BC} 和 θ_{CA} 角度的值分别变为 $60°$、$60°$ 和 $240°$。计算每相的功率单元数量以及故障后的线 – 线电压。

7.39　图 7-39 中的三相七电平 CHB 逆变器为平衡 RL 负载供电，负载为 $6 + j8\Omega$，此时每个功率单元由理想的 70V 直流电源供电，且希望输出电压为 $230V_{LL}$。计算

（a）调制指数 m_a 和相电流。

（b）如果功率单元 B_2 被旁路，即 $v_{b2} = 0$，求 CHB 逆变器的故障输出电压和相电流。

（c）计算 θ_{AB}、θ_{BC} 和 θ_{CA} 新的角度值以及新的调制指数，以将输出电压保持在所需值。

第 8 章

整流器的稳态分析与控制

整流器广泛用作 AC – AC 变换器的前端，通常分为无源和有源 AC – DC 变换器。无源整流器由二极管构成，用于电池充电器、电机驱动和直流电源。如果用 MOSFET、IGBT、SiC MOSFET 或 GaN 晶体管等固态开关替换二极管，则整流器称为有源整流器。有源整流器可以调节输出直流电压，使交流侧电流的 THD 最小，并通过控制使交流侧电流与电压同相，以单位功率因数运行。因此，有源整流器的应用有直流微电网、风力发电机、再生电机驱动和混合动力车辆。在本章将学习单相和三相系统无源和有源整流器之间的区别，以及如何控制有源整流器进行功率因数校正（PFC），从而改善电能质量。

8.1 单相二极管整流器

单相二极管整流器通常用作小功率直流电源的第一级。图 8-1 显示了两种单相全波整流器的常用电路拓扑，它们利用两个半周期的输入交流电压形成直流电压。中心抽头整流器需要两个二极管，而 H 桥二极管整流器有四个二极管。由于两个二极管比一个中心抽头变压器便宜，所以 H 桥整流器更适用于非隔离直流电源。H 桥整流器中每个二极管的反向电压是中心抽头整流器反向电压的一半。由于这些原因，H 桥整流器拓扑是大多数 AC – AC 变换器的首选。

为了简化二极管整流器的分析，可以忽略二极管两端的正向导通电压降。在图 8-1所示的二极管桥式整流器中，在输入电压的正半周期内，二极管 D_{ap} 和 D_{bn} 正向偏置，电流流过 D_{ap}，进入负载 R，并返回流过 D_{bn} 的电源。在输入电压的正半周期内，二极管 D_{an} 和 D_{bp} 反向偏置，电流不能流过这些二极管。在输入电压的负半周期内，二极管 D_{an} 和 D_{bp} 变为正向偏置，电流流过 D_{bp}，进入负载 R，并返回流过 D_{an} 的电源。因此，在输入交流电压的正负半周期内，通过负载的电流方向保持不变。换句话说，输出电压等于输入电压的绝对值，即 $v_o(t) = |v_s(t)|$。同样，忽略电源电感，D_{ap} 和 D_{bn} 反向在 $v_s(t) > 0$ 时导通，D_{bp} 和 D_{an} 在 $v_s(t) < 0$ 时导通，将输入电流传递到电路的直流侧。对于单相全波整流器，输出电压的平均值可得

$$V_{dc} = \langle v_0(t) \rangle = \frac{1}{\pi} \int_0^\pi \sqrt{2} V_{ph} \sin(\omega t) \, d(\omega t) = \frac{2\sqrt{2} V_{ph}}{\pi} \tag{8-1}$$

式中，V_{ph}是相电压的 RMS 方均根值电压。

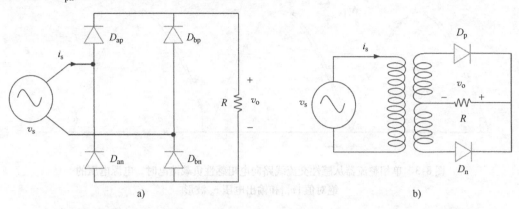

图 8-1　为电阻负载供电的 H 桥二极管整流器 a）和中心抽头二极管整流器 b）的电路示意图

如果源电感很大且输出电流连续，则（D_{ap}，D_{bn}）和（D_{bp}，D_{an}）之间的电流换相不能瞬时完成。电流换相是将输出电流从一对二极管转移到另一对二极管的过程（见图 8-2）。这意味着在换相时间内所有四个二极管均流过输出电流。注意，在换相时间 t_c 期间，输出电压变为零。如果换相角假定为$\omega t_c = \gamma$（见图 8-3），则平均电压由下式给出：

$$V_{dc} = \langle v_0(t) \rangle \cong \frac{1}{\pi} \int_{\gamma}^{\pi} \sqrt{2} V_{ph} \sin(\omega t) \, d(\omega t) = \frac{\sqrt{2} V_{ph}}{\pi} (1 + \cos\gamma) \qquad (8\text{-}2)$$

换相角是电源电感、输出电流和输入电压的函数。换句话说，较大的电源电感或输出电流会增加换相时间。如以下例子所述，换相角可以计算得到。

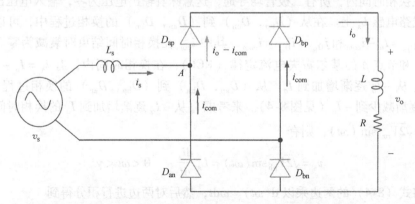

图 8-2　感性交流线路为电阻感性负载供电的单相整流器的电路示意图

例 8.1

单相 H 桥二极管整流器由 115V、60Hz 电源通过 $L_s = 2\text{mH}$ 供电。负载电阻为 10Ω，负载电感为 5mH。绘制输出电压曲线，计算换相时间 t_c 和输出电压的平

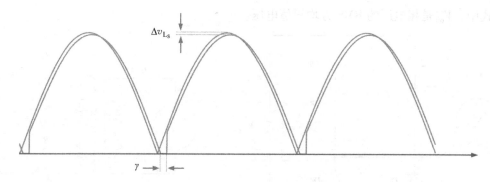

图8-3　单相整流器从感性交流线路向电阻感性负载馈电时，电源电压的
绝对值$|v_s|$和输出电压v_o波形

均值。

使用电路仿真软件，可以绘制输出电压v_o和$|v_s|$，如图 8-3 所示。从图中，换相时间和$|v_s|$峰值处的压降可分别测量为 0.38ms 和 2.6V。因此，得到了换相角为$\gamma = \omega t_c = 0.143\mathrm{rad} = 8.2°$，因此输出电压的平均值计算如下：

$$V_{dc} = \frac{(115\sqrt{2} - 2.6)}{\pi}(1 + \cos 8.2°) = 101.4\mathrm{V} \tag{8-3}$$

例 8.2

单相 H 桥二极管整流器由 115V、60Hz 电源通过$L_s = 0.1\mathrm{mH}$供电。如果负载是感性的，输出可用$I_o = 10\mathrm{A}$的电流源进行建模。计算换相时间和输出电压的平均值。

在换相时间内，所有二极管均导通，这意味着输出电压为零，输入电压出现在交流线路电感L_s上。在从（D_{bp}，D_{an}）到（D_{ap}，D_{bn}）的换相过程中，可以写出$i_{D_{ap}} = i_{D_{bn}} = I_o - i_{com}$和$i_{D_{bp}} = i_{D_{an}} = i_{com}$，其中$i_{com}$在换相时间结束时衰减为零。利用图 8-2 和节点 A 的基尔霍夫电流定律（KCL），在换相时间内，有$i_s = I_o - 2i_{com}$，其中i_s从$-I_o$逐渐增加到I_o。从（D_{ap}，D_{bn}）到（D_{bp}，D_{an}）的换相过程中，i_s从I_o逐渐减少到$-I_o$（见图 8-4）。来考虑i_s从$-I_o$逐渐增加到I_o的换相时间。如果$v_s = \sqrt{2}V_{rms}\sin(\omega t)$，则有

$$v_s = \sqrt{2}V_{ph}\sin(\omega t) = L_s\frac{di_s}{dt} \qquad 0 < \omega t < \gamma \tag{8-4}$$

将式（8-4）的两边乘以$\mathrm{d}(\omega t) = \omega dt$，然后对两边进行积分得到

$$\int_{\omega t = 0}^{\gamma} \sqrt{2}V_{ph}\sin(\omega t)\mathrm{d}(\omega t) = \int_{i_s = -I_o}^{I_o} \omega L_s \, di_s \tag{8-5}$$

可得

$$\sqrt{2}V_{ph}(1 - \cos\gamma) = 2\omega L_s I_o \tag{8-6}$$

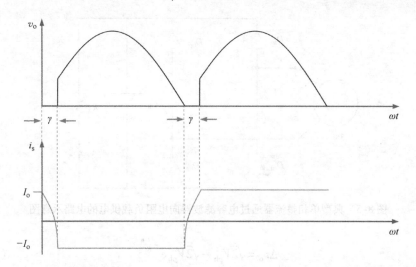

图 8-4　单相桥式整流器的输出电压 v_o 和输入电流 i_s，该整流器为电流源 I_o 的电感负载供电

因此，换相角为

$$\cos\gamma = 1 - \frac{2\omega L_s I_o}{\sqrt{2}V_{\text{ph}}} \tag{8-7}$$

对于本例，$\omega = 2\pi \times 60 = 377\,\text{rad/s}$，因此有

$$\cos\gamma = 1 - \frac{2 \times 377 \times (0.1 \times 10^{-3}) \times 10}{\sqrt{2} \times 115} \tag{8-8}$$

因此，$\gamma = 5.5°$，利用式（8-2），输出电压的直流分量为

$$V_{\text{dc}} = \frac{\sqrt{2} \times 115}{\pi}(1 + \cos5.5°) = 103.3\,\text{V} \tag{8-9}$$

对于高压电路，例如高压直流输电线路，换相角的影响不可忽略。然而，在许多低压电路中，换相角及其对输出电压的影响变得微不足道，例如，单相电池充电器，在这些电路中，电源电感可以忽略不计。在本章的其余部分，假设交流电源和二极管是理想的，在电路分析中忽略换相时间。

在整流器中，如图 8-5 所示，使用与输出端子并联的电容可将输出电压处的高纹波降至最低。在该整流电路中，电容将输出电压保持在源电压以上，即 $v_o(t) > |v_s(t)|$，从而出现二极管在均不导通的时间间隔。在这些关断时间内，输出电路与输入交流电路断开，电容通过输出电路放电。如果输出电路是电阻性的，如图 8-5所示，则输出电压随时间衰减

$$v_o(t) = \sqrt{2}V_{\text{ph}}\text{e}^{-\frac{\Delta t}{RC_d}} \tag{8-10}$$

当二极管开始对直流母线电容充电时，电压呈指数衰减，直到低于 $|v_s(t)|$，从而 $v_o(t) = |v_s(t)|$，如图 8-6 所示。因此，输出电压中的纹波为

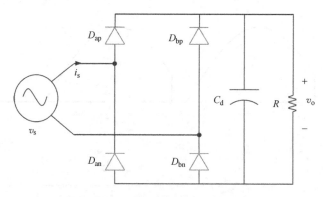

图 8-5 典型单相整流器通过电容滤波器向电阻负载供电的电路示意图

$$\Delta v_{\text{o}} = \sqrt{2}V_{\text{ph}} - \sqrt{2}V_{\text{ph}}e^{-\frac{t_{\text{off}}}{RC_{\text{d}}}} \qquad (8\text{-}11)$$

式中，$t_{\text{on}} + t_{\text{off}} = T/2$。使用泰勒级数近似，即

$$e^{-\frac{t_{\text{off}}}{RC_{\text{d}}}} = 1 - \left(\frac{t_{\text{off}}}{RC_{\text{d}}}\right) + \left(\frac{t_{\text{off}}}{RC_{\text{d}}}\right)^2 - \left(\frac{t_{\text{off}}}{RC_{\text{d}}}\right)^3 + \cdots \cong 1 - \left(\frac{t_{\text{off}}}{RC_{\text{d}}}\right) \qquad (8\text{-}12)$$

将式（8-12）替换为式（8-11）得到

$$\Delta v_{\text{o}} = \sqrt{2}V_{\text{ph}}\left(\frac{t_{\text{off}}}{RC_{\text{d}}}\right) \qquad (8\text{-}13)$$

如果电容具有相对较大的值，即 $RC_{\text{d}} = >> T/2$，每个二极管导通很小一段时间，即 $t_{\text{on}} << t_{\text{off}}$，因此 $t_{\text{off}} \cong T/2$。因此，式（8-13）可以改写为

$$\Delta v_{\text{o}} = \sqrt{2}V_{\text{ph}}\left(\frac{T/2}{RC_{\text{d}}}\right) = \frac{\sqrt{2}V_{\text{ph}}}{2fRC_{\text{d}}} \qquad (8\text{-}14)$$

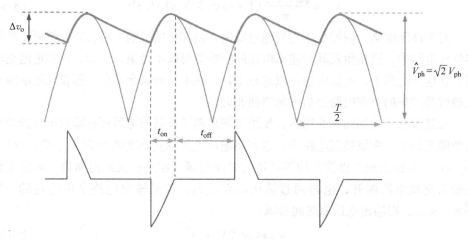

图 8-6 图 8-5 单相 H 桥二极管整流器的输出电压和输入电流

然而，当 R 很小且 t_{on} 不能忽略时，这种假设在功率电路中并不十分有效。如果假设 $t_{on} \approx (1 \div 4) \times (T/2)$，因此有 $t_{off} \cong 3T/8$，则可获得输出电压纹波的近似值。因此，输出电压中的纹波可以近似为

$$\Delta v_o = \sqrt{2} V_{ph} \left(\frac{3T/8}{RC_d} \right) \tag{8-15}$$

因此，输出电压的平均值可从 $(v_o^{max} - \Delta v_o / 2)$ 得到。

$$V_{dc} = \sqrt{2} V_{ph} - \sqrt{2} V_{ph} \times \frac{1}{2} \left(\frac{t_{off}}{RC_d} \right) = \sqrt{2} V_{ph} \left\{ 1 - \left(\frac{t_{off}}{2RC_d} \right) \right\} \tag{8-16}$$

当电路功率很小时，有 $RC_d \gg T/2$，t_{off} 可以近似为 $T/2$，大功率电路 t_{off} 可以近似为 $3T/8$。对于给定的电源频率和负载电阻，较大电容的输出直流电压纹波较小。然而，输入交流电流可能会出现明显失真，导致输入电流的 THD 更高。对于大的直流电容，二极管会流过重复电流尖峰（见图 8-6）。二极管在 $v_o(t) < |v_s(t)| = |\sqrt{2} V_{ph} \sin(\omega t)|$ 时导通，忽略交流电源的电感。

例 8.3

单相 H 桥二极管整流器由 115V、60Hz 电源通过 115V/48V 降压变压器供电。如果负载电阻为 200Ω，计算 C_d 的最小电容，以使输出电压的纹波保持在 3V 以下。同时，计算整流二极管中的峰值电流，以及每个二极管导通的时间 t_{on}。

对于由 48V 电源供电的 200Ω 负载电阻，该整流器属于低功率电路。利用式（8-14），对于 $\Delta v_o < 3V$ 可以写出

$$\sqrt{2} V_{ph} \left(\frac{T/2}{RC_d} \right) < 3 \tag{8-17}$$

假设 $T = 1/60s$，$V_{rms} = 48V$，$R = 200\Omega$，则 C_d 的最小电容可得

$$C_d > \frac{\sqrt{2} \times 80}{120 \times 200 \times 3} = 943 \times 10^{-6} F \tag{8-18}$$

如图 8-6 所示，当 $v_o = |v_s|$ 时，二极管的峰值电流出现在充电周期开始时。因此，从图 8-7 所示的等效电路中，可得

$$i_{D,max} = C_d \frac{dv_0(\omega t_0)}{dt} + \frac{v_0(\omega t_0)}{R} \tag{8-19}$$

如果 $v_s = \sqrt{2} V_{ph} \sin(\omega t)$，近似地计算 $i_{D,max}$ 为

$$i_{D,max} \cong \sqrt{2} V_{ph} \omega C_d \cos(\omega t_0) + \frac{(\sqrt{2} V_{ph} - \Delta v_o)}{R} \tag{8-20}$$

从图 8-7 中，有 $\sqrt{2} V_{ph} \sin(\omega t_0) = \hat{V}_{ph} - \Delta v_o$，因此

$$\omega t_0 = \sin^{-1} \left(1 - \frac{\Delta v_o}{\sqrt{2} V_{ph}} \right) \tag{8-21}$$

对于给定的参数，$\omega t_0 = 72.9° = 1.272rad$。将 ωt_0 代入式（8-20）得到

$$i_{D,max} \cong 24.13 \cos 72.9° + 0.32 = 7.42A \tag{8-22}$$

该计算是 $i_{D,max}$ 的近似值，忽略了电源的内部阻抗和二极管的正向导通压降。使用图 8-7，每个二极管的导通时间为

$$t_{on} = \frac{T}{4} - t_0 = 4.16 - 3.375 = 0.785 \text{ms} \qquad (8\text{-}23)$$

式中，t_0 根据 $\omega t_0 = 1.272 \text{rad}$ 计算得到。因此，输入电流波形包含一系列正负交替的电流脉冲，峰值为 $\pm 7.42 \text{A}$，持续时间为 0.785ms。应注意的是，某些应用场合输入电流需要接近正弦，其特定谐波必须加以限制，例如飞机电气系统中。

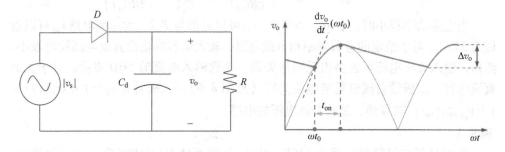

图 8-7　电源电压是输入电源和输出电压的绝对值函数时，充电期间的等效电路

例 8.4

单相 H 桥二极管整流器由 115V、60Hz 电源供电。如果负载电阻为 50Ω，且直流母线电容为 $C_d = 800\mu\text{F}$，则计算输出电压的纹波和整流二极管的峰值电流。

对于由 115V 电源供电的 50Ω 负载电阻，该整流器属于功率电路类别。使用式（8-15），直流母线电压的纹波 Δv_o 由下式给出：

$$\Delta v_o = \sqrt{2} V_{rms} \left(\frac{3T/8}{RC_d} \right) = 25.4 \text{V} \qquad (8\text{-}24)$$

使用图 8-7 和式（8-21），可得 ωt_0

$$\omega t_0 = \sin^{-1} \left(1 - \frac{25.4}{\sqrt{2} \times 115} \right) = 57.5° \qquad (8\text{-}25)$$

将 ωt_0 代入式（8-20）可得

$$i_{D,max} \cong \sqrt{2} \times 115 \times 120\pi \times (800 \times 10^{-6}) \cos 57.5° +$$

$$\frac{\sqrt{2} \times 115 - 25.4}{50} = 29 \text{A} \qquad (8\text{-}26)$$

同样，当忽略源的内部阻抗和二极管的正向导通压降和电阻时，这是二极管峰值电流的近似值。使用图 8-7，每个二极管的导通时间为

$$t_{on} = \frac{T}{4} - t_0 = 4.16 - 2.66 = 1.5 \text{ms} \qquad (8\text{-}27)$$

输入电流是具有低频谐波的非正弦波形。对于功率电路，必须限制电流的 THD。因此，通常采用有源 PWM 整流器。

例 8.5

在某些应用中，例如飞机的电力系统，为了使无源元件的重量和尺寸最小化，电源频率选择高于 50Hz 或 60Hz。考虑单相 H 桥二极管整流器是由 115V，400Hz 电源提供。如果负载电阻为 60Ω，则找出 C_d 的最小电容，以使输出电压纹波保持在 3V 以下。

再次使用式（8-15），对于 $\Delta v_o < 3\text{V}$，考虑到 $T = 1/400$，$V_{ph} = 115\text{V}$，$R = 60\Omega$，最小电容可从以下公式获得：

$$C_d > \frac{\sqrt{2} \times 115}{400 \times 60 \times 3 \times (8 \div 3)} = 847 \times 10^{-6}\text{F} \tag{8-28}$$

对于给定的纹波要求，$\sqrt{2} \times 115\sin(\omega t_o) = \sqrt{2} \times 115 - 3$，可以写成 $\sin(\omega t_o) = 0.98$，即 $\omega t_o = 78.98°$。将 ωt_o 代入式（8-20）中，$i_{D,max}$ 由下式给出：

$$i_{D,max} \cong \sqrt{2} \times 115 \times 400\pi \times (847 \times 10^{-6})\cos 78.98°$$

$$+ \frac{\sqrt{2} \times 115 - 3}{60} = 35.66\text{A} \tag{8-29}$$

式中，$V_{dc} = \sqrt{2} \times 115 - 3 \div 2 = 161\text{V}$，$\omega = 2\pi \times 400$。

8.2 单相两级 Boost PFC 整流器

电子设备需要电源将交流电压转换为直流电压，而低功率因数和高次谐波电流是无源整流器的设计挑战。电网中的少数电源的影响可能是微不足道的，然而，当许多这样的电源由一个共同的交流电源供电时，综合效应可能是巨大的。这些挑战可以通过功率因数校正（PFC）电路来克服，该电路可提高功率因数并降低谐波电流。DC-DC Boost 变换器是一种功率因数校正电路，可级联至 H 桥二极管整流器，如图 8-8 所示，以显著改善电源的性能，称为 Boost PFC 整流器。

为了调节输出电压并使输入电流与输入电压同相，即 $pf = 1$，需要一个电流和两个电压检测器。Boost 变换器由滞环 PWM 发生器进行开关控制，滞环 PWM 发生器由闭环控制方案提供，在闭环控制方案中，参考电流的形成使得其大小调节输出电压，其相位跟随输入电压。Boost PFC 两级单相整流器的控制方案如图 8-9 所示。电流和电压 i_s、v_s 和 v_o 由传感器进行测量，并使用模数（A/D）转换器进行数字化。

控制器最终在 z 域中实现，但一些软件允许控制器在 s 域中开发，然后再转换到 z 域。在图 8-9 中，控制器在 s 域中开发。使用锁相环（PLL）获得输入电压的相位角，该锁相环是一种产生输出信号的控制方案，其相位角 θ 被锁定到输入信号的相位角。然后，使用 PI 控制器调整输出正弦信号的幅值，该控制器保证在任何

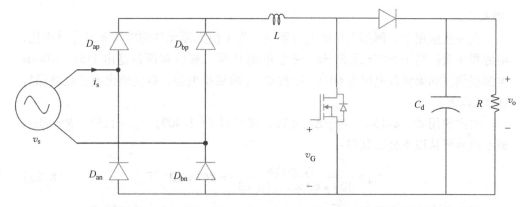

图 8-8 Boost 功率因数校正（PFC）两级单相整流器的电路示意图

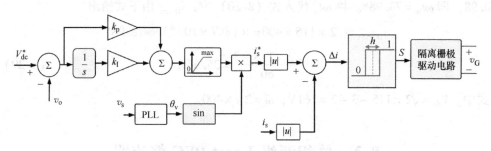

图 8-9 Boost 功率因数校正（PFC）两级单相整流器的控制方案

瞬态后，期望输出电压 V_{dc}^* 和输出电压 v_o 之间的误差为零。PI 控制器的输出通过最小值为零的限幅器。如果 V_{dc}^* 被错误地设置为小于交流电压峰值的值，这可以防止 Boost PFC 整流器不稳定。图 8-10 显示了输出电压以及与输入电压同相的输入电

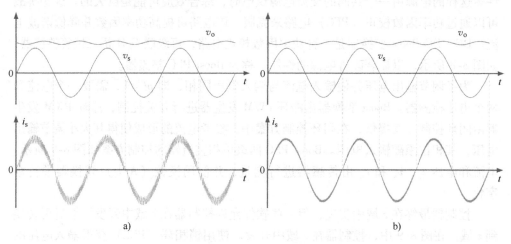

a)   b)

图 8-10 单相二极管桥式 Boost PFC 整流器的输出直流电压、
输入交流电压和电流波形，滞环带 a）比 b）宽四倍

流。减小滞环带导致开关频率增加时,电网看到的电流 THD 减小,电流质量可以提升。然而,如第 7 章所述,电路的缺点是 PWM 频率可变,这可能导致散热器和 EMI 设计上会有挑战。

例 8.6

单相二极管桥式 Boost PFC 整流器由 115V、60Hz 电源供电。如果负载电阻为 30Ω,直流母线电容为 $C_d = 800\mu F$,仿真此整流器,并绘出输出直流电压从 200V 变为 300V 时的电流和电压波形。

在仿真中,设置滞环带为 $h = 2A$,如果 $\Delta i < -1$,则 Boost 变换器中的开关管处于关断状态;如果 $\Delta i > 1$,则开关管处于导通状态,详见第 7 章。PI 系数可选择为 $k_p = 0.05$ 和 $k_i = 5$,以防止在基准电压阶跃变化期间出现超调,并为零稳态误差提供较短的稳定时间。如图 8-11 所示,不管是在初始时刻还是在 $t = 0.5s$ 状态改变时,稳定时间约为 0.1s。请注意,单位功率因数即使在瞬态期间也保持有效。

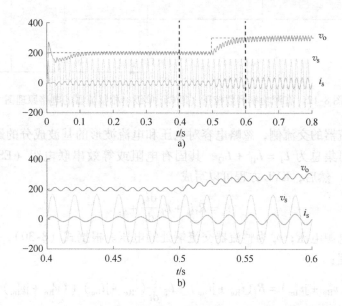

图 8-11 单相二极管桥式 Boost PFC 整流器在 $t = 0.5s$ 时 a),当参考输出电压 V_{dc}^* 从 200V 突然变为 300V 时的动态性能,其放大图为 $0.4 \sim 0.6s$ 之间的细节波形 b)

8.3 单相 PWM 整流器

双向单相单级 PWM 整流器的电路图如图 8-12 所示。该有源整流器可以控制交流电源的功率因数,同时调节直流母线电压。整流器可以像可控的 P 和 Q 负载一样工作，其中无功功率设置为零以实现单位功率因数。与两级 Boost PFC 整流器一样，这里也可以采用滞环 PWM 技术。然而，该整流器通常采用单极性 PWM，第 7 章中对单相逆变器进行了解释。请注意，此有源整流器是一个双向四象限 AC-DC 变换器。因此，它可以作为逆变器或整流器工作。此外，LCL 滤波器通常用于整流器的交流侧，以最小化交流电源看到的电流失真。PWM 频率越高，LCL 滤波器的尺寸越小，但开关损耗越大。

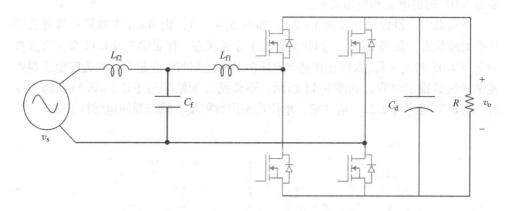

图 8-12　有源功率因数校正（PFC）单级单相整流器的电路原理图

考虑整流器的交流侧，忽略电容对电压和电流波形的基波成分的影响。因此，电感的影响可集总为 $L_f = L_{f1} + L_{f2}$，其固有电阻或等效串联电阻（ESR）集总为 $R_f = R_{f1} + R_{f2}$。然后，KVL 方程可以写成

$$v_s = R_f i_s + L_f \frac{di_s}{dt} + v_r \tag{8-30}$$

式中，v_s 为电源电压；v_r 为整流器交流端处的电压。根据式（8-30），还可以写出以下微分方程：

$$(v_{Re}^s + jv_{Im}^s) = R_f(i_{Re} + ji_{Im}) + L_f \frac{d}{dt}(i_{Re} + ji_{Im}) + (v_{Re}^r + jv_{Im}^r) \tag{8-31}$$

这可以转化为两个方程，即实部和虚部

$$\begin{bmatrix} v_{Re}^s \\ v_{Im}^s \end{bmatrix} = \begin{bmatrix} R_f & 0 \\ 0 & R_f \end{bmatrix} \begin{bmatrix} i_{Re} \\ i_{Im} \end{bmatrix} + \begin{bmatrix} L_f & 0 \\ 0 & L_f \end{bmatrix} \frac{d}{dt} \begin{bmatrix} i_{Re} \\ i_{Im} \end{bmatrix} + \begin{bmatrix} v_{Re}^r \\ v_{Im}^r \end{bmatrix} \tag{8-32}$$

如图 8-13 所示，电流和电压复数值可以在复平面上显示。如果选择输入电压作为参考形成 α 轴，则 β 轴可以选择超前 α 轴 90°，如图 8-13 所示。这意味着 $v_\alpha^s = \sqrt{2}V_{ph}$ 和 $v_\beta^s = 0$ 以及 $\alpha\beta$ 轴中的投影电流为

$$\begin{cases} i_\alpha = \sqrt{2}I_{ph}\cos(\theta_i - \theta_v) = i_{Re}\cos\theta_v + i_{Im}\sin\theta_v \\ i_\beta = \sqrt{2}I_{ph}\sin(\theta_i - \theta_v) = i_{Im}\cos\theta_v - i_{Re}\sin\theta_v \end{cases} \tag{8-33}$$

式中，$i_{\text{Re}} = \sqrt{2}I_{\text{ph}}\cos\theta_i$ 和 $i_{\text{Im}} = \sqrt{2}I_{\text{ph}}\sin\theta_i$。式（8-33）也可以写成

$$\begin{bmatrix} i_\alpha \\ i_\beta \end{bmatrix} = \begin{bmatrix} \cos\theta_v & \sin\theta_v \\ -\sin\theta_v & \cos\theta_v \end{bmatrix}\begin{bmatrix} i_{\text{Re}} \\ i_{\text{Im}} \end{bmatrix} \tag{8-34}$$

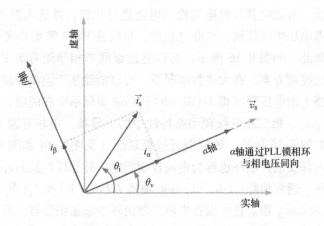

图 8-13　在实虚坐标系和 $\alpha\beta$ 坐标系表示的单相电流和电压量

尽管单相系统中的 $\alpha\beta$ 变换与 dq 变换有一些相似之处，但式（8-34）中的变换不要与多相系统的 dq 参考坐标系和空间矢量理论混淆，详见第 2 章。假设 $\mathrm{d}\theta_v/\mathrm{d}t = \omega$，并使用电压和电流的变换，重写式（8-32）如下：

$$\begin{bmatrix} v_\alpha^s \\ v_\beta^s \end{bmatrix} = \begin{bmatrix} R_f & 0 \\ 0 & R_f \end{bmatrix}\begin{bmatrix} i_\alpha \\ i_\beta \end{bmatrix} + \begin{bmatrix} L_f & 0 \\ 0 & L_f \end{bmatrix}\frac{\mathrm{d}}{\mathrm{d}t}\begin{bmatrix} i_\alpha \\ i_\beta \end{bmatrix} + L_f\begin{bmatrix} 0 & -\omega \\ \omega & 0 \end{bmatrix}\begin{bmatrix} i_\alpha \\ i_\beta \end{bmatrix} + \begin{bmatrix} v_\alpha^r \\ v_\beta^r \end{bmatrix} \tag{8-35}$$

式中，$v_\beta^s = 0$，如前所述。单极性 PWM 可以使用从 v_α^r 和 v_β^r 产生的正弦参考信号形成。因此，如果检测并反馈输入电流和电压，变换器电压 v_α^r 和 v_β^r 可写成

$$\begin{cases} v_\alpha^r = v_\alpha^s - R_f i_\alpha - L_f\dfrac{\mathrm{d}i_\alpha}{\mathrm{d}t} + L_f\omega i_\beta \\[3mm] v_\beta^r = v_\beta^s - R_f i_\beta - L_f\dfrac{\mathrm{d}i_\beta}{\mathrm{d}t} - L_f\omega i_\alpha \end{cases} \tag{8-36}$$

这两个方程可以在 s 域中建模，如图 8-14 所示。式（8-36）中必须用 $sL_f/(\tau s+1)$ 而不是 sL_f。通常添加低通滤波器 $1/(\tau s+1)$，以避免由于电磁干扰和测量误差引起的噪声电流信号而产生尖峰。

此外，利用图 8-13 和式（8-33），$\alpha\beta$ 坐标系中的有功功率和无功功率可以计算为

$$\begin{cases} P = V_{\text{ph}}I_{\text{ph}}\cos(\theta_i - \theta_v) = \dfrac{1}{2}v_\alpha^s i_\alpha \\[3mm] Q = V_{\text{ph}}I_{\text{ph}}\sin(\theta_i - \theta_v) = \dfrac{1}{2}v_\alpha^s i_\beta \end{cases} \tag{8-37}$$

可以控制从交流电源传输到直流电路的有功功率，以调节输出电压，而 i_β 可强制为零，以保证单位功率因数，即 $Q=0$。从式（8-37）中可以看出，有功功率和直流母线电压可以通过控制 i_α 来调节，而无功功率可以通过调节 i_β 来独立控制。注意，v_α^s 是 α 轴与输入端电压同向时输入电压峰值。图 8-15 中的输出电流基本上是期望电流，可以将其与对应的检测电流进行比较，并送入图 8-14 中所示的基于模型的参考电压生成模块。在此过程中，单极性 PWM 需要参考信号与载波信号进行比较。因此，如图 8-16 所示，可以通过级联单相单级有源 PWM 整流器的这些模块来形成控制方案。在大多数情况下，可以消除基于模型控制回路中的导数环节，因为电感上的电压降（即 $L_f(\mathrm{d}i_s/\mathrm{d}t)$）在 $\alpha\beta$ 坐标系中有两项，例如 β 轴上为 $L_f(\mathrm{d}i_\beta/\mathrm{d}t)$ 和 $L_f\omega i_\alpha$，第二项是低频动态特性中的主导项。单相有源 PFC 整流器的完整控制框图如图 8-16 所示。该框图通过级联图（见图 8-14 和图 8-15）给出的框图来组成。内部反馈控制环也称为电流控制回路，外部反馈控制环调节功率因数和直流母线电压。通常消除 $L_f(\mathrm{d}i_s/\mathrm{d}t)$ 导数项的 $L_f(\mathrm{d}i_\alpha/\mathrm{d}t)$ 和 $L_f(\mathrm{d}i_\beta/\mathrm{d}t)$ 部分，同时保持 $-L_f\omega i_\alpha$ 和 $L_f\omega i_\beta$ 项。还可以在电流控制内环中添加积分器。另一个控制框图如图 8-17 所示。在此方案中，通过强制使得 $i_\beta^*=0$，β 轴内环中的 PI 控制器可以实现单位功率因数，因此无功功率控制回路得以消除。

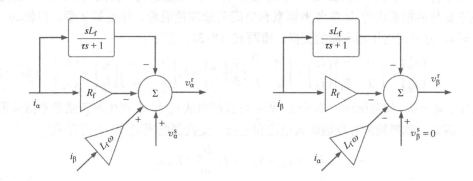

图 8-14　使用输入端的电流和电压测量值生成基于模型的参考电压

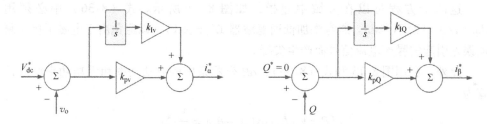

图 8-15　使用 PI 控制的解耦直流母线电压和交流侧功率因数控制器

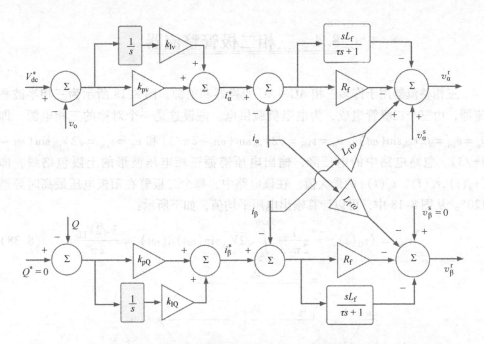

图 8-16 在 $\alpha\beta$ 坐标系中实施的直流母线电压调节和交流侧单位功率因数控制方案

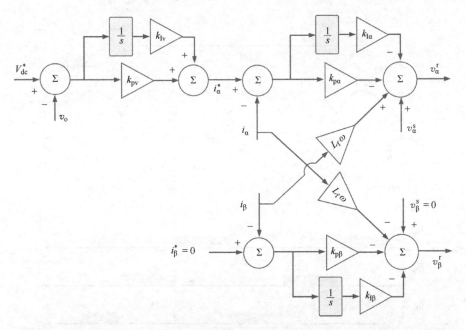

图 8-17 在 $\alpha\beta$ 坐标系中实施的直流母线电压调节和交流侧单位功率因数的替代方案

8.4 三相二极管整流器

三相整流器用于许多三相 AC – AC 变换器和电源。图 8-18 所示为三相半波整流器，由三个二极管组成，为电阻负载供电。假设这是一个对称的三相电源，即 $v_a = v_{an} = \sqrt{2}V_{ph}\sin(\omega t)$，$v_b = v_{bn} = \sqrt{2}V_{ph}\sin(\omega t - 2\pi/3)$ 和 $v_c = v_{cn} = \sqrt{2}V_{ph}\sin(\omega t - 4\pi/3)$。忽略电路中的电压降，输出电压遵循三相电压波形的上限包络线，即 $\{v_a(t), v_b(t), v_c(t)\}$ 的最大值。在该电路中，每个二极管在阳极电压最高时导通 120°。从图 8-18 中，可以计算输出电压平均值，如下所示：

$$V_{dc} = \langle v_0(t) \rangle = \frac{1}{2\pi/3} \int_{\pi/6}^{5\pi/6} \sqrt{2}V_{ph}\sin(\omega t)\,d(\omega t) = \frac{3\sqrt{2}V_{LL}}{2\pi} \tag{8-38}$$

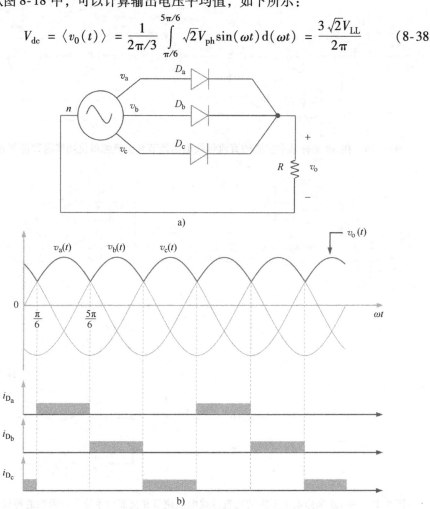

图 8-18 为电阻负载供电的三相半波整流器的电路示意图 a)、
输出电压以及二极管的导通模式 b)

式中，$V_{\mathrm{LL}} = \sqrt{2} V_{\mathrm{ph}}$ 为线 – 线电压的 RMS 值。假设电路中没有直流母线电容，三相整流器输出电压的纹波计算如下：

$$\Delta v_{\mathrm{o}} = \sqrt{2} V_{\mathrm{ph}} \left(\sin(\pi/2) - \sin(\pi/6) \right) = \frac{\sqrt{2}}{2} V_{\mathrm{ph}} \qquad (8\text{-}39)$$

因为电路中不存在滤波器，所以会存在纹波。

例 8.7

三相半波整流器由 $208 V_{\mathrm{LL}}$、60Hz 电源供电。如果负载电阻为 50Ω，计算平均电压和输出端的电压纹波。然后，当直流母线电容为 $C_{\mathrm{d}} = 800\mu\mathrm{F}$ 时，仿真电路，再次测量平均电压和输出电压中的纹波。

利用式（8-38），平均电压计算为 $V_{\mathrm{dc}} = (3\sqrt{6} \div 2\pi) \times (208 \div \sqrt{3}) = 140.45\mathrm{V}$，输出电压纹波计算为 $\Delta v_{\mathrm{o}} = 0.5 \times \sqrt{2} \times (208 \div \sqrt{3}) = 84.9\mathrm{V}$。请注意，这些值与电阻负载无关。

通过采用直流母线电容，可以显著降低纹波。在三相半波整流器中，利用式（8-11），如果 $RC_{\mathrm{d}} \gg T/3$，当 $t_{\mathrm{on}} + t_{\mathrm{off}} = T/3$ 时，t_{on} 可以忽略，因此 $t_{\mathrm{off}} \cong T/3$。这种假设在许多情况下都是无效的，当 RC_{d} 不是较大时，应该假设 $t_{\mathrm{on}} \approx (1/4) \times (T/3)$，因此 $t_{\mathrm{off}} \cong T/4$ 且纹波峰峰值电压为

$$\Delta v_{\mathrm{o}} = \sqrt{2} V_{\mathrm{ph}} \left(\frac{t_{\mathrm{off}}}{RC_{\mathrm{d}}} \right) \cong \sqrt{2} V_{\mathrm{ph}} \left(\frac{T}{4RC_{\mathrm{d}}} \right) \qquad (8\text{-}40)$$

代入参数可得

$$\Delta v_{\mathrm{o}} \cong \sqrt{2} \times \left(\frac{208}{\sqrt{3}} \right) \times \left(\frac{(1 \div 60)}{4 \times (50 \times 800 \times 10^{-6})} \right) = 17.6\mathrm{V} \qquad (8\text{-}41)$$

由于直流母线电容存在，平均电压可近似为 $(v_{\mathrm{o}}^{\max} - 0.5\Delta v_{\mathrm{o}})$，即

$$V_{\mathrm{dc}} \cong 169.8 - \frac{17.6}{2} = 161\mathrm{V} \qquad (8\text{-}42)$$

仿真结果如图 8-19 所示。可以看出，即使忽略二极管两端的电压降，测得的纹波也与式（8-41）的计算值略有不同。

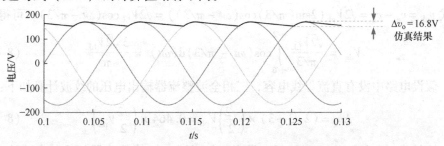

图 8-19 由 $208 V_{\mathrm{LL}}$、60Hz 电源通过 $800\mu\mathrm{F}$ 直流母线电容向
50Ω 电阻负载供电的三相半波整流器的输出电压

图 8-20 显示了三相全波整流器，图 8-21 所示为输出纹波和六个二极管的导通模式。如图 8-21 所示，与三相半波整流器相比，电压纹波可以显著降低。全波整流器考虑两组二极管进行分析，一组是正轨二极管 D_{ap}、D_{bp} 和 D_{cp}，另一组是负轨二极管 D_{an}、D_{bn} 和 D_{cn}。与三相半波整流器一样，参考中性点的正轨电压 v_{Pn} 跟随三相电压波形的上限包络线，即 $\{v_a(t), v_b(t), v_c(t)\}$ 的最大值。同样，参考中性点的负轨电压 v_{Nn} 跟随三相电压波形的下限包络线，即 $\{v_a(t), v_b(t), v_c(t)\}$ 的最小值。因此，输出电压成为线 – 线电压波形绝对值的上限包络，$v_o = v_{Pn} - v_{Nn}$，如图 8-21 所示。这种全波二极管整流器也称为六脉冲无源整流器，这意味着输出电压的纹波频率是输入交流电压频率的六倍，参见图 8-21 上部分波形。在全波二极管整流器中，当其他二极管反向偏置时，任何瞬间上一组和下一组的两个二极管导通。从图 8-21 中，可以计算输出电压的平均值，如下所示：

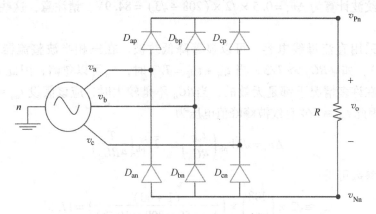

图 8-20　为电阻负载供电的三相全波整流器

$$V_{dc} = \langle v_0(t) \rangle = \frac{1}{\pi/3} \int_{\pi/6}^{\pi/2} v_{ab} \mathrm{d}(\omega t) \tag{8-43}$$

注意 $v_{ab} = v_a - v_b = \sqrt{2} V_{ph}(\sin(\omega t) - \sin(\omega t - 2\pi/3))$，利用附录 A 中的三角恒等式 $v_{ab} = v_a - v_b = \sqrt{2} V_{ph}(2\sin(\pi/3)\cos(\omega t - \pi/3)) = \sqrt{2} V_{LL}\cos(\omega t - \pi/3)$，可得

$$V_{dc} = \frac{\sqrt{2} V_{LL}}{\pi/3} \int_{\pi/6}^{\pi/2} \cos(\omega t - \pi/3) \mathrm{d}(\omega t) = \frac{3\sqrt{2} V_{LL}}{\pi} \tag{8-44}$$

假设电路中没有直流母线电容，三相全波整流器输出电压的纹波计算如下：

$$\Delta v_o = (2\sqrt{3} - 3) \times \left(\frac{\sqrt{2}}{2}\right) V_{ph} = 0.464 \times \left(\frac{\sqrt{2}}{2} V_{ph}\right) \tag{8-45}$$

比较式（8-39）和式（8-45）发现，与半波二极管整流器相比，全波输出电压的纹波降低了 46.4%。如图 8-22 所示，直流母线电容可以进一步减小纹波。输出电压纹波也可以通过直流连接电感或交流滤波器来降低。

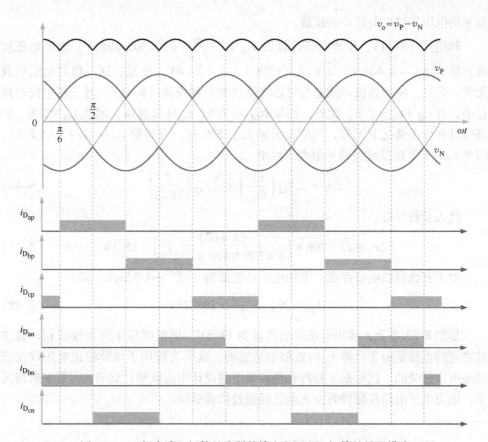

$$v_o = v_P - v_N$$

图 8-21　三相全波二极管整流器的输出电压和二极管的导通模式

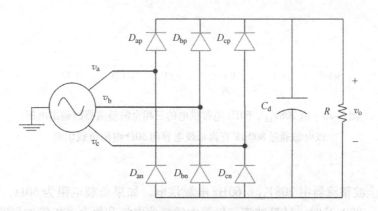

图 8-22　典型三相整流器通过电容滤波向电阻负载供电

例 8.8

三相全波整流器由 $208 V_{LL}$、$60 Hz$ 电源供电。如果负载电阻为 50Ω，计算平均电压和输出电压中的纹波。当直流母线电容为 $C_d = 800\mu F$ 时，仿真电路，再次测量平均电压和输出电压中的纹波。

利用式（8-44），平均电压计算为 $V_{dc} = (3\sqrt{2} \div \pi) \times 208 = 281\text{V}$，输出电压纹波计算为 $\Delta v_o = 0.464 \times (\sqrt{2} \div 2) \times (208 \div \sqrt{3}) = 39.4\text{V}$。注意，这些值与电阻负载无关。但是，使用直流母线电容可以降低纹波。利用式（8-11），当三相半波整流器中，有 $t_{off} + t_{on} = T/6$。此外，如果 $RC_d >> T/6$，t_{on} 可以忽略，因此 $t_{off} \cong T/6$。但该假设在许多情况下无效，当 RC_d 明显大于 $T/6$ 时，应假设 $t_{on} \approx (1/4) \times (T/6)$，因此 $t_{off} \cong T/8$ 以及纹波峰峰值电压可得

$$\Delta v_o = \sqrt{2}V_{LL}\left(\frac{t_{off}}{RC_d}\right) \cong \sqrt{2}V_{LL}\left(\frac{T}{8RC_d}\right) \tag{8-46}$$

代入参数可得

$$\Delta v_o \cong \sqrt{2} \times 208 \times \left(\frac{(1 \div 60)}{8 \times (50 \times 800 \times 10^{-6})}\right) = 15.3\text{V} \tag{8-47}$$

由于直流母线电容存在，平均电压可近似为 $(v_o^{max} - 0.5\Delta v_o)$，即

$$V_{dc} \cong 294 - \frac{15.3}{2} = 286.35\text{V} \tag{8-48}$$

如图 8-23 所示，输出电压中的纹波为 13.5V。输出电压中测量纹波和计算纹波之间的差异是由于计算 t_{off} 的近似值造成的。这些方程用于估算输出电压纹波误差是可以接受的，这也是工程师在整流器电路设计中应该预计到的，尽管一般情况下，电力电子电路在硬件开发之前已经通过仿真验证。

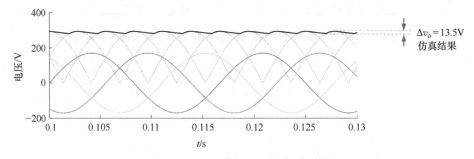

图 8-23　由 $208V_{LL}$、60Hz 电源供电的三相全波整流器的输出电压，该电源通过 $800\mu F$ 直流母线电容向 50Ω 电阻负载供电

例 8.9

三相全波整流器由 $208V_{LL}$、60Hz 电源供电。如果负载电阻为 50Ω，直流母线电容为 $C_d = 800\mu F$ 时，计算整流二极管中的峰值电流和每个二极管的导通时间 t_{on}。

与单相整流器一样，二极管的峰值电流出现在充电周期的开始。考虑到图 8-22 所示整流器的直流侧，可以写出

$$i_{D,max} = C_d \frac{dv_o(\omega t_0)}{dt} + \frac{v_o(\omega t_0)}{R} \tag{8-49}$$

如果考虑其中一个脉冲，线 – 线电压可以写为 $v_L = \sqrt{2}V_{LL}\sin(\omega t)$，可以近似地计算 $i_{D,max}$：

$$i_{D,max} \cong \sqrt{2}V_{LL}\omega C_d\cos(\omega t_0) + \frac{(\sqrt{2}V_{LL} - \Delta v_o)}{R} \tag{8-50}$$

$\sqrt{2}V_{LL}\sin(\omega t_0) = \sqrt{2}V_{LL} - \Delta v_o$，因此，对于 $\Delta v_o = 15.35\mathrm{V}$ 和 $V_{LL} = 208\mathrm{V}$，可得

$$\omega t_0 = \sin^{-1}\left(1 - \frac{15.35}{\sqrt{2}\times 208}\right) = 71.4° \tag{8-51}$$

将 ωt_0 代入式（8-50）得到

$$i_{D,max} \cong 88.7\cos 71.4° + 5.5 = 33.8\mathrm{A} \tag{8-52}$$

这提供了二极管峰值电流的近似值。请注意，在这个计算中忽略了电源的内阻、二极管的正向导通压降和二极管的电阻。

8.5 三相二极管整流器滤波器

图 8-24 显示了为电阻负载供电的不同二极管桥式整流器的输出电压和相电流波形。如果整流器中未添加直流母线电容、直流链路电感或交流电感，则输出电压会在任何时刻跟踪线 – 线电压的最大值。在这种情况下，利用式（8-44）和式（8-45），输出电压中的纹波如下所示：

$$\frac{\Delta v_o}{V_{dc}} = \frac{(2\sqrt{3}-3)\times(\sqrt{2}/2)V_{ph}}{\frac{3\sqrt{2}V_{LL}}{\pi}}\times 100 = 14\% \tag{8-53}$$

此值是三相平衡供电的全波二极管桥式整流器的平均输出电压上可产生的最大纹波。通常使用直流母线电容来减小纹波，该电容充当整流器和负载之间的缓冲器。随着电容值的增加，输出电压以较小的纹波进行调节，而交流侧电流会出现显著失真，二极管必须处理很窄的尖峰脉冲电流。如果在存在直流母线电容的情况下，继续向整流器添加交流线路电感器 L_f，则输出纹波会显著减小，交流电流中观察到的失真也会减小。添加交流电感 L_f 的第一个问题是交流侧的电压降，从而影响整流器输出的平均电压。第二个问题是这种电路拓扑的功率因数较低，因为电流滞后于交流侧的电压。最好的解决方案是将电感添加到整流器的直流侧，如图 8-24 最下面的波形所示。与其他电路中的电流相比，该电路中的电流失真是可以接受的。此外，电压降和电压纹波不显著。

12 脉冲无源整流器由一个移相隔离变压器、两个全波二极管整流器（6 脉冲）和一个直流母线电解电容组成，图 8-25 所示。由图可知，12 脉冲整流器使用带有△型连接一次侧绕组、△型连接二次侧绕组和第二个丫型连接二次侧绕组的隔离变

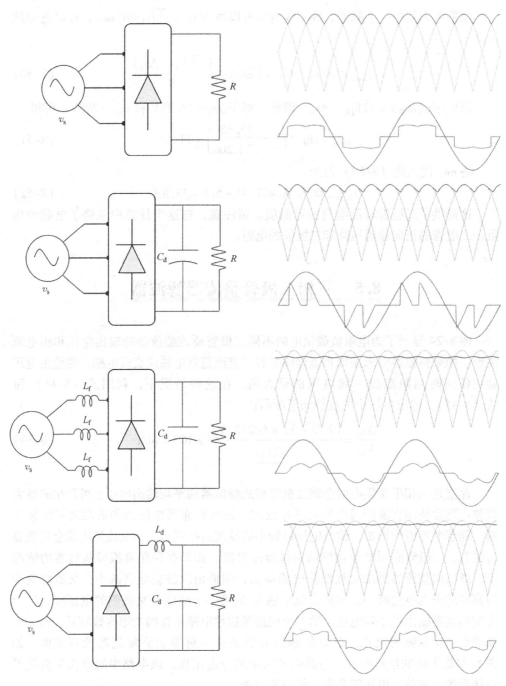

图 8-24 为电阻负载供电的三相二极管整流器，其输出电压 V_o，以及 A 相电压 V_a 和 A 相电流 i_a

压器来获得 30°相移。这种相移允许抑制第 5 和第 7 输入电流谐波，这通常存在于三相二极管整流器中。因此，输入线电流几乎是正弦的。当电路中不存在直流母线电容时，参见图 8-26 中的 i_a。对于全波（6 脉冲）整流器，利用式（8-44），12 脉冲整流器的平均电压可计算为

$$V_{dc} = V_{dc}^Y + V_{dc}^\Delta = \frac{6\sqrt{2}V_{LL}}{\pi} \tag{8-54}$$

如图 8-26 所示，假设电路中不存在滤波器，12 脉冲二极管整流器输出电压的纹波是 6 脉冲二极管整流器纹波的三分之一。

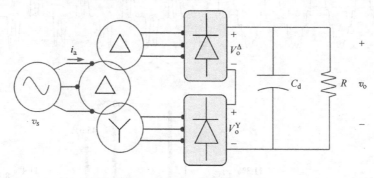

图 8-25　通过双绕组三相变压器为电阻负载供电的三相 12 脉冲整流器

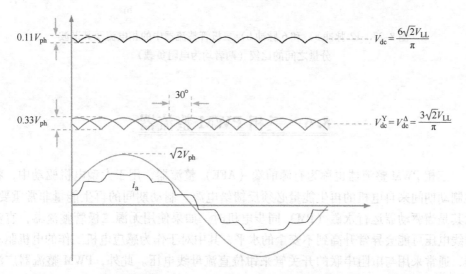

图 8-26　12 脉冲整流器输出电压 V_o、通过变压器 Δ 和 Y 型连接二次侧馈电的
6 脉冲整流器输出电压 V_o^Δ 和 V_o^Y 以及 A 相电压和电流 i_a

例 8.10

12 脉冲二极管整流器由 $100V_{LL}$、400Hz 发电机供电，同时通过移相隔离变压器向电阻负载 $R_L = 40\Omega$ 供电，如图 8-25 所示。仿真并绘制发电机电流波形，并将其与 $200V_{LL}$、400Hz 发电机提供的 6 脉冲二极管整流器的输入电流进行比较。在这

两种情况下，负载均与电容 C_d 并联，$C_d = 500\mu F$。

为了减少飞机电气部件的体积和重量，交流电源电路必须以高于正常频率（50Hz 或 60Hz）的频率运行。12 脉冲二极管整流器广泛应用于飞机电源电路中。为了比较这两种情况，考虑一个 20kW 的移相隔离变压器，每相电阻 $R = 0.002$ p. u. 和电感 $L = 0.12$ p. u. 。输入电流波形及其谐波分量如图 8-27 所示。

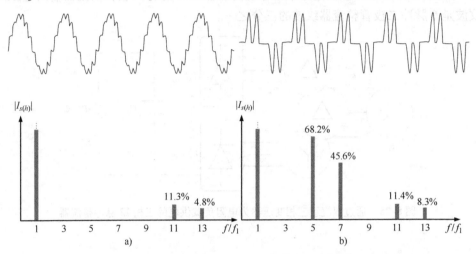

图 8-27　12 脉冲 a）和 6 脉冲 b）二极管整流器中的相电流及其谐波分量之间的比较（两者均为电阻负载）

8.6　三相 PWM 整流器

三相 PWM 整流器也称为有源前端（AFE）整流器，用于大型电机驱动中，将在制动期间来自电机的再生能量必须反馈给电源。制动期间的再生能量非常重要，尤其是当驱动器运行永磁（PM）同步电机时。如果使用无源二极管整流器，直流母线电压可能会异常升高到不安全的水平，其中对于作为感应电机工作的电机驱动器，通常采用与电阻串联的开关管来钳位直流母线电压。此外，PWM 整流器广泛应用于混合动力汽车和风力发电系统中。在风力发电机系统中，通常控制有源整流器以跟踪最大可用风能。

为了设计一个 PFC 整流器，需要迫使变换器作为交流侧的电流源运行，同时调节直流母线电压，使变换器以单位功率因数运行。类似地，正如单相 PFC PWM 整流器所讨论的，可以考虑交流侧电路，同时忽略电容对电压和电流基波分量的影响，如图 8-28 所示。因此，电感的影响可集总为 $L_f = L_{f1} + L_{f2}$，其固有电阻或等效串联电阻（ESR）集总为 $R_f = R_{f1} + R_{f2}$。因此，整流器交流侧的 KVL 方程可以写成

$$
\begin{bmatrix} v_a^s \\ v_b^s \\ v_c^s \end{bmatrix} = \begin{bmatrix} R_f & 0 & 0 \\ 0 & R_f & 0 \\ 0 & 0 & R_f \end{bmatrix} \begin{bmatrix} i_a \\ i_b \\ i_c \end{bmatrix} + \begin{bmatrix} L_f & 0 & 0 \\ 0 & L_f & 0 \\ 0 & 0 & L_f \end{bmatrix} \frac{d}{dt} \begin{bmatrix} i_a \\ i_b \\ i_c \end{bmatrix} + \begin{bmatrix} v_a^r \\ v_b^r \\ v_c^r \end{bmatrix} \tag{8-55}
$$

式中，$v_x^s x \in \{a, b, c\}$ 是输入或电源电压；$v_x^r x \in \{a, b, c\}$ 是整流器交流端处的电压。使用向量和矩阵表示的紧凑格式，式（8-55）可以重写为

$$
V_{abc}^s = R_f I_{abc} + L_f \left(\frac{d}{dt} I_{abc} \right) + V_{abc}^r \tag{8-56}
$$

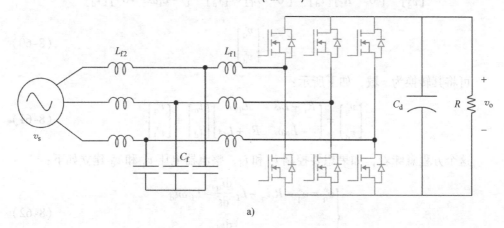

a)

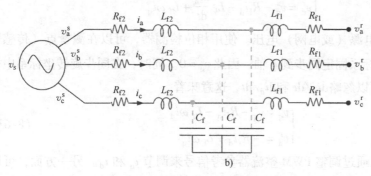

b)

图 8-28　三相 PFC 整流器 a）和交流侧电路 b），用于解释 dq 坐标系中
交流端电压和交流侧电流之间的关系

如第 2 章所述，abc 坐标系中的电压和电流向量可使用变换矩阵 T，$X_{dq0} = TX_{abc}$ 转换到 $dq0$ 坐标系。因此式（8-56）可写成如下：

$$
T^{-1} V_{dq0}^s = R_f T^{-1} I_{dq0} + L_f \left(\frac{d}{dt} T^{-1} I_{dq0} \right) + T^{-1} V_{dq0}^r \tag{8-57}
$$

将式（8-57）的两边乘以 T，写得

$$
V_{dq0}^s = (T R_f T^{-1}) I_{dq0} + (T L_f T^{-1}) \left(\frac{d}{dt} I_{dq0} \right) + (T L_f) \left(\frac{d}{dt} T^{-1} \right) I_{dq0} + V_{dq0}^r \tag{8-58}
$$

对于 R_f 和 L_f 对角矩阵，有 $TR_fT^{-1}=R_f$ 和 $TL_fT^{-1}=L_f$，从数学上可证明

$$(TL_f)\left(\frac{\mathrm{d}}{\mathrm{d}t}T^{-1}\right)=L_f\begin{bmatrix}0&\omega&0\\-\omega&0&0\\0&0&0\end{bmatrix}\tag{8-59}$$

因此，式（8-58）可以简化为

$$\begin{bmatrix}v_q^s\\v_d^s\end{bmatrix}=\begin{bmatrix}R_f&0\\0&R_f\end{bmatrix}\begin{bmatrix}i_q\\i_d\end{bmatrix}+\begin{bmatrix}L_f&0\\0&L_f\end{bmatrix}\frac{\mathrm{d}}{\mathrm{d}t}\begin{bmatrix}i_q\\i_d\end{bmatrix}+\begin{bmatrix}0&L_f\omega\\-L_f\omega&0\end{bmatrix}\begin{bmatrix}i_q\\i_d\end{bmatrix}$$
$$+\begin{bmatrix}v_q^r\\v_d^r\end{bmatrix}\tag{8-60}$$

可将其转换为 s 域，如下所示：

$$\begin{bmatrix}v_q^s\\v_d^s\end{bmatrix}=\begin{bmatrix}R_f+L_fs&L_f\omega\\-L_f\omega&R_f+L_fs\end{bmatrix}\begin{bmatrix}i_q\\i_d\end{bmatrix}+\begin{bmatrix}v_q^r\\v_d^r\end{bmatrix}\tag{8-61}$$

这个方程意味着，如果想要控制 i_q 和 i_d，整流器电压 v_q^r 和 v_d^r 建立如下：

$$\begin{cases}v_q^r=v_q^s-R_fi_q-L_f\dfrac{\mathrm{d}i_q}{\mathrm{d}t}-L_f\omega i_d\\[3mm]v_d^r=v_d^s-R_fi_d-L_f\dfrac{\mathrm{d}i_d}{\mathrm{d}t}+L_f\omega i_q\end{cases}\tag{8-62}$$

式中，v_q^s 和 v_d^s 是电源（或电网）电压。使用相位检测器，可以在测量点（传感器的位置）将 dq 坐标系固定同步到 q 轴，因此 $v_d^s=0$。同时，在同步旋转坐标系中构建控制电路时，可以忽略$\mathrm{d}i_q/\mathrm{d}t$ 和$\mathrm{d}i_d/\mathrm{d}t$，这意味着

$$\begin{cases}v_q^r=v_q^s-R_fi_q-L_f\omega i_d\\v_d^r=-R_fi_d+L_f\omega i_q\end{cases}\tag{8-63}$$

这意味着可以通过调整 PWM 整流器参考信号来调节 i_q 和 i_d。另一方面，可以通过控制从交流侧传输到直流侧的有功功率来调节直流母线电压。当 dq 坐标系在测量点固定到 q 轴时，交流侧的功率因数可由无功功率独立控制。

$$\begin{cases}p(t)=\dfrac{3}{2}(v_qi_q+v_di_d)=\dfrac{3}{2}(v_q^si_q)\approx V_{dc}I_{dc}\\[3mm]q(t)=\dfrac{3}{2}(v_q^si_d)\end{cases}\tag{8-64}$$

因此，如图 8-29 所示，d 轴和 q 轴的内环设置来自 v_q^r 和 v_d^r 的 PWM 参考信号，而外环设置用于调节直流母线电压的期望电流 i_q^*，换句话说，直流母线电压 V_{dc} 可通过控制 i_q 进行调节，q 轴的期望电流 $i_q^*=0$ 以实现单位功率因数，即 $Q=0$。

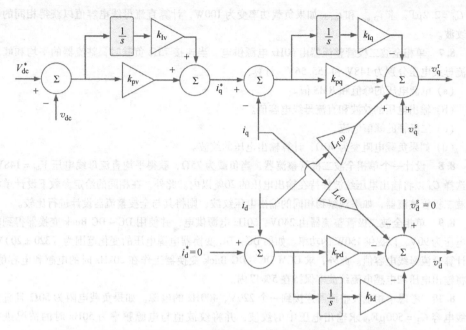

图 8-29　当同步旋转的 dq 坐标系同步到 q 轴时，使用 PI 控制对直流母线
电压和交流侧功率因数进行解耦调节，即 $v_d^s = 0$

8.7　习　　题

8.1　当电源电感为 3mH 时，单相全波二极管整流器在输出端产生平均 $V_{dc} = 215.6\text{V}$。如果负载电感为 6mH，负载电阻为 20Ω，换相时间 $t_c = 78.85\mu\text{s}$。计算换相角 γ，以及电源电压 RMS 值。当电源电感移除时，求出平均直流输出电压和电压的变化（纹波）。

8.2　设计一个单相全波二极管整流器，由 240V、60Hz 的电源供电，电源电感为 7mH。如果负载电感为 6mH，负载电阻为 20Ω，求换相时间和角度。测量 $|v_s|$ 峰值处的压降，并与习题 8.1 的结果进行比较。

8.3　单相全波二极管整流器由 120V、60Hz 电源通过电感供电。输出端连接到一个大电感负载，该负载可等效为一个 6A 的电流源。如果输出直流电压为 $V_{dc} = 104.5\text{V}$，计算换相角 γ 和电源电感 L_s。

8.4　单相全波二极管整流器由 120V、60Hz 电源通过电源电感供电。输出端连接到一个大电感负载，该负载可等效为一个 5A 的电流源。如果输出直流电压为 $V_{dc} = 104.5\text{V}$，绘制换相电流 i_{com} 和电源电流 i_s。从图中证明 $i_s = I_o - 2i_{com}$ 以及 $\gamma = \omega t_c$。

8.5　单相全波二极管整流器由 120V、60Hz 电源供电。如果负载电阻为 110Ω 且直流母线电容 $C_d = 2\mu\text{F}$，计算平均直流母线电压、输出电压中的纹波百分比以及输出功率 P_o。

8.6　单相全波二极管整流器由 120V、60Hz 电源供电。如果负载电阻为 100Ω 且直流母线电

容 $C_d = 2.2\mu F$，求 $i_{D,max}$ 和 t_{on}。如果负载功率变为 100W，计算直流母线电容值以获得相同的电压纹波。

8.7 单相全波二极管整流器由 60Hz 电源供电。当连接 75Ω 负载时，整流器的平均和峰值直流母线电压分别为 148V 和 155.56V。计算：

（a）电源电压的峰值和 RMS 值。

（b）输出电压的纹波和直流母线电容值。

（c）二极管的峰值电流。

（d）如果负载电阻变为 40Ω，计算输出电压的纹波。

8.8 设计一个单相全波二极管整流器，当负载为 75Ω，获得平均直流母线电压 $V_{dc} = 148V$，并选择 C_d 以将输出电压纹波保持在输出电压的 20% 以内。此外，在相同的给定参数下设计单相半波二极管整流器，如果观察到相同的输出电压纹波，则将其与全波整流器设计进行比较。

8.9 单相全波二极管整流器由 240V、60Hz 电源供电，并使用 DC–DC Buck 变换器得到输出电压为 90V，以提供 150W 的功率。如果 DC–DC 变换器电源电压的变化范围为 (320±20)V，则计算直流母线电容值。此外，求 CCM DC–DC Buck 变换器工作在 20kHz 时的电感和电容值，以将输出电压和电感电流纹波率保持在 5% 以内。

8.10 考虑单相全波整流器连接到一个 220V、400Hz 的电源。如果负载电阻为 50Ω 且直流母线电容 $C_d = 500\mu F$，求输出电压中的纹波，并将纹波值与电源频率为 50Hz 时的情况进行比较。

8.11 考虑单相全波整流器连接到一个 220V、400Hz 的电源。如果负载电阻为 50Ω 且直流母线电容 $C_d = 500\mu F$，则计算平均直流电压的最大值和最小值。然后，求电源频率为 400Hz 时二极管的峰值电流和导通时间 t_{on}。

8.12 三相半波整流器由 $480V_{LL}$、60Hz 电源通过三相降压变压器供电，为 240V 直流电机供电。计算整流器所需的输入电压、输出电压纹波 ΔV_o 和变压器匝数比。

8.13 三相半波整流器由 $460V_{LL}$、60Hz 电源通过三相降压变压器供电，为 220V 直流电机供电，计算直流母线电容值，使纹波保持在输出电压的 10% 以内。

8.14 三相全波整流器由 $208V_{LL}$、60Hz 电源供电。如果负载电阻为 30Ω，计算平均输出电压和电压纹波。如果输出电压纹波必须在 14V 以内，计算直流母线电容值和输出功率 P_o。

8.15 图 P8-1 中所示的 H 桥变换器在输出端传输 1kW 额定功率，工作频率为 100kHz。输入电压在 24～36V 之间变化，输出电压为 270V。占空比损耗假定为 10%。计算：

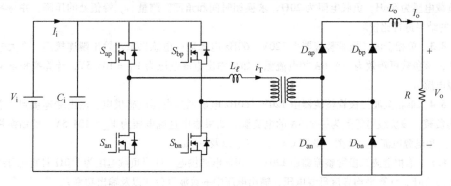

图 P8-1　与二极管桥式整流器级联的 H 桥变换器

（a）变压器的匝数比。

（b）变压器的最大漏感 L_ℓ。

（c）输出电压纹波 ΔV_o。

（d）滤波器电感 L_o。

8.16 三相全波整流器由 $208V_{LL}$、60Hz 电源供电。如果负载电阻为 50Ω，计算整流二极管中的峰值电流和每个二极管导通的时间间隔。并仿真验证结果。

8.17 三相全波整流器由 $208V_{LL}$、60Hz 电源供电，使用降压功率因数校正（PFC）电路为 120V 直流负载提供 500W 的功率。计算平均直流母线电压。选择 Buck 变换器的电感和电容值，以使电感电流和输出电压的纹波率分别保持在 10% 和 5% 以内。使用计算机软件（如 MATLAB/Simulink）进行仿真设计。

8.18 三相全波整流器由 $208V_{LL}$、60Hz 电源供电，使用 Boost 功率因数校正两级整流器为 480V 直流负载供电，当功率为 1kW 时，设计变换器时，电感电流和直流母线电容的纹波率均低于 10%。使用计算机软件（如 MATLAB/Simulink）进行仿真设计。

8.19 考虑一个 60Hz、208V 的三相双向电压源变换器，如图 P8-2 所示。感性滤波器（$L_f = 0.5$mH）连接到变换器的输入端，其等效串联电阻为 $R_f = 0.02\Omega$ 和 $C_d = 470\mu$F。在 dq 坐标系设计内环和外环控制环路，调节直流输出为 300V 以向 2kW 负载供电，并设定 $i_d^* = 0$。

8.20 三相全波整流器（见图 P8-2）由 $208V_{LL}$、60Hz 电源供电，当功率为 2.5kW 时，为 300V 直流负载供电。设计变换器的 L_f、C_d 和 PWM 频率，使直流母线上的电压纹波率低于 5%。使用计算机软件（如 MATLAB/Simulink）进行仿真设计。

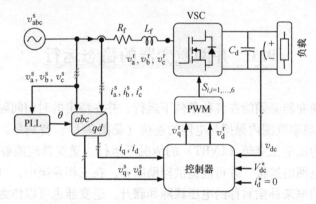

图 P8-2 三相有源整流器的示意图

第 9 章

并网逆变器的控制与动力学

随着越来越多的电力电子器件应用于电网，发电和配电基础设施正在迅速发生着变化。如第1章所述，可再生能源（通常为间歇性能源）发电需要多级功率变换器。通常，这些多级变换器的最后一级是逆变器，向交流电网或微电网供电。电网交互式逆变器还可以程序控制，在异常情况下提供辅助服务，以改善电网的电能质量。并网逆变器可分为电网跟随式逆变器和电网构建式逆变器。如果逆变器跟踪电网的电压相角以控制其输出功率，则称为电网跟随式逆变器。相反，如果逆变器调节孤岛微电网的频率和电压，以便与微电网内的其他发电机组合作进行功率均衡，则逆变器称为电网构建式逆变器。电网构建式逆变器的控制可采用集中式、分布式或混合式协调方法。在本章中，将学习电网交互式逆变器控制方案的基本特征。

9.1 并网逆变器的稳态运行

电网中的逆变器必须能在各种条件下运行，并在特定的时间间隔和预定义的过电压/欠电压和频率范围内保持与电网的连接（见图9-1）。特别是，电网交互式逆变器需要在称为低电压穿越（LVRT）的情况下运行。逆变器应能够检测此类电网异常，保持与电网的连接，并可能提供辅助服务。在三相系统中，可以通过控制有功功率和无功功率来补偿对称的电压骤降和骤升。逆变器也可以作为补偿器，通过注入负序电流或消除特定谐波来减轻三相系统中的不对称性。另一方面，如果配电系统的某个区域意外与电网断开，则该区域内的逆变器必须停止为电网供电，也称为防孤岛保护。保障人员安全和防止过电压是电网交互式逆变器中采用防孤岛功能的主要原因。

逆变器的工作条件通常被标准定义下来，以定义逆变器需要保持连接到电网的时间和异常电压大小。例如，如果电网电压降至标称值的80%，则逆变器必须保持连接，但如果电压跌落持续一段特定时间（见图9-1），则逆变器应与电网脱离。在电压骤降的情况下，逆变器可以通过注入无功功率来调节电压。然而，为了避免超过逆变器的最大电流限制，随着无功功率的增加可能需要降低有功功率。

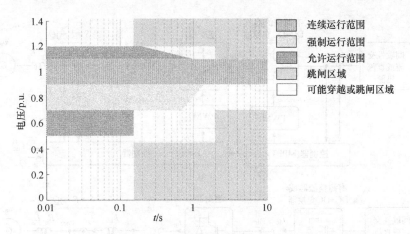

图 9-1 根据 IEEE 1547，逆变器在高压和低压条件下期望运行能力

由间歇电源、光伏面板或风力发电机供电的电网交互式逆变器通常调节其直流母线电压，以允许通过直接连接到间歇电源的另一个变流器将最大可用功率传输到电网（见图 9-2a）。逆变器和间歇电源之间的变换器是风能系统中的有源整流器和光伏能源系统中的 DC – DC Boost 变换器。在此模式下，逆变器以单位功率因数运行，同时最大可用功率传输至电网，即 $P = P_{max}$ 和 $Q = 0$。如前所述，逆变器可能需要向电网注入无功功率以支撑输出电压。然而，电流以及视在功率 $S = P + jQ$ 必须始终保持在其标称峰值以下，该峰值可写成

$$S^2 = P^2 + Q^2 \leqslant S_{max}^2 \tag{9-1}$$

式中，S_{max} 是发电机组的最大容量，单位为 VA。因此，必须限制最大有功功率，以提供足够的裕量，在需要时，逆变器可以提供无功功率，以调节逆变器输出端的电压。在此工作模式下，逆变器控制有功功率和无功功率，直接连接到间歇电源的变流器调节直流母线电压（见图 9-2b）。除了最大电流限值（用一个半径为 S_{max} 的圆表示）外，从三相逆变器输送到电网的有功功率和无功功率量可以表示为

$$S = P + jQ = \sqrt{3} V_g I_g^* = \sqrt{3} V_g \left(\frac{V_I^* - V_g^*}{\sqrt{3} Z^*} \right) \tag{9-2}$$

式中，$V_g = |V_g| \angle 0$ 是电网的线 – 线电压；$V_I = |V_I| \angle \delta$ 是逆变器端的线 – 线电压；δ 是逆变器和电网电压之间的角度；$Z = Z_f + Z_g$ 是 V_I 和 V_g 之间的阻抗。因此，从逆变器传输到电网的功率可写为

$$P + jQ = \frac{|V_g| |V_I| e^{-j\delta} - |V_g|^2}{Z^*} \tag{9-3}$$

如果阻抗以极坐标形式表示为 $Z = |Z| e^{j\theta_z}$，式（9-3）可改写为

$$P + jQ = \frac{|V_g| |V_I| e^{-j(\delta - \theta_z)} - |V_g|^2 e^{j\theta_z}}{|Z|} \tag{9-4}$$

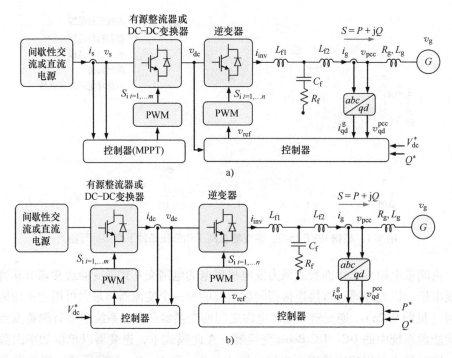

图 9-2　当级联变换器处于最大功率点跟踪（MPPT）且逆变器调节直流母线电压 a）时，
以及当逆变器控制有功功率和无功功率 b）时，电网交互式逆变器的示意图

请注意，逆变器的输出电压可以写为 $v_I(t) = \sqrt{2}\,|V_I|\sin(\omega t + \delta)$，式中 $|V_I|$ 等于 $k_m V_{dc}$。对于三相两电平逆变器，如果采用 SPWM 技术，$k_m = 0.612m$，对于 SVPWM 或 SPWM + 3H 技术，$k_m = 0.707m$。注意：m 是调制指数，且 $0 < m \le 1$。用 $k_m V_{dc}$ 代替式（9-4）中的 $|V_I|$，并写出幅值方程有

$$\left(P + \frac{|V_g|^2\cos(\theta_z)}{|Z|}\right)^2 + \left(Q + \frac{|V_g|^2\sin(\theta_z)}{|Z|}\right)^2 = \left(\frac{k_m V_{dc}|V_g|}{|Z|}\right)^2 \tag{9-5}$$

此方程式为一个半径为 $k_m V_{dc}(|V_g|/|Z|)$ 的圆，中心点为 $-|V_g|^2/Z^*$。只有当电网较弱时，即高阻抗、电网电压升高或直流母线电压下降时，此圆才变得重要。否则，式（9-1）中的峰值电流（视在功率）圆是电网交互式逆变器工作区域的唯一边界。当滤波器阻抗主要是感性时，即 $\theta_z = 90°$，考虑到逆变器和同步点（电压传感器）之间的功率流，可以得到一个类似的圆，通常称为公共耦合点（PCC），V_{pcc}。

$$P^2 + \left(Q + \frac{|V_{pcc}|^2}{|Z_f|}\right)^2 = \left(\frac{k_m V_{dc}|V_{pcc}|}{|Z_f|}\right)^2 \tag{9-6}$$

例 9.1

当直流母线电压为 350V 时，三相 208V、20kVA 逆变器向弱电网供电，逆变器

看到的阻抗（包括输出滤波效应）为（a）$Z = 0.1134 + j0.2963$（标幺值）和（b）$Z = j0.3172$（标幺值）。绘制 SVPWM 逆变器的工作区域和最大调制指数。

对于给定 $S_{base} = 20kVA$ 和 $V_{base} = 208V$，基准阻抗计算为 $Z_{base} = 2.1632\Omega$。这两种情况均有 $|Z| = 0.3172$（标幺值），因此 $|Z| = 2.1632 \times 0.3172 = 0.6862\Omega$。同样，对于通过 SVPWM 方法调制的逆变器，$k_m = 0.707m = 0.707$。利用式（9-5），两种情况下的稳定性边界半径均为 $\gamma = 0.707 \times 350 \times 208 \div 0.6862 = 75kVA$。然而，这两种情况下的中点是不同的。（a）$Z = 0.1134 + j0.2963$（标幺值），稳定性边界的中点位于 $O_1 = -208^2 \div (2.1632 \times (0.1134 - j0.2963)) = -22530 - j58887$，（b）$Z = j0.3172$（标幺值），稳定性边界的中点位于 $O_2 = -208^2 \div (2.1632 \times (-j0.3172)) = -j63050$。这两种情况如图 9-3 所示，以说明功率流边界如何缩短电网交互式逆变器的正常工作区域。

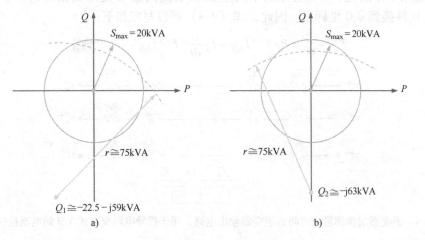

图 9-3　20kVA、208V 三相逆变器的部分正常工作区域因弱电网而丢失，此时逆变器看到的阻抗为 a）$Z = 0.1134 + j0.2963$（标幺值）和 b）$Z = j0.3172$（标幺值）

9.2　电网交互式逆变器和 *PQ* 控制器

市场上的大多数逆变器是两电平或多电平 VSI。VSI 可以调节输出电压，其行为类似于电压源。它还可以调节输出电流，其行为类似于电流源。当逆变器通过变换器（AC – DC 整流器或 DC – DC 变换器）供电时，它调节输入直流母线电压并控制交流侧无功功率，而第一个变换器通过从间歇电源（例如光伏面板阵列、风力发电机）获得最大功率。逆变器可以控制注入电网的有功功率 P 和无功功率 Q，其中 P 受到电源最大可用功率的限制。在这种情况下，第一个变换器调节输入直流母线电压，它不作为最大功率点跟踪器工作（见图 9-2b）。

接下来考虑逆变器的电网侧电路，同时忽略电容对电压和电流基波分量的影响（见图9-4）。因此，电感的影响可集总为 $L_f = L_{f1} + L_{f2}$，其固有电阻或等效串联电阻（ESR）集总为 $R_f = R_{f1} + R_{f2}$。因此，逆变器交流侧的 KVL 方程为

$$\begin{bmatrix} v_a^{inv} \\ v_b^{inv} \\ v_c^{inv} \end{bmatrix} = \begin{bmatrix} R_f & 0 & 0 \\ 0 & R_f & 0 \\ 0 & 0 & R_f \end{bmatrix} \begin{bmatrix} i_a \\ i_b \\ i_c \end{bmatrix} + \begin{bmatrix} L_f & 0 & 0 \\ 0 & L_f & 0 \\ 0 & 0 & L_f \end{bmatrix} \frac{d}{dt} \begin{bmatrix} i_a \\ i_b \\ i_c \end{bmatrix} + \begin{bmatrix} v_a^{pcc} \\ v_b^{pcc} \\ v_c^{pcc} \end{bmatrix} \tag{9-7}$$

式中，$v_x^{inv} x \in \{a,\ b,\ c\}$ 是逆变器输出电压；$v_x^{pcc} x \in \{a,\ b,\ c\}$ 是 PCC 处的电压。使用向量和矩阵表示的紧凑格式，式（9-7）重写为

$$V_{abc}^{inv} = R_f I_{abc} + L_f \left(\frac{d}{dt} I_{abc} \right) + V_{abc}^{pcc} \tag{9-8}$$

如第2章所述，abc 坐标系中的电压和电流向量可使用变换矩阵 $T(X_{dq0} = TX_{abc})$ 转换到 $dq0$ 坐标系。因此，式（9-8）可以写成如下：

$$T^{-1} V_{dq0}^{inv} = R_f\, T^{-1} I_{dq0} + L_f \frac{d}{dt} (T^{-1} I_{dq0}) + T^{-1} V_{dq0}^{pcc} \tag{9-9}$$

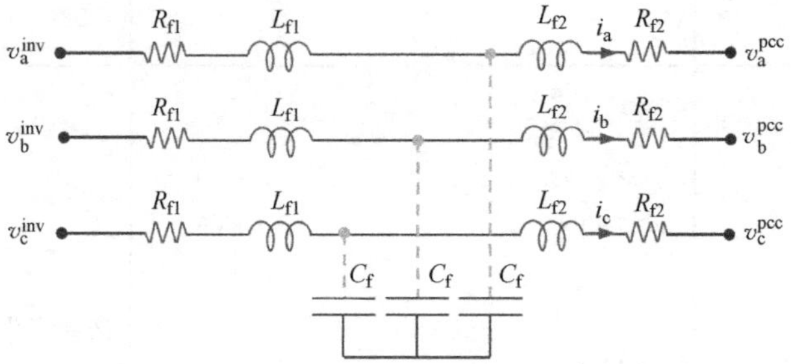

图9-4　逆变器端和测量点之间的逆变器输出电路，用于推导电网交互式 VSI 的电流控制回路

将式（9-9）的两边乘以 T，可写出

$$V_{dq0}^{inv} = (TR_f T^{-1}) I_{dq0} + (TL_f T^{-1}) \left(\frac{d}{dt} I_{dq0} \right) + (TL_f) \left(\frac{d}{dt} T^{-1} \right) I_{dq0} + TT^{-1} V_{dq0}^{pcc}$$

$$\tag{9-10}$$

注意，对于对角矩阵 R_f 和 L_f，有 $TR_f T^{-1} = R_f$ 和 $TL_f T^{-1} = L_f$，可从数学上证明

$$(TL_f) \left(\frac{d}{dt} T^{-1} \right) = L_f \begin{bmatrix} 0 & \omega & 0 \\ -\omega & 0 & 0 \\ 0 & 0 & 0 \end{bmatrix} \tag{9-11}$$

因此，式（9-10）可简化为

$$\begin{bmatrix} v_q^{inv} \\ v_d^{inv} \end{bmatrix} = \begin{bmatrix} R_f & 0 \\ 0 & R_f \end{bmatrix} \begin{bmatrix} i_q \\ i_d \end{bmatrix} + \begin{bmatrix} L_f & 0 \\ 0 & L_f \end{bmatrix} \frac{d}{dt} \begin{bmatrix} i_q \\ i_d \end{bmatrix}$$

$$+ \begin{bmatrix} 0 & L_f \omega \\ -L_f \omega & 0 \end{bmatrix} \begin{bmatrix} i_q \\ i_d \end{bmatrix} + \begin{bmatrix} v_q^{pcc} \\ v_d^{pcc} \end{bmatrix} \tag{9-12}$$

可将其转换为 s 域，如下所示：

$$\begin{bmatrix} v_q^{inv} \\ v_d^{inv} \end{bmatrix} = \begin{bmatrix} R_f + L_f s & L_f \omega \\ -L_f \omega & R_f + L_f s \end{bmatrix} \begin{bmatrix} i_q \\ i_d \end{bmatrix} + \begin{bmatrix} v_q^{pcc} \\ v_d^{pcc} \end{bmatrix} \tag{9-13}$$

如果测量了 PCC 处的电压 v_q^{pcc} 和 v_d^{pcc}，则逆变器可使用以下方程式得到输出电压 v_q^{inv} 和 v_d^{inv}：

$$\begin{cases} v_q^{inv} = v_q^{pcc} + R_f i_q + L_f \dfrac{di_q}{dt} + L_f \omega i_d \\[3mm] v_d^{inv} = v_d^{pcc} + R_f i_d + L_f \dfrac{di_d}{dt} - L_f \omega i_q \end{cases} \tag{9-14}$$

如果将式（9-14）中的 i_q 和 i_d 替换为它们的期望值 i_q^* 和 i_d^*，以计算 v_q^{inv} 和 v_d^{inv}，假设 R_f 和和 L_f 为时不变参数，则电路中的实际电流将跟随期望值。这种基于模型的 dq 控制器如图 9-5 所示。由于图 9-4 所示为理想电路，且测量中存在固有误差，必须添加一个积分控制器，以迫使逆变器跟随 i_q^* 和 i_d^*，如图 9-6 所示。请注意，abc 参考坐标系中的 $L(di_{abc}/dt)$ 被转换为两项，即 dq 参考系中的 $L(di_{dq}/dt) \pm L\omega i_{dq}$。第一项，即 di_{dq}/dt，在构建控制器时可以忽略，因此，图 9-6 中的 K_d 通常假定为零。期望电流 i_q^* 和 i_d^* 可从所需有功功率 P 和无功功率 Q 中获得。如第 2 章所述，参考系中的有功功率和无功功率通过以下公式计算：

$$\begin{cases} p(t) = \dfrac{3}{2}(v_q i_q + v_d i_d) \\[3mm] q(t) = \dfrac{3}{2}(v_q i_d - v_d i_q) \end{cases} \tag{9-15}$$

如果参考坐标系通过锁相环与 PCC 处的电压同步，则 $v_d = 0$ 和 $v_q = V_m$。因此，式（9-15）改写为

$$\begin{cases} p(t) = \dfrac{3}{2}(v_q i_q) = \left(\dfrac{3}{2}V_m\right)i_q \\[3mm] q(t) = \dfrac{3}{2}(v_q i_d) = \left(\dfrac{3}{2}V_m\right)i_d \end{cases} \tag{9-16}$$

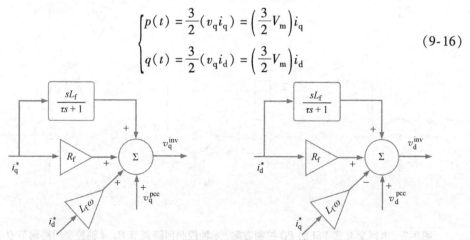

图 9-5　电网交互式 VSI 基于模型的电流控制回路

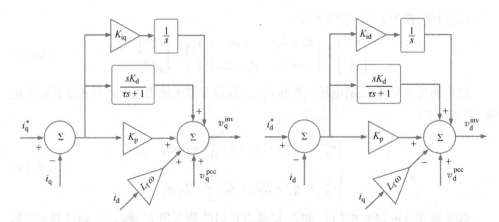

图 9-6　电网交互式 VSI 基于模型的电流控制回路，K_d 通常假定为零

这意味着有功功率 P 和无功功率 Q 可以分别通过控制 i_q 和 i_d 进行独立控制。如果一切都很理想且 V_m 已知，则 $i_q^* = (2/3V_m)P^*$ 和 $i_d^* = (2/3V_m)Q^*$。在实际中，需要使用 PI 控制器从 P^* 和 Q^* 分别形成 i_q^* 和 i_d^*，如图 9-7 所示，其中选择比例系数的初始值可以是 $K_{pP} = K_{pQ} = (2/3V_m)$ 和 $K_p \gg K_{pP}$。如果使用第 2 章所述 $dq0$ 变换，则 d 轴控制调节有功功率，q 轴控制调节无功功率。如图 9-7 所示，两

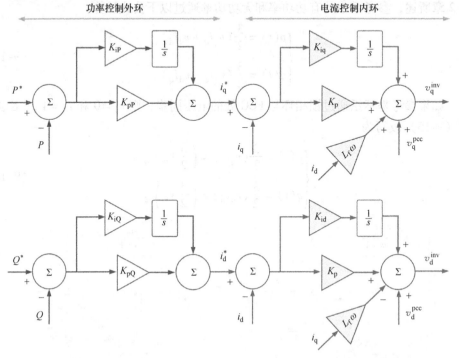

图 9-7　电网交互式 VSI 的 PQ 控制方案，q 轴控制回路调节 P，d 轴控制回路调节 Q

个 PI 控制器在每个轴上级联，称为内环电流控制回路和外环功率控制回路。因此，电流控制回路必须比功率控制回路具有更高的带宽。请注意，内环（电流控制环）使 VSI 作为电流源工作，如图 9-8b 所示。

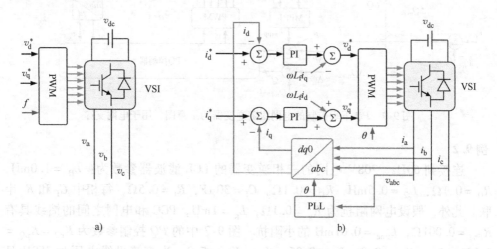

图 9-8　VSI 作为电压源 a）和电流源 b）工作

9.3　电网交互式逆变器和电网电压支撑

电网交互式逆变器可以支撑交流侧的电压，如图 9-9 所示。这些逆变器通常以单位功率因数运行，除非输出电压超出其正常范围。如果逆变器输出电压低于正常水平，逆变器可以通过注入无功功率来调节电压。如果其电压骤升超过其正常水平，逆变器还应降低注入的无功功率，以支撑输出电压。如果发生电压骤升，且逆变器无法通过调整无功功率来调整电压，则必须降低产生的有功功率。如图 9-9 所示，电网支撑功能可通过如下所示的常规或混合下垂控制方案调整无功功率设定点来实现，即 ΔQ（和 ΔP，如果需要的话）

$$\begin{cases} P^* = P_{\mathrm{MPP}} - P_{\mathrm{c}} + \Delta P \\ Q^* = Q_{\mathrm{ref}} + \Delta Q \end{cases} \tag{9-17}$$

式中，ΔQ 可表示为

$$\Delta Q = \begin{cases} (-1/m_{\mathrm{Q}})\Delta V & |\Delta V| > V_{\mathrm{th}} \\ 0 & |\Delta V| \leqslant V_{\mathrm{th}} \end{cases} \tag{9-18}$$

式中，V_{th} 是由电网标准规范（如 IEEE 1547）确定的阈值电压；m_{Q} 是下垂控制系数。在下面的例子中介绍了一种下垂补偿情形，在有功功率保持不变的情况下，掌握使用无功功率的电网支撑概念。

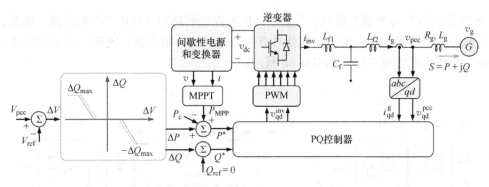

图 9-9 PQ 下垂控制的电网跟随逆变器的示意图，用于电网支撑

例 9.2

连接到 60Hz、208V 电网的三相逆变器的 LCL 滤波器参数为：$L_{f1} = 1.0\text{mH}$，$R_{f1} = 0.1\Omega$，$L_{f2} = 0.5\text{mH}$，$R_{f2} = 0.1\Omega$，$C_f = 30\mu\text{F}$，$R_f = 0.5\Omega$，每相中 C_f 和 R_f 串联。此外，假设电网阻抗为 $R_g = 0.1\Omega$，$L_g = 1\text{mH}$，PCC 和电网之间的馈线具有 $R_{line} = 0.001\Omega$，$L_{line} = 0.01\text{mH}$ 的小阻抗。图 9-7 中的 PQ 控制参数为 $K_{pP} = K_{pQ} = 0.001$，$K_{iP} = K_{iQ} = 2.0$，$K_p = 0.25$，$K_{iq} = K_{id} = 5.0$。当直流母线电压为 350V 且 PWM 频率为 5kHz 时，阻抗负载为 1kW，208V，位于馈线之后。设计一个基本的下垂控制方案并进行仿真，系统开始在并网模式下运行，在 0.5s 时负载增加到 4kW，考虑有无下垂控制器的情况。

逆变器控制器可设计为具有 PQ 下垂控制。所以只关注 $Q - V$ 下垂控制，并将下垂系数设置为 7500/10。为防止抖动，$Q - V$ 下垂设计有一个滞环带，当 PCC 处的电压降至 0.97p. u.（标幺值）以下（即 $|\Delta V| > 0.03\text{p. u.}$）时激活，并当电网电压回升至 0.005p. u. 时（即 $|\Delta V| < 0.005\text{p. u.}$）停止。图 9-10 显示了采用这种基本下垂控制对电压降的无功功率反应。请注意，注入无功功率可以支撑负载处的电压。对于采用 $Q - V$ 下垂控制后，添加 4kW 负载后的电压下降为 4.7V（2.2%），而不采用 $Q - V$ 下垂控制，电压下降为 11.1V（5.3%）。

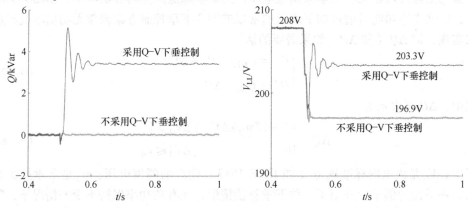

图 9-10 调整无功功率以缓解负载增加引起的 RMS 电压跌落，$t = 0.5\text{s}$

9.4　并网逆变器和直流母线电压调节

如前所述，在光伏和风电系统中，逆变器需要调节直流母线电压并调节 PCC 处的无功功率，主要目的是保持单位功率因数。功率流由光伏系统中的 DC – DC 变换器和风力发电机系统中的有源整流器控制，以便从这些间歇性能源中获取到最大可用功率。

9.4.1　太阳能系统中的最大功率点跟踪

光伏面板的最大可用功率随太阳辐射、环境温度和电池温度而变化。最大功率通常由光伏系统中的 DC – DC 变换器获得。用于跟踪最大功率的算法称为最大功率点跟踪（MPPT）算法。有许多技术可以从光伏面板中提取最大功率，这里将解释其中一种技术，即扰动和观测法（P&O）。根据串联光伏面板的输出电压，可以使用升压或降压升压 DC – DC 变换器来实现 MPPT 算法。请注意，当太阳辐照度波动时，光伏面板的 $I - V$ 特性会发生变化。因此，如果输出电压保持恒定，捕获功率可能会显著下降。为了提取最大可用太阳能，DC – DC 变换器可以调整工作点，使其保持在 $I - V$ 特性的最大点（见图 9-11）。为了解释 P&O 方法，考虑两种情况。情况 1：最初在 V_0 时，扰动到 $V_0 + \Delta V$，ΔP 增加，因此可确定工作点在正斜率上，DC – DC 变换器的输入电压需要通过调整其占空比 D 来增加，而输出电压由逆变器调节以达到 MPP。情况 2：最初在 V_0 时，扰动到 $V_0 + \Delta V$，ΔP 减小，因此可确定工作点在负斜率上，需要降低 DC – DC 变换器的输入电压以达到 MPP。当 ΔV 较小时，跟踪速度较慢。然而，当 ΔV 较大时，MPP 周围会出现较大的抖动效应。

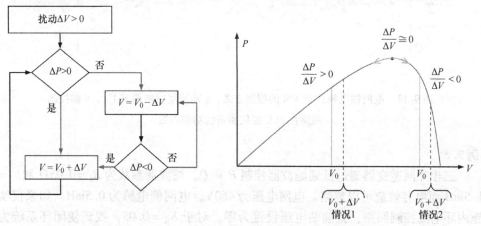

图 9-11　光伏系统最大功率点跟踪（MPPT）的基本扰动和观测（P&O）算法

9.4.2 直流母线电压控制器

如果忽略逆变器损耗，则逆变器交流侧的有功功率理想情况下等于直流母线的功率。因此，式（9-16）中的 $p(t)$ 可以重写为

$$p(t) = \left(\frac{3}{2}V_m\right)i_q = V_{dc}I_{dc} \tag{9-19}$$

这意味着可以通过控制 i_q 来调节直流母线电压 V_{dc}。在这种模式下，q 轴控制回路调节直流母线电压，d 轴控制回路中的期望电流通常设置为零，以获得单位功率因数。还可以调整 d 轴电流以提供无功功率，如图 9-12 所示。在每个轴上，即 q 轴或 d 轴上，内环电流控制回路可以保持与图 9-7 所示 PQ 控制方案所讨论的相同。当逆变器与光伏发电机组中的 DC – DC 变换器级联时，以及当逆变器与风力发电机中的有源整流器级联时，q 轴上的外环用于调节直流母线电压。

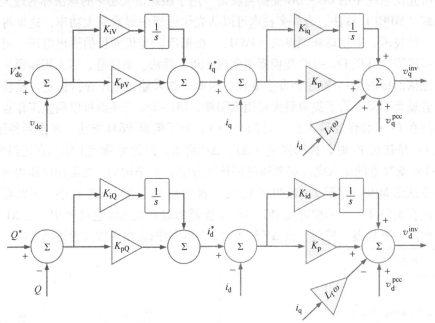

图 9-12　电网馈电模式下 VSI 的控制方案，q 轴控制回路调节 V_{dc}，d 轴控制
回路在 PCC 提供所需的功率因数

例 9.3

三相并网逆变器通过低通滤波器控制 P 和 Q。滤波器参数为 $R_f = 0.05\Omega$ 和 $L_f = 1.5\text{mH}$ 而电容效应可以忽略。电网电压为 460V，电网侧电感为 0.5mH。如果仅实施内环电流控制回路，且前馈电压设置为零，对于 $K_p = 0.05$，找到使闭环系统为过阻尼系统的 K_{iq} 范围。

q 轴上的系统方程由式（9-14）中的第一个微分方程和电网电压与 PCC 处的

电压组合而成，即 $v_q^{pcc} = v_q^g + L_g(di_q/dt) + L_g \omega i_d$，当 $i_d \approx 0$ 时，如下所示：

$$V_q^{inv} = R_f I_q + (L_f + L_g) s I_q + V_q^g \qquad (9-20)$$

假设图 9-7 中的前馈电压设置为零时，仅考虑内环电流控制回路。q 轴上的控制器可简化为

$$V_q^{inv} = \left(K_p + \frac{K_{iq}}{s} \right)(i_q^* - I_q) \qquad (9-21)$$

闭环系统如图 9-13 所示，其传递函数可写成

$$\frac{I_q(s)}{i_q^*(s)} = \frac{K_p s + K_{iq}}{(L_f + L_g) s^2 + (R_f + K_p) s + K_{iq}} \qquad (9-22)$$

将系统参数代入式（9-22）得到

$$\frac{I_q(s)}{i_q^*(s)} = \frac{0.05s + K_{iq}}{0.002 s^2 + 0.1s + K_{iq}} = \frac{25s + 500 K_{iq}}{s^2 + 50s + 500 K_{iq}} \qquad (9-23)$$

只要有 $(2500 - 2000 K_{iq}) > 0$，即 $K_p < K_{iq} < 1.25$，则系统会保持过阻尼。在这个简化模型中，系统对于正控制系数和电路参数始终保持稳定。然而，如果加上低通滤波器电容和前馈控制路径的影响，逆变器可能会变得不稳定。下一节将分析并网逆变器的稳定性。

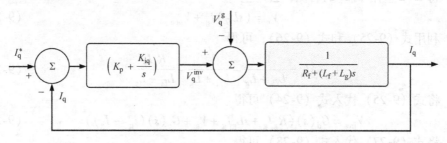

图 9-13 电网交互式 VSI 的简单控制方案，忽略低通滤波器和前馈控制路径中电容的影响

9.5 并网逆变器的稳定性

在本节考虑了一个简化的并网逆变器模型，以分析滤波器和控制参数对逆变器稳定性的影响。逆变器可由受控电压源 v_{inv}（见图 9-14）表示，该电压源由输出电流 i_g 通过 $G_c(s)$ 的传递函数和 PCC 处的前馈电压 v_{pcc} 控制。与控制回路相关的延迟也可用 $G_d(s)$ 表示。逆变器通过低通 LCL 滤波器向电网馈电，图 9-13 给出了电网交互式 VSI 的简单控制方案，忽略了低通滤波器和前馈控制路径中电容的影响。滤波器参数由 L_{f1}、L_{f2} 和 C_f 表示。电网由电压源 v_g 表示，与电感 L_g 和电阻 R_g 串联。在这个简化电路中，v_c 是电容电压，i_g^* 是注入电网的期望输出电流。

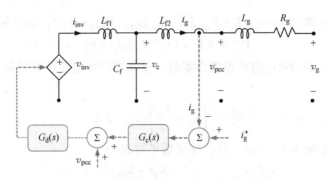

图9-14 电流控制电网交互式 VSI 的简化示意图

在下文中，写出了描述图9-14 所示系统的所有方程式。第一个方程式表示闭环控制器建立的电压，如下所示：

$$V_{inv} = G_d(s)(V_{pcc} + G_c(s)(i_g^* - I_g))$$ (9-24)

在电路中，有三个状态变量，i_{inv}、v_c 和 i_g。考虑到电网，V_{pcc} 可以用电网电路的变量和参数写成

$$V_{pcc} = (R_g + sL_g)I_g + V_g$$ (9-25)

将 KVL 应用于 C_f 的右侧，会产生

$$V_c = (sL_{f2})I_g + V_{pcc}$$ (9-26)

利用式（9-25）和式（9-26），可得

$$sI_g = \frac{V_c}{L_{f2} + L_g} - \frac{V_g}{L_{f2} + L_g} - \frac{R_g I_g}{L_{f2} + L_g}$$ (9-27)

将式（9-25）代入式（9-24）可得

$$V_{inv} = G_d(s)(R_g I_g + sL_g I_g + V_g + G_c(s)(i_g^* - I_g))$$ (9-28)

将式（9-27）代入式（9-28）可得

$$V_{inv} = G_d(s)\left(\frac{L_g V_c + L_{f2} V_g}{L_{f2} + L_g} + \left(\frac{R_g L_{f2}}{L_{f2} + L_g} - G_c(s)\right)I_g + G_c(s)i_g^*\right)$$ (9-29)

将 KVL 应用于 C_f 的左侧，可得

$$sI_{inv} = \frac{V_{inv} - V_c}{L_{f1}}$$ (9-30)

将式（9-29）代入式（9-30），得到

$$sI_{inv} = -\frac{L_{f2} + L_g(1 - G_d)}{L_{f1}(L_{f2} + L_g)}V_c + \left(\frac{G_d R_g L_{f2}}{L_{f1}(L_{f2} + L_g)} - \frac{G_d G_c}{L_{f1}}\right)I_g$$

$$+ \frac{G_d L_{f2}}{L_{f1}(L_{f2} + L_g)}V_g + \frac{G_d G_c}{L_{f1}}i_g^*$$ (9-31)

最后，在电容节点处应用 KCL 可得

$$sV_c = \frac{I_{inv} - I_g}{C_f}$$ (9-32)

利用式（9-27）、式（9-29）、式（9-31）和式（9-32），可以绘制简化的电流控制电网交互式逆变器的信号流图，如图 9-15 所示。使用图 9-15 中所示的信号流图，可以使用梅森规则导出系统的传递函数，如下所示：

$$H(s) = \frac{I_g(s)}{i_g^*(s)} = \frac{\Delta_1(s)P_1(s)}{\Delta(s)} \tag{9-33}$$

式中，I_g^* 是输入信号；I_g 是输出信号。显然，在图 9-15 所示的信号流图中只存在一个前向路径 P_1、四个回路 l_1、l_2、l_3、l_4 和两个互不接触回路 l_1 和 l_2。前向路径的增益由以下公式获得

$$P_1 = \frac{G_d\,G_c}{s^3 C_f L_{f1}\,(L_{f2} + L_g)} \tag{9-34}$$

此外，系统和路径行列式 $\Delta(s)$ 和 $\Delta_1(s)$ 由以下方程式给出：

$$\begin{cases} \Delta(s) = 1 - (l_1(s) + l_2(s) + l_3(s) + l_4(s)) + l_1(s)l_2(s) \\ \Delta_1(s) = 1 \end{cases} \tag{9-35}$$

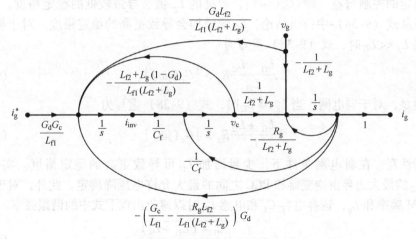

图 9-15　电流控制电网交互式 VSI 示意图的信号流图

式中，$l_1(s)l_2(s)$ 是两个互不接触回路的乘积。图 9-15 中所有四个回路的增益可计算为

$$\begin{cases} l_1(s) = \dfrac{L_{f2} + L_g(1 - G_d)}{s^2 C_f L_{f1}\,(L_{f2} + L_g)} \\[3mm] l_2(s) = \dfrac{-R_g}{s(L_{f2} + L_g)} \\[3mm] l_3(s) = \dfrac{-1}{s^2 C_f (L_{f2} + L_g)} \\[3mm] l_4(s) = \dfrac{-1}{s^3 C_f (L_{f2} + L_g)}\left(\dfrac{G_c}{L_{f1}} - \dfrac{R_g L_{f2}}{L_{f1}(L_{f2} + L_g)}\right)G_d \end{cases} \tag{9-36}$$

传递函数的分母基本上构成了闭环并网逆变器的特征方程，即 $\Delta(s) = 0$。为了分析逆变器的稳定性，可以采用不同的方法，如 Routh – Hurwitz 法（劳斯 – 赫尔维茨判据）和连分数展开法。在这里，$\Delta(s)$ 部分分式展开为

$$\frac{D_1}{D_2} = \frac{s^3 L_{f1} C_f (L_{f2} + L_g) + s(L_{f1} + L_{f2} + L_g(1 - G_d(s)))}{s^2 L_{f1} C_f R_g + G_c(s) G_d(s) + R_g(1 - G_d(s))} \tag{9-37}$$

式中，D_1 包含最高功率和接下来的用功率项 $\Delta(s)$；D_2 包含剩余功率项。为了系统的稳定运行，必须满足 3 个不等式：（1）$(L_{f2} + L_g) > 0$；（2）$(L_{f1} C_f R_g^2) > 0$；（3）$R_g(L_{f1} + L_{f2} G_d(s)) - (L_{f2} + L_g) G_d(s) G_c(s) > 0$。前两个不等式总是有效的，$s$ 域中的控制延迟环节可写为 $G_d(s) = e^{-sT_d}$，由于其幅值 $|G_d(s)| = 1$，第 3 个不等式可以改写为

$$\frac{L_{f1} + L_{f2}}{L_g + L_{f2}} R_g > |G_c(j\omega)| \tag{9-38}$$

该不等式表示了并网逆变器的稳定裕度。例如，可从式（9-38）得出结论，对于给定的控制增益，即 $|G_c(j\omega)|$，较高的 L_g 值会导致较低的稳定裕度。此外，还可以从式（9-38）中得出结论，L_{f1} 的增加会导致更高的稳定裕度。对于极端情况，当 $L_g \ll L_{f2}$ 时，式（9-38）重写为

$$\frac{L_{f1} + L_{f2}}{L_{f2}} R_g > |G_c(j\omega)| \tag{9-39}$$

但是，对于弱电网，当 $L_g \gg L_{f2}$ 时，式（9-38）重写为

$$\frac{L_{f1} + L_{f2}}{L_g} R_g > |G_c(j\omega)| \tag{9-40}$$

请注意，在弱电网条件下，少量增加 L_{f2} 可导致更高的稳定裕度。实际上，$L_{f1} + L_{f2}$ 的最大边界由逆变器和 PCC 之间的最大允许电压降确定。此外，对于给定的 PWM 频率和 L_g，选择电容 C_f 和电感 L_{f1} 时以避免出现下式中的谐振频率。

$$f_r = \frac{1}{2\pi} \sqrt{\frac{L_{f1} + (L_{f2} + L_g)}{L_{f1}(L_{f2} + L_g)C_f}} \tag{9-41}$$

此外，可将电阻 R_f 与电容 C_f 串联，以避免 f_r 处振荡引起的不稳定性。为了获得最佳 LCL 滤波器性能，通常选择 $L_{f2} < L_{f1}$ 以满足注入电网电流的谐波限制，详见第 7 章。

例 9.4

三相并网逆变器通过低通滤波器控制输出电流。每相参数为 $L_{f1} = 1.5\text{mH}$，$L_{f2} = 0.5\text{mH}$ 和 $C_f = 15\mu\text{F}$，$G_d(s) = 1$，控制参数为 $K_p = 0.2$ 和 $K_I = 0$。确定逆变器的简化传递函数，以及当 $L_g = 0.15\text{mH}$，$R_g = 0.25\Omega$ 时的极点位置。

利用式（9-33）和图 9-15，逆变器的简化传递函数如下所示：

$$H(s) = \frac{I_g(s)}{I_g^*(s)} =$$

$$\frac{0.2}{(14.62 \times 10^{-12}) s^3 + (5.625 \times 10^{-9}) s^2 + 0.002s + 0.2} \tag{9-42}$$

系统极点为 -100，以及 $-142.3 \pm j11692$。因为 $|G_c(j\omega)| = K_p = 0.2$ 且 $R_g(L_{f1} + L_{f2})/(L_g + L_{f2}) = 0.76923$，所以系统满足式（9-38）的稳定性标准。

例 9.5

对于上例中的三相电网交互式逆变器，如果控制参数为 $K_p = 0.9$ 和 $K_I = 0$，确定逆变器的简化传递函数及其极点位置。

再次利用式（9-33）和图 9-15，逆变器的简化传递函数如下所示：

$$H(s) = \frac{I_g(s)}{I_g^*(s)} =$$

$$\frac{0.9}{(14.62 \times 10^{-12})s^3 + (5.625 \times 10^{-9})s^2 + 0.002s + 0.9} \tag{9-43}$$

在这种情况下，极点分别为 -450 和 $32.6 \pm j11695$，通过式（9-38）的稳定性标准，可以知道系统是不稳定的。

例 9.6

三相并网逆变器通过低通滤波器控制输出电流。LCL 滤波器每相参数为 $L_{f1} = 1.25\text{mH}$，$L_{f2} = 0.5\text{mH}$ 和 $C_f = 20\mu\text{F}$，$G_d(s) = 1$，控制参数为 $K_p = 0.4$ 和 $K_I = 0$。绘制以下情况极点的位置（a）当 L_g 从 0.05mH 变化到 0.5mH 以及 $R_g = 0.2\Omega$ 时，（b）当 C_f 从 $10\mu\text{F}$ 变化到 $100\mu\text{F}$，$L_g = 0.2\text{mH}$，$R_g = 0.2\Omega$ 时。

图 9-16a 显示了当 $C_f = 20\mu\text{F}$，但 L_g 的值在 $0.05 \sim 0.5\text{mH}$ 之间变化时的极点位置。此外，图 9-16b 显示了当 $L_f = 0.2\text{mH}$ 时但 C_f 在 $10 \sim 100\mu\text{F}$ 之间变化时的极点位置。正如所看到的，高阻抗的电网会使逆变器不稳定，而滤波器电容会降低谐振

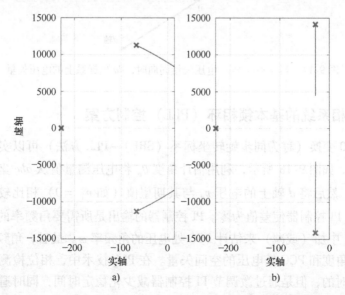

图 9-16　电网电感 L_g a）和 LCL 滤波器电容 C_f b）对电网交互式逆变器简化模型极点的影响

频率，谐振频率会与逆变器的 PWM 频率相互作用，导致不稳定。谐振问题可在设计阶段解决。然而，弱电网问题是一个会使逆变器不稳定的系统问题。

9.6　相位检测和逆变器同步

并网逆变器必须与电网同步，通过独立调节 q 轴和 d 轴的电流来控制有功功率和无功功率，见式（9-15）和式（9-16）。在第 2 章所述的 dq 参考坐标系中，形成 q 轴，并与 PCC 处电压的空间矢量 $\vec{v}_{pcc}$ 同向，d 轴垂直于 q 轴放置，如图 9-17 所示。通常，锁相环（PLL）用于估计 PCC 处电压的频率和相角。PCC 处电压的谐波含量会导致频率估计误差和并网逆变器的不稳定，因此，锁相环对逆变器的稳定性起着重要的作用。PLL 是一种闭环控制方案，其中可调周期信号与测量信号进行比较。然后，调整可调信号的相角，以匹配测量信号和可调信号之间的相位。

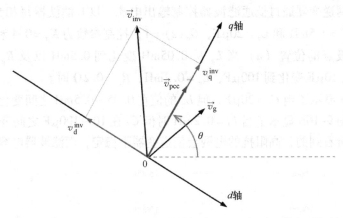

图 9-17　当 q 轴与 PCC 电压矢量同向时，dq 坐标系上的电压矢量

9.6.1　三相系统的基本锁相环（PLL）控制方案

使用 $dq0$ 变换（称为同步旋转坐标系（SRF）–PLL 方法）可以实现三相系统的相位检测。如图 9-18 所示，利用估计角度 θ_α 将电压测量值从 abc 坐标系转换到 $dq0$ 坐标系。然后将 d 轴上的电压 v_d 与其期望值（如 $v_d^* = 0$）相比较，而其差值 $v_d^* - v_d$ 送入 PI 控制器使差值为零。PI 控制器的输出是所需要角频率的变化，从基频角频率 ω_0 中加（或减）来估计 PCC 处电压的角频率 ω。最后，角频率的积分提供了 q 轴的角度和 PCC 处电压的空间矢量。在 PLL 技术中，相位检测具有动态响应且不是瞬时的，但是通过微调节 PI 控制器减少化稳定时间，同时避免估计相角时的潜在超调。

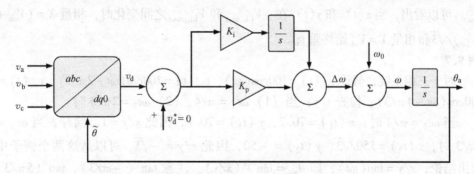

图 9-18　使用 *dq* 参考坐标系（称为同步旋转坐标系（SRF）－PLL 方法）的三相
系统相位和频率检测框图

9.6.2　三相系统的直接相角检测

直接相角检测（DPD）技术可以通过图 9-19 所示的数学公式和相量图进行详细描述。该技术可应用于平衡（对称）多相系统。对于三相系统，DPD 技术很容易实现，并且几乎可以在瞬间检测出相角。

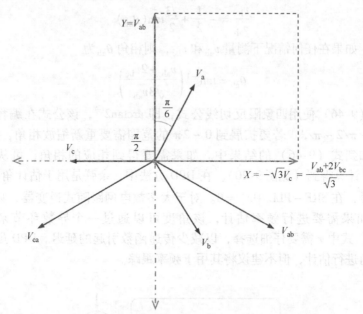

图 9-19　当 $x(t)$ 和 $y(t)$ 在 $-V_{LL,max}$ 和 $V_{LL,max}$ 之间变化时，
相量 $X = (V_{ab} + 2V_{bc})/\sqrt{3}$ 和相量 $Y = V_{ab}$ 始终垂直

通过检查图 9-19 和以下例子中所示的相量图，可以掌握 DPD 概念。图 9-19 显示了一组对称的相电压 V_a、V_b 和 V_c，以及它们对应的线－线电压 V_{ab}、V_{bc} 和

V_{ca}。可以看出，当 $x(t)$ 和 $y(t)$ 在 $-V_{LL,max}$ 和 $V_{LL,max}$ 之间变化时，相量 $X = (V_{ab} + 2V_{bc})/\sqrt{3}$ 和相量 $Y = V_{ab}$ 始终垂直。

例9.7

对于三相系统，假设 $v_{ab}(t) = 100\cos(\omega t)$，$v_{bc}(t) = 100\cos(\omega t - 2\pi/3)$，$v_{ca}(t) = 100\cos(\omega t - 4\pi/3)$，检查 x/y：当（1）$\omega t_1 = \pi/4$，（2）$\omega t_2 = 2\pi/3$ 时。

当 $\omega t_1 = \pi/4$ 时，$x(t_1) = 70.7$，$y(t_1) = 70.7$，因此 $x/y = 1$。同样，当 $\omega t_2 = 2\pi/3$ 时，$x(t_2) = 150/\sqrt{3}$，$y(t_2) = -50$，因此 $x/y = -\sqrt{3}$。可以从这两个例子中得出结论，$x/y = \tan(\omega t)$，即 $\theta_{ab} = \tan^{-1}(x/y)$。注意 $\tan(-\pi/3)$、$\tan(5\pi/3)$ 和 $\tan(2\pi/3)$ 均为 $-\sqrt{3}$，但只有 $2\pi/3$ 落在 $0 < \theta_{ab} < \pi$。下面来证明 $\theta_{ab} = \tan^{-1}(x/y)$。

如上所示，需要测量三个线－线电压中的两个以实现 DPD 技术。假设三相系统是对称的，如果 $v_{ab} = V_{LL,max}\cos(\theta_{ab})$、$v_{bc} = V_{LL,max}\cos(\theta_{ab} - 2\pi/3)$ 是测量到的两个电压。v_{bc} 可表示为

$$v_{bc} = -\frac{1}{2}V_{LL,max}\cos(\theta_{ab}) + \frac{\sqrt{3}}{2}V_{LL,max}\sin(\theta_{ab}) \tag{9-44}$$

对于对称系统，v_{ab}/v_{bc} 比率不是电压大小的函数，它可写成

$$\frac{v_{bc}}{v_{ab}} = -\frac{1}{2} + \frac{\sqrt{3}}{2}\tan(\theta_{ab}) \tag{9-45}$$

因此，如果在任何情况下测量 v_{ab} 和 v_{bc}，则相角 θ_{ab} 为

$$\theta_{ab} = \tan^{-1}\left(\frac{v_{ab} + 2v_{bc}}{\sqrt{3}v_{ab}}\right) \tag{9-46}$$

对式（9-46）使用四象限反切线公式，即 arctan2$^{\ominus}$，该公式在编程语语法中的范围为 $-\pi/2 \sim \pi/2$。若要扩展到 $0 \sim 2\pi$ 的范围需要重新缩放相角，必须将 2π 的角度添加到式（9-46）的结果中。如果需要得到相应的相角，可从 $\theta_a = \theta_{ab} - (\pi/6)$ 简单计算得到（见图9-20）。在 DPD 方法中，余弦是用于估计角度 θ_{ab} 和 θ_a 的参考信号，在 SRF－PLL 中 $v_d^* = 0$。对于大多数电网跟随式逆变器，只需要相角即可，但如果需要进行频率估计，该角度可以通过一个导数环节来实现，即 $s/(\tau s + 1)$，式中 τ 需要仔细选择，以减少传递函数引起的延迟。DPD 虽然可以适当地对相角进行估计，但不建议将其用于频率跟踪。

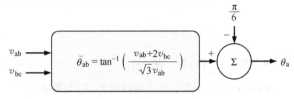

图9-20　使用三角恒等式的三相系统直接相位检测框图

$\ominus$　此处原书有误。——译者注

例 9.8

假设一个 60Hz 对称三相电压源，A 相电压为 $v_{a1} = \sqrt{2} \times 120\cos(2\pi ft)\,\text{V}$，源阻抗 $Z_1 = 0.1 + j0.377\,\Omega$。通过理想的三相开关连接到另一个对称三相电压源，$v_{a2} = \sqrt{2} \times 120\cos(2\pi ft - \pi/6)\,\text{V}$，源阻抗 $Z_1 = 0.2 + j0.188\,\Omega$。当采用 SRF – PLL 技术，参数（a）$K_p = 60$ 和 $K_i = 360$，以及（b）$K_p = 0.5$ 和 $K_i = 360$ 时，仿真系统并使用 DPD 和 SRF – PLL 技术绘制 A 相相角。

图 9-21 并列显示了使用 DPD 和 SRF – PLL 技术获得的相位 A 的角度。从两个不同 K_p 值得出的结果中可以看出，SRF – PLL 方法对 PI 系数的敏感性不显著，但仍然需要对其进行适当调整。虚线表示 $K_p = 0.5$ 的情况，它导致开关切换事件后估计的初始延迟。

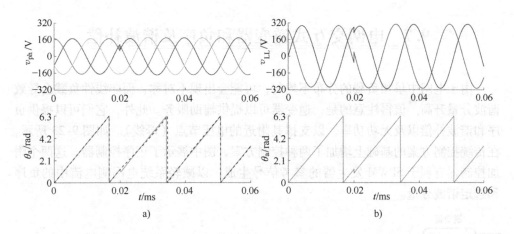

图 9-21　使用 SRF – PLL a）和 DPD b）技术的输入电压和估计相角

上述 DPD 和传统 SRF – PLL 技术能够正确检测对称三相系统中的相角。对于不对称（不平衡）系统，这两种技术都可以修改来检测相角。在下文中，简要研究了双同步旋转坐标系锁相环（DDSRF – PLL）技术，它是 SRF – PL 的扩展版本，用于不对称系统中的相角估计。

DDSRF – PLL 将测量的 abc 电压分别转换为正负序电压分量的 $dq0$ 参考坐标系，如图 9-22 所示。此图显示了用于正序和负序分量的两个变换模型。本图中的解耦模块用于抵消 v_{q+}、v_{d+}、v_{q-} 和 v_d^- 中的振荡，它们是由 abc 电压的不对称引起的。与 SRF – PL 一样，为了获得输入电压的相角和频率，必须采用带 PI 控制器的闭环结构。与传统的 SRF – PL 不同，DDSRF – PLL 可以估计不对称三相系统的相角。然而，DDSRF – PLL 结构复杂，需要两个 SRF、两个去耦单元、四个滤波器和一个 PI 环路的计算负担较高。

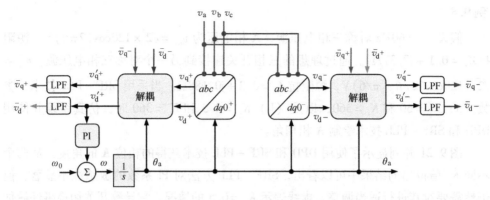

图 9-22　不对称三相系统中的 DDSRF – PLL 技术框图

9.7　电网交互式逆变器和负序及谐波补偿

　　由于电网中单相负载的分布不均匀，可能会出现不对称，而非线性负载会导致谐波分量升高。值得注意的是，逆变器可以提供辅助服务。此外，它们可以提供负序和谐波补偿以及无功功率，以支撑其附近的电压节点（母线）。如图 9-23 所示，在传统控制方案的基础上增加了两种控制方案，图中展示了正序控制器。这两个附加控制器有利于 SPWM 发生器的参考信号生成，以减轻系统电网侧电流中的负序和选定谐波分量。

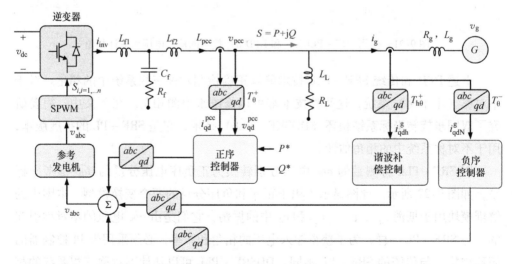

图 9-23　支撑电网进行负序和谐波补偿的三相逆变器框图

主控制方案可通过在 PCC 处反馈电压 v_{pcc} 和电流 i_{pcc} 来注入所需的有功功率和无功功率，其中当 $h=1$ 时，电压和电流波形的 q 和 d 分量可通过以下正序 dq 变换获得。

$$T_{\mathrm{h}\theta}^{+} = \frac{2}{3}\begin{bmatrix} \cosh(\theta) & \cosh(\theta-2\pi/3) & \cosh(\theta-4\pi/3) \\ \sinh(\theta) & \sinh(\theta-2\pi/3) & \sinh(\theta-4\pi/3) \\ 1/2 & 1/2 & 1/2 \end{bmatrix} \tag{9-47}$$

其中，使用 v_{pcc} 作为参考来检测相角 θ。如图 9-23 所示，每个路径中的 dq 到 abc 变换用于确定 SPWM 发生器的参考信号。除了正序（常规）控制器外，负序控制器还可以补偿注入电网的电流负序分量。电网电流同样可以测量得到，并使用下面给出的负序 dq 变换计算其负序 dq 分量。

$$T_{\theta}^{-} = \frac{2}{3}\begin{bmatrix} \cos\theta & \cos(\theta-4\pi/3) & \cos(\theta-2\pi/3) \\ \sin\theta & \sin(\theta-4\pi/3) & \sin(\theta-2\pi/3) \\ 1/2 & 1/2 & 1/2 \end{bmatrix} \tag{9-48}$$

补偿器回路可设置为抵消有功功率或无功功率振荡或补偿电网电流不对称。在此过程中，PWM 参考信号变得不对称，即使在逆变器额定功率下，一些参考信号也可能达到过调制区域。一种解决方案是向 PWM 基准添加适当的低频共模信号，以使逆变器保持在线性调制区域，同时提供辅助服务，如负序和谐波补偿。

9.8　太阳能转换系统中的单相逆变器

类似地，正如三相逆变器所讨论的那样，为了推导单相逆变器的电流控制，考虑逆变器的交流侧，忽略电容对电压和电流波形的基波分量的影响。电感的影响可集总为 $L_{\mathrm{f}} = L_{\mathrm{f1}} + L_{\mathrm{f2}}$，其固有电阻或等效串联电阻（ESR）可集总为 $R_{\mathrm{f}} = R_{\mathrm{f1}} + R_{\mathrm{f2}}$。KVL 方程可以写成

$$v_{\mathrm{inv}} = R_{\mathrm{f}}i_{\mathrm{g}} + L_{\mathrm{f}}\frac{\mathrm{d}i_{\mathrm{g}}}{\mathrm{d}t} + v_{\mathrm{pcc}} \tag{9-49}$$

式中，v_{inv} 是逆变器电压；v_{pcc} 是 PCC 处的电压（见图 9-24）。从式（9-49）中，还可以写出以下微分方程：

$$\begin{aligned}(v_{\mathrm{Re}}^{\mathrm{inv}} + \mathrm{j}v_{\mathrm{Im}}^{\mathrm{inv}}) &= R_{\mathrm{f}}(i_{\mathrm{Re}} + \mathrm{j}i_{\mathrm{Im}}) + L_{\mathrm{f}}\frac{\mathrm{d}}{\mathrm{d}t}(i_{\mathrm{Re}} + \mathrm{j}i_{\mathrm{Im}}) \\ &\quad + (v_{\mathrm{Re}}^{\mathrm{pcc}} + \mathrm{j}v_{\mathrm{Im}}^{\mathrm{pcc}})\end{aligned} \tag{9-50}$$

这可以转化为两个方程，即实部和虚部

$$\begin{bmatrix} v_{\mathrm{Re}}^{\mathrm{inv}} \\ v_{\mathrm{Im}}^{\mathrm{inv}} \end{bmatrix} = \begin{bmatrix} R_{\mathrm{f}} & 0 \\ 0 & R_{\mathrm{f}} \end{bmatrix}\begin{bmatrix} i_{\mathrm{Re}} \\ i_{\mathrm{Im}} \end{bmatrix} + \begin{bmatrix} L_{\mathrm{f}} & 0 \\ 0 & L_{\mathrm{f}} \end{bmatrix}\frac{\mathrm{d}}{\mathrm{d}t}\begin{bmatrix} i_{\mathrm{Re}} \\ i_{\mathrm{Im}} \end{bmatrix} + \begin{bmatrix} v_{\mathrm{Re}}^{\mathrm{pcc}} \\ v_{\mathrm{Im}}^{\mathrm{pcc}} \end{bmatrix} \tag{9-51}$$

电流和电压复信号可以在复平面上显示，如图 9-25 所示。如果选择输入电压

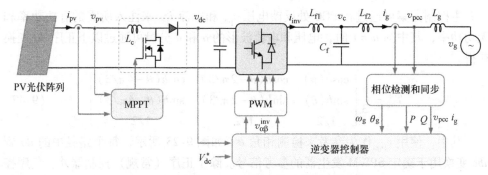

图 9-24　单相电网交互式光伏逆变器示意图

作为基准形成 α 轴，则可以选择 β 轴超前 α 轴 90°，如图 9-25 所示。这意味着 $v_\alpha^{\mathrm{pcc}} = \sqrt{2} V_{\mathrm{ph}}$ 和 $v_\beta^{\mathrm{pcc}} = 0$，而在 $\alpha\beta$ 轴中的投影电流可写为

$$\begin{cases} i_\alpha = \sqrt{2} I_{\mathrm{ph}} \cos(\theta_i - \theta_v) = i_{\mathrm{Re}} \cos\theta_v + i_{\mathrm{Im}} \sin\theta_v \\ i_\beta = \sqrt{2} I_{\mathrm{ph}} \sin(\theta_i - \theta_v) = i_{\mathrm{Im}} \cos\theta_v - i_{\mathrm{Re}} \sin\theta_v \end{cases} \tag{9-52}$$

式中，$i_{\mathrm{Re}} = \sqrt{2} I_{\mathrm{ph}} \cos\theta_i$ 和 $i_{\mathrm{Im}} = \sqrt{2} I_{\mathrm{ph}} \sin\theta_i$，式（9-52）也可以写成

$$\begin{bmatrix} i_\alpha \\ i_\beta \end{bmatrix} = \begin{bmatrix} \cos\theta_v & \sin\theta_v \\ -\sin\theta_v & \cos\theta_v \end{bmatrix} \begin{bmatrix} i_{\mathrm{Re}} \\ i_{\mathrm{Im}} \end{bmatrix} \tag{9-53}$$

尽管此变换与 $dq0$ 变换之间存在一些相似之处，但式（9-53）中的变换不应与多相系统的 dq 参考坐标系和空间矢量理论混淆。假设 $\mathrm{d}\theta_v/\mathrm{d}t = \omega$ 并使用 $\alpha\beta$ 变换，按如下方式重写式（9-51）有

$$\begin{bmatrix} v_\alpha^{\mathrm{inv}} \\ v_\beta^{\mathrm{inv}} \end{bmatrix} = \begin{bmatrix} R_{\mathrm{f}} & 0 \\ 0 & R_{\mathrm{f}} \end{bmatrix} \begin{bmatrix} i_\alpha \\ i_\beta \end{bmatrix} + \begin{bmatrix} L_{\mathrm{f}} & 0 \\ 0 & L_{\mathrm{f}} \end{bmatrix} \frac{\mathrm{d}}{\mathrm{d}t} \begin{bmatrix} i_\alpha \\ i_\beta \end{bmatrix} +$$

$$L_{\mathrm{f}} \begin{bmatrix} 0 & -\omega \\ \omega & 0 \end{bmatrix} \begin{bmatrix} i_\alpha \\ i_\beta \end{bmatrix} + \begin{bmatrix} v_\alpha^{\mathrm{pcc}} \\ v_\beta^{\mathrm{pcc}} \end{bmatrix} \tag{9-54}$$

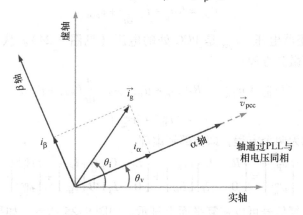

图 9-25　以实虚和 $\alpha\beta$ 参考坐标系表示的单相电流和电压

单极性 PWM 可由从 v_α^{inv} 和 v_β^{inv} 获得的正弦参考信号形成。因此，如果检测输入电流和电压并反馈，这些电压为

$$\begin{cases} v_\alpha^{\text{inv}} = v_\alpha^{\text{pcc}} + R_f i_\alpha + L_f \dfrac{\text{d}i_\alpha}{\text{d}t} - L_f \omega i_\beta \\[2mm] v_\beta^{\text{inv}} = v_\beta^{\text{pcc}} + R_f i_\beta + L_f \dfrac{\text{d}i_\beta}{\text{d}t} + L_f \omega i_\alpha \end{cases} \tag{9-55}$$

这两个方程可以在 s 域中建模，如图 9-26 所示。式（9-55）中的导数项应该为 $sL_f/(\tau s+1)$ 而不是 sL_f。此外，$\alpha\beta$ 坐标系中的有功功率和无功功率可计算为

$$\begin{cases} P = V_{\text{ph}} I_{\text{ph}} \cos(\theta_i - \theta_v) = \dfrac{1}{2} v_\alpha^{\text{pcc}} i_\alpha \\[2mm] Q = V_{\text{ph}} I_{\text{ph}} \sin(\theta_i - \theta_v) = \dfrac{1}{2} v_\alpha^{\text{pcc}} i_\beta \end{cases} \tag{9-56}$$

请注意，从 PCC 处传输到电网的有功功率可以由 i_α 控制，而 i_β 可以强制为零，以保证单位功率因数，即 $Q=0$。从式（9-56）可以看出，有功功率和直流母线电压可以通过控制 i_α 来调节，而无功功率则可以通过控制 i_β 来调节。注意：v_α^{pcc} 是 α 轴与 PCC 处电压同相时输入电压的峰值。

单相逆变器的完整控制框图如图 9-27 所示。内部反馈控制回路也称为电流控制环，外部反馈控制回路调节功率因数和直流母线电压或有功功率。如第 7 章所述，通常会消除 $L_f(\text{d}i_\alpha/\text{d}t)$ 和 $L_f(\text{d}i_\beta/\text{d}t)$ 导数项中 $L_f(\text{d}i_s/\text{d}t)$ 部分，同时保留 $-L_f \omega i_\alpha$ 和 $-L_f \omega i_\beta$。

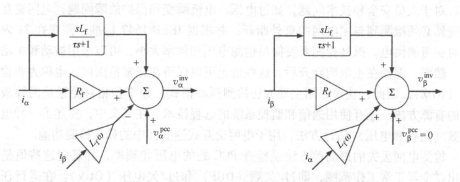

图 9-26　利用输入端的电流和电压测量值生成基于模型的参考电压

还可以在内部电流控制回路中添加积分器。因为内部电流控制回路中的 PI 控制器可以通过强制 i_β 跟随 $i_\beta^* =0$ 来确保单位功率因数，无功功率控制回路可能被消除。

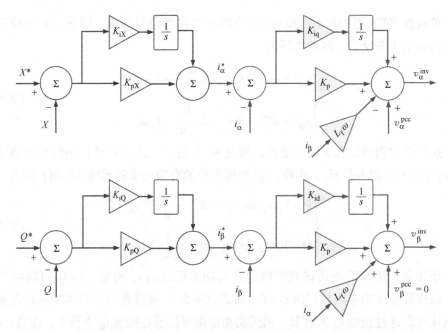

图 9-27 单相逆变器的控制方案，α 轴控制回路调节 X（可以是有功功率或
直流母线电压），β 轴控制回路在 PCC 提供所需的功率因数

9.9 电网交互式逆变器的孤岛检测功能

对于人员安全和技术问题，如过电压、电流瞬变和保护故障问题，电网交互式逆变器必须检测到与主电网的意外断开，并根据 IEEE 1547 标准，需要在 2s 内停止对交流侧供电。孤岛检测需要简易检测电压和频率大小，可以采用被动和主动方法。然而，即使在主电网断开后，这些量也可以保持在正常范围内，也称为非检测区（NDZ）。因此，建议采用主动方法检测孤岛模式。频率和相移测量是两种最常用的有源方法。还有使用通信和监控系统的远程技术。在下文中，描述了一种电网参数（阻抗和电压）估计方法，用于电网交互式逆变器中的孤岛检测功能。

检测电网丢失的最简单方法是检查 PCC 处的电压和频率，并确定这些值是否超出逆变器正常工作范围，即过/欠频（OUF）和过/欠电压（OUV）。在进行任何响应之前，还必须检查电压降至正常范围之外的时间长度，以避免误检测（见图 9-1）。主动孤岛检测方法基于系统对 PCC 处小扰动的反应。扰动可在 f、V、P 和 Q 设定点上进行，向系统注入负序或谐波。频率测量可用于孤岛检测，如下例所述。

例 9.9

考虑到图 9-28 所示的单相逆变器通过一个 LCL 滤波器连接到一个 60Hz、230V

的弱电网，电网参数为 $R_g = 0.05\Omega$ 和 $L_g = 0.25\text{mH}$，LCL 滤波器参数为：$L_{f1} = 1\text{mH}$，$R_{f1} = 0.1\Omega$，$L_{f2} = 0.5\text{mH}$，$R_{f2} = 0.01\Omega$，$C_f = 5\mu\text{F}$。在该系统中，假设本地负载为 9.5Ω（5.57kW），PCC 和负载之间馈线的阻抗为 $R_{line} = 0.01\Omega$ 和 $L_{line} = 0.005\text{mH}$。在两种情况下仿真此逆变器运行 3.5s。（1）$P^* = 5\text{kW}$ 和 $Q^* = 0\text{kvar}$，（2）$P^* = 5\text{kW}$ 和 $Q^* = 0.2\text{kvar}$。对于这两种情况，断路器在 1.0s 时断开电网。绘制负载的 RMS 电压，以及 $0.5 \sim 3.5\text{s}$ 的系统频率。

可以在电力电子仿真软件中实现整个系统，例如，在 MATLAB 中，当逆变器 PWM 频率为 10kHz 时，控制器（见图 9-27）具有以下参数：$K_{pP} = 0.0001$、$K_{iP} = 0.05$、$K_{pq} = 1.0$、$K_{iq} = 37.5$、$K_{pQ} = 0.00005$、$K_{iQ} = 0.025$、$K_{pd} = 0.1$、$K_{id} = 0.0167$。对于 230V 单相电网，假设直流母线电压为 350V，直流电路电阻为 $R_{dc} = 0.1\Omega$。断路器还必须配备一个 10kΩ 的缓冲电阻器。

如图 9-29 所示，在第 2 种情况下注入电网的 200var 无功功率使其频率在离网后迅速偏离其正常值。该方法用于检测孤岛运行，称为无功功率变化的频移法。请注意，在第 1 种情况下，当逆变器以单位功率因数运行时，频率和 RMS 电压可能会在更长的时间间隔内保持在其正常范围内，即 NDZ。

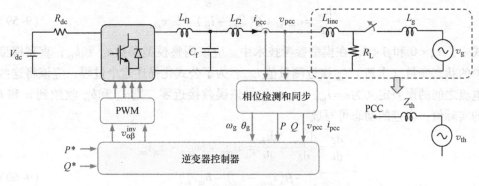

图 9-28　单相逆变器与电网断开，孤岛模式

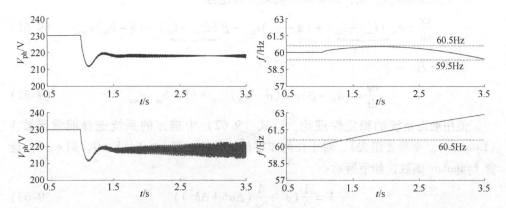

图 9-29　当所需无功功率设定点设置为 0，即 $Q = 0$，以及当所需无功功率设定点设置为 $Q = 200\text{var}$ 时（作为主动孤岛检测），PCC 处的 RMS 电压和频率

9.9.1 电网阻抗和电压检测

有许多技术可以实时估计未知系统的参数。如果系统的动态未知，通常建议使用机器学习方法。但是，如果系统结构已知，但只有参数未知，则可能建议使用递归最小二乘法和模型参考技术等分析方法。下面介绍模型参考技术。

假设以下一阶系统具有未知参数 R_{th} 和 L_{th}，以及未知变量 v_{th}。

$$v_{pcc} = R_{th}i_{pcc} + L_{th}\frac{di_{pcc}}{dt} + v_{th} \tag{9-57}$$

式中，i_{pcc} 和 v_{pcc} 是可测量的变量。如果逆变器在一个电网不存在的基频（f_p）上临时产生电压（或注入电流），即 $V_{th}(f_p) = V_g(f_p) = 0$，并叠加到主电网频率上，则式（9-57）可在该频率下重写为

$$\frac{di_{pcc}}{dt} = ai_{pcc} + bv_{pcc} \tag{9-58}$$

式中，$a = -R_{th}/L_{th}$ 和 $b = 1/L_{th}$。然后可以考虑作为物理电路的实时数字对应的参考模型（或数字孪生）如下：

$$\frac{di_m}{dt} = a_m i_m + \beta(i_{pcc} - i_m) + b_m v_{pcc} \tag{9-59}$$

式中，$a_m < 0$ 和 $\beta < 0$。在模型参考技术中，应该调整模型参数 a_m 和 b_m，直到模型中的状态变量（电流）i_m 接近测量值 i_{pcc}。为了公式化描述这个过程，应该将这些电流之间的误差定义为 $e = i_{pcc} - i_m$。如果该误差接近零，则 a_m 和 b_m 收敛到 a 和 b 的实际值。误差的动态可写成

$$\frac{de}{dt} = \frac{di_{pcc}}{dt} - \frac{di_m}{dt} = ai_{pcc} + bv_{pcc} - a_m i_m$$
$$- \beta(i_{pcc} - i_m) - b_m v_{pcc} \tag{9-60}$$

对上式加减 $a_m i_{pcc}$ 项，则误差的动态可描述为

$$\frac{de}{dt} = a_m \underbrace{(i_{pcc} - i_m)}_{e} + (a - a_m)i_{pcc} - \beta \underbrace{(i_{pcc} - i_m)}_{e} - (b - b_m)v_{pcc} \tag{9-61}$$

重新写为

$$\frac{de}{dt} = (a_m - \beta)e + (a - a_m)i_{pcc} + (b - b_m)v_{pcc} \tag{9-62}$$

使用动态系统的稳定性理论，以式（9-62）中描述的系统选择能量函数 V（Lyapunov，李雅普诺夫），对于任何非零初始条件，当 $V \geqslant 0$ 且 $\dot{V} < 0$，则 $e \to 0$。选择 Lyapunov 函数，如下所示：

$$V = \frac{1}{2}\left(e^2 + \frac{1}{\gamma}(\Delta a^2 + \Delta b^2)\right) \tag{9-63}$$

式中，$\gamma > 0$，$\Delta a = a - a_m$，且 $\Delta b = b - b_m$。Lyapunov 函数的推导公式为 $\dot{V} = e\dot{e} + (1/$

$\gamma)\Delta a\Delta\dot{a}+(1/\gamma)\Delta b\Delta\dot{b}$，利用式（9-62）得到$\dot{V}=(a_m-\beta)e^2+\Delta a(ei_{pcc}+(1/\gamma)$ $\Delta\dot{a})+\Delta b(ev_{pcc}+(1/\gamma)\Delta\dot{b})$。如果$a_m<0$，$ei_{pcc}+(1/\gamma)\Delta\dot{a}=0$，且有$ev_{pcc}+(1/\gamma)\Delta\dot{b})=0$，则有$\dot{V}\leqslant0$。这意味着$\Delta\dot{a}=-\gamma ei_{pcc}$，$\Delta\dot{b}=-\gamma ev_{pcc}$。这里，可以假设$a$和$b$在估计周期间是常数。因此，可得

$$\begin{cases} a_m = \gamma\displaystyle\int e(t)i_{pcc}(t)\mathrm{d}t \\ b_m = \gamma\displaystyle\int e(t)v_{pcc}(t)\mathrm{d}t \end{cases} \tag{9-64}$$

式中，$e(t)=i_{pcc}(t)-i_m(t)$，合适地选择$\beta>0$和$\gamma>0$会得到$e(t_f)\to0$、$a_m(t_f)\to a$和$b_m(t_f)\to b$，即$R_{th}=-a_m(t_f)/b_m(t_f)$和$L_{th}=1/b_m(t_f)$。模型参考技术的实现很简单，如图9-30所示。

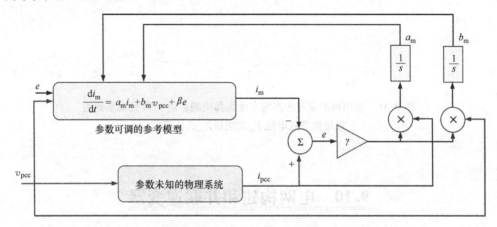

图9-30　用于估计参数未知的一阶系统参数的模型参考技术

　　或者，如果频率f_p处的两个正交电压（或电流）波形叠加到主电网频率上，则可直接获得R_{th}和L_{th}，无需采用模型参考技术。一旦计算出R_{th}和L_{th}，利用式（9-57），就可以求解主电网频率（例如，60Hz）处的V_{th}。

例9.10

　　考虑图9-28所示的单相逆变器和例9.9中给出的逆变器参数。仿真系统并采用图9-30所示的模型参考技术，以提取该系统中的R_{th}、L_{th}和V_{th}，有功和无功设定点保持固定在$P^*=5\text{kW}$、$Q^*=0$，断路器在$t=1s$时断开电网时。

　　模型参考技术如图9-30所示，在控制电路仿真软件（如 MATLAB）中实现。系统的建模如前一例中所述，具有相同的参数集，但逆变器设置为单位功率因数，即前一例中的第一种情况。然而，仿真系统被假定为结构已知但参数未知。

　　在该仿真系统中，创建了一个幅值为 0.007p.u. 的 13Hz 信号，并将其添加到 60Hz 的 SPWM 参考信号中。显然，单相逆变器的输出包含 60Hz 和 13Hz 信号。在 PCC 处，13Hz 的电压和电流分量使用截止频率为 15Hz 的八阶巴特沃斯低通滤波器

提取。启动仿真 0.5s 后，使用计时器启用模型参考估计算法。β 和 γ 参数分别选择为 1000 和 15000。对于 R_{th} 和 L_{th} 的平滑估计，可以采用移动平均滤波器，尽管它在估计中引入了一些延迟，如图 9-31 所示。由于 R_{th} 和 L_{th} 是实时估计的，因此可以使用相量来计算来自 PCC 处的戴维南等效 RMS 电压 V_{th} 和阻抗 Z_{th}。图 9-31 显示，参数估计技术可用于在相对较短的时间进行孤岛模式检测。

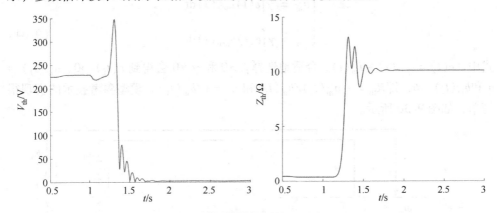

图 9-31　使用模型参考法作为主动孤岛检测，从 PCC 处观察到的
戴维南等效电压 V_{th} 和阻抗 Z_{th} 的估算值

9.10　电网构建和并联逆变器

可以对逆变器进行编程，以检测电网丢失，并为本地负载供电。如果存在多个逆变器，它们需要形成一个孤岛电网，称为微电网。在微电网中，选择由电池储能和天然气微型涡轮机等非间断电源供电的逆变器来调节频率和电压（见图 9-32）。其余逆变器可在电网跟随运行模式下运行。尽管如此，由可再生能源（如光伏阵列和风力发电机）供电的逆变器也可以在电网形成模式下运行，但只有当它们配备了自己的储能装置以根据负载需求调节输出功率时。如前所述，可以控制 VSI 作为电流源或电压源工作。检测电网丢失和从电流源到电压源的无缝转换对于电网交互式逆变器至关重要。

9.10.1　并网逆变器的下垂控制

当电网交互式逆变器与电网断开时，逆变器需要在内部为其 PWM 发生器生成参考信号。形成孤岛微电网时，逆变器和其他发电机组之间也必须分担总负荷。在这种情况下，逆变器和发电机组必须调节孤岛微电网的电压和频率。下垂控制方案为多个逆变器之间的功率均衡提供了一种分散的方法。当逆变器配备下垂控制器

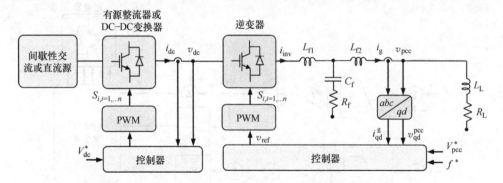

图 9-32　在独立（隔离）运行模式下为本地负载供电的逆变器

时，它们不一定需要通信线来实现功率均衡分配。这一概念是从同步发电机的并联运行中借用的。图 9-33 显示了使用 P–f 下垂线的三个逆变器的功率均衡分配。第 i 个逆变器的 P–f 下垂系数定义为 $m_{Pi} = \Delta f_{max}/P_{i,max}$，因此，每个逆变器根据其最大容量响应负载的变化。假设具有 m_{Pi} 和 m_{Qi} 下垂系数的并联逆变器的频率和电压偏差为 Δf 和 ΔV，如图 9-33 所示，P–f 和 Q–V 下垂方程可以写成

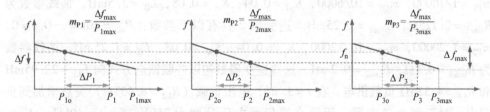

图 9-33　具有不同容量的三个逆变器之间的功率均衡，P_{imax}，使用 P–f 下垂控制技术，逆变器根据其下垂系数 m_{Pi} 在负载变化时进行功率分配，ΔP_L，如 $\Delta P_L = \Delta P_1 + \Delta P_2 + \Delta P_3$

$$\begin{cases} \Delta f = -m_{Pi}(\Delta P_i) & i = 1, 2, \cdots, N \\ \Delta V = -m_{Qi}(\Delta Q_i) & i = 1, 2, \cdots, N \end{cases} \tag{9-65}$$

式中，N 是并联逆变器的数量；m_{Pi} 和 m_{Qi} 是第 i 个逆变器的下垂系数。因此，频率和电压设定点计算如下：

$$\begin{cases} f^* = f_n + \Delta f = f_n - m_{Pi}(\Delta P_i) & i = 1, 2, \cdots, N \\ V_i^* = V_{ni} + \Delta V = V_{ni} - m_{Qi}(\Delta Q_i) & i = 1, 2, \cdots, N \end{cases} \tag{9-66}$$

　　频率是系统变量，但电压是节点的变量。为了确保 PCC 处的电压符合设定值，还需要 PI 控制器（见图 9-34）。

　　在 X/R 比接近单位 1 的配电网中，P–V 和 Q–f 下垂控制器通常用于功率均衡。此外，由于跨线路阻抗的电压降不相等，根据 P–V 和 Q–f 下垂进行有功功率或无功功率均衡有时可能会遇到挑战。在配电系统中，节点电压可能需要通过有功功率和无功功率进行调节，而在输电系统中，节点电压主要通过控制无功功率进

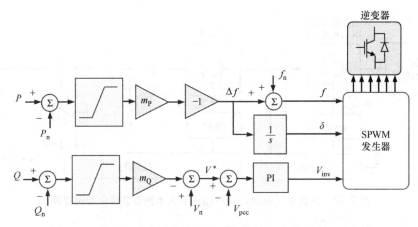

图9-34 并联（或电网构建式）逆变器的 $V-f$ 控制方案示意图

行调节。

例9.11

两个三相逆变器如图9-35所示。逆变器1具有以下参数 $P_{n1}=5kW$，$Q_{n1}=0$，$m_{P1}=1/10000$，$m_{Q1}=10/6000$，$K_{p1}=0.04$，$K_{i1}=0.08$，$L_{f1}=1.5mH$，馈线参数为 $R_{line1}=0.125\Omega$，$L_{line1}=0.25mH$。逆变器2具有以下参数：$P_{n2}=10kW$，$Q_{n2}=0$，$m_{P2}=1/20000$，$m_{Q2}=10/12000$，$K_{p2}=0.04$，$K_{i2}=0.08$，$L_{f2}=1.25mH$，馈线参数为 $R_{line2}=0.1\Omega$，$L_{line2}=0.2mH$。这些逆变器最初以并联馈电方式向 $L_{L1}=22.95mH$ 和 $R_{L1}=4.326\Omega$ 负载供电。在 $t=3s$ 时，电阻负载（$R_{L2}=8.653\Omega$）突然增加到负载中。对于两个逆变器，假设直流母线电压分别为350V、$f_{PWM}=10kHz$、$V_n=208V$、$f_n=60Hz$。当逆变器工作时，对图9-35所示的电路进行仿真，如图9-34所示，并绘制公共母线 M 处的 RMS 电压和频率，以及每个逆变器产生的有功功率。

图9-36显示了4s过程内的 RMS 电压和频率曲线。此图还显示了每个逆变器产生的功率。可以看到，在 $t=3s$ 时增加电阻负载后，RMS 电压没有变化，而频率跟随 $P-f$ 下垂控制而下降。功率均衡根据逆变器的额定值进行调整，而不会失去系统稳定性。可通过缓慢重新调整下垂线来补偿与 f_n 的频率偏差。

例9.12

对于图9-35中所示的两个逆变器，利用前一示例中给出的参数，仿真在 $t=3s$ 时突然向初始负载添加感性负载（$L_{L2}=45.9mH$）时的电路，并绘制公共母线 M 处的 RMS 电压和频率以及每个逆变器产生的无功功率。

图9-37显示了4s的 RMS 电压和频率曲线。该图还显示了每个逆变器产生的无功功率。可以看到，在 $t=3s$ 时添加电感负载后，频率没有变化，RMS 电压下降跟随 $Q-V$ 控制而下降。无功功率分配根据逆变器的额定值进行调整，而不会丧失系统稳定性。V_n 的电压降可以通过在稳态瞬变结束后缓慢重新调整下垂线来补偿。

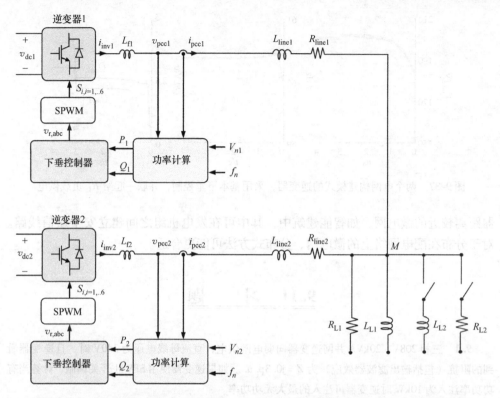

图 9-35　两个电网构建模式的逆变器，采用基本下垂控制，并联一起给 R_L 负载供电

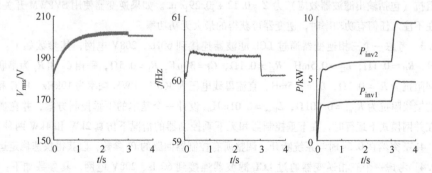

图 9-36　两个电网构建模式的逆变器，采用基本下垂控制器，并联一起给 R_L 负载供电

9.10.2　电网构建式逆变器集中控制技术

除下垂控制方法外，其他分布技术基本上迫使逆变器模拟同步发电机的动态行为。然而，在集中控制方法中，可能会需要一个通信线路，以便在逆变器之间进行适当的同步。通信线路共享参考信号的相位和频率。然后逆变器根据同步信号生成其 PWM 参考。用于并网逆变器的集中式方案（如主从式方法）可能更适合于逆变

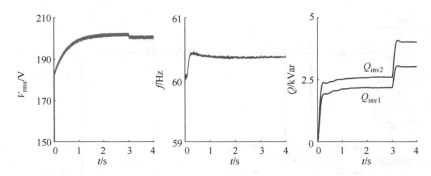

图 9-37　两个电网构建模式的逆变器，采用基本下垂控制，并联一起给 R_L 负载供电

器距离较近的微电网，如智能建筑中，其中可在发电机组之间建立安全通信线路。对于分布在配电网络上的微电网，分布式方法可能更合适。

9.11　习　　题

9.1　三相 208V、20kVA 并网逆变器向弱电网供电，直流母线电压为 340V 时，且逆变器看到的阻抗（包括输出滤波器效应）为 $Z = \text{j}0.3\text{p. u.}$。如果逆变器使用 SPWM 开关调制，计算当有功功率注入为 10kW 时逆变器可注入的最大无功功率。

9.2　三相 208V、20kVA 并网逆变器向弱电网供电，直流母线电压为 350V 时，且逆变器看到的阻抗（包括输出滤波器效应）为 $Z = 0.12 + \text{j}0.29\text{p. u.}$。如果逆变器使用 SVPWM 开关调制，计算在不注入任何有功功率时，逆变器可获得的最大无功功率。

9.3　考虑一个三相逆变器通过 LCL 滤波器连接到 60Hz、208V 电网，其参数如下：$L_{f1} = 1.0\text{mH}$，$R_{f1} = 0.1\Omega$，$L_{f2} = 0.5\text{mH}$，$R_{f2} = 0.1\Omega$，$C_f = 30\mu\text{F}$，$R_f = 0.5\Omega$，每相 C_f 和 R_f 为串联。假设电网阻抗为 $R_g = 0.1\Omega$，$L_g = 1.5\text{mH}$，直流母线电压为 360V，PWM 频率为 10kHz。PCC 和负载之间的馈线阻抗为 $R_{\text{line}} = 0.001\Omega$，$L_{\text{line}} = 0.01\text{mH}$。设计一个基本的下垂控制方案，并在逆变器开始在并网模式下运行时，在下垂控制器和无下垂控制器的情况下仿真 2kW 和 4kW 两种负载。然后，4kW 突然在 0.5s 时与系统断开。调整所有控制器回路的 PI 参数，以获得快速稳定运行。

9.4　考虑一个三相逆变器通过 LCL 滤波器连接到 60Hz、208V 电网，其参数如下：$L_{f1} = 1.0\text{mH}$，$R_{f1} = 0.1\Omega$，$L_{f2} = 0.5\text{mH}$，$R_{f2} = 0.1\Omega$，$C_f = 30\mu\text{F}$，$R_f = 0.5\Omega$，每相 C_f 和 R_f 为串联。假设电网阻抗为 $R_g = 0.15\Omega$，$L_g = 2\text{mH}$，直流母线电压为 340V，PWM 频率为 5kHz。PCC 和负载之间的馈线阻抗为 $R_{\text{line}} = 0.001\Omega$，$L_{\text{line}} = 0.01\text{mH}$。设置一个基本的下垂控制方案，即逆变器开始在并网模式下运行，负载为 1kW，在 0.5s 时 4kW 突然连接到系统中。在不采用无功功率下垂控制情况下，求出电压降。计算注入所需的无功功率，以减少至少 75% 的电压（相对于无下垂控制的电压降）。需要调整控制器增益参数以实现稳定运行。

9.5　三相并网逆变器通过低通滤波器控制 P 和 Q。滤波器参数为 $R_f = 0.04\Omega$，$L_f = 1.25\text{mH}$，而电容效应可以忽略，电网电压为 460V，电网电感为 0.75mH。如果仅采样电流内环控制，且前馈电压设置为零，对于 $K_p = 0.025$，求得使闭环系统欠阻尼的 K_{iq} 值。

9.6 三相并网逆变器通过低通滤波器控制 P 和 Q。滤波器参数为 $R_f = 0.04\Omega$，$L_f = 1.25\text{mH}$，而电容效应可以忽略，电网电压为 460V，电网电感为 0.75mH。如果仅采样电流内环控制，且前馈电压设置为零，则找出系统刚好在稳定区域之外且 $K_{iq} = 1.0$ 的 K_p 值。

9.7 三相电网交互式逆变器通过低通滤波器控制输出电流。LCL 滤波器每相参数为 $L_{f1} = 1.5\text{mH}$，$L_{f2} = 0.5\text{mH}$，$C_f = 10\mu\text{F}$，$G_d(s) = 1$，控制参数为 $K_p = 0.1$ 和 $K_I = 0$。当 $L_g = 0.25\text{mH}$ 和 $R_g = 0.1\Omega$ 时，确定逆变器简化传递函数及其极点。

9.8 三相电网交互式逆变器通过低通滤波器控制输出电流。LCL 滤波器每相参数为 $L_{f1} = 1.5\text{mH}$，$L_{f2} = 0.5\text{mH}$，$C_f = 5\mu\text{F}$，$G_d(s) = 1$，控制参数为 $K_p = 0.1$ 和 $K_I = 0$。当 $R_g = 0.1\Omega$ 时，确定逆变器简化传递函数并求得稳定工作的 L_g 范围。

9.9 三相电网交互式逆变器通过低通滤波器控制输出电流。LCL 滤波器每相参数为 $L_{f1} = 1.25\text{mH}$，$L_{f2} = 0.25\text{mH}$，$C_f = 10\mu\text{F}$，$G_d(s) = 1$，控制参数为 $K_p = 0.9$ 和 $K_I = 0$。当 $L_g = 0.25\text{mH}$ 和 $R_g = 0.1\Omega$ 时，确定逆变器简化传递函数及其极点。系统是否稳定工作？

9.10 三相电网交互式逆变器通过低通滤波器控制输出电流。LCL 滤波器每相参数为 $L_{f1} = 1.5\text{mH}$，$L_{f2} = 0.5\text{mH}$，$C_f = 5\mu\text{F}$，$G_d(s) = 1$，控制参数为 $K_p = 0.1$ 和 $K_I = 0$。当 $L_g = 0.25\text{mH}$ 和 $R_g = 0.1\Omega$ 时，确定逆变器简化传递函数及其极点。同时，系统稳定工作的 K_p 范围是？

9.11 三相电网交互式逆变器通过低通滤波器控制输出电流。LCL 滤波器每相参数为 $L_{f1} = 1.5\text{mH}$，$L_{f2} = 0.5\text{mH}$，$C_f = 30\mu\text{F}$，$G_d(s) = 1$，控制参数为 $K_p = 0.25$ 和 $K_I = 0$。绘制系统极点位置（a）当 $R_g = 0.1\Omega$，L_g 从 0.1mH 变化到 1.5mH，（b）当 $L_g = 0.25\text{mH}$ 和 $R_g = 0.1\Omega$ 时，C_f 从 $5\mu\text{F}$ 变化到 $50\mu\text{F}$。

9.12 三相电网交互式逆变器通过低通滤波器控制输出电流。LCL 滤波器每相参数为 $L_{f1} = 1.5\text{mH}$，$L_{f2} = 0.5\text{mH}$，$C_f = 30\mu\text{F}$，$G_d(s) = 1$，控制参数为 $K_p = 0.75$ 和 $K_I = 0$。绘制系统极点位置（a）当 $R_g = 0.25\Omega$，L_g 从 0.1mH 变化到 1.5mH，（b）当 $L_g = 0.2\text{mH}$ 和 $R_g = 0.25\Omega$ 时，C_f 从 $5\mu\text{F}$ 变化到 $50\mu\text{F}$。

9.13 对于三相系统，假设 $v_{ab}(t) = 100\sin(\omega t)$，$v_{bc}(t) = 100\sin(\omega t - 2\pi/3)$，$v_{ca}(t) = 100\sin(\omega t - 4\pi/3)$，计算 x/y，以及计算如下两种情况下每两相之间的相角差，$\omega t_1 = \pi/4$ 和 $\omega t_2 = -\pi/3$。

9.14 对于三相系统，假设 $v_{ab}(t) = 100\cos(\omega t)$，$v_{bc}(t) = 100\cos(\omega t + 2\pi/3)$，$v_{ca}(t) = 100\cos(\omega t - 2\pi/3)$，计算 x/y，以及计算如下两种情况下每两相之间的相角差，$\omega t_1 = -\pi/4$ 和 $\omega t_2 = \pi/3$。

9.15 假设一个 60Hz 的对称三相电压源，其 A 相电压为 $v_{a1} = \sqrt{2} \times 120\cos(2\pi ft)$，源阻抗为 $Z_1 = 0.15 + j0.5\Omega$，通过理想三相开关连接到另一个对称三相电压源，其值为 $v_{a2} = \sqrt{2} \times 120\cos(2\pi ft - \pi/9)$，源阻抗为 $Z_2 = 0.08 + j0.15\Omega$。当 $K_p = 60$ 且 K_i 从 0 到 1000 变化时，仿真系统并使用 SRF-PLL 技术绘制 A 相相角。同时使用 DPD 技术仿真同一系统以绘制 A 相相角。

9.16 假设一个 60Hz 的对称三相电压源，其 A 相电压为 $v_{a1} = \sqrt{2} \times 120\sin(2\pi ft)$，电源阻抗为 $Z_1 = 0.15 + j0.5\Omega$，通过理想三相开关连接到另一个对称三相电压源，其值为 $v_{a2} = \sqrt{2} \times$

$120\sin\left(2\pi ft - \pi/9\right)$，电源阻抗为 $Z_2 = 0.08 + j0.15\Omega$。当 $K_i = 360$ 且 K_p 从 0 到 60 变化时，仿真系统并使用 SRF‐PLL 技术绘制 A 相相角。同时使用 DPD 技术仿真同一系统以绘制 A 相相角。

9.17 考虑单相逆变器（见图 9-28）通过 LCL 滤波器连接到 60Hz、230V 电网，电网参数为 $L_{f1} = 1.25\text{mH}$，$R_{f1} = 0.1\Omega$，$L_{f2} = 0.5\text{mH}$，$R_{f2} = 0.01\Omega$，$C_f = 10\mu\text{F}$，断路器配有 20kΩ 缓冲电阻。PCC 和负载之间的馈线阻抗为 $R_{line} = 0.01\Omega$，$L_{line} = 0.005\text{mH}$。逆变器和电网向 6.0kW 的电阻负载提供有功功率，电网阻抗为 $R_g = 0.05\Omega$，$L_g = 0.15\text{mH}$。单相逆变器处于 PQ 控制模式，340V 直流母线电压通过 $R_{dc} = 0.08\Omega$ 串联连接到逆变器。逆变器的 PWM 频率为 15kHz。针对以下场景，在 MATLAB/Simulink 中仿真逆变器工作 3.5s。将有功功率和无功功率设定点设置为 $P = 5.8\text{kW}$ 和 $Q = 0\text{kvar}$。在 1.0s 时通过断路器与电网断开连接。绘制 0.5～3.5s 时间段内，PCC 处的 RMS 电压波形、负载注入的有功功率以及系统频率。求得能在 2.0s 内检测到孤岛的最小 Q 值。

9.18 在以下情况下，仿真例 9.17 中的逆变器工作 3.5s。使用相同的电路参数，而电网阻抗为 $R_g = 0.05\Omega$，$L_g = 0.05\text{mH}$。将有功功率和无功功率设定点设置为 $P = 6.2\text{kW}$ 和 $Q = 0\text{kvar}$。在 1.0s 时通过断路器与电网断开连接。绘制 0.5～3.5s 时间段内，PCC 处的 RMS 电压波形、负载注入的有功功率以及系统频率。求得能在 2.0s 内检测到孤岛的最小 Q 值。

9.19 两个三相逆变器如图 9-35 所示。逆变器 1 具有以下参数，$P_{n1} = 25\text{kW}$，$Q_{n1} = 0$，$L_{f1} = 1.5\text{mH}$，馈线参数为 $R_{line1} = 0.125\Omega$，$L_{line1} = 0.25\text{mH}$。逆变器 2 具有以下参数，$P_{n2} = 10\text{kW}$，$Q_{n2} = 0$，$L_{f2} = 1.25\text{mH}$，馈线参数为 $R_{line2} = 0.1\Omega$，$L_{line2} = 0.2\text{mH}$。这些逆变器最初以并联方式向 $L_{L1} = 22.95\text{mH}$ 和 $R_{L1} = 4.326\Omega$ 负载供电。在 $t = 3\text{s}$ 时，电阻负载（$R_{L2} = 8.653\Omega$）突然增加到负载中。对于两个逆变器，假设直流母线电压为 350V、$f_{PWM} = 15\text{kHz}$、$V_n = 208\text{V}$、$f_n = 60\text{Hz}$。计算合适的下垂增益系数，以便逆变器按照额定值成比例均衡有功功率。选择合适的控制增益参数，仿真电路，并绘制公共母线 M 处的 RMS 电压和频率以及每个逆变器产生的有功功率。

9.20 两个三相逆变器如图 9-35 所示。逆变器 1 具有以下参数，$P_{n1} = 10\text{kW}$，$Q_{n1} = 0$，$L_{f1} = 1.5\text{mH}$，馈线参数为 $R_{line1} = 0.1\Omega$，$L_{line1} = 0.125\text{mH}$。逆变器 2 具有以下参数，$P_{n2} = 20\text{kW}$，$Q_{n2} = 0$，$L_{f2} = 1.25\text{mH}$，馈线参数为 $R_{line2} = 0.1\Omega$，$L_{line2} = 0.125\text{mH}$。这些逆变器最初以并联方式向 $L_{L1} = 20\text{mH}$ 和 $R_{L1} = 5\Omega$ 负载供电。在 $t = 3\text{s}$ 时，电阻负载（$R_{L2} = 10\Omega$）突然增加到负载中。对于两个逆变器，假设直流母线电压为 350V、$f_{PWM} = 20\text{kHz}$、$V_n = 208\text{V}$、$f_n = 60\text{Hz}$。计算合适的下垂增益系数，以便逆变器按照额定值成比例均衡有功功率。选择合适的控制增益参数，仿真电路，并绘制公共母线 M 处的 RMS 电压和频率以及每个逆变器产生的有功功率。

9.21 两个三相逆变器如图 9-35 所示。逆变器 1 具有以下参数，$P_{n1} = 25\text{kW}$，$Q_{n1} = 0$，$L_{f1} = 1.5\text{mH}$，馈线参数为 $R_{line1} = 0.125\Omega$，$L_{line1} = 0.05\text{mH}$。逆变器 2 具有以下参数，$P_{n2} = 10\text{kW}$，$Q_{n2} = 0$，$L_{f2} = 1.25\text{mH}$，馈线参数为 $R_{line2} = 0.1\Omega$，$L_{line2} = 0.125\text{mH}$。这些逆变器最初以并联方式向 $L_{L1} = 22.95\text{mH}$ 和 $R_{L1} = 4.326\Omega$ 负载供电。在 $t = 4\text{s}$ 时，感性负载（$L_{L2} = 40\text{mH}$）突然增加到负载中。对于两个逆变器，假设直流母线电压为 675V、$f_{PWM} = 15\text{kHz}$、$V_n = 400\text{V}$、$f_n = 50\text{Hz}$。计算合适的下垂增益系数，以便逆变器按照额定值成比例均衡有功功率。选择合适的控制增益参数，仿真电路，并绘制公共母线 M 处的 RMS 电压和频率以及每个逆变器产生的有功

功率。

9.22 两个三相逆变器如图 9-35 所示。逆变器 1 具有以下参数，$P_{n1} = 10\text{kW}$，$Q_{n1} = 0$，$L_{f1} = 1.5\text{mH}$，馈线参数为 $R_{line1} = 0.125\Omega$，$L_{line1} = 0.25\text{mH}$。逆变器 2 具有以下参数，$P_{n2} = 20\text{kW}$，$Q_{n2} = 0$，$L_{f2} = 1.25\text{mH}$，馈线参数为 $R_{line2} = 0.1\Omega$，$L_{line2} = 0.2\text{mH}$。这些逆变器最初以并联馈电方式向 $L_{L1} = 20\text{mH}$ 和 $R_{L1} = 5\Omega$ 负载供电。在 $t = 3\text{s}$ 时，感性负载（$L_{L2} = 60\text{mH}$）突然增加到负载中。对于两个逆变器，假设直流母线电压分别为 350V、$f_{PWM} = 20\text{kHz}$、$V_n = 208\text{V}$、$f_n = 60\text{Hz}$。计算合适的下垂增益系数，以便逆变器按照额定值成比例均衡有功功率。选择合适的控制增益参数，仿真电路，并绘制公共母线 M 处的 RMS 电压和频率以及每个逆变器产生的有功功率。

第 10 章

交流电机动力学

本章介绍了三相异步电机和同步电机的动态模型，第 4 章已经建立了这些电机的稳态模型。三相电机的动态模型可在传统 abc 坐标系或 $dq0$ 坐标系下建立，见第 2 章。然而，交流电源变换器、电动机和发电机通常在 $dq0$ 坐标系中建模。$dq0$ 变换的主要优点是：三个平衡的交流量可由两个直流量表示，三相电机中的互感可转换为时不变电感。这两个特点大大简化了电力电子变换器励磁电机的控制设计和动态分析。在本章首先研究如何在 $dq0$ 坐标系下对笼型和绕线转子感应电机进行建模，然后对双馈感应发电机（DFIG）进行建模。最后研究了表面安装式永磁（SPM）电机和内置式永磁（IPM）电机的动力学模型。

10.1　笼型感应电机的动力学

三相电机通常由一组电压或电流源激励。电机可以在静止、同步旋转或转子坐标系中建模。在下面的例子中，将研究对称三相电压在不同 dq 坐标系中的表现。

例 10.1

假设有一组电压，$v_a(t) = \sqrt{2}V_{ph}\cos(\omega_e t)$，$v_b(t) = \sqrt{2}V_{ph}\cos(\omega_e t - 2\pi/3)$，$v_c(t) = \sqrt{2}V_{ph}\cos(\omega_e t - 4\pi/3)$，其中 $V_{ph} = 460/\sqrt{3}\,\mathrm{V}$，以及 $\omega_e = 2\pi \times 60 = 377\,\mathrm{rad/s}$。对于（a）任意坐标系，从 0 渐变到 $\omega = 360\,\mathrm{rad/s}$，（b）静止坐标系，即 $\omega = 0$ 和（c）同步坐标系，即 $\omega = \omega_e$，绘制 dq 参考坐标系的电压波形。

使用第 2 章中定义的 $dq0$ 变换，q 轴和 d 轴电压的计算公式如下：

$$\begin{cases} v_{qs} = \sqrt{2}V_{ph}\cos(\theta - \theta_e) \\ v_{ds} = \sqrt{2}V_{ph}\cos(\theta - \theta_e) \end{cases} \tag{10-1}$$

式中，$\theta = \int \omega(t)\mathrm{d}t + \theta(0)$ 是参考坐标系的角度，而 $\theta_e = \int \omega_e(t)\mathrm{d}t$ 是电压波形的角频率。图 10-1 显示了在静止和同步参考坐标系中的 v_{qs} 和 v_{ds}，假设 $\theta(0) = 0$。

感应电机有两套电路，一套代表定子绕组，另一套代表转子绕组。如第 4 章所述，表示定子绕组的电压方程可以写成

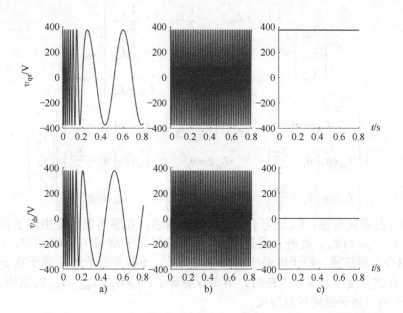

图 10-1　a）任意参考坐标系中 q 轴和 d 轴上的电压波形，当 0 渐变到
$\omega = 360\,\text{rad/s}$，b）$\omega$ 恒定并形成静止参考坐标系，即 $\omega = 0$，c）ω 恒定
形成同步旋转参考坐标系，$\omega = \omega_e = 337\,\text{rad/s}$

$$\begin{bmatrix} v_{\text{as}} \\ v_{\text{bs}} \\ v_{\text{cs}} \end{bmatrix} = \begin{bmatrix} R_{\text{s}} & 0 & 0 \\ 0 & R_{\text{s}} & 0 \\ 0 & 0 & R_{\text{s}} \end{bmatrix} \begin{bmatrix} i_{\text{as}} \\ i_{\text{bs}} \\ i_{\text{cs}} \end{bmatrix} + \frac{\text{d}}{\text{d}t} \begin{bmatrix} \lambda_{\text{as}} \\ \lambda_{\text{bs}} \\ \lambda_{\text{cs}} \end{bmatrix} \tag{10-2}$$

式中，R_{s} 是定子绕组各相中的集总电阻；λ_{ks}（k 为 a、b 和 c）是定子绕组各相中的磁链。

尽管感应电机中的转子可以是绕线转子或笼型转子，但两种转子结构都可以像三相电路一样进行电气建模，因为两种转子结构都可以产生相似的旋转磁场。笼型结构中的转子棒通过转子端环短路。可写出下面的方程式：

$$\begin{bmatrix} 0 \\ 0 \\ 0 \end{bmatrix} = \begin{bmatrix} R'_{\text{r}} & 0 & 0 \\ 0 & R'_{\text{r}} & 0 \\ 0 & 0 & R'_{\text{r}} \end{bmatrix} \begin{bmatrix} i'_{\text{ar}} \\ i'_{\text{br}} \\ i'_{\text{cr}} \end{bmatrix} + \frac{\text{d}}{\text{d}t} \begin{bmatrix} \lambda_{\text{as}} \\ \lambda_{\text{bs}} \\ \lambda_{\text{cs}} \end{bmatrix} \tag{10-3}$$

式中，R_{r} 为转子电路各相中的集总转子电阻；λ_{kr}（k 为 a、b 和 c）为转子磁链。请注意，转子变量均参考定子侧，即 $R'_{\text{r}} = (N_{\text{s}}/N_{\text{r}})^2 R_{\text{r}}$，$i'_{\text{ar}} = (N_{\text{r}}/N_{\text{s}}) i_{\text{ar}}$，$\lambda'_{\text{kr}} = (N_{\text{s}}/N_{\text{r}})\lambda_{\text{kr}}$，其中 N_{s} 和 N_{r} 分别是定子绕组和转子绕组每相的匝数。定子磁链可以写成定子和转子磁通之和，即 $\lambda^{\text{s}}_{\text{abc}} = \lambda^{\text{ss}}_{\text{abc}} + \lambda^{\text{sr}}_{\text{abc}}$，因此可以重新列出矩阵方程有

$$\begin{bmatrix} \lambda_{as} \\ \lambda_{bs} \\ \lambda_{cs} \end{bmatrix} = \begin{bmatrix} L_{\ell s} + L_m & -\dfrac{1}{2}L_m & -\dfrac{1}{2}L_m \\ -\dfrac{1}{2}L_m & L_{\ell s} + L_m & -\dfrac{1}{2}L_m \\ -\dfrac{1}{2}L_m & -\dfrac{1}{2}L_m & L_{\ell s} + L_m \end{bmatrix} \begin{bmatrix} i_{as} \\ i_{bs} \\ i_{cs} \end{bmatrix}$$

$$+ \begin{bmatrix} L_m\cos\theta_r & L_m\cos\left(\theta_r + \dfrac{2\pi}{3}\right) & L_m\cos\left(\theta_r - \dfrac{2\pi}{3}\right) \\ L_m\cos\left(\theta_r - \dfrac{2\pi}{3}\right) & L_m\cos\theta_r & L_m\cos\left(\theta_r + \dfrac{2\pi}{3}\right) \\ L_m\cos\left(\theta_r + \dfrac{2\pi}{3}\right) & L_m\cos\left(\theta_r - \dfrac{2\pi}{3}\right) & L_m\cos\theta_r \end{bmatrix} \begin{bmatrix} i'_{ar} \\ i'_{br} \\ i'_{cr} \end{bmatrix} \tag{10-4}$$

式中，L_m 是磁化电感；$L_{\ell s}$ 是定子绕组各相的漏感；互感是电角度中转子位置的函数，即 $\theta_r = (p/2)\theta_m$。此外，系数（$-1/2$）来自定子绕组的 120°相移，$\cos(2\pi/3) = -1/2$。请注意，转子电路中的磁化电感 L_{mr}（参考定子侧）等于定子磁化电感 L_m。在建立变压器等效电路时，第 3 章解释了 $(N_s/N_r)^2 L_{mr} = L_m$ 的原因。因此，参考定子侧的转子磁链可以写成

$$\begin{bmatrix} \lambda'_{ar} \\ \lambda'_{br} \\ \lambda'_{cr} \end{bmatrix} = \begin{bmatrix} L'_{\ell r} + L_m & -\dfrac{1}{2}L_m & -\dfrac{1}{2}L_m \\ -\dfrac{1}{2}L_m & L'_{\ell r} + L_m & -\dfrac{1}{2}L_m \\ -\dfrac{1}{2}L_m & -\dfrac{1}{2}L_m & L'_{\ell r} + L_m \end{bmatrix} \begin{bmatrix} i'_{ar} \\ i'_{br} \\ i'_{cr} \end{bmatrix}$$

$$+ \begin{bmatrix} L_m\cos\theta_r & L_m\cos\left(\theta_r - \dfrac{2\pi}{3}\right) & L_m\cos\left(\theta_r + \dfrac{2\pi}{3}\right) \\ L_m\cos\left(\theta_r + \dfrac{2\pi}{3}\right) & L_m\cos\theta_r & L_m\cos\left(\theta_r - \dfrac{2\pi}{3}\right) \\ L_m\cos\left(\theta_r - \dfrac{2\pi}{3}\right) & L_m\cos\left(\theta_r + \dfrac{2\pi}{3}\right) & L_m\cos\theta_r \end{bmatrix} \begin{bmatrix} i_{as} \\ i_{bs} \\ i_{cs} \end{bmatrix} \tag{10-5}$$

可以看出，式（10-4）和式（10-5）中的互感矩阵是彼此的转置矩阵，但当转子电流和磁链参考定子侧时，它们的分量具有相同的幅值。如果将定子和转子变量转换为以转子速度旋转的参考坐标系，则定子 – 转子互感与转子位置无关。

10.1.1 $dq0$ 参考坐标系中笼型感应电机模型

应用第 2 章中定义的 $dq0$ 变换，旋转参考坐标系中的变换矩阵 T_θ 可写成

$$T_\theta = \frac{2}{3} \begin{bmatrix} \cos\theta & \cos\left(\theta - \dfrac{2\pi}{3}\right) & \cos\left(\theta + \dfrac{2\pi}{3}\right) \\ \sin\theta & \sin\left(\theta - \dfrac{2\pi}{3}\right) & \sin\left(\theta + \dfrac{2\pi}{3}\right) \\ \dfrac{1}{2} & \dfrac{1}{2} & \dfrac{1}{2} \end{bmatrix} \tag{10-6}$$

将式（10-2）中给出的定子绕组电压方程从 abc 坐标系转换为 $dq0$ 坐标系，得到

$$
\begin{bmatrix} v_{qs} \\ v_{ds} \\ v_{0s} \end{bmatrix} = T_\theta \begin{bmatrix} R_s & 0 & 0 \\ 0 & R_s & 0 \\ 0 & 0 & R_s \end{bmatrix} T_\theta^{-1} \begin{bmatrix} i_{qs} \\ i_{ds} \\ i_{0s} \end{bmatrix} + T_\theta \frac{d}{dt} \left\{ T_\theta^{-1} \begin{bmatrix} \lambda_{qs} \\ \lambda_{ds} \\ \lambda_{0s} \end{bmatrix} \right\}
\tag{10-7}
$$

第 2 章中还定义了 T_θ^{-1} 矩阵，这个方程式可以改写为

$$
\begin{bmatrix} v_{qs} \\ v_{ds} \\ v_{0s} \end{bmatrix} = T_\theta \begin{bmatrix} R_s & 0 & 0 \\ 0 & R_s & 0 \\ 0 & 0 & R_s \end{bmatrix} T_\theta^{-1} \begin{bmatrix} i_{qs} \\ i_{ds} \\ i_{0s} \end{bmatrix} + T_\theta \frac{dT_\theta^{-1}}{dt} \begin{bmatrix} \lambda_{qs} \\ \lambda_{ds} \\ \lambda_{0s} \end{bmatrix} + T_\theta T_\theta^{-1} \frac{d}{dt} \begin{bmatrix} \lambda_{qs} \\ \lambda_{ds} \\ \lambda_{0s} \end{bmatrix}
\tag{10-8}
$$

注意到 $T_\theta T_\theta^{-1}$ 是一个单位矩阵，并且 $d(T_\theta^{-1})/dt$ 计算如下：

$$
\frac{d}{dt} T_\theta^{-1} = \omega \begin{bmatrix} -\sin\theta & \cos\theta & 0 \\ -\sin\left(\theta - \dfrac{2\pi}{3}\right) & \cos\left(\theta - \dfrac{2\pi}{3}\right) & 0 \\ -\sin\left(\theta + \dfrac{2\pi}{3}\right) & \cos\left(\theta + \dfrac{2\pi}{3}\right) & 0 \end{bmatrix}
\tag{10-9}
$$

式中，$\omega = d\theta/dt$ 为任意旋转参考坐标系的速度。使用附录 A 中的三角恒等式，$\cos\alpha\cos\beta + \cos(\alpha - 2\pi/3)\cos(\beta - 2\pi/3) + \cos(\alpha - 4\pi/3)\cos(\beta - 4\pi/3) = (3/2)\cos(\alpha - \beta)$，$T_\theta d(T_\theta^{-1})/dt$ 简化为

$$
T_\theta \frac{dT_\theta^{-1}}{dt} = \begin{bmatrix} 0 & \omega & 0 \\ -\omega & 0 & 0 \\ 0 & 0 & 0 \end{bmatrix}
\tag{10-10}
$$

将式（10-10）代入式（10-8）得到

$$
\begin{bmatrix} v_{qs} \\ v_{ds} \\ v_{0s} \end{bmatrix} = \begin{bmatrix} R_s & 0 & 0 \\ 0 & R_s & 0 \\ 0 & 0 & R_s \end{bmatrix} \begin{bmatrix} i_{qs} \\ i_{ds} \\ i_{0s} \end{bmatrix} + \begin{bmatrix} 0 & \omega & 0 \\ -\omega & 0 & 0 \\ 0 & 0 & 0 \end{bmatrix} \begin{bmatrix} \lambda_{qs} \\ \lambda_{ds} \\ \lambda_{0s} \end{bmatrix} + \frac{d}{dt} \begin{bmatrix} \lambda_{qs} \\ \lambda_{ds} \\ \lambda_{0s} \end{bmatrix}
\tag{10-11}
$$

对于式（10-3）中给出的转子方程，可以遵循相同的步骤，可得

$$
\begin{bmatrix} 0 \\ 0 \\ 0 \end{bmatrix} = T_{(\theta - \theta_r)} \begin{bmatrix} R_r' & 0 & 0 \\ 0 & R_r' & 0 \\ 0 & 0 & R_r' \end{bmatrix} T_{(\theta - \theta_r)}^{-1} \begin{bmatrix} i_{qr}' \\ i_{dr}' \\ i_{0r}' \end{bmatrix} +
$$

$$
T_{(\theta - \theta_r)} \frac{d}{dt} \left\{ T_{(\theta - \theta_r)}^{-1} \begin{bmatrix} \lambda_{qr}' \\ \lambda_{dr}' \\ \lambda_{0r}' \end{bmatrix} \right\}
\tag{10-12}
$$

同样，对于转子相关量，$dq0$ 变换矩阵中的角度 θ 必须替换为 $\theta - \theta_r$，如图 10-2 所示，这样得到

$$
\begin{bmatrix} 0 \\ 0 \\ 0 \end{bmatrix} = \begin{bmatrix} R'_r & 0 & 0 \\ 0 & R'_r & 0 \\ 0 & 0 & R'_r \end{bmatrix} \begin{bmatrix} i'_{qr} \\ i'_{dr} \\ i'_{0r} \end{bmatrix} + \begin{bmatrix} 0 & (\omega - \omega_r) & 0 \\ -(\omega - \omega_r) & 0 & 0 \\ 0 & 0 & 0 \end{bmatrix} \begin{bmatrix} \lambda'_{qr} \\ \lambda'_{dr} \\ \lambda'_{0r} \end{bmatrix}
$$

$$
+ \frac{\mathrm{d}}{\mathrm{d}t} \begin{bmatrix} \lambda'_{qr} \\ \lambda'_{dr} \\ \lambda'_{0r} \end{bmatrix} \tag{10-13}
$$

式中，$\omega_r = (p/2)\omega_m$ 是以电气 rad/s 为单位的转子速度。

式（10-4）和式（10-5）中给出的定子和转子磁链方程也可以转换到 $dq0$ 参考坐标系。将定子绕组中的磁通量转换为 $dq0$ 参考坐标系，如下所示：

$$
T_\theta^{-1} \lambda_{dq0}^s = L_{ss} T_\theta^{-1} i_{dq0}^s + L_{sr} T_{(\theta - \theta_r)}^{-1} i_{qd0}^r \tag{10-14}
$$

简化为

$$
\lambda_{dq0}^s = (T_\theta L_{ss} T_\theta^{-1}) i_{dq0}^s + (T_\theta L_{sr} T_{(\theta - \theta_r)}^{-1}) i_{qd0}^r \tag{10-15}
$$

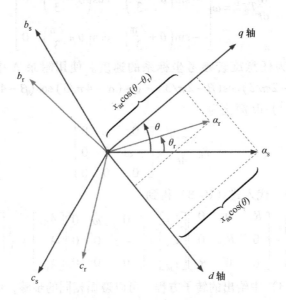

图 10-2　将定子和转子相关量从 abc 参考坐标系转换到 $dq0$ 参考坐标系

这可以扩展为

$$
\begin{bmatrix} \lambda_{qs} \\ \lambda_{ds} \\ \lambda_{0s} \end{bmatrix} = T_\theta \begin{bmatrix} L_{\ell s} + L_m & -\dfrac{1}{2}L_m & -\dfrac{1}{2}L_m \\ -\dfrac{1}{2}L_m & L_{\ell s} + L_m & -\dfrac{1}{2}L_m \\ -\dfrac{1}{2}L_m & -\dfrac{1}{2}L_m & L_{\ell s} + L_m \end{bmatrix} T_\theta^{-1} \begin{bmatrix} i_{qs} \\ i_{ds} \\ i_{0s} \end{bmatrix} +
$$

$$T_\theta \begin{bmatrix} L_m\cos\theta_r & L_m\cos\left(\theta_r+\dfrac{2\pi}{3}\right) & L_m\cos\left(\theta_r-\dfrac{2\pi}{3}\right) \\ L_m\cos\left(\theta_r-\dfrac{2\pi}{3}\right) & L_m\cos\theta_r & L_m\cos\left(\theta_r+\dfrac{2\pi}{3}\right) \\ L_m\cos\left(\theta_r+\dfrac{2\pi}{3}\right) & L_m\cos\left(\theta_r-\dfrac{2\pi}{3}\right) & L_m\cos\theta_r \end{bmatrix} T_{(\theta-\theta_r)}^{-1} \begin{bmatrix} i'_{qr} \\ i'_{dr} \\ i'_{0r} \end{bmatrix} \quad (10\text{-}16)$$

式中，L_m 是每个定子绕组的磁化电感。同样，使用附录 A 中的三角恒等式，式（10-16）简化为

$$\begin{bmatrix} \lambda_{qs} \\ \lambda_{ds} \\ \lambda_{0s} \end{bmatrix} = \begin{bmatrix} L_{\ell s}+L_M & 0 & 0 \\ 0 & L_{\ell s}+L_M & 0 \\ 0 & 0 & L_{\ell s} \end{bmatrix} \begin{bmatrix} i_{qs} \\ i_{ds} \\ i_{c0} \end{bmatrix} + \begin{bmatrix} L_M & 0 & 0 \\ 0 & L_M & 0 \\ 0 & 0 & 0 \end{bmatrix} \begin{bmatrix} i'_{qr} \\ i'_{dr} \\ i'_{0r} \end{bmatrix} \quad (10\text{-}17)$$

式中，$L_M = (3/2)L_m$，L_M 也是感应电机 T 型等效电路中定义的磁化电感，如第 4 章所述。在 $dq0$ 参考坐标系中，定子自感系数定义为 $L_s = L_{\ell s}+L_M$。

同样，转子磁链方程也可以转换为 $dq0$ 参考坐标系，如下所示：

$$\begin{bmatrix} \lambda'_{qr} \\ \lambda'_{dr} \\ \lambda'_{0r} \end{bmatrix} = T_{(\theta-\theta_r)} \begin{bmatrix} L'_{\ell r}+L_m & -\dfrac{1}{2}L_m & -\dfrac{1}{2}L_m \\ -\dfrac{1}{2}L_m & L'_{\ell r}+L_m & -\dfrac{1}{2}L_m \\ -\dfrac{1}{2}L_m & -\dfrac{1}{2}L_m & L'_{\ell r}+L_m \end{bmatrix} T_{(\theta-\theta_r)}^{-1} \begin{bmatrix} i'_{qr} \\ i'_{dr} \\ i'_{0r} \end{bmatrix}$$

$$+ T_{(\theta-\theta_r)} \begin{bmatrix} L_m\cos\theta_r & L_m\cos\left(\theta_r+\dfrac{2\pi}{3}\right) & L_m\cos\left(\theta_r-\dfrac{2\pi}{3}\right) \\ L_m\cos\left(\theta_r-\dfrac{2\pi}{3}\right) & L_m\cos\theta_r & L_m\cos\left(\theta_r+\dfrac{2\pi}{3}\right) \\ L_m\cos\left(\theta_r+\dfrac{2\pi}{3}\right) & L_m\cos\left(\theta_r-\dfrac{2\pi}{3}\right) & L_m\cos\theta_r \end{bmatrix} T_{\theta}^{-1} \begin{bmatrix} i_{qs} \\ i_{ds} \\ i_{0s} \end{bmatrix}$$

$$(10\text{-}18)$$

使用三角恒等式，式（10-18）可简化为

$$\begin{bmatrix} \lambda'_{qr} \\ \lambda'_{dr} \\ \lambda'_{0r} \end{bmatrix} = \begin{bmatrix} L'_{\ell r}+L_M & 0 & 0 \\ 0 & L'_{\ell r}+L_M & 0 \\ 0 & 0 & L'_{\ell r} \end{bmatrix} \begin{bmatrix} i'_{qr} \\ i'_{dr} \\ i'_{0r} \end{bmatrix} + \begin{bmatrix} L_M & 0 & 0 \\ 0 & L_M & 0 \\ 0 & 0 & 0 \end{bmatrix} \begin{bmatrix} i_{qs} \\ i_{ds} \\ i_{0s} \end{bmatrix} \quad (10\text{-}19)$$

请注意，参考定子侧的转子自感定义为 $L'_r = L'_{\ell r}+L_M$。

10.1.2 dq 坐标系中感应电机框图

对于平衡三相电机，可以忽略 0 轴方程。因此，笼型异步电机的动力学模型可以用四个微分方程和四个代数方程来描述。定子绕组的微分方程可以写成

$$\begin{cases} v_{qs} = R_s i_{qs} + \dfrac{d\lambda_{qs}}{dt} + \omega\lambda_{ds} \\[3mm] v_{ds} = R_s i_{ds} + \dfrac{d\lambda_{ds}}{dt} - \omega\lambda_{qs} \end{cases} \tag{10-20}$$

式中，ω 是 dq 坐标系的角速度。类似地，转子绕组的微分方程可以写成

$$\begin{cases} R_r' i_{qr}' + \dfrac{d\lambda_{qr}'}{dt} + (\omega - \omega_r)\lambda_{dr}' = 0 \\[3mm] R_r' i_{dr}' + \dfrac{d\lambda_{dr}'}{dt} - (\omega - \omega_r)\lambda_{qr}' = 0 \end{cases} \tag{10-21}$$

定子磁链方程也可以转换为 dq 坐标系，如下所示：

$$\begin{cases} \lambda_{qs} = L_s i_{qs} + L_M i_{qr}' \\[2mm] \lambda_{ds} = L_s i_{ds} + L_M i_{dr}' \end{cases} \tag{10-22}$$

式中，L_M 为互感；L_s 为定子自感。同样，转子磁链方程也可以表示为

$$\begin{cases} \lambda_{qr}' = L_r' i_{qr}' + L_M i_{qs} \\[2mm] \lambda_{dr}' = L_r' i_{dr}' + L_M i_{ds} \end{cases} \tag{10-23}$$

式中，L_r' 是转子自感。式（10-22）和式（10-23）可以组合并以矩阵形式重写，如下所示：

$$\begin{bmatrix} \lambda_{qs} \\ \lambda_{ds} \\ \lambda_{qr}' \\ \lambda_{dr}' \end{bmatrix} = \begin{bmatrix} L_s & 0 & L_M & 0 \\ 0 & L_s & 0 & L_M \\ L_M & 0 & L_r' & 0 \\ 0 & L_M & 0 & L_r' \end{bmatrix} \begin{bmatrix} i_{qs} \\ i_{ds} \\ i_{qr}' \\ i_{dr}' \end{bmatrix} \tag{10-24}$$

式（10-20）~式（10-24）组成了感应电机的动态模型，其中定子和转子磁链 λ_{qs}、λ_{ds}、λ_{qr}' 和 λ_{dr}' 是状态变量（见图 10-3）。在该模型中，假设转子转速为常数。为了包含转子速度动态特性，还必须对运动方程进行建模，如下节所述。

例 10.2

三相 30hp、460V、60Hz、4 极笼型感应电机电路的参数为，$R_s = 0.2\Omega$、$L_{\ell s} = 1.4\text{mH}$，$L_M = (3 \div 2) \times 33.34 = 50\text{mH}$，$L_r' = 1.4\text{mH}$ 和 $R_r' = 0.52\Omega$。如果转子速度为 1773.4r/min，（a）使用第 4 章中给出的 T 型等效电路计算定子线电流，（b）使用图 10-3 在同步旋转参考坐标系对电机进行仿真，并求得定子线电流。

根据第 4 章中给出的 T 型等效电路，当转子转差率 $s = (1800 - 1773.4) \div 1800 = 0.01478$，$a = L_M / (L_M + L_{\ell s}) = 0.9728$ 时，转子 RMS 电流由以下公式获得：

$$I_r' = \frac{aV_s}{\left(aR_s + \dfrac{R_r'}{s}\right) + \text{j}(aX_{\ell s} + X_{\ell r}')} \tag{10-25}$$

$$= \frac{258.35\angle 0}{35.38 + \text{j}1.04} = 7.3 \angle -1.69°\text{A}$$

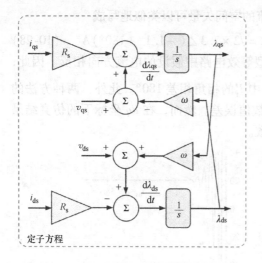

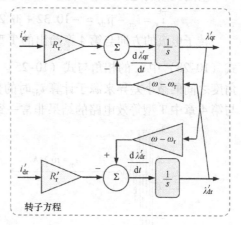

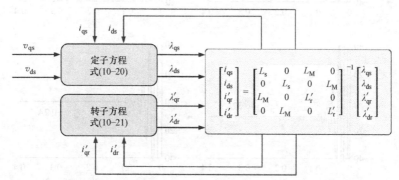

图 10-3 感应电机定子和转子电路的动态模型，其中 λ_{qs}、λ_{ds}、λ'_{qr} 和
λ'_{dr} 是固定转子速度 $\omega_r = (p/2)\omega_m$ 下的状态变量

利用电流分配规则，定子线电流为

$$I_s = \frac{jX_M + \left(\dfrac{R'_r}{s} + jX'_{\ell r}\right)}{jX_M} I'_r = \frac{35.19 + j19.38}{j18.85}(7.3 \angle -1.69°) =$$

$$15.55 \angle -62.84°\text{A} \tag{10-26}$$

假设微分方程的初始条件为零，转子转速为 1773r/min，使用图 10-3 中的框图对电机进行仿真，结果如图 10-4 所示。由于假设固定速度，这些图中显示的初始瞬态不是物理（真实）瞬态。在该仿真中，$v_{qs} = \sqrt{2} \times (460 \div \sqrt{3})$，$v_{ds} = 0$，$\omega_r = (4 \div 2) \times (2\pi \times 1773.4 \div 60) = 371.42\text{rad/s}$，在同步旋转的参考坐标系下，$\omega = \omega_e = 2\pi \times 60 = 377\text{rad/s}$。根据图 10-4 中给出的电流稳态值，可以写出定子空间矢量如下：

$$\vec{i}_s = i_{qs} - ji_{ds} = 10.24 - j19.47 = \sqrt{2} \times 15.55 \angle -62.26°\text{A} \tag{10-27}$$

空间矢量的定义见第 2 章。转子电流的空间矢量可以类似地写成

$$\vec{i}_r = i_{qr} - ji_{dr} = -10.32 + j0.2 = \sqrt{2} \times 7.3 \angle (-1.1° + 180°) \, A \qquad (10\text{-}28)$$

转子电流的方向与第 4 章给出的 T 型等效电路中假设的电流方向相反。因此，式（10-28）中 $\vec{i}_r$ 的相角与式（10-25）中 I'_r 的相角相差 180°。此外，两种方法的角度之间的微小差异来源于计算 i_{dr} 时的数值误差。然而，在 dq 坐标下的仿真结果与第 4 章中 T 型等效电路的结果非常一致。

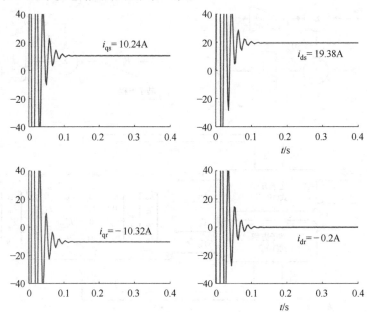

图 10-4　例 10-2 中给出的感应电机定子和转子电路的仿真结果

10.1.3　dq 坐标系中感应电机的转矩表达式

在以下方程式中，推导了感应电机 dq 坐标系中的转矩表达式，然后将转子转速作为状态变量添加到图 10-3 中的动态模型中。三相感应电机定子端的瞬时功率可以简单地表示为

$$P_s = v_{as}i_{as} + v_{bs}i_{bs} + v_{cs}i_{cs} \qquad (10\text{-}29)$$

该方程可以用矩阵形式重写，如下所示：

$$P_s = v_{abcs}^T i_{abcs} \qquad (10\text{-}30)$$

可转换为 $dq0$ 参考坐标系，如下所示：

$$P_s = (T_\theta^{-1} v_{dq0})^T (T_\theta^{-1} i_{dq0}) = v_{dq0}^T ((T_\theta^{-1})^T T_\theta^{-1}) i_{dq0} \qquad (10\text{-}31)$$

式中括号中的项，即 $(T_\theta^{-1})^T T_\theta^{-1}$，可表示为

$$(T_\theta^{-1})^T T_\theta^{-1} = \frac{3}{2} \begin{bmatrix} 1 & 0 & 0 \\ 0 & 1 & 0 \\ 0 & 0 & 2 \end{bmatrix} \qquad (10\text{-}32)$$

在完全对称系统中，0 轴分量为零，因此，dq 坐标系中式（10-29）表示为

$$P_s = \frac{3}{2}(v_{qs}i_{qs} + v_{ds}i_{ds}) \tag{10-33}$$

将式（10-20）中的电压方程中的 v_{qs} 和 v_{ds} 代入式（10-33），可得

$$P_s = \frac{3}{2}\left(\left(\frac{d\lambda_{qs}}{dt} + R_s i_{qs} + \omega\lambda_{ds}\right)i_{qs} + \left(\frac{d\lambda_{ds}}{dt} + R_s i_{qs} - \omega\lambda_{qs}\right)i_{ds}\right) \tag{10-34}$$

重新排列为

$$P_s = \frac{3}{2}(R_s i_{qs}^2 + R_s i_{ds}^2) + \frac{3}{2}\left(\frac{d\lambda_{qs}}{dt}i_{qs} + \frac{d\lambda_{ds}}{dt}i_{ds}\right)$$

$$+ \frac{3}{2}(\omega\lambda_{ds}i_{qs} - \omega\lambda_{qs}i_{ds}) \tag{10-35}$$

传输至电机的功率 P_s 可分为三项。第一项表示定子绕组中的功耗，第二项是 q 轴和 d 轴磁通分量中的瞬态功率，第三项是从定子到转子传输的功率。因此，电磁功率为

$$P_{em} = \frac{3}{2}(\omega\lambda_{ds}i_{qs} - \omega\lambda_{qs}i_{ds}) \tag{10-36}$$

无论参考坐标系速度如何，该方程均有效。假设 $\omega = \omega_r = (p/2)\omega_m$，所产生的电磁转矩 T_e 通过以下公式计算：

$$T_e = \frac{P_{em}}{\omega_m} = \frac{3}{2}\frac{p}{2}(\lambda_{ds}i_{qs} - \lambda_{qs}i_{ds}) \tag{10-37}$$

将式（10-22）中定子磁链方程中的 λ_{qs} 和 λ_{ds} 代入式（10-37）中，可得

$$T_e = \frac{3}{2}\frac{p}{2}((L_s i_{ds} + L_M i'_{dr})i_{qs} - (L_s i_{qs} + L_M i'_{qr})i_{ds}) \tag{10-38}$$

化简为

$$T_e = \frac{3}{2}\frac{p}{2}L_M(i_{qs}i'_{dr} - i_{ds}i'_{qr}) \tag{10-39}$$

转矩表达式有几种形式，式（10-37）和式（10-39）是 dq 坐标系中的两种不同转矩表达式。除了图 10-3 所示的电压和磁链方程外，还需要添加运动方程，以全面模拟感应电机的动态（见图 10-5）。

$$J\frac{d\omega_m}{dt} = T_e - T_L \tag{10-40}$$

式中，J 是转子轴的连接机械负载的惯量，单位为 kg·m^2；T_L 是负载转矩，单位为 Nm。

例 10.3

对于例 10.2 中的同一电机，如果转子轴上的负载转矩为 30.2Nm，（a）使用第 4 章中给出的方程计算转子速度和转矩，（b）当 dq 参考坐标系固定为转子速度时，即 $\omega = \omega_r$。使用图 10-5 对电机进行仿真，当 $J = 1.12$kg·m^2 时，并绘制电流

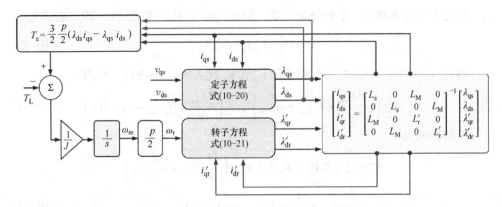

图 10-5　感应电机的动态模型，其中 λ_{qs}、λ_{ds}、λ'_{qr}、λ'_{dr} 和转子速度 ω_m 是状态变量

波形、转子转速和转矩曲线。

根据第 4 章中感应电机的转矩方程，可以使用以下方程求解 R'_r/s：

$$\left(\frac{R'_r}{s}\right)^2 - \frac{3a^2 V_s^2}{T\omega_s}\left(\frac{R'_r}{s}\right) + (aX_{\ell s} + X'_{\ell r})^2 = 0 \tag{10-41}$$

代入参数得到二次方程，$(R'_r/s)^2 - 35.2(R'_r/s) + 1.08 = 0$，解此方程，得到解为 $R'_r/s = 35.144$，以及 $s = 0.01478$。知道转差率后，负载转矩为 30.2Nm 时的转子速度为 $n_m = (1 - 0.01478) \times 1800 = 1773.4$r/min。

使用图 10-5 可以对电机进行仿真，例如使用 MATLAB/Simulink，然后，可以绘制瞬时转矩和电机转速，如图 10-6 所示。此外，图 10-7 显示了转子参考坐标系中通过起动瞬态的相应电流。参考坐标系固定在转子转速上，因此，图 10-7 所示的电流频率随着转子转速达到稳态转速而降低。为了在此类仿真中获得快速准确的结果，应使用变步长刚性微分方程算法（例如 MATLAB/Simulink 中的 ode23t 算法）求解动态模型。

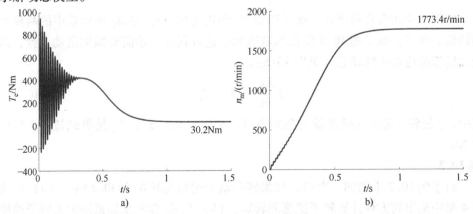

图 10-6　例 10.3 中 4 极感应电机的转矩 a）和速度曲线 b）

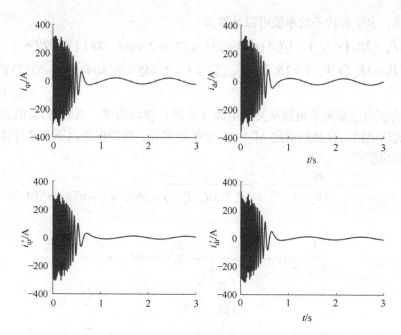

图 10-7　例 10.3 中 4 极感应电机的定子和转子电流波形

例 10.4

对于例 10.3 中给出的相同电机参数，假设电机为绕线转子感应电机。（a）如果参考定子侧的转子端电压为 $V'_r = (46 \div \sqrt{3}) \angle 0$，且转子转速为 1585. 57r/min，计算稳态时的电磁转矩。（b）对于 V'_{LLr}，（1）$0.3 \times 460V$，（2）$0.1 \times 460V$ 和（3）$-0.1 \times 460V$，在 dq 坐标系中仿真固定为转子速度（即 $\omega = \omega_r$）的电机，并绘制转子速度和转矩曲线。

按照第 4 章中描述的步骤，忽略磁心损耗，即 $R_M \approx \infty$，可得

$$\begin{cases} V_s = (R_s + j\omega_e L_s)I_s + (j\omega_e L_M)I'_r \\ V'_r = (js\omega_e L_M)I_s + (R'_r + js\omega_e L'_r)I'_r \end{cases} \tag{10-42}$$

式中，$L_s = L_{\ell s} + L_M$ 且 $L'_r = L'_{\ell r} + L_M$。因此，绕线转子感应电机在稳态下的等效电路如图 10-8 所示。

$$\begin{bmatrix} V_s \\ V'_r/s \end{bmatrix} = \begin{bmatrix} R_s + j\omega_e L_s & j\omega_e L_M \\ j\omega_e L_M & R'_r/s + j\omega_e L'_r \end{bmatrix} \begin{bmatrix} I_s \\ I'_r \end{bmatrix} \tag{10-43}$$

如果转子转速为 1585. 57r/min，则转子转差率计算为 $s = 0.1191$。代入电机参数，参考定子侧的电流可得

$$\begin{bmatrix} I_s \\ I'_r \end{bmatrix} = \begin{bmatrix} 0.3 + j19.377 & j18.8496 \\ j18.8496 & 4.365 + j19.377 \end{bmatrix}^{-1} \begin{bmatrix} 265.581 \\ 222.938 \end{bmatrix}$$

$$= \begin{bmatrix} 7.442 - j14.378 \\ -7.422 + j0.809 \end{bmatrix} A \tag{10-44}$$

然后，定子和转子功率值可以计算为

$$\begin{cases} P_{\mathrm{s}} = 3R_{\mathrm{e}}\{V_{\mathrm{s}}I_{\mathrm{s}}^*\} = 3R_{\mathrm{e}}\{(460 \div \sqrt{3}) \times (7.442 + \mathrm{j}14.378)\} = 5929\mathrm{W} \\ P_{\mathrm{r}} = 3R_{\mathrm{e}}\{V_{\mathrm{r}}'I_{\mathrm{r}}'^*\} = 3R_{\mathrm{e}}\{(46 \div \sqrt{3}) \times (-7.442 - \mathrm{j}0.809)\} = -591.3\mathrm{W} \end{cases}$$

$$(10\text{-}45)$$

P_{s} 为正值表示定子电路从交流电源（电网）吸收功率，而 P_{r} 为负值表示转子将功率送回电网，这必须通过 AC – AC 变换器实现。然后根据以下公式计算产生所需转矩的功率：

$$P_{\mathrm{em}} = \overbrace{(P_{\mathrm{s}} - 3R_{\mathrm{s}}|I_{\mathrm{s}}|^2)}^{P_{\mathrm{sm}}} + \overbrace{(P_{\mathrm{r}} - 3R_{\mathrm{r}}'|I_{\mathrm{r}}'|^2)}^{P_{\mathrm{rm}}} = 5693 + (-678) = 5015\mathrm{W}$$

$$(10\text{-}46)$$

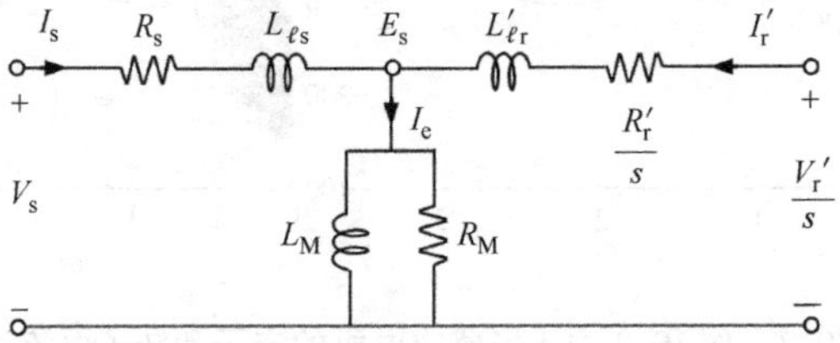

图 10-8　稳态条件下绕线感应电机的每相 T 型等效电路

注意到 $P_{\mathrm{rm}} = sP_{\mathrm{sm}}$，可以写出 $P_{\mathrm{em}} = (1-s)P_{\mathrm{sm}}$。因此，电磁转矩为

$$T_{\mathrm{e}} = \frac{P_{\mathrm{em}}}{\omega_{\mathrm{m}}} = \frac{5015}{2\pi \times (1585.57 \div 60)} = 30.2\mathrm{Nm} \qquad (10\text{-}47)$$

由于忽略了机械损耗，因此产生的电磁转矩与电机的负载转矩完全匹配。

对于本例的第 2 部分，利用第 2 章中定义的 $dq0$ 变换矩阵 T_θ，计算定子 q 轴和 d 轴电压，如下所示：

$$\begin{cases} v_{\mathrm{qs}} = \sqrt{2}\left(\dfrac{V_{\mathrm{LL}}}{\sqrt{3}}\right)\cos(\theta - \theta_{\mathrm{e}}) \\ v_{\mathrm{ds}} = \sqrt{2}\left(\dfrac{V_{\mathrm{LL}}}{\sqrt{3}}\right)\sin(\theta - \theta_{\mathrm{e}}) \end{cases}$$

$$(10\text{-}48)$$

然而，对于转子电路，必须使用 $dq0$ 变换，$T_{(\theta - \theta_{\mathrm{r}})}$，这样得到

$$\begin{cases} v_{\mathrm{qr}}' = \sqrt{2}\left(\dfrac{V_{\mathrm{LLr}}'}{\sqrt{3}}\right)\cos((\theta - \theta_{\mathrm{e}}) - \theta_{\mathrm{er}}) \\ v_{\mathrm{dr}}' = \sqrt{2}\left(\dfrac{V_{\mathrm{LLr}}'}{\sqrt{3}}\right)\sin((\theta - \theta_{\mathrm{e}}) - \theta_{\mathrm{er}}) \end{cases}$$

$$(10\text{-}49)$$

式中，$\theta = \int \omega(t)\mathrm{d}t$ 为任意参考坐标系的角度；$\theta_{\mathrm{e}} = \int \omega_{\mathrm{e}}(t)\mathrm{d}t$ 为定子电压的电角度；$\theta_{\mathrm{er}} = \int \omega_{\mathrm{er}}(t)\mathrm{d}t = \int (\omega_{\mathrm{e}}(t) - \omega_{\mathrm{r}}(t))\mathrm{d}t$ 为转子电压的电角度。如果转子电压给定为

$V'_r = \angle\beta$，则 $\theta_{er} = \beta + \int\omega_{er}(t)\,dt$。图 10-5 仍然适用，但是，式（10-21）必须替换为

$$\begin{cases} R'_r i'_{qr} + \dfrac{d\lambda'_{qr}}{dt} + (\omega - \omega_r)\lambda'_{dr} = v'_{qr} \\[2mm] R'_r i'_{dr} + \dfrac{d\lambda'_{dr}}{dt} - (\omega - \omega_r)\lambda'_{qr} = v'_{dr} \end{cases} \tag{10-50}$$

图 10-9 显示了绕线转子感应电机的定子和转子示意图。图 10-10 给出了所有电压施加在转子端仿真的结果。请注意，采用负极性电源给转子电路供电会推动电机以高于同步速度运行。转矩和速度曲线仅显示了 1.5s，但稳态速度需要在 100s 后才能获得。

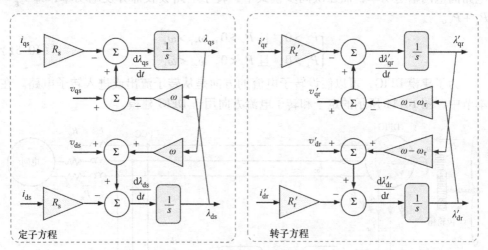

图 10-9 绕线转子感应电机定子和转子电路的动态模型

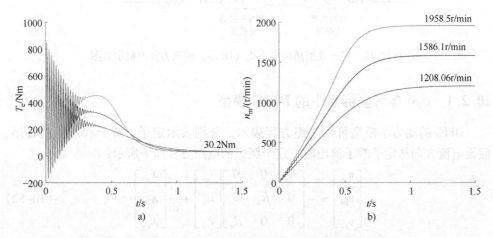

图 10-10 例 10.4 中 4 极感应电机的转矩 a）和速度曲线 b）

10.2　双馈感应发电机的动力学

双馈感应发电机（DFIG）广泛应用于风力发电机中，将风能转化为电能。在DFIG中，定子端直接连接到电网，而转子绕组通过 AC – AC 变换器连接到电网，以控制转矩，进而控制轴速度，以捕获最大可用风能，如第 1 章所述。

在第 4 章已了解到，如果转子速度大于磁场同步速度，$\omega_m > \omega_s$，即转子电路短路，则感应电机作为发电机运行。但是，双馈感应电机可以在超同步（$\omega_m > \omega_s$）和次同步（$\omega_m < \omega_s$）模式下作为发电机运行。DFIG 在超同步模式下从定子和转子电路向电网输送功率，而在次同步模式下，转子电路吸收部分发电功率，即 $P_g = P_s + P_r$。

$$\begin{cases} P_s > 0, \ 且\ P_r > 0, \ \omega_m > \omega_s \\ P_s > 0, \ 且\ P_r < 0, \ \omega_m < \omega_s \end{cases} \tag{10-51}$$

为了建模 DFIG，可以假设转子电流的方向是从转子流出或进入转子电路。在本节中，图 10-11 所示的定子和转子电流方向用于 DFIG 建模。

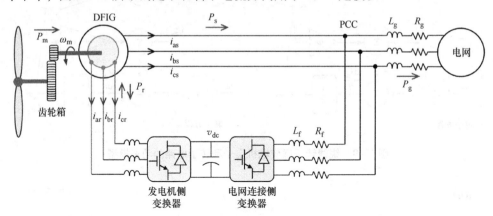

图 10-11　基于双馈感应发电机（DFIG）的风力发电机示意图

10.2.1　$dq0$ 参考坐标系中的 DFIG 模型

DFIG 的动力学模型可用三组方程表示，分别表示定子、转子和产生的转矩。假设电流方向从定子端子流出时，定子绕组的电压方程如下所示：

$$\begin{bmatrix} v_{as} \\ v_{bs} \\ v_{cs} \end{bmatrix} = - \begin{bmatrix} R_s & 0 & 0 \\ 0 & R_s & 0 \\ 0 & 0 & R_s \end{bmatrix} \begin{bmatrix} i_{as} \\ i_{bs} \\ i_{cs} \end{bmatrix} + \frac{d}{dt} \begin{bmatrix} \lambda_{as} \\ \lambda_{bs} \\ \lambda_{cs} \end{bmatrix} \tag{10-52}$$

式中，R_s 是每相定子绕组的电阻；λ_{ks}（k 为 a、b 和 c）是定子磁链，包括定子和

转子效应。类似地，转子绕组方程可写成

$$\begin{bmatrix} v'_{\text{ar}} \\ v'_{\text{br}} \\ v'_{\text{cr}} \end{bmatrix} = - \begin{bmatrix} R'_{\text{r}} & 0 & 0 \\ 0 & R'_{\text{r}} & 0 \\ 0 & 0 & R'_{\text{r}} \end{bmatrix} \begin{bmatrix} i'_{\text{ar}} \\ i'_{\text{br}} \\ i'_{\text{cr}} \end{bmatrix} + \frac{\text{d}}{\text{d}t} \begin{bmatrix} \lambda'_{\text{ar}} \\ \lambda'_{\text{br}} \\ \lambda'_{\text{cr}} \end{bmatrix} \tag{10-53}$$

式中，R_{r} 是每相定子绕组的电阻值；λ_{kr}（k 为 a、b 和 c）是转子磁链。请注意，转子变量参考到定子侧，即 $R'_{\text{r}} = (N_{\text{s}}/N_{\text{r}})^2 R_{\text{r}}$、$i'_{\text{kr}} = (N_{\text{r}}/N_{\text{s}}) i_{\text{kr}}$、$v'_{\text{kr}} = (N_{\text{s}}/N_{\text{r}}) v_{\text{kr}}$、$\lambda'_{\text{kr}} = (N_{\text{s}}/N_{\text{r}}) \lambda_{\text{kr}}$，其中 N_{s} 和 N_{r} 分别是定子和转子绕组中每相的匝数。通常，在 DFIG 中，N_{r} 是 N_{s} 的两到三倍，以降低转子电路和 AC – AC 变换器的工作电流。

对于 DFIG 的方程，可遵循上一节中笼型感应电机相同的数学步骤，将其从 abc 坐标系转换为 $dq0$ 参考坐标系，其中，由于转子电路由 AC – AC 变换器控制，DFIG 中的 v'_{kr}（k 为 a、b 和 c）不为零（见图 10-11）。式（10-52）中的定子方程可转换为以任意速度 ω 旋转的 $dq0$ 参考坐标系，如下所示：

$$\begin{bmatrix} v_{\text{qs}} \\ v_{\text{ds}} \\ v_{\text{0s}} \end{bmatrix} = - \begin{bmatrix} R_{\text{s}} & 0 & 0 \\ 0 & R_{\text{s}} & 0 \\ 0 & 0 & R_{\text{s}} \end{bmatrix} \begin{bmatrix} i_{\text{qs}} \\ i_{\text{ds}} \\ i_{\text{0s}} \end{bmatrix} + \frac{\text{d}}{\text{d}t} \begin{bmatrix} \lambda_{\text{qs}} \\ \lambda_{\text{ds}} \\ \lambda_{\text{0s}} \end{bmatrix} + \begin{bmatrix} 0 & \omega & 0 \\ -\omega & 0 & 0 \\ 0 & 0 & 0 \end{bmatrix} \begin{bmatrix} \lambda_{\text{qs}} \\ \lambda_{\text{ds}} \\ \lambda_{\text{0s}} \end{bmatrix} \tag{10-54}$$

同样，可以写出以下转子绕组方程：

$$\begin{bmatrix} v'_{\text{qr}} \\ v'_{\text{dr}} \\ v'_{\text{0r}} \end{bmatrix} = - \begin{bmatrix} R'_{\text{r}} & 0 & 0 \\ 0 & R'_{\text{r}} & 0 \\ 0 & 0 & R'_{\text{r}} \end{bmatrix} \begin{bmatrix} i'_{\text{qr}} \\ i'_{\text{dr}} \\ i'_{\text{0r}} \end{bmatrix} + \frac{\text{d}}{\text{d}t} \begin{bmatrix} \lambda'_{\text{qr}} \\ \lambda'_{\text{dr}} \\ \lambda'_{\text{0r}} \end{bmatrix}$$

$$+ \begin{bmatrix} 0 & (\omega - \omega_{\text{r}}) & 0 \\ -(\omega - \omega_{\text{r}}) & 0 & 0 \\ 0 & 0 & 0 \end{bmatrix} \begin{bmatrix} \lambda'_{\text{qr}} \\ \lambda'_{\text{dr}} \\ \lambda'_{\text{0r}} \end{bmatrix} \tag{10-55}$$

如前一节所述，通过将所有转子量参考定子侧，简化了转子和定子方程。定子和转子磁链方程也可以转换到 $dq0$ 参考坐标系，如下所示：

$$\begin{bmatrix} \lambda_{\text{qs}} \\ \lambda_{\text{ds}} \\ \lambda_{\text{0s}} \end{bmatrix} = - \begin{bmatrix} L_{\ell\text{s}} + L_{\text{M}} & 0 & 0 \\ 0 & L_{\ell\text{s}} + L_{\text{M}} & 0 \\ 0 & 0 & L_{\ell\text{s}} \end{bmatrix} \begin{bmatrix} i_{\text{qs}} \\ i_{\text{ds}} \\ i_{\text{0s}} \end{bmatrix} - \begin{bmatrix} L_{\text{M}} & 0 & 0 \\ 0 & L_{\text{M}} & 0 \\ 0 & 0 & 0 \end{bmatrix} \begin{bmatrix} i'_{\text{qr}} \\ i'_{\text{dr}} \\ i'_{\text{0r}} \end{bmatrix} \tag{10-56}$$

式中，$L_{\text{M}} = (2/3) L_{\text{m}}$ 是定子和转子 d 轴和 q 轴等效线圈绕组间的互感。类似地，转子磁链方程可转换到 $dq0$ 参考坐标系，如下所示：

$$\begin{bmatrix} \lambda'_{\text{qr}} \\ \lambda'_{\text{dr}} \\ \lambda'_{\text{0r}} \end{bmatrix} = - \begin{bmatrix} L'_{\ell\text{r}} + L_{\text{M}} & 0 & 0 \\ 0 & L'_{\ell\text{r}} + L_{\text{M}} & 0 \\ 0 & 0 & L'_{\ell\text{r}} \end{bmatrix} \begin{bmatrix} i'_{\text{qr}} \\ i'_{\text{dr}} \\ i'_{\text{0r}} \end{bmatrix} - \begin{bmatrix} L_{\text{M}} & 0 & 0 \\ 0 & L_{\text{M}} & 0 \\ 0 & 0 & 0 \end{bmatrix} \begin{bmatrix} i_{\text{qs}} \\ i_{\text{ds}} \\ i_{\text{0s}} \end{bmatrix} \tag{10-57}$$

可以看出，这些方程与前一节中的唯一区别是定子绕组中的电流方向。

10.2.2 DFIG 模型框图

对于平衡系统，只需要确定定子和转子 d 轴和 q 轴方程。因此，DFIG 模型的电气部分可以用四个微分方程和四个代数方程表示。定子绕组的微分方程可以写成

$$\begin{cases} v_{qs} = -R_s i_{qs} + \dfrac{d\lambda_{qs}}{dt} + \omega\lambda_{ds} \\[3mm] v_{ds} = -R_s i_{ds} + \dfrac{d\lambda_{ds}}{dt} - \omega\lambda_{qs} \end{cases} \tag{10-58}$$

式中，R_s 是定子每相绕组电阻；ω 是以电气角频率 rad/s 表示的 dq 坐标系角速度。类似地，转子绕组的微分方程可写成

$$\begin{cases} v'_{qr} = -R'_r i'_{qr} + \dfrac{d\lambda'_{qr}}{dt} + (\omega - \omega_r)\lambda'_{dr} \\[3mm] v'_{dr} = -R'_r i'_{dr} + \dfrac{d\lambda'_{dr}}{dt} - (\omega - \omega_r)\lambda'_{qr} \end{cases} \tag{10-59}$$

式中，ω_r 是以电气角频率 rad/s 为单位的转子速度。定子磁链方程也可转换到 dq 坐标系，如下所示：

$$\begin{cases} \lambda_{qs} = -L_s i_{qs} - L_M i'_{qr} \\[2mm] \lambda_{ds} = -L_s i_{ds} - L_M i'_{dr} \end{cases} \tag{10-60}$$

类似地，转子磁链方程可以写成

$$\begin{cases} \lambda'_{qr} = -L'_r i'_{qr} - L_M i_{qs} \\[2mm] \lambda'_{dr} = -L'_r i'_{dr} - L_M i_{ds} \end{cases} \tag{10-61}$$

定子电压 v_{qs} 和 v_{ds} 由电网确定，转子电流 i_{qr} 和 i_{dr} 由图 10-11 所示的 AC – AC 变换器控制。转矩表达式将在以下小节中推导。

10.2.3 dq 坐标系中 DFIG 的电气转矩表达式

本节介绍了 DFIG 的转矩表达式，先考虑定子和转子的功率方程。如第 2 章所述，DFIG 定子在 dq 坐标系中产生的功率可计算为

$$P_s = \frac{3}{2}(v_{qs} i_{qs} + v_{ds} i_{ds}) \tag{10-62}$$

类似地，转子端的转子功率 P_r 可通过下式获得：

$$P_r = \frac{3}{2}(v'_{qr} i'_{qr} + v'_{dr} i'_{dr}) \tag{10-63}$$

这意味着从定子和转子电路传输到电网的总功率为

$$P_e = P_s + P_r = \frac{3}{2}(v_{qs} i_{qs} + v_{ds} i_{ds}) + \frac{3}{2}(v'_{qr} i'_{qr} + v'_{dr} i'_{dr}) \tag{10-64}$$

将式（10-58）和式（10-59）中的电压 v_{qs}、v_{ds} 和 v'_{qr}、v'_{dr} 代入式（10-64）得到

$$P_e = \frac{3}{2}(-R_s i_{qs}^2 - R_s i_{ds}^2 - R_r' i_{qr}'^2 - R_r' i_{dr}'^2) +$$

$$\frac{3}{2}\left(\frac{d\lambda_{qs}}{dt}i_{qs} + \frac{d\lambda_{ds}}{dt}i_{ds} + \frac{d\lambda_{qr}'}{dt}i_{qr}' + \frac{d\lambda_{dr}'}{dt}i_{dr}'\right) +$$

$$\frac{3}{2}(\omega\lambda_{ds}i_{qs} - \omega\lambda_{qs}i_{ds} + (\omega-\omega_r)\lambda_{dr}'i_{qr}' - (\omega-\omega_r)\lambda_{qr}'i_{dr}') \qquad (10\text{-}65)$$

如感应电动机中所分析的，第三项为机械到电气的功率转换。因此，电磁功率为

$$P_{em} = \frac{3}{2}(\omega\lambda_{ds}i_{qs} - \omega\lambda_{qs}i_{ds} + (\omega-\omega_r)\lambda_{dr}'i_{qr}' - (\omega-\omega_r)\lambda_{qr}'i_{dr}') \qquad (10\text{-}66)$$

该方程适用于角速度为 ω 的任意旋转参考坐标系。因此，该方程也适用于 $\omega = \omega_r$，这意味着

$$P_{em} = \frac{3}{2}\omega_r(\lambda_{ds}i_{qs} - \lambda_{qs}i_{ds}) \qquad (10\text{-}67)$$

类似地，如感应电机中所分析的，DFIG 中的电磁转矩可表示为

$$T_e = \frac{3}{2}\frac{p}{2}(\lambda_{ds}i_{qs} - \lambda_{qs}i_{ds}) \qquad (10\text{-}68)$$

值得注意的是，转矩表达式与感应电机推导的方程式相同，只是转子电路通常短路。然而，磁通表达式中涉及转子回路对所产生转矩的影响。将式（10-60）中的 λ_{ds}、λ_{qs} 代入式（10-68）可得

$$T_e = \frac{3}{2}\frac{p}{2}L_M(i_{qs}i_{dr}' - i_{ds}i_{qr}') \qquad (10\text{-}69)$$

发电机中的转矩和磁通量可通过调节 i_{dr} 和 i_{qr} 独立控制。同样，如第 11 章所述，通过调节电机驱动系统中的 i_{qs} 和 i_{ds}，可以独立控制这些量。除了电压和磁通量外，还需要添加运动方程以完全模拟 DFIG 的动态（见图 10-12）。

$$J\frac{d\omega_m}{dt} = T_m - T_e \qquad (10\text{-}70)$$

式中，J 是转子和轴的惯量，单位为 $kg \cdot m^2$；T_m 是风力发电机产生的机械转矩，单位为 Nm。

例 10.5

三相 1MW、690V、60Hz、4 极双馈感应发电机参数为，$R_s = 4m\Omega$，$L_{\ell s} = 0.12mH$，$L_M = (3 \div 2) \times 4 = 6mH$，$L_{\ell r}' = 0.1mH$，$R_r' = 5.5m\Omega$。如果转子和轴的惯量为 $300kg \cdot m^2$，且转子端的电压可在 $-25 \sim 75V$ 之间调节。（a）计算转子端处电压为 $75V_{LL,rms}$ 和转子转速为 $1650.91r/min$ 时的发电功率，（b）在输入机械转矩 5kNm 时，仿真 dq 坐标中以转子转速旋转的 DFIG 在转子端的上下限电压，然后以 r/min 为单位绘制转矩曲线和加速度，（c）绘制加速时间内的定子和转子功率曲线。

按照绕线转子感应电机的相同步骤，DFIG 发电机稳态条件下的等效电路如图 10-13所示，其中转子和定子电流的正方向朝向交流电源。同样，忽略磁心损

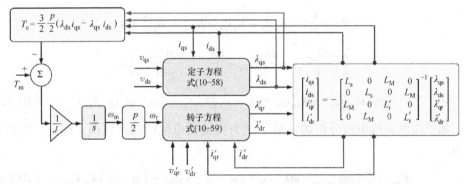

图 10-12　DFIG 的动态模型，其中 λ_{qs}、λ_{ds}、λ'_{qr}、λ'_{dr} 和转子速度 ω_m 是状态变量

耗，即 $R_M \approx \infty$，并代入电机参数，包括计算定子和转子电感，$L_s = L_{\ell s} + L_M = 6.12\text{mH}$ 和 $L'_r = L'_{\ell r} + L_M = 6.1\text{mH}$，由图 10-13 可知，参考定子侧的电流可得

$$\begin{bmatrix} I_s \\ I'_r \end{bmatrix} = -\begin{bmatrix} 0.004 + j2.307 & j2.262 \\ j2.262 & 0.066 + j2.3 \end{bmatrix}^{-1}\begin{bmatrix} 398.37 \\ 522.79 \end{bmatrix} = \begin{bmatrix} -777.1 + j741.7 \\ 791.3 - j934.0 \end{bmatrix}\text{A}$$

(10-71)

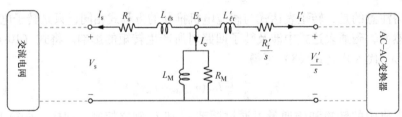

图 10-13　稳态条件下双馈感应发电机的每相 T 型等效电路

当转子转速为 1650.91r/min 时，转子转差率为 $s = 0.0828$，定子和转子功率值计算为

$$\begin{cases} P_s = 3R_e\{V_s I_s^*\} = 3R_e\left\{\left(\dfrac{690}{\sqrt{3}}\right) \times (-777.1 - j741.7)\right\} = 928.69\text{kW} \\ P_r = 3R_e\{V'_r I'^*_r\} = 3R_e\left\{\left(\dfrac{75}{\sqrt{3}}\right) \times (791.3 + j934.0)\right\} = -102.79\text{kW} \end{cases}$$

(10-72)

此处 P_s 正值表示定子电路向交流电源（电网）注入功率，而 P_r 负值表示转子从电网吸收功率，这需要通过 AC - AC 变换器实现。然后根据以下公式计算产生内部电磁转矩的功率：

$$P_{em} = \overbrace{(P_s + 3R_s |I_s|^2)}^{P_{sm}} + \overbrace{(P_r + 3R'_r |I'_r|^2)}^{P_{rm}} = 942.54 + (-78.06) = 864.48\text{kW}$$

(10-73)

注意有 $P_{rm} = sP_{sm}$，因此 $P_{em} = (1 - s)P_{sm}$。电磁转矩由以下公式获得

$$T_e = \frac{P_{em}}{\omega_m} = \frac{864.48 \times 10^3}{2\pi \times (1650.91 \div 60)} = 5000\text{Nm}$$

(10-74)

类似地，如例 10.4 中提到的，在忽略机械损耗的情况下，建立的电磁转矩必须与稳态下电机的负载转矩相匹配。

对于本例的第 2 部分，定子和转子 q 轴和 d 轴电压 v_{qs}、v_{ds}、v'_{qr} 和 v'_{dr} 可以按照绕线转子感应电机例子中的描述，并加入图 10-12 的动态模型中。图 10-14 给出了硬（非受控）加速时间间隔内的转矩和速度曲线。当输入机械转矩为 5kNm 时，转子和定子功率已绘制在图 10-15 中，包括 $-25V$ 和 $75V$ 两种电压情况。特别是，当转子端电压为 $75V_{LL,rms}$ 时，如果比较从 T 型等效模型计算和动态模型仿真结果，可以看到稳态时两者几乎相同。

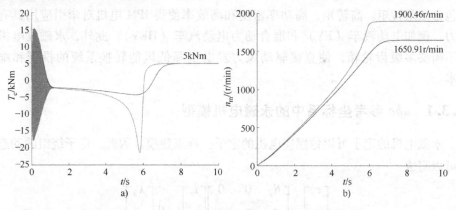

图 10-14　例 10.5 中 DFIG 的转矩 a）和速度曲线 b）

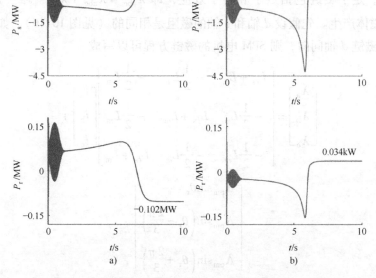

图 10-15　例 10.5 中，DFIG 处于次同步模式 a）和 DFIG 处于
超同步模式 b）时 DFIG 的定子和转子功率曲线

10.3 永磁同步电机的动力学

永磁电机属于同步电机的范畴。但是它们没有转子绕组、外部直流电源和转子上的集电环。基本上，永磁体在永磁电机中产生转子磁场。磁铁可安装在转子表面或转子内部，分别称为表面安装式永磁（SPM）电机和内置式永磁（IPM）电机。IPM 电机中产生的转矩除了由转子和定子磁场之间的相互作用产生的传统转矩外，还包含磁阻转矩。高转矩、高功率密度和高效率使得 IPM 电机对牵引应用具有吸引力，例如电动汽车（EV）和混合动力电动汽车（HEV）。此外，永磁发电机通常不需要多级齿轮箱，使直接驱动风力发电机降低风能转换系统的投资和维护成本。

10.3.1 *abc* 参考坐标系中的永磁电机模型

永磁电机的定子可以像感应电机的定子一样来建模。因此，定子绕组的动态方程可以写成

$$
\begin{bmatrix} v_a \\ v_b \\ v_c \end{bmatrix} = \begin{bmatrix} R_s & 0 & 0 \\ 0 & R_s & 0 \\ 0 & 0 & R_s \end{bmatrix} \begin{bmatrix} i_a \\ i_b \\ i_c \end{bmatrix} + \frac{d}{dt} \begin{bmatrix} \lambda_a \\ \lambda_b \\ \lambda_c \end{bmatrix} \tag{10-75}
$$

其中，定子磁链包括定子和转子效应，即 $\lambda_{abc}^s = \lambda_{abc}^{ss} + \lambda_{abc}^{sr}$。唯一的区别是 λ_{abc}^{sr} 由永磁体产生。先假设 d 轴和 q 轴的磁阻是相同的（见图 10-16）。如果假设 d 轴与转子磁链 d 轴同向，则 SPM 电机的磁链方程可以写成

$$
\begin{bmatrix} \lambda_a \\ \lambda_b \\ \lambda_c \end{bmatrix} = \begin{bmatrix} L_{\ell s} + L_m & -\frac{1}{2}L_m & -\frac{1}{2}L_m \\ -\frac{1}{2}L_m & L_{\ell s} + L_m & -\frac{1}{2}L_m \\ -\frac{1}{2}L_m & -\frac{1}{2}L_m & L_{\ell s} + L_m \end{bmatrix} \begin{bmatrix} i_a \\ i_b \\ i_c \end{bmatrix} +
$$

$$
\begin{bmatrix} \Lambda_{pm}\sin\theta_r \\ \Lambda_{pm}\sin\left(\theta_r - \dfrac{2\pi}{3}\right) \\ \Lambda_{pm}\sin\left(\theta_r + \dfrac{2\pi}{3}\right) \end{bmatrix} \tag{10-76}
$$

式中，Λ_{pm} 为永磁体产生的恒定磁链，单位为 Wb 或 V·s。忽略局部饱和齿槽效应，无需再写出转子电路的微分方程。

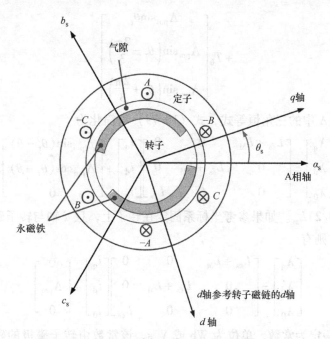

图 10-16 三相 2 极永磁电机的定子和转子磁轴

10.3.2 $dq0$ 参考坐标系中的永磁电机模型

式（10-75）中的定子方程可以使用变换矩阵 T_θ 及其逆矩阵 T_θ^{-1} 转换到 $dq0$ 参考坐标系，如下所示：

$$
\begin{bmatrix} v_q \\ v_d \\ v_0 \end{bmatrix} = T_\theta \begin{bmatrix} R_s & 0 & 0 \\ 0 & R_s & 0 \\ 0 & 0 & R_s \end{bmatrix} T_\theta^{-1} \begin{bmatrix} i_q \\ i_d \\ i_0 \end{bmatrix} + T_\theta \frac{\mathrm{d}}{\mathrm{d}t} \left\{ T_\theta^{-1} \begin{bmatrix} \lambda_q \\ \lambda_d \\ \lambda_0 \end{bmatrix} \right\}
\tag{10-77}
$$

化简为

$$
\begin{bmatrix} v_q \\ v_d \\ v_0 \end{bmatrix} = \begin{bmatrix} R_s & 0 & 0 \\ 0 & R_s & 0 \\ 0 & 0 & R_s \end{bmatrix} \begin{bmatrix} i_q \\ i_d \\ i_0 \end{bmatrix} + \frac{\mathrm{d}}{\mathrm{d}t} \begin{bmatrix} \lambda_q \\ \lambda_d \\ \lambda_0 \end{bmatrix} + \begin{bmatrix} 0 & \omega & 0 \\ -\omega & 0 & 0 \\ 0 & 0 & 0 \end{bmatrix} \begin{bmatrix} \lambda_q \\ \lambda_d \\ \lambda_0 \end{bmatrix}
\tag{10-78}
$$

定子磁链方程也可以转换到 $dq0$ 参考坐标系，如下所示：

$$
\begin{bmatrix} \lambda_q \\ \lambda_d \\ \lambda_0 \end{bmatrix} = T_\theta \begin{bmatrix} L_{\ell s} + L_m & -\frac{1}{2}L_m & -\frac{1}{2}L_m \\ -\frac{1}{2}L_m & L_{\ell s} + L_m & -\frac{1}{2}L_m \\ -\frac{1}{2}L_m & -\frac{1}{2}L_m & L_{\ell s} + L_m \end{bmatrix} T_\theta^{-1} \begin{bmatrix} i_q \\ i_d \\ i_0 \end{bmatrix}
$$

$$+ T_{\theta} \begin{bmatrix} \Lambda_{pm}\sin\theta_r \\ \Lambda_{pm}\sin\left(\theta_r - \dfrac{2\pi}{3}\right) \\ \Lambda_{pm}\sin\left(\theta_r + \dfrac{2\pi}{3}\right) \end{bmatrix} \qquad (10\text{-}79)$$

利用附录 A 中的三角恒等式，式（10-79）可简化为

$$\begin{bmatrix} \lambda_q \\ \lambda_d \\ \lambda_0 \end{bmatrix} = \begin{bmatrix} L_{\ell s} + L_M & 0 & 0 \\ 0 & L_{\ell s} + L_M & 0 \\ 0 & 0 & L_{\ell s} \end{bmatrix} \begin{bmatrix} i_q \\ i_d \\ i_0 \end{bmatrix} + \begin{bmatrix} \Lambda_{pm}\sin(\theta_r - \theta) \\ \Lambda_{pm}\cos(\theta_r - \theta) \\ 0 \end{bmatrix} \qquad (10\text{-}80)$$

式中，$L_M = (3/2)L_m$。如果参考坐标系固定在转子上，且 d 轴与转子磁通量方向对齐，即 $\theta = \theta_r$，则有

$$\begin{bmatrix} \lambda_q \\ \lambda_d \\ \lambda_0 \end{bmatrix} = \begin{bmatrix} L_{\ell s} + L_M & 0 & 0 \\ 0 & L_{\ell s} + L_M & 0 \\ 0 & 0 & L_{\ell s} \end{bmatrix} \begin{bmatrix} i_q \\ i_d \\ i_0 \end{bmatrix} + \begin{bmatrix} 0 \\ \Lambda_{pm} \\ 0 \end{bmatrix} \qquad (10\text{-}81)$$

注意 Λ_{pm} 假定为常数，单位为 Wb 或 V·s，该常数由转子磁极的磁铁属性、设计参数和尺寸决定。

10.3.3　永磁电机动态模型框图

永磁电机的动力学模型由定子电路方程、电磁转矩公式和运动方程组成。对于平衡电机，只需要考虑 d 轴和 q 轴方程，而忽略 0 轴分量。因此，两个代数方程和两个微分方程可以表示永磁电机的电气部分。式（10-81）中的磁链方程可改写为

$$\begin{cases} \lambda_q = L_s i_q \\ \lambda_d = L_s i_d + \Lambda_{pm} \end{cases} \qquad (10\text{-}82)$$

式中，L_s 是同步电感，它等于 $L_{\ell s} + L_M$。除了这两个代数方程外，这两个微分方程可以利用式（10-78）写出，如下所示：

$$\begin{cases} \dfrac{d\lambda_q}{dt} = v_q - R_s i_q - \omega_r \lambda_d \\ \dfrac{d\lambda_d}{dt} = v_d - R_s i_d + \omega_r \lambda_q \end{cases} \qquad (10\text{-}83)$$

与感应电机相反，永磁电机的起动转矩为零，因此，需要一个带有闭环控制器的逆变器来识别转子位置，并根据期望速度产生所需的 v_{qs} 和 v_{ds}。请注意，在稳态条件下，同步电机中的转子速度 $\omega_m = (2/p)\omega_r$ 和同步速度 $\omega_{syn} = (2/p)\omega_e$ 是一样的。式（10-82）和式（10-83）中的磁通量和电压（KVL）方程可组合形成以下状态空间方程：

$$\begin{cases} \dfrac{\mathrm{d}\lambda_q}{\mathrm{d}t} = v_q - \dfrac{R_s}{L_s}\lambda_q - \omega_r\lambda_d \\[3mm] \dfrac{\mathrm{d}\lambda_d}{\mathrm{d}t} = v_d + \dfrac{R_s}{L_s}\Lambda_{pm} - \dfrac{R_s}{L_s}\lambda_d + \omega_r\lambda_q \end{cases} \tag{10-84}$$

图 10-17 为永磁电机电气部分的模型。此外，式（10-68）中的电动转矩 T_e 公式对于永磁电机也适用。请注意，转矩公式仅由定子参数量表示。将磁通量式（10-82）代入式（10-68）得到

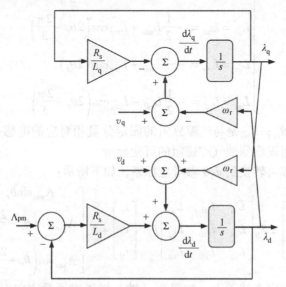

图 10-17　永磁电机中，利用 v_q、v_d 和 Λ_{pm} 计算定子磁通，λ_q、λ_d 是状态变量

$$T_e = \frac{3}{2}\frac{p}{2}(\Lambda_{pm}i_q) \tag{10-85}$$

假设转子气隙均匀，请注意，可以通过使用逆变器控制 q 轴电流 i_q 来调节电磁转矩。

10.3.4　IPM 电机动态模型框图

IPM 电机中的 d 轴和 q 轴磁阻不能假设相等，因此，定子互感 L_{ab}、L_{bc} 和 L_{ca} 是转子位置 θ_r 的函数，如第 4 章中所述的凸极电机那样。此外，转子磁通由永磁体产生。因此，式（10-76）中的电感矩阵可写成

$$\begin{bmatrix} \lambda_a \\ \lambda_b \\ \lambda_c \end{bmatrix} = \begin{bmatrix} L_{aa} & L_{ab} & L_{ac} \\ L_{ba} & L_{bb} & L_{bc} \\ L_{ca} & L_{cb} & L_{cc} \end{bmatrix}\begin{bmatrix} i_a \\ i_b \\ i_c \end{bmatrix} + \begin{bmatrix} \Lambda_{pm}\sin\theta_r \\ \Lambda_{pm}\sin\left(\theta_r - \dfrac{2\pi}{3}\right) \\ \Lambda_{pm}\sin\left(\theta_r + \dfrac{2\pi}{3}\right) \end{bmatrix} \tag{10-86}$$

每相以每隔180°电气角度（360/p 机械角度）周期性地观察磁路，由于定子的凸极效应，定子自感和互感中以$2\theta_r$ 的形式出现。与凸极同步电机相反，由于磁体位于转子中，永磁电机转子的 d 轴磁阻大于 q 轴磁阻。因此，定子自感和互感可以写成

$$\begin{cases} L_{aa} = L_{\ell s} + L_{m0} + L_{mg}\cos(2\theta_r) \\[2mm] L_{bb} = L_{\ell s} + L_{m0} + L_{mg}\cos\left(2\theta_r + \dfrac{2\pi}{3}\right) \\[2mm] L_{cc} = L_{\ell s} + L_{m0} + L_{mg}\cos\left(2\theta_r - \dfrac{2\pi}{3}\right) \\[2mm] L_{ab} = L_{ba} = -\dfrac{1}{2}L_{m0} + L_{mg}\cos\left(2\theta_r - \dfrac{2\pi}{3}\right) \\[2mm] L_{bc} = L_{cb} = -\dfrac{1}{2}L_{m0} + L_{mg}\cos(2\theta_r) \\[2mm] L_{ac} = L_{ca} = -\dfrac{1}{2}L_{m0} + L_{mg}\cos\left(2\theta_r + \dfrac{2\pi}{3}\right) \end{cases} \tag{10-87}$$

式中，$\theta_r = (p/2)\theta_m$；L_{m0} 是与气隙磁阻的固定分量相对应的电感；L_{mg} 是电感的幅值，表示定子绕组观察到的气隙磁阻的可变分量。

定子磁链方程可转换到 $dq0$ 参考坐标系，如下所示：

$$\begin{bmatrix} \lambda_q \\ \lambda_d \\ \lambda_0 \end{bmatrix} = T_\theta \begin{bmatrix} L_{aa} & L_{ab} & L_{ac} \\ L_{ba} & L_{bb} & L_{bc} \\ L_{ca} & L_{cb} & L_{cc} \end{bmatrix} T_\theta^{-1} \begin{bmatrix} i_q \\ i_d \\ i_0 \end{bmatrix} + T_\theta \begin{bmatrix} \Lambda_{pm}\sin\theta_r \\ \Lambda_{pm}\sin\left(\theta_r - \dfrac{2\pi}{3}\right) \\ \Lambda_{pm}\sin\left(\theta_r + \dfrac{2\pi}{3}\right) \end{bmatrix} \tag{10-88}$$

参考坐标系固定在转子上，如果当 d 轴与转子磁通量方向对齐时，即 $\theta = \theta_r$，式（10-88）可简化为

$$\begin{bmatrix} \lambda_q \\ \lambda_d \\ \lambda_0 \end{bmatrix} = \begin{bmatrix} L_{\ell s} + L_{Mq} & 0 & 0 \\ 0 & L_{\ell s} + L_{Mq} & 0 \\ 0 & 0 & L_{\ell s} \end{bmatrix} \begin{bmatrix} i_q \\ i_d \\ i_0 \end{bmatrix} + \begin{bmatrix} 0 \\ \Lambda_{pm} \\ 0 \end{bmatrix} \tag{10-89}$$

式中，L_{Mq} 和 L_{Md} 分别为 q 轴和 d 轴磁化电感，由下式给出：

$$\begin{cases} L_{Mq} = \dfrac{3}{2}(L_{m0} + L_{mg}) \\[2mm] L_{Md} = \dfrac{3}{2}(L_{m0} - L_{mg}) \end{cases} \tag{10-90}$$

从式（10-90）中，可以观察到 q 轴电感 $L_q = L_{\ell s} + L_{Mq}$ 大于 d 轴的电感 $L_d = L_{\ell s} + L_{Md}$，与传统凸极同步电机（$L_q < L_d$）不同，IPM 电机中有 $L_q > L_d$，式（10-89）中的磁链方程可以改写为

$$\begin{cases} \lambda_q = L_q i_q \\ \lambda_d = L_d i_d + \Lambda_{pm} \end{cases} \tag{10-91}$$

式（10-91）和式（10-83）中的磁通量和 KVL 方程可组合形成以下状态空间

方程:

$$\begin{cases} \dfrac{\mathrm{d}\lambda_q}{\mathrm{d}t} = v_q - \dfrac{R_s}{L_d}\lambda_q - \omega_r\lambda_d \\[4mm] \dfrac{\mathrm{d}\lambda_d}{\mathrm{d}t} = v_d + \dfrac{R_s}{L_d}\Lambda_{pm} - \dfrac{R_s}{L_d}\lambda_d + \omega_r\lambda_q \end{cases} \tag{10-92}$$

图 10-18 显示了利用式 (10-92) 构建的永磁电机电气部分模型的框图。此外,式 (10-68) 中的 T_e 也适用于永磁电机,请注意,转矩公式仅由定子参数量表示。将式 (10-91) 代入式 (10-68) 得到

$$T_e = \frac{3}{2}\frac{p}{2}(\Lambda_{pm}i_q + (L_d - L_q)i_q i_d) \tag{10-93}$$

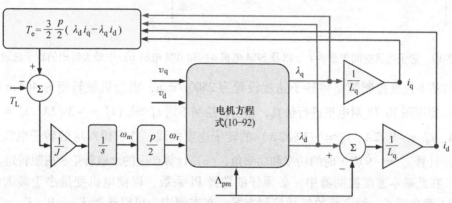

图 10-18 永磁电机的动态模型,其中转子和定子磁通 λ_q、λ_d,以及转子速度 ω_m 是状态变量

其中,$(3 \div 2)(p/2)(L_d - L_q)i_q i_d$ 是磁阻转矩,$(3 \div 2)(p/2)\Lambda_{pm}i_q$ 是定子 - 转子相互作用 (电磁) 转矩。值得注意的是,如果 $i_d < 0$,则使用矢量控制方案 (也称为磁场定向控制) 将磁阻转矩添加到 IPM 电机的电磁转矩中,这将在第 11 章中进行讨论。IPM 电机的转矩表达式也可以用定子电流的大小表示,如下所示:

$$T_e = \frac{3}{2}\frac{p}{2}\left(\Lambda_{pm}I_s\sin\delta + \frac{1}{2}(L_d - L_q)I_s^2\sin(2\delta)\right) \tag{10-94}$$

式中,δ 为转矩角;$i_q = I_s\sin\delta$,$i_d = I_s\cos\delta$,它们必须保持 90° 才能在 SPM 电机中达到最大转矩。对于 IPM 电机,最大转矩发生在 $\delta > 90°$ (见图 10-19)。请注意,dq 坐标系中的电流和电压是峰值,因此有效值为 $I_{s,rms} = I_s/\sqrt{2}$。逆变器注入电流以控制电机速度或转矩,同时电机必须保持在其最大额定值以下,$I_s^2 = i_q^2 + i_d^2 < I_{smax}^2$,并且建立的端电压也必须保持在电机额定电压以下,$V_s^2 = v_q^2 + v_d^2 < V_{smax}^2 = (0.5mV_{dc})^2$,式中,$m$ 为逆变器调制指数;V_{dc} 为逆变器直流母线电压,如第 7 章所述。

例 10.6

三相 10kW、400V、4 极 IPM 电机的额定转速为 2500r/min,$R_s = 0.3\Omega$,$L_d = 8.1\mathrm{mH}$,$L_q = 24.4\mathrm{mH}$,$\Lambda_{pm} = 0.398\mathrm{Wb}$,$J = 0.04\mathrm{kg} \cdot \mathrm{m}^2$。如果使用图 10-20 中所

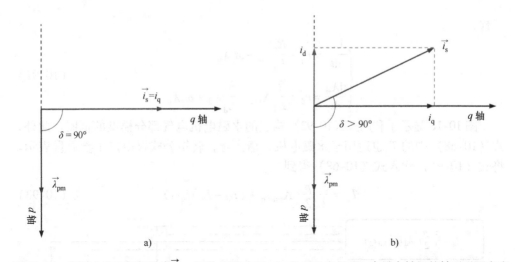

a)   b)

图 10-19   定子电流空间矢量为 $\vec{i}_s$，以及 SPM 电机 a) 和 IPM 电机 b) 中最大转矩的转子磁通方向

示的基本速度控制策略将转子速度设置为 2500r/min，求当机械转矩为 40Nm 时，(a) 使用图 10-18 对电机进行仿真，然后，绘制不同 i_d^* 时（$i_d^* = -3\sqrt{2}A$、$i_d^* = -6\sqrt{2}A$、$i_d^* = -9\sqrt{2}A$、$i_d^* = -12\sqrt{2}A$）的转子速度曲线，并求得对应的转子电流值，(b) 计算 $i_d^* = -9\sqrt{2}A$ 时的功率和功率角，(c) 计算产生的永磁转矩和磁阻转矩。

在此基本速度控制器中，必须仔细选择 PI 系数，以使电机变量小于最大值。第 11 章介绍了一种完整的矢量控制方案。在本例中，可以选择 $K_{pd} = 9$、$K_{id} = 10$、$K_{pq} = 4$、$K_{iq} = 5$、$K_{p\omega} = 0.025$ 和 $K_{i\omega} = 0.006$。图 10-21 显示了 IPM 电机的速度响应和定子电流。该仿真使用图 10-20 中的控制框图，引入图 10-18 中的 IPM 电机模型。如图 10-21 所示，电机动态在 $i_{ds} = -9\sqrt{2}A$ 左右具有最佳性能，当转矩电流比为 4.44Nm/A 接近其最大值时。控制方案应确定适当的 i_d^*，以使 IPM 电机在高速下以最大转矩电流比（MTPA）控制轨迹运行。

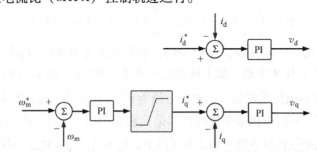

图 10-20   永磁电机基本速度控制，假设 SPM 电机的 d 轴固定在转子磁轴上，当 $i_d^* = 0$ 时为 SPM 电机，当 $i_d^* < 0$ 时为 IPM 电机

对于本例的第 2 部分，通过对电机进行仿真，在 $I_d = -9\sqrt{2} = -12.728A$ 时，测量到电流和电压分别为 $I_d = 22.022A$，$V_q = 161.018V$，$V_d = -285.163V$。因此，

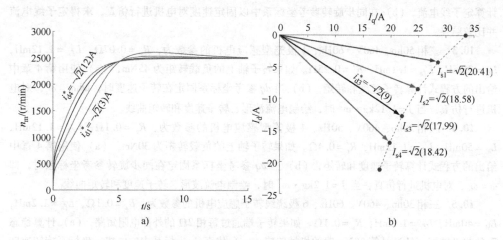

图 10-21   IPM 电机不同 d 轴电流下的转子速度曲线 a) 和电流矢量 b)

电机吸收的有功功率和无功功率可计算为

$$S = \frac{3}{2} \times ((161.02 - j285.16) \times (22.02 - j12.73)^*) = 10764 - j6344 \text{VA}$$

$$(10-95)$$

其中功率角为 $-30.5°$，位移功率因数为 0.86。利用式（10-94），永磁转矩可计算为

$$T_{eM} = \frac{3}{2} \times \frac{4}{2} \times (0.398 \times 22.022) = 26.294 \text{Nm} \qquad (10-96)$$

此外，该工作点的磁阻转矩可通过以下公式获得

$$T_{eR} = \frac{3}{2} \times \frac{4}{2} \times ((8.1 - 24.4) \times 10^{-3} \times 22.022 \times (-12.728)) = 13.706 \text{Nm}$$

$$(10-97)$$

所产生的电磁转矩为 $T_e = T_{eM} + T_{eR} = 26.294 + 13.706 = 40 \text{Nm}$。此外，转矩角的计算为 $\delta = 120.3°$。

10.4   习   题

10.1   假设有一组电压，$i_a(t) = \sqrt{2}V_{ph}\cos(\omega_e t - \pi/6)$，$i_b(t) = \sqrt{2}V_{ph}\cos(\omega_e t - \pi/6 - 2\pi/3)$，$i_c(t) = \sqrt{2}V_{ph}\cos(\omega_e t - \pi/6 - 4\pi/3)$，其中 $I_{ph} = 30/\sqrt{3}$A，以及 $\omega_e = 2\pi \times 60 = 377 \text{rad/s}$。绘制 dq 参考坐标系的电压波形，对（a）任意坐标系，$\omega = 360 \text{rad/s}$，（b）静止坐标系，即 $\omega = 0$ 和（c）同步坐标系，即 $\omega = \omega_e$。

10.2   三相 30ph、460V、60Hz、6 极笼型感应电机的参数为，$R_s = 0.1\Omega$，$L_{\ell s} = 1.2 \text{mH}$，$L_M = 40 \text{mH}$，$L'_{\ell r} = 1.2 \text{mH}$，$R'_r = 0.5\Omega$。如果转子转速为 1180r/min，（a）使用稳态 T 型等效电路

计算定子线电流，（b）在同步旋转参考坐标系中以固定速度对电机进行仿真，求得定子线电流并比较结果。

10.3 三相 50hp、460V、60Hz、4 极笼型感应电机的参数为，$R_s = 0.07\Omega$，$L_{\ell s} = 1.12\text{mH}$，$L_M = 35\text{mH}$，$L'_{\ell r} = 1.1\text{mH}$，$R'_r = 0.25\Omega$。如果转子轴上的负载转矩为 45Nm，（a）使用第 4 章中给出的方程式计算转子速度和转矩，（b）当 dq 参考坐标系固定在转子速度时，即 $\omega = \omega_r$，对电机进行仿真，当 $J = 1.12\text{kg} \cdot \text{m}^2$ 时，绘制电流波形、转子速度和转矩曲线。

10.4 三相 30hp、460V、50Hz、4 极笼型感应电机的参数为，$R_s = 0.1\Omega$，$L_{\ell s} = 1.12\text{mH}$，$L_M = 50\text{mH}$，$L'_{\ell r} = 1.12\text{mH}$，$R'_r = 0.4\Omega$。如果转子轴上的负载转矩为 30Nm，（a）使用第 4 章中给出的方程式计算转子速度和转矩，（b）当 dq 参考坐标系固定在同步旋转参考坐标系时，即 $\omega = \omega_e$，对电机进行仿真，当 $J = 1.2\text{kg} \cdot \text{m}^2$ 时，绘制电流波形、转子速度和转矩曲线。

10.5 三相 30hp、460V、60Hz、6 极绕线转子感应电机的参数为，$R_s = 0.1\Omega$，$L_{\ell s} = 1.2\text{mH}$，$L_M = 40\text{mH}$，$L'_{\ell r} = 1.2\text{mH}$，$R'_r = 0.1\Omega$。如果转子端通过每相 2Ω 的外部电阻短路，（a）计算稳态下的起动转矩，（b）计算 30Nm 时的机械转速，（c）仿真 dq 坐标系中的电机，坐标系旋转速度等于转子转速（即 $\omega = \omega_r$），并绘制 30Nm 机械负载下的转子转速和转矩曲线。

10.6 三相 30hp、460V、60Hz、8 极绕线转子感应电机的参数为，$R_s = 0.1\Omega$，$L_{\ell s} = 1.1\text{mH}$，$L_M = 35\text{mH}$，$L'_{\ell r} = 1.2\text{mH}$，$R'_r = 0.1\Omega$。如果转子端由 $30\angle 5° V_{\text{LL,rms}}$ 激励，（a）计算 20Nm 时的机械转速，（b）仿真 dq 坐标系中的电机，坐标系旋转速度等于转子转速（即 $\omega = \omega_r$），并绘制 25Nm 机械负载下的转子转速和转矩曲线。

10.7 三相 1.2MW、690V、50Hz、4 极双馈感应发电机的参数为，$R_s = 3\text{m}\Omega$，$L_{\ell s} = 0.1\text{mH}$，$L_M = 5\text{mH}$，$L'_{\ell r} = 0.15\text{mH}$，$R'_r = 4\text{m}\Omega$。如果转子和轴惯量为 $J = 600\text{kg} \cdot \text{m}^2$，且转子端子电压可在 $-20 \sim 50\text{V}$ 之间调节。（a）计算 4kNm 的输入机械转矩下，转子端得到 $50\angle 0° V_{\text{LL,rms}}$ 电压时的发电功率。（b）仿真 dq 坐标系中的 DFIG，它以转子转速旋转，以获得转子端的上下限电压，同时发电机的输入机械转矩为 4kNm。然后，以 r/min 为单位绘制转矩曲线和加速度。（c）绘制加速时间内的定子和转子功率曲线。

10.8 三相 1.8MW、690V、60Hz、6 极双馈感应发电机的参数为，$R_s = 2\text{m}\Omega$，$L_{\ell s} = 0.105\text{mH}$，$L_M = 2.5\text{mH}$，$L'_{\ell r} = 0.105\text{mH}$，$R'_r = 2\text{m}\Omega$。如果转子和轴惯量为 $J = 750\text{kg} \cdot \text{m}^2$，（a）计算转子转速为 1650.91r/min 且转子端得到 $80\angle 5° V_{\text{LL,rms}}$ 电压时的发电功率。（b）仿真 dq 坐标系中 DFIG 以转子转速旋转，以获得转子端处的上下电压，同时发电机的输入机械转矩为 5kNm。然后，以 r/min 为单位绘制转矩曲线和加速度。（c）绘制加速时间内的定子和转子功率曲线。

10.9 三相 7.5kW、400V、4 极 IPM 电机的额定转速为 2000r/min，其电机的参数为：$R_s = 0.25\Omega$，$L_d = 10\text{mH}$，$L_q = 21\text{mH}$，$\Lambda_{pm} = 0.355\text{Wb}$，$J = 0.05\text{kg} \cdot \text{m}^2$。当机械转矩为 25Nm 时，如果使用基本速度控制策略将转子转速设定为 2000r/min，（a）对电机进行仿真并绘制当 $i_d^* = -8\sqrt{2}\text{A}$ 时的转子速度曲线，（b）求定子电流和电压，（c）计算功率和功率角，以及（d）产生的永磁转矩和磁阻转矩。

10.10 三相 2.5kW、230V、6 极 IPM 电机的额定转速为 2000r/min，其电机的参数为，$R_s = 0.25\Omega$，$L_d = 6\text{mH}$，$L_q = 9\text{mH}$，$\Lambda_{pm} = 0.125\text{Wb}$，$J = 0.1\text{kg} \cdot \text{m}^2$。当机械转矩为 5Nm 时，如果使用基本速度控制策略将转子转速设定为 2000r/min，（a）对电机进行仿真并绘制不同 $i_d^* < 0$ 值的转子速度曲线，（b）求最大转矩电流比时的 i_d^*，以及（c）计算产生的永磁转矩和磁阻转矩。

第 11 章

电机驱动系统中逆变器的控制

AC-AC 变换器由整流器和逆变器组成，用于开发可调交流电压和电流源。如果 AC-AC 变换器为交流电机供电，则该变换器通常称为交流驱动器。驱动器可以有效地控制电机的速度或位置，通常为笼型感应电机或永磁（PM）电机。笼型感应电机的制造和维护成本较低，用于泵、风扇、压缩机等，而永磁电机通常用于需要精确位置控制的伺服驱动器，例如工业和医疗机器人。此外，永磁电机的高功率密度使其对许多应用具有吸引力，这些技术需要轻量、紧凑和高效的动力系统，例如混合动力和电动汽车。在本章将为笼型感应电机构建标量速度控制，以及为笼型感应电机和永磁电机构建基本矢量控制，也称为磁场定向控制（FOC）。

电机驱动系统可以在不同类型的机械负载下运行。在稳态时，电磁转矩和机械（负载）转矩相等，但方向相反。电机驱动系统可调节恒定或缓慢变化转矩负载的速度，例如，在电梯和提升机中。电机驱动系统也可用于调节可变转矩负载的速度，例如，在泵、风扇和压缩机中。电机驱动器也适用于高性能应用，如电动汽车和机器人，其中速度可能不是唯一的可调变量。对于高性能电机驱动器，通常，驱动器提供恒定的电磁转矩，直到电机速度达到基准值，然后提供与速度反比的转矩，最终达到最大速度（见图 11-1）。本章首先讨论感应电机的标量控制方案。

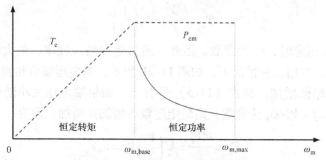

图 11-1　高性能交流电机驱动器的理想转矩、功率与转速特性

11.1　感应电机的标量控制

感应电机的转矩可以通过调节定子电压或逆变器中的电流来控制。为了设计感应电机的标量控制方案，考虑电机的 T 型等效电路，如第 4 章中所讨论的。如果忽

电力电子技术在能源转换系统中的应用

略定子绕组电阻和漏感上的压降，则定子绕组上感应电压的 RMS 值为

$$V_s \cong E_s = \frac{2\pi}{\sqrt{2}} N_s \psi f \tag{11-1}$$

式中，V_s 是电机端电压；E_s 是感应电压或 T 型等效电路中磁化支路的内部电压；ψ 是气隙磁通量；f 是输入电压的频率；N_s 是定子绕组中的匝数。此外，式 (11-1) 可写成

$$\frac{V_s}{f} \cong 4.44\, \Lambda_s \tag{11-2}$$

式中，Λ_s 是定子磁链的峰值。从第 4 章中，还可知感应电机的机械速度由下式给出：

$$\omega_m = (1-s)\omega_s \tag{11-3}$$

式中，ω_m 是轴的角速度；s 是转子的转差率；$\omega_s = (2/p)\omega_e = (2/p)(2\pi f)$ 是同步（旋转磁场）速度，单位为 rad/s。如果按比例改变电压和频率，则气隙中的磁通量 ψ 保持恒定，而转子速度 ω_m 可通过改变输入电压的频率 f 来增加或降低。感应电机中的标量控制也称为电压/频率（V/f）恒定控制。从第 4 章中，还了解到，感应电机稳态时的电磁转矩为

$$T_e = \frac{3}{\omega_s} \frac{(R_r'/s)a^2 V_s^2}{(R_r'/s)^2 + (aX_{\ell s} + X_{\ell r}')^2} \tag{11-4}$$

式中，R_r' 是指参考定子侧的转子电阻；$a = X_M/(X_M + X_{\ell s})$；$X_{\ell s}$ 是定子的漏抗；$X_{\ell r}'$ 是参考定子侧的转子漏抗；X_M 是电机的磁化电抗。图 11-2 显示了两种不同情况下的转矩 – 速度曲线。在第一种情况下，输入频率增加，但电压幅值保持不变。根据式 (11-4)，如果端电压的大小恒定，则转矩与频率成反比，即

$$T_e \cong \frac{k'V_s^2}{f} = k_f\left(\frac{1}{f}\right) \tag{11-5}$$

当 V_s 保持恒定时，k_v 为常数。因此，通过增加输入频率，最大转矩减小，如图 11-2a 所示。在第二种情况下，如图 11-2b 所示，当电压幅值和频率成比例增加时，最大转矩略微增加。从式 (11-5) 可看出，如果端电压大小随输入频率成比例变化，即 $V_s/f = V_s/\omega_s$ 为常数，则转矩随频率增加而增加，因为

$$T_e \cong \frac{k'V_s^2}{f} = k'\left(\frac{V_s}{f}\right)V_s = k_v V_s \tag{11-6}$$

式中，当 V_s/f 保持恒定时，k_v 为常数。基本上，V_s/f 表示式 (11-2) 中定义的磁链量。如果在电压达到其最大值时需要提高电机转速，则磁通量不能保持恒定。在此阶段，电压必须保持在额定值，以防止对电机绝缘造成任何破坏，同时可通过增加频率提高速度。在这种情况下，磁通量会随着频率的增加而衰减，称为弱磁模式。

此外，如果保持 V_s/f 恒定，在低输入频率下控制电机速度成为一个挑战。为

342

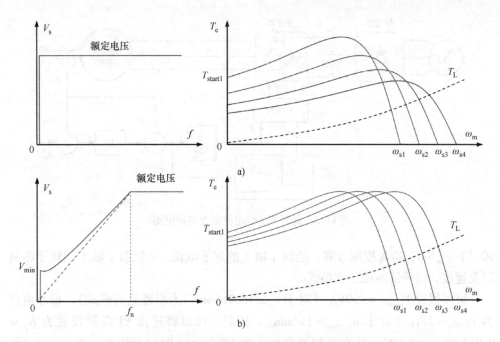

图 11-2　输入电压恒定 a) 和输入电压随输入频率成比例变化 b) 时，
四种不同同步速度下感应电机的转矩 – 速度曲线

了在低速时提供足够的转矩，建议使用最小电压幅值，见图 11-2b 中的 V_{min}。此外，在同步速度附近，转差率最小，因此 $(R_r'/s) >> (aX_{\ell s} + X_{\ell r}')$。将式 (11-1) 中的 V_s 代入式 (11-4) 得到

$$T_e \approx \frac{3}{2/p} \frac{(R_r'/s) a^2 N_s^2 \pi \psi^2 f}{(R_r'/s)^2 + (aX_{\ell s} + X_{\ell r}')^2} \approx k_0 \, \psi^2 (sf) = k_1 (\omega_s - \omega_m) \qquad (11\text{-}7)$$

这意味着，如果能够保持气隙磁通量恒定，随着输入频率的变化，转矩 – 速度曲线可以用平行的负斜率线来近似，见图 11-2b 同步速度附近的曲线。

图 11-3 显示了基本闭环电压/频率恒定控制方案的框图。将以 r/min 为单位的期望转速 n_m^* 与速度传感器测得的实际转速进行比较，PI 控制器用于迫使电机速度跟随期望速度。为了提高闭环控制器的动态性能，还采用了前馈控制。如图 11-3 所示，将输出乘以极数并除以 120，得出 PWM 发生器参考信号的频率。参考信号的幅值也由 V/f 恒定规则提供，而斜率由额定气隙磁通量表示。如前所述，电压必须保持在最小值和最大值之间，同时通过调整输入频率来控制速度。下面的例子是为了更好地理解如何实现 V/f 恒定控制。

例 11.1

对于三相 30hp、460V、60Hz、4 极笼型感应电机，第 10 章中对该电机进行了建模，参数为 $R_s = 0.2\Omega$，$L_{\ell s} = 1.4\text{mH}$，$L_M = 50\text{mH}$，$L_{\ell r}' = 1.4\text{mH}$，$R_r' = 0.52\Omega$，$J = 1.12\text{kg} \cdot \text{m}^2$。根据图 11-3 设计 V/f 标量控制器。假设负载转矩为 $T_L = (0.85 \times$

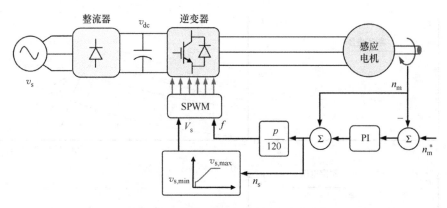

图 11-3 闭环 V/f 恒定控制方案的框图

10^{-3}) ω_m^2Nm,仿真控制方案,绘制 q 轴上的定子电流、d 轴和 q 轴上的转子磁链以及速度,以验证弱磁工作模式。

可以假设 $V_{s,max} = 460V_{LL}$ (对于 $n_s \geqslant 1800$r/min,为弱磁运行模式),最小电压为 $V_{s,min} = 2V_{LL}$ (对于 $n_{s,min} = 1$r/min)。然后,可以将速度 PI 系数设置为 $K_p = 0.012$ 和 $K_i = 0.002$,并在最初速度指令为 1000r/min 时运行仿真,在 $t = 60$s 后,速度突然跳至 2000r/min。如第 10 章所述,电机仿真可在同步旋转的 dq 坐标系中进行。

图 11-4a 显示了线 – 线 RMS 电压和速度曲线。在图 11-4b 中,转子磁通量在同步速度 1800r/min 之前保持不变。当速度超过 1773r/min 并缓慢接近 2000r/min 时,d 轴中的磁通量从 0.97WbT 降至 0.85WbT。请注意,当转速低于额定转速时,磁通量保持不变,即 $n_m = 1773$r/min 或 $n_s = 1800$r/min。然而,在 $t = 77.4$s 后,当电压限制在 460V 时,电机驱动器必须在弱磁模式下运行,以使电机达到 2000r/min 的速度。

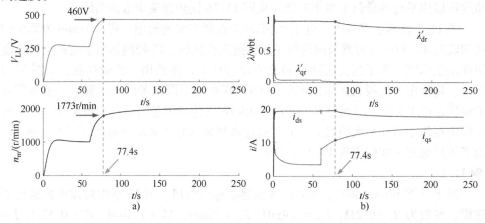

图 11-4 例 11.1 中从闭环 V/f 恒定控制方案获得的线 – 线电压和转子速度 a)、磁通量和电流 b)

11.2　交流电机的矢量控制

矢量控制可以显著提高交流电机的性能和效率。矢量控制也称为磁场定向控制（FOC），因为在这种控制技术中必须识别转子磁场方向。交流电机的矢量控制概念可追溯到 1968—1970 年。然而，在 20 世纪 80 年代早期微处理器商业化之后，交流驱动器才进入市场。为实现交流电机的矢量控制，逆变器必须作为电流源运行，如第 9 章所述。矢量控制可以通过检查电机中的转矩表达式来描述。交流电机中的转矩是转子和定子磁场的向量积，即

$$T_{e} = k_{t}\{\vec{\lambda}_{r} \times \vec{\lambda}_{s}\} = k_{i}\{\vec{i}_{r} \times \vec{i}_{s}\} \tag{11-8}$$

定子电流 i_s 是笼型感应电机和永磁电机中的可控变量。因此，通常将转矩定义为转子磁链和定子电流的向量积，即

$$T_{e} = k\{\vec{\lambda}_{r} \times \vec{i}_{s}\} \tag{11-9}$$

如果能够确定转子磁通量 $\vec{\lambda}_r$ 的方向，定子电流空间矢量为 $\vec{i}_s$ 可设定为垂直于 $\vec{\lambda}_r$，以产生最大转矩。对于永磁电机，转子磁通量是固定的，由磁心决定。因此，除电机应在弱磁模式下运行外，i_{ds} 设置为零以获得最大转矩。对于感应电机，需要 i_{ds} 来产生转子磁通量，因此 i_{qs} 不能为零。基本上，转子磁链可由 i_{ds} 设定，转矩由 i_{qs} 控制。

如第 10 章所述，同步旋转坐标系中的 d 轴和 q 轴电流在稳态条件下为常量。此外，与主输入频率相比，电流的动态速度较慢。此功能减少了 PI 控制器带宽限制对调节电机转矩和速度的影响，并减少了 PI 控制器对整个系统动力学的固有相移影响。接下来，回顾了 dq 坐标系下的感应电机方程，然后建立了 FOC 表达形式。

11.3　感应电机的矢量控制

矢量控制可通过各种方式公式化和设计。本章讨论了感应电机和永磁电机的电流调节方法。为了实现电流调节，需要一个 CSI，一个通过 HPWM 方法开关控制的 VSI，或者通常，一个使用电流控制回路在 dq 坐标系中控制的 VSI，如第 7 章和第 9 章所述。

如第 10 章所述，dq 坐标系以角速度 ω 旋转的感应电机模型可用以下四个微分方程表示：

$$
\begin{cases}
v_{qs} = R_s i_{qs} + \dfrac{d\lambda_{qs}}{dt} + \omega\lambda_{ds} \\[2mm]
v_{ds} = R_s i_{ds} + \dfrac{d\lambda_{ds}}{dt} - \omega\lambda_{qs} \\[2mm]
R'_r i'_{qr} + \dfrac{d\lambda'_{qr}}{dt} + (\omega - \omega_r)\lambda'_{dr} = 0 \\[2mm]
R'_r i'_{dr} + \dfrac{d\lambda'_{dr}}{dt} + (\omega - \omega_r)\lambda'_{qr} = 0
\end{cases}
\tag{11-10}
$$

和四个代数方程，即

$$
\begin{cases}
\lambda_{qs} = L_s i_{qs} + L_M i'_{qr} \\[1mm]
\lambda_{ds} = L_s i_{ds} + L_M i'_{dr} \\[1mm]
\lambda'_{qr} = L'_r i'_{qr} + L_M i_{qs} \\[1mm]
\lambda'_{dr} = L'_r i'_{dr} + L_M i_{ds}
\end{cases}
\tag{11-11}
$$

式中，$\omega_r = (p/2)\omega_m$。此外，证明了所产生的转矩表示为

$$
T_e = \frac{3}{2}\frac{p}{2}(\lambda_{ds} i_{qs} - \lambda_{qs} i_{ds})
\tag{11-12}
$$

在第 10 章中还将证明，如果将 λ_{qs} 和 λ_{ds} 从式（11-11）求出并代入式（11-12），则转矩表达式可以改写为

$$
T_e = \frac{3}{2}\frac{p}{2}L_M(i_{qs} i'_{dr} - i_{ds} i'_{qr})
\tag{11-13}
$$

此外，从式（11-11）中求出 i'_{dr} 和 i'_{qr}，代入式（11-13）得到

$$
T_e = \frac{3}{2}\frac{p}{2}L_M\left\{ \left(\frac{\lambda'_{dr} - L_M i_{ds}}{L'_r}\right)i_{qs} - \left(\frac{\lambda'_{qr} - L_M i_{qs}}{L'_r}\right)i_{ds} \right\}
\tag{11-14}
$$

可简化如下：

$$
T_e = \frac{3}{2}\frac{p}{2}\left(\frac{L_M}{L'_r}\right)(\lambda'_{dr} i_{qs} - \lambda'_{qr} i_{ds})
\tag{11-15}
$$

这可用于表示感应电机的矢量控制。

11.3.1　感应电机转子磁通量定向的检测

考虑到式（11-15）中的转矩表达式，如果 d 轴固定在转子磁通量上，即有 $\lambda'_{qr} = 0$，则产生的转矩变为

$$
T_e = \frac{3}{2}\frac{p}{2}\left(\frac{L_M}{L'_r}\right)(\lambda'_{dr} i_{qs})
\tag{11-16}
$$

矢量控制提供了一种方法，通过调节 d 轴 i_{ds} 中的转子电流，将转子磁通量调节至所需值，此时可通过调节 q 轴 i_{qs} 中的定子电流线性控制产生的转矩。在矢量控制中，i_{as}、i_{bs} 和 i_{cs} 由逆变器（驱动器）形成，这样 i_{qs} 可以保持垂直于转子磁通

量 λ'_{dr} 的方向。

为了形成矢量控制,首先需要从测量参数和电机参数中找到转子磁链方向,以将 dq 坐标系的 d 轴与转子磁链方向同向。此外,还需要找到转子磁通量 λ'_{dr} 和 d 轴电流 i_{ds} 之间的关系,以独立调节磁通量,因为转矩是通过调节 q 轴电流来控制的。这些可以通过将逆变器作为电流源来实现。

如果感应电机由作为电流源运行的逆变器供电,则可以忽略定子方程,从而将转子微分方程简化为

$$\begin{cases} R'_r i'_{qr} + (\omega - \omega_r)\lambda'_{dr} = 0 \\ R'_r i'_{dr} + \dfrac{d\lambda'_{dr}}{dt} = 0 \end{cases} \tag{11-17}$$

此外,第 10 章中提供的转子代数磁通量方程可简化为

$$\begin{cases} L'_r i'_{qr} + L_M i_{qs} = 0 \\ \lambda'_{dr} = L'_r i'_{dr} + L_M i_{ds} \end{cases} \tag{11-18}$$

首先根据定子电流 i_{ds} 来计算转子磁通量 λ'_{dr}。利用式 (11-18),可以将 i'_{dr} 代入式 (11-17),这会得到

$$\frac{R'_r}{L'_r}(\lambda'_{dr} - L_M i_{ds}) + \frac{d\lambda'_{dr}}{dt} = 0 \tag{11-19}$$

重新排列式 (11-19),写出以下微分方程:

$$\frac{d\lambda'_{dr}}{dt} + \frac{R'_r}{L'_r}\lambda'_{dr} = \frac{R'_r}{L'_r}L_M i_{ds} \tag{11-20}$$

式中,λ'_{dr} 是状态变量;i_{ds} 是输入信号。拉普拉斯域 (s 域)(见附录 B)中的微分方程写成

$$\lambda'_{dr} = \frac{R'_r L_M}{L'_r s + R'_r} i_{ds} \tag{11-21}$$

第二,设计一种基于模型的估算方法,通过测量转子速度 $\omega_r = (p/2)\omega_m$,并利用式 (11-17) 找到转子磁通量方向。如果参考坐标系以同步速度旋转,即 $\omega = \omega_e$,则转子中电流的转差频率或角频率计算如下:

$$\omega_e - \omega_r = -R'_r \frac{i'_{qr}}{\lambda'_{dr}} \tag{11-22}$$

替换式 (11-18) 中的 i'_{qr} 得到

$$\omega_e - \omega_r = \left(R'_r \frac{L_M}{L'_r}\right)\frac{i_{qs}}{\lambda'_{dr}} \tag{11-23}$$

将 λ'_{dr} 代入式 (11-23) 得到

$$\omega_e - \omega_r = \left(R'_r \frac{L_M}{L'_r}\right)\left(\frac{L'_r s + R'_r}{R'_r L_M}\right)\frac{i_{qs}}{i_{ds}} \tag{11-24}$$

假设 $\tau_r = L'_r / R'_r$ 为转子电路时间常数,则有

$$\omega_e - \omega_r = \left(\frac{\tau_r s + 1}{\tau_r}\right)\frac{i_{qs}}{i_{ds}} \qquad (11\text{-}25)$$

式中，s 是拉普拉斯算子，不应与转子转差率混淆，转差角频率 $\omega_e - \omega_r$，可以通过测量 i_{qs} 和 i_{ds}，在任何时刻利用式（11-25）进行估算，其中假设 τ_r 是已知的电机参数。转子电流产生的磁通量以 $(p/2)(\omega_e - \omega_r)$ 相对于转子旋转，转子磁通量以 $\omega_m + (p/2))(\omega_e - \omega_r)$ 的速度相对于定子旋转。在任何时刻，可通过积分 $(p/2)$ $(\omega_m + (p/2)(\omega_e - \omega_r))$ 获得转子磁通角（电角度）θ，得到

$$\theta = \left(\frac{1}{s}\right)\left(\frac{p}{2}\right)\omega_m + \left(\frac{\tau_r s + 1}{\tau_r}\right)\frac{i_{qs}}{i_{ds}} \qquad (11\text{-}26)$$

式中，ω_m、i_{qs} 和 i_{ds} 是实时测量的。转子磁通量定向的检测精度是 τ_r 的函数，随着转子温度的变化可能偏离其标称值。图 11-5 显示了如何利用式（11-26）实时检测转子磁场方向。

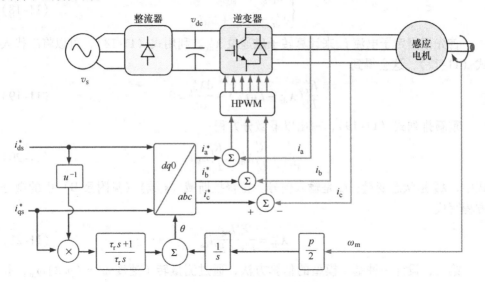

图 11-5 感应电机转子磁通量定向检测框图

11.3.2 感应电机的矢量控制实现

如图 11-5 所示，可以利用式（11-26）来确定转子磁通角 θ，从而得到感应电机的基本矢量控制方案。如果该角度用于将所需定子电流从 dq 坐标系变换到 abc 坐标系，则逆变器可使用滞环 PWM（HPWM）技术调制这些电流，如第 7 章所述。如果角度 θ 已知，则 d 轴电流可以调节磁通量，电机转矩可以独立地由 d 轴电流控制。

图 11-6 显示了感应电机的一种实用矢量控制方案。q 轴中的电流 i_{qs} 由 PI 控制器确定，以跟随所需的转子速度 ω_m^*。在该方案中，d 轴中的电流保持恒定，直到

基准速度,然后随着速度的增加,i_{ds} 减小。d 轴中的电流受最大标称(额定)定子电流的限制,如下所示:

$$i_{qs}^2 + i_{ds}^2 = I_s^2 \leq I_{s,max}^2 \tag{11-27}$$

在弱磁工作中,i_{ds}^* 可按比例降低至($1/\omega_m^*$)。然而,为了最大化利用电机驱动容量,i_{qs} 可以稍微增加,以实现最大转矩电流比(MTPA)控制。式(11-27)中给出的电流限制以及电压限制确定了定子电流正常范围的边界。为了推导这种关系,考虑一个电机模型,所有导数项在稳态时为零。因此,式(11-10)中的定子方程可以写成

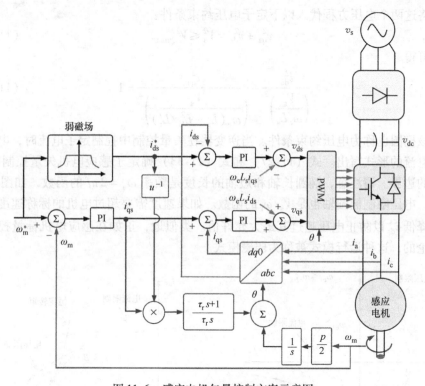

图 11-6 感应电机矢量控制方案示意图

$$\begin{cases} v_{qs} = R_s i_{qs} + \omega_e \lambda_{ds} \\ v_{ds} = R_s i_{ds} - \omega_e \lambda_{qs} \end{cases} \tag{11-28}$$

如果采用矢量控制,因为同步旋转参考坐标系的 d 轴与转子磁通量同向,所以有 $\lambda_{qr}' = 0$。此外,利用式(11-17)和式(11-18),可以写出

$$R_r' i_{dr}' + L_r' \frac{di_{dr}'}{dt} + L_M \frac{di_{ds}}{dt} = 0 \tag{11-29}$$

这意味着除瞬态 i_{ds} 外,i_{dr}' 具有非零值。因此,在同步参考坐标系中,稳态时 $i_{dr}' = 0$,定子磁通量可写成

$$\begin{cases} \lambda_{qs} = \left(L_s - \dfrac{L_M^2}{L_r'} \right) i_{qs} \\ \lambda_{ds} = L_s i_{ds} \end{cases} \tag{11-30}$$

忽略 $R_s i_{qs}$ 和 $R_s i_{ds}$，使用式（11-28）和式（11-30），q 轴和 d 轴电压以电流形式可写为

$$\begin{cases} v_{qs} = \omega_e \lambda_{ds} = \omega_e L_s i_{ds} \\ v_{ds} = -\omega_e \lambda_{qs} = -\omega_e \left(L_s - \dfrac{L_M^2}{L_r'} \right) i_{qs} \end{cases} \tag{11-31}$$

将这两个电压方程代入以下定子电压约束条件：

$$v_{qs}^2 + v_{ds}^2 = V_s^2 \leqslant V_{s,max}^2 \tag{11-32}$$

可得

$$\frac{i_{ds}^2}{\left(\dfrac{V_s}{\omega_e L_s} \right)^2} + \frac{i_{qs}^2}{\left(\dfrac{V_s}{\omega_e (L_s - L_M^2/L_r')} \right)^2} = 1 \tag{11-33}$$

该椭圆也称为电压约束条件。当逆变器在矢量控制中控制定子电流时，电压约束以电流的形式写出。式（11-27）和式（11-33）确定了感应电机矢量控制中 i_{ds}^* 轨迹的边界。请注意，椭圆长轴和短轴的长度是频率 $\omega_e = 2\pi f$ 的函数，如图 11-7 所示。电压限制椭圆轴也是 V_s/ω_e 的函数。如果速度需要超过电机的标称速度，则必须降低 i_{ds}^* 以防止电压超过其最大允许值。类似地，正如在感应电机标量控制中所讨论的，这种运行模式被称为弱磁模式。

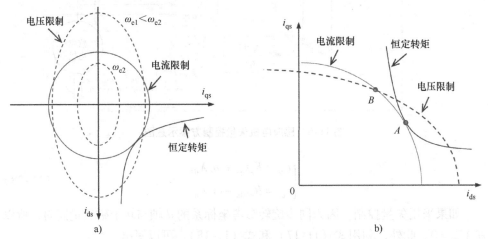

图 11-7 电流极限圆、电压极限椭圆和恒转矩双曲线定义了感应电机矢量控制的工作边界

考虑到电机处于稳态，转矩可用定子电流表示为

$$T_e = \frac{3}{2} \frac{p}{2} \left(\frac{L_M^2}{L_r'} \right) (i_{qs} i_{ds}) \tag{11-34}$$

对于恒定转矩，i_{qs} 和 i_{ds} 位于双曲线上，如图 11-7a 所示。随着频率（和电机转速）的增加，椭圆会缩小，并可能落在圆内。假设电机磁心未饱和，则通过最大电流积（即 $i_{ds}i_{qs}$）来提供最大转矩。如图 11-7b 所示，在 A 点提供最大转矩电流比（MTPA）控制，此时速度上升至其基准值。如果速度指令高于基准速度，则必须降低 i_{ds}，并在电流极限圆上增加 i_{qs}，以实现 MTPA。以下例子提供了感应电机矢量控制实现的更多细节。

例 11.2

对于示例 11.1 中相同的三相 30hp、460V、60Hz、4 极笼型感应电机，设计如图 11-6 所示的矢量控制器。考虑与例 11.1 相同的负载转矩表达式，仿真控制方案，绘制 q 轴定子电流、d 轴和 q 轴转子磁链以及速度，以验证弱磁运行。

使用矢量控制，可以通过调节 d 轴和 q 轴电流来独立控制磁通量和转矩（或速度）。对于弱磁模式，可以假设在 $n_m < 1800\text{r/min}$ 时，d 轴上的恒定磁通量为 1WbT。这相当于 $i_{ds}^* \cong \lambda_{ds}^*/L_s = 1 \div (51.4 \times 10^{-3}) = 19.46\text{A}$。如果设定指令速度在 1800r/min 时，则 i_{ds}^* 为式（11-27）和式（11-33）中获得的较小值。可以将速度 PI 系数设置为 $K_p = 0.012$ 和 $K_i = 0.002$。内环系数可以设置为 $K_{pq} = 4$、$K_{iq} = 5$、$K_{pd} = 5$ 和 $K_{id} = 8$。然而，图 11-6 中的交叉耦合支路，即 $\omega_e L_s i_d$ 和 $\omega_e L_s i_q$，尚未在本次仿真中实现。对于角度 θ，需要采用式（11-26），对于相应的电角速度 ω_e，对角度 θ 的估计应通过一个导数环节来实现，如 $s/(0.05s+1)$。与例 11.1 一样，可以在同步旋转的 dq 坐标系中进行电机仿真。

图 11-8a 显示了线 – 线 RMS 电压和速度曲线，图 11-8b 显示了转子磁通量和定子电流。q 轴上的转子磁通量，除了速度设定点改变后的短时间外，其他时间始终保持为零，$\lambda_{qr}' = 0$。因为在矢量控制中，dq 坐标系中的 d 轴与转子磁场方向同向，q 轴磁通量为零。当速度超过 1800r/min 并接近 2000r/min 时，d 轴的磁通量从 0.97WbT 降至 0.85WbT，使电机驱动器在磁场减弱的情况下运行，满足式（11-33）中给出的电压限制椭圆。

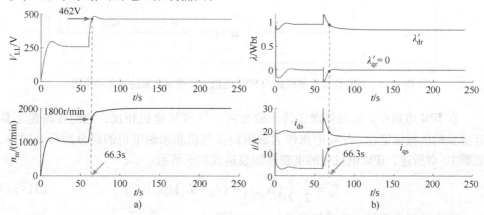

图 11-8　例 11.2 中从矢量控制方案获得的线 – 线电压和转子速度 a)，磁通量和电流 b)

11.4　永磁同步电机的矢量控制

图 11-9 显示了 SPM 电机的基本电流调节矢量控制。在该控制策略中，转子位置由位置传感器检测，并由 q 轴上的电流控制。如第 10 章所述，在 SPM 电机中，$L_d \cong L_q$，电磁转矩由定子电流的 q 轴分量和转子磁通量的乘积获得，如下所示：

$$T_e = \frac{3}{2}\frac{p}{2}(\Lambda_{pm}i_q) = \frac{3}{2}\frac{p}{2}(\Lambda_{pm}I_s\sin\delta) \tag{11-35}$$

式中，δ 为转矩角；$i_q = I_s\sin\delta$ 且 $i_d = I_s\cos\delta$。因此，通过保持 i_q 等于零来实现 MTPA。

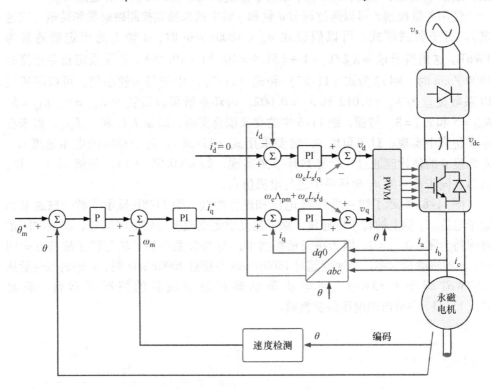

图 11-9　带有位置控制回路的 SPM 电机矢量控制方案的基本示意图

在 IPM 电机中，永磁体埋在转子磁心内，与 SPM 电机相比，它们在高速下具有更强的机械稳定性。IPM 电机作为磁阻同步电机和永磁电机的组合运行。同样，如第 10 章所述，IPM 电机中的电磁转矩表达式如下所示：

$$T_e = \frac{3}{2}\frac{p}{2}(\Lambda_{pm}i_q + (L_d - L_q)i_qi_d) \tag{11-36}$$

这也可以用定子电流峰值表示，如下所示：

$$T_e = \frac{3}{2} \frac{p}{2} \left(\Lambda_{pm} I_s \sin\delta + \frac{1}{2} (L_d - L_q) I_s^2 \sin(2\delta) \right) \tag{11-37}$$

对于 IPM 电机，产生最大转矩时 $\delta > 90°$，即 $i_d < 0$。与感应电机的矢量控制相比，转子磁场方向是使用位置传感器确定的，尽管无传感器技术也可用于检测转子位置。与感应电机相反，永磁电机的转子位置和转子磁通（磁场）量相同。

与感应电机类似，i_q 和 i_d 必须落在电流限制圆内，即

$$i_q^2 + i_d^2 = I_s^2 \leq I_{s,max}^2 \tag{11-38}$$

并且也必须在电压限制椭圆内，如图 11-10 所示。与感应电机相反，永磁电机的电压极限椭圆不居中，即中心坐标点不在（0，0）处。在稳态期间，忽略定子电阻的电压降，即 $v_q = \omega_e \lambda_d$ 和 $v_q = -\omega_e \lambda_q$，当 d 轴和 q 轴磁通量为 $\lambda_q = L_q i_q$ 和 $\lambda_d = L_d i_d + \Lambda_{pm}$ 时，如第 10 章所述。因此，IPM 电机中的电压极限椭圆如下所示：

$$\frac{(i_d + \Lambda_{pm}/L_d)^2}{\left(\dfrac{V_s}{\omega_e L_d}\right)^2} + \frac{i_q^2}{\left(\dfrac{V_s}{\omega_e L_q}\right)^2} = 1 \tag{11-39}$$

为了确定 MTPA 的 i_d^*，需要找到转矩在任何时刻具有最大值的转矩角。这可以通过将式（11-37）相对于转矩角求导得出，如下所示：

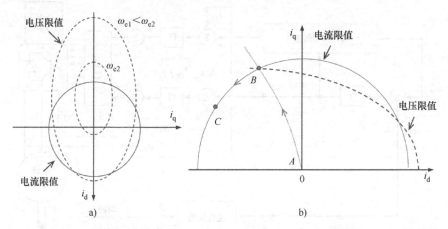

图 11-10 定义 IPM 电机矢量控制操作边界的电流极限圆、电压极限椭圆和恒转矩双曲线

$$\frac{\partial T_e}{\partial \delta} = \frac{3}{2} \frac{p}{2} \left(\Lambda_{pm} I_s \cos\delta + (L_d - L_q) I_s^2 \cos(2\delta) \right) = 0 \tag{11-40}$$

由于 $i_q = I_s \sin\delta$ 且 $i_d = I_s \cos\delta$，因此利用附录 A 中的三角恒等式，式（11-40）可重新排列为

$$\Lambda_{pm} i_d + (L_d - L_q)(i_d^2 - i_q^2) = 0 \tag{11-41}$$

对于根据所需转矩或所需速度确定 i_q^*，可通过求解二次方程 $i_d^2 + (\Lambda_{pm}/(L_d - L_q)) i_d - i_q^2 = 0$ 求得 i_d^*，即

$$i_d^* = \frac{\Lambda_{pm}}{2(L_q - L_d)} - \sqrt{\frac{\Lambda_{pm}^2}{4(L_q - L_d)^2} + (i_q^*)^2} \qquad (11\text{-}42)$$

正如预期的那样，该方程式表明，在 IPM 电机驱动器中，i_d^* 必须始终为负值，以提供最大转矩。对于图 11-10 中的 B 点，有 $i_q^2 + i_d^2 = I_s^2 = I_{s,max}^2$，因此式（11-42）可以写成

$$i_d^* = \frac{\Lambda_{pm}}{4(L_q - L_d)} - \sqrt{\frac{\Lambda_{pm}^2}{8(L_q - L_d)^2} + \frac{I_{s,max}^2}{2}} \qquad (11\text{-}43)$$

注意式（11-43）是一个常数，而式（11-42）确定了图 11-10b 中 AB 的轨迹，因为 i_q^* 由所期望的转子速度设定（见图 11-11）。此图给出了永磁电机的一种实用矢量控制方案。在 IPM 电机中，L_s 在 q 轴上为 L_q，L_s 在 d 轴上为 L_d。

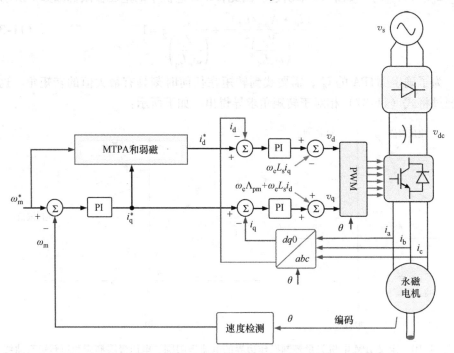

图 11-11　带位置控制的 IPM 和 SPM 电机矢量控制方案示意图

例 11.3

三相 10kW、400V、4 极 IPM 电机的额定转速为 2500r/min，其电路参数为：$R_s = 0.3\Omega$、$L_d = 8.1$mH、$L_q = 24.4$mH、$\Lambda_{pm} = 0.398$Wb 和 $J = 0.04$kg·m²。设计图 11-11 所示的矢量控制方案。假设负载转矩为 $T_L = (0.583 \times 10^{-3})\omega_m^2$Nm，仿真控制方案，绘制速度，以及速度指令设置为 2750r/min 时的 q 轴和 d 轴电流。

对于 MTPA 工作，应将 i_d^* 设定为跟随式（11-42）以达到额定速度，即 $n_m \leqslant$ 2500r/min。对于更高的速度，d 轴电流必须根据电流极限圆进行设置，即

$$i_d^* = \begin{cases} 12.21 - \sqrt{12.21^2 + (i_q^*)^2} & \text{对于 } n_m \leqslant 2500 \text{r/min} \\ -\sqrt{35^2 - (i_q^*)^2} & \text{对于 } n_m > 2500 \text{r/min} \end{cases} \tag{11-44}$$

可以将速度 PI 系数设置为 $K_p = 0.012$、$K_i = 0.002$，并且可以将内环系数设置为 $K_{pq} = 4$、$K_{iq} = 5$、$K_{pd} = 5$ 和 $K_{id} = 8$，类似于例 11.2。图 11-11 中的交叉耦合路径也未在该仿真中体现。

图 11-12a 显示了速度曲线，此外，在图 11-12b 中，绘制了 i_q 和 i_d。当转速超过 2500r/min 的额定转速时，i_q 和 i_d 保持在电流限制圆上，且 $I_{s,max} = 35$A，以提供较小的转矩，并使转速达到 2750r/min。

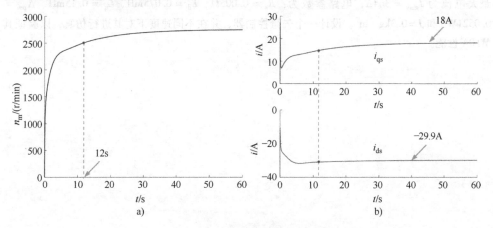

图 11-12 例 11.3 中通过矢量控制方案获得的转子速度 a) 和定子电流 b)

11.5 习　　题

11.1 三相 30hp、460V、60Hz、4 极笼型感应电机，在第 10 章已建立其模型。电路参数为：$R_s = 0.2\Omega$、$L_{\ell s} = 1.4$mH、$L_M = 50$mH、$L'_{\ell r} = 1.4$mH、$R'_r = 0.52\Omega$ 和 $J = 1.12$kg·m²。设计 V/f 标量控制方案。假设负载转矩可建模为 $T_L = (0.7 \times 10^{-3})\omega_m^2$，其中 T_L 单位为 Nm，ω_m 单位为 rad/s。仿真控制方案，绘制定子磁通量和电流，并验证弱磁模式。

11.2 三相 20hp、460V、60Hz、4 极笼型感应电机的电路参数为：$R_s = 0.22\Omega$、$L_{\ell s} = 1.2$mH、$L_M = 55$mH、$L'_{\ell r} = 1.3$mH、$R'_r = 0.42\Omega$ 和 $J = 1.02$kg·m²。设计矢量控制方案，假设负载转矩可建模为 $T_L = (0.65 \times 10^{-3})\omega_m^2$，其中 T_L 单位为 Nm，ω_m 单位为 rad/s。仿真控制方案，绘制定子磁通量和电流，并验证弱磁模式。

11.3 三相 20kW、460V、4 极 IPM 电机具有最大值转速 $n_{max} = 2500$r/min，最大转矩为 $T_{max} = 30$Nm，电路参数为：$R_s = 0.3\Omega$、$L_d = 2.5$mH、$L_q = 7.5$mH、$\Lambda_{pm} = 0.147$Wb 和 $J = 0.04$kg·m²。如果使用基本控制方案将转子速度设定为 2000r/min，当机械转矩为 30 Nm 时，仿真电机，绘制当 $i_{ds}^* = -5$A，-15A，-25A，-35A 时的转子速度曲线，并确定最大转矩电流比。

11.4 三相 100kW、$300V_{dc}$、8 极、5000r/min IPM 电机具有最大值转速 $n_{max} = 5000r/min$，最大电流为 $I_{max} = 364A$，电路参数为：$R_s = 0.005\Omega$、$L_d = 0.075mH$、$L_q = 0.15mH$、$\Lambda_{pm} = 0.0521Wb$ 和 $J = 0.3kg \cdot m^2$。求得最大转矩电流比。证明在额定转速和电流下，转矩角为 116.5°。

11.5 三相 100kW、$300V_{dc}$、8 极、5000r/min IPM 电机具有最大值转速 $n_{max} = 5000r/min$，最大电流为 $I_{max} = 364A$，电路参数为：$R_s = 0.005\Omega$、$L_d = 0.075mH$、$L_q = 0.15mH$、$\Lambda_{pm} = 0.0521Wb$ 和 $J = 0.3kg \cdot m^2$。求得最大转矩电流比。证明在额定转速和电流下，d 轴和 q 轴电流分别为 –162.2A 和 325.6A，以及 d 轴和 q 轴电压分别为 –103.1V 和 53.4V。

11.6 三相 100kW、$300V_{dc}$、8 极、5000r/min IPM 电机具有最大值转速 $n_{max} = 5000r/min$，最大电流为 $I_{max} = 364A$，电路参数为：$R_s = 0.005\Omega$、$L_d = 0.075mH$、$L_q = 0.15mH$、$\Lambda_{pm} = 0.0521Wb$ 和 $J = 0.3kg \cdot m^2$。设计一个矢量控制器，并在不同速度下对其进行仿真，以验证其 MTPA 性能。

第 **12** 章

逆变器及其高频瞬态

高功率密度变换器通常采用高速固态开关来实现，然而，快速进行开关切换（短的开启和关断时间）可能会导致电路元件之间存在很大的容性和感性耦合。这些耦合会在变换器的电源和控制电路之间产生电磁干扰（EMI），给设计工程师带来更多的挑战。快速开关还可能导致长的走线和电力电缆中的行波。在电机驱动系统中，行波会引起电机绕组上的反射波和高频瞬态电压，并产生流过电机滚珠轴承的漏电流。在本章中将了解逆变器如何产生高频瞬态电压、漏电流和行波。

12.1 电磁干扰和标准

固态开关是电磁干扰的来源，因为在功率变换器中，高压和电流的快速变化，即高 dv/dt 和 di/dt。高 di/dt 会由于电源线（或走线）的杂散电感而产生过电压尖峰，而高 dv/dt 会由于导体之间的杂散电容以及导体对地的杂散电容而产生明显的漏电流。高 dv/dt 和 di/dt 产生的 EMI 及其二次效应，例如，由于电路元件的寄生电感和电容引起的谐振，频谱十分广泛，可分类为传导（简单地定义为低于30MHz 的噪声）和辐射发射（高于 30MHz）。请注意，功率变换器中 PWM 频率的谐波（约高于150kHz）也会产生传导发射。

有三种方案可以缓解功率变换器（逆变器）中的电磁干扰。简单的解决方案是通过增加开关切换时间来减少 dv/dt 和 di/dt。这种解决方案增加了开关损耗，因此，设计工程师需要在 EMI 和效率之间进行权衡。第二种方案是采用合理的布局、互连和参数配置来减少电路元件之间的杂散电感和电容。第三种方案是采用 EMI 滤波器，但这会增加变换器的成本和重量。逆变器制造商必须检查传导和辐射发射，并确定其逆变器（或变换器）与其工作环境兼容性的最佳解决方案，即实现良好的电磁兼容性（EMC）。

政府和管理机构已经为电子设备制造商制定了 EMC 规范。最熟悉的 EMC 管理机构是美国联邦通信委员会（FCC）和国际射频干扰特别委员会（International Special Committee on Radio Frequency Interference，CISPR）。传导和辐射发射限值如图 12-1 所示。图 12-1a 显示了 FCC（第 15 部分）和 CISPR 对 A 类和 B 类设备制定的发射标准。一般而言，A 类是指为工业环境设计的设备的标准，而 B 类是指为居住环境装置的标准。此外，图 12-1b 显示了 FCC（第 15 部分）和 CISPR 10m 测量距离的辐射发射标准。请注意，对于 A 类和 B 类辐射发射，CISPR 发射限值比 FCC 更严格。

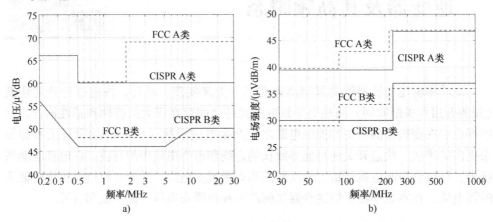

a)   b)

图 12-1   FCC 和 CISPR 限值，a）传导和 b）辐射（10m 距离）

在认证试验中，制造商使用线路阻抗稳定网络（LISN）测量来自电子设备的传导发射。LISN 用于减少线路阻抗变化对测量的影响，并过滤测量噪声。使用 LISN 可以确保线路阻抗和噪声变化不会干扰测量。典型的 LISN 电路结构如图 12-2 所示。

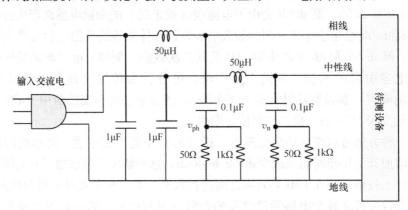

图 12-2   测量传导 EMI 的线路阻抗稳定网络（LISN）

可以看出，通过差模和共模电流（即 i_{DM} 和 i_{CM}）在 50Ω 电阻感应得到的电压（即 v_{ph} 和 v_n）间的关系为

$$\begin{cases} i_{CM} = \dfrac{1}{2}\left(\dfrac{v_{ph}}{50} + \dfrac{v_n}{50}\right) \\[2mm] i_{DM} = \dfrac{1}{2}\left(\dfrac{v_{ph}}{50} - \dfrac{v_n}{50}\right) \end{cases} \tag{12-1}$$

这两个公式用于测量 i_{DM} 和 i_{CM} 的频谱，从而测量变换器的传导发射。请注意，差模电流是从一根导线流入设备并从设备的另一根导线返回的电流。差模噪声叠加到正常相电流上，可通过导体之间的寄生电容形成其闭合回路。共模电流是从输入端子流入设备，通过导体和接地之间的寄生电容从接地路径返回的电流。

12.2　三相逆变器中的共模电压

图 12-3 展示了通过电缆供电的三相电压源逆变器（VSI）和电机系统中，流入地的共模电流路径、差模电流路径以及栅极驱动电路、通信端口、反馈和控制器输入/输出信号上的感应电压。中性点不在零电位，也称为共模（CM）电压。为了找到 VSI 产生的 CM 电压，可以将直流母线中点视为 VSI 电路中的参考点。请注意，图 12-3 中 0 所示的直流母线中点电位为零。为了获得直流母线中点，可在直流母线的正极和负极轨之间连接两个相同的并联电容和均衡电阻，如图 12-3 所示。均衡电阻的范围为数百 kΩ 或更大。如第 7 章所述，考虑到八种可能的开关状态，可获得电机中性点 n 处的电压，该电压与直流母线中点有关。CM 电压 v_{n0} 的计算方法是将中性点相对于直流母线正轨的电压 v_{np} 和正轨相对于直流母线中点的电压 v_{p0} 相加，见表 12-1。如果与 CM 电压相关的电流路径中断，则不会产生额外损耗。对

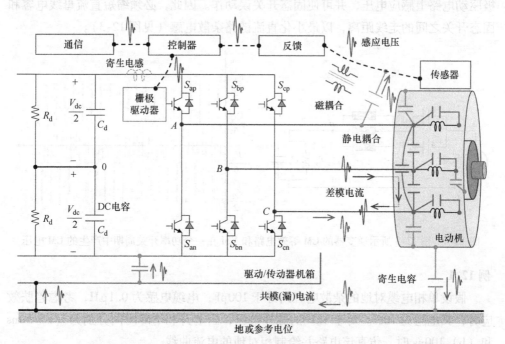

图 12-3　三相两电平电压源逆变器为电动机、高频瞬态电流和高频瞬态（感应）电压供电

于 PWM 频率，隔离变压器可以中断逆变器与其输出电路之间的电流路径。然而，对于 dv/dt 非常高时的开关边沿，通过电源线（走线）、电源模块和接地（或电路的任何接地部分）之间的寄生电容存在到接地的电流路径。高频共模电感器（或滤波器）通常用于中断高频漏电流。

在电机驱动应用中，CM 电压会对电机绝缘和滚珠轴承产生额外的电压应力。从表 12-1 中可知，最大 CM 电压达到直流母线电压的一半。在驱动电缆电机系统中，CM 电压可能导致 CM 电流漏到地，如图 12-3 所示。VSI 的简化 CM 模型如图 12-4所示。在该图中，集总参数 R_s 和 C_s 表示 CM 电流路径对地中的杂散阻抗。

表 12-1　PWM 产生的 VSI CM 电压

	111	101	100	110	010	011	001	000
V_{np}	0	$-\dfrac{1}{3}V_{dc}$	$-\dfrac{2}{3}V_{dc}$	$-\dfrac{1}{3}V_{dc}$	$-\dfrac{2}{3}V_{dc}$	$-\dfrac{1}{3}V_{dc}$	$-\dfrac{2}{3}V_{dc}$	$-V_{dc}$
$v_{n0}=v_{np}+v_{p0}$	$\dfrac{1}{2}V_{dc}$	$\dfrac{1}{6}V_{dc}$	$-\dfrac{1}{6}V_{dc}$	$\dfrac{1}{6}V_{dc}$	$-\dfrac{1}{6}V_{dc}$	$\dfrac{1}{6}V_{dc}$	$-\dfrac{1}{6}V_{dc}$	$-\dfrac{1}{2}V_{dc}$

直流母线电容和固态开关之间的走线杂散电感也会导致 MHz 频率范围内的电流和电压振荡，导致高频电流流过散热器和地之间的杂散电容。高 dv/dt 还可在栅极驱动电路上感应电压，并可使固态开关误动作。因此，必须缩短直流母线电容和固态开关之间的走线距离，以最小化直流链路杂散电感（见图 12-3）。

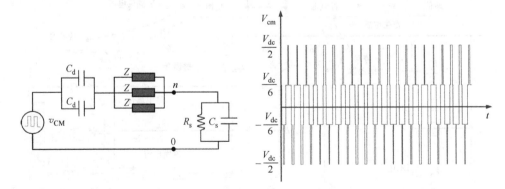

图 12-4　图 12-3 所示逆变器的 CM 等效电路和 VSI 在一个功率开关周期中产生的 CM 电压

例 12.1

假设单相电缆对地的杂散电容约等于 100pF，电缆电感为 0.1μH，考虑趋肤效应时，其电阻为 10Ω。对于 1kV 的脉冲电压，当上升和下降时间分别为（a）50ns 和（b）100ns 时，仿真该电路并绘制相对地的电流曲线。

假设 v_c 是杂散电容上的电压，有

$$Ri + L\frac{\mathrm{d}i}{\mathrm{d}t} + v_c = v_i \tag{12-2}$$

假设 $i = i_g = C\mathrm{d}v_c/\mathrm{d}t$，因此

$$LC\frac{\mathrm{d}^2 v_c}{\mathrm{d}t^2} + RC\frac{\mathrm{d}v_c}{\mathrm{d}t} + v_c = v_i \tag{12-3}$$

式中，$v_i(t)$ 可表示为

$$v_i(t) = \frac{V_d}{t_r}\big[tu(t) - (t - t_r)u(t - t_r)\big] \tag{12-4}$$

式中，$u(t)$ 是单位阶跃函数；V_d 是脉冲电压的幅值。利用附录 B 的拉普拉斯变换表，有

$$V_i(s) = \frac{V_d}{t_r}\Big[\frac{1 - e^{-st_r}}{s^2}\Big] \tag{12-5}$$

将式 (12-3) 转换到 s 域，可得

$$V_c(s) = \frac{V_i(s)}{LCs^2 + RCs + 1} \tag{12-6}$$

然后通过以下公式求得漏电流为

$$I_c(s) = \left(\frac{V_d}{Lt_r}\right)\frac{1 - e^{-st_r}}{s(s^2 + (R/L)s + 1/LC)} \tag{12-7}$$

正如预期，可以从式 (12-7) 中观察到，漏电流随着上升时间的缩短而增加。如果 $t_r = 100\mathrm{ns}$，$i_c(t_f) = CV_d/t_r = 1\mathrm{A}$，如果 $t_r = 50\mathrm{ns}$，$i_c(t_f) = CV_d/t_r = 2\mathrm{A}$。因此，更高频率的器件，例如 WBG 晶体管，会产生更多的 CM 电流。为了证明快速切换的效果，100ns 和 50ns 切换时间的漏电流如图 12-5 所示。两个电流均在 $\frac{1}{2\pi\sqrt{LC}} = $ 50MHz 的频率振荡，但当 $t_r = 50\mathrm{ns}$ 时，直流分量和第一次超调量更高。

通常，对于梯形（电压或电流）波形（具有有限上升和下降时间的脉冲），例如图 12-5 中的 V_i，第 h 次谐波由下式给出：

$$V_i = 2DV_{dc}\frac{\sin(\pi hD)}{(\pi hD)}\frac{\sin(\pi h(t_r/T))}{(\pi h(t_r/T))} \tag{12-8}$$

式中，h 是奇数整数；V_{dc} 是电压（或电流）脉冲的峰值；T 是脉冲的周期；D 是脉冲的占空比；t_r 是脉冲的上升时间，假设下降时间和上升时间相等。从式 (12-8) 中，如果绘制快速傅里叶变换（FFT）的频谱，可以观察到脉冲的大部分能量在低于 $1/\pi t_r$ 的频率。通常，在最坏情况分析中，必须考虑开通和关断两个时间中最短的那个。

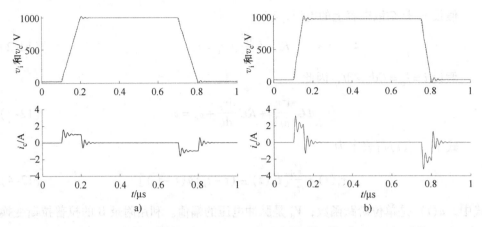

图 12-5 上升和下降时间为 100ns a) 和上升和下降时间为 50ns b) 时的
脉冲电压、电容上的电压和漏电流

12.3 静电和磁耦合

本节简要研究了静电耦合和磁耦合。在本研究中，假设导体长度与激发波长相比较短。因此，导体之间的耦合可用集总电容和电感表示。在下文中，将看到其中一个导体被屏蔽后，如何减少两个导体之间的静电耦合，以及导体之间的角度如何影响磁耦合。

12.3.1 静电耦合

两个导体（即导体 1 和导体 2）之间的静电（电容）耦合如图 12-6 所示。利用基尔霍夫电压定律（KVL），通过以下微分方程求得图 12-6a 中由 v_1 生成的导线 2 和地之间的静电电压 v_{2g}：

$$C_{2g} \frac{dv_{2g}}{dt} + \frac{v_{2g}}{R} = C_{12} \frac{d(v_1 - v_{2g})}{dt} \tag{12-9}$$

式中，v_1 是导体 1 上的干扰源；v_{2g} 是由于静电耦合导致的导体 2 上的电压。式（12-9）可重新排列为

$$(C_{12} + C_{2g}) \frac{dv_{2g}}{dt} + \frac{v_{2g}}{R} = C_{12} \frac{dv_1}{dt} \tag{12-10}$$

将式（12-10）变换到 s 域，可得

$$V_{2g}(s) = \frac{C_{12}s}{\frac{1}{R} + (C_{12} + C_{2g})s} V_1(s) \tag{12-11}$$

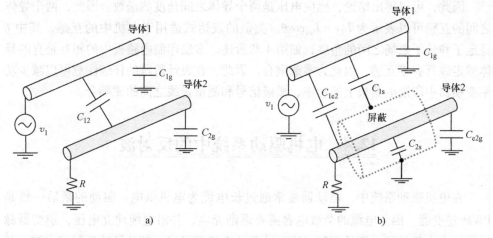

图 12-6　两个导体之间的静电耦合 a) 和一个导体屏蔽时两个导体之间的静电耦合 b)

C_{1g} 不会影响静电耦合，因此可以检查两种极端情况。对于低频和相对较小的 R，导体 2 上产生的电压成为 C_{12}、R 和输入电压变化的函数，即 $V_{2g} = (RC_{12})sV_1$。然而，对于高频和相对较大的 R，导体 2 上产生的静电电压与频率无关，即

$$v_{2g}(s) = \frac{C_{12}}{C_{12} + C_{2g}}v_1 \qquad (12\text{-}12)$$

如图 12-6b 所示，如果导体 2 被屏蔽接地，那么对于高频和相对较大的 R，可写出

$$v_{2g}(s) = \frac{C_{1e2}}{C_{1e2} + C_{2s} + C_{e2g}}v_1 \qquad (12\text{-}13)$$

式中，C_{1e2} 是导体 1 和导体 2 的非屏蔽部分之间的电容值；C_{e2g} 是导体 2 的非屏蔽部分与地之间的电容值。如果第 2 根导线完全屏蔽接地，C_{1e2} 和 C_{e2g} 的值变为零，因此 $v_{2g} \cong 0$。

12.3.2　磁耦合

图 12-7 所示为同一表面上的两根导体，但角度为 θ。如果 v_1 是导体 1 上的噪声源，则第 2 根导体上的感应电压可利用法拉第定律获得，导体 2 看到的磁通量由下式给出：

$$\psi = \int \vec{B} \cdot \mathrm{d}\vec{S} = BA\cos\theta \quad (12\text{-}14)$$

根据法拉第定律，感应电压为

$$e = \frac{\mathrm{d}\psi}{\mathrm{d}t} = \frac{\mathrm{d}B}{\mathrm{d}t}A\cos\theta \quad (12\text{-}15)$$

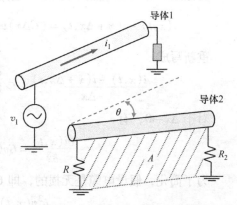

图 12-7　两个导体之间的磁耦合角度为 θ

因此，可以得出结论，感应电压是两个导体之间角度的函数。因此，两个导体之间的互感可以表示为 $L_{12} = L_m\cos\theta$。类似的表达式适用于电机中的互感，其中 θ 是定子和转子磁场之间的角度，如第 4 章所述。多层印制电路板中的相互垂直的导体或走线具有零互感，因此为零磁耦合。因此，在设计阶段的仔细注意可以减少功率变换器中印制电路板上的功率、栅极信号和测量走线之间的磁耦合。

12.4　电机驱动系统中的反射波

在电机驱动系统中，驱动器通常通过长电缆为电机供电。驱动的最后一级是 PWM 逆变器，因为电缆的杂散电容需要逐渐充电，并沿电缆建立电压，逆变器脉冲无法在电机端子立即检测到。当脉冲到达电机端子时，部分脉冲反射回电缆，其余脉冲穿透电机定子绕组。入射脉冲和反射脉冲在电机端相加，理论上能达到原始脉冲幅值的两倍。这种高频现象如果不加以抑制，可能会导致电机绕组绝缘故障。

为了研究反射波现象，考虑电缆长度的很小一部分 dx，如图 12-8 所示。对电路采用 KVL 可得

$$v(x,t) = (R\Delta x)i(x,t) + (L\Delta x)\frac{\partial i(x,t)}{\partial t} + v(x+\Delta x,t) \tag{12-16}$$

此式可重新写成

$$\frac{v(x,t) - v(x+\Delta x,t)}{\Delta x} = Ri(x,t) + L\frac{\partial i(x,t)}{\partial t} \tag{12-17}$$

对于 $\Delta x \to 0$，有

$$-\frac{\partial v(x,t)}{\partial x} = Ri(x,t) + L\frac{\partial i(x,t)}{\partial t} \tag{12-18}$$

类似地，将 KCL 应用于图 12-8 电路的中间节点，得到

$$i(x,t) - i(x+\Delta x,t) = (G\Delta x)v(x+\Delta x,t) + (C\Delta x)\frac{\partial v(x+\Delta x,t)}{\partial t} \tag{12-19}$$

重新写成

$$\frac{i(x,t) - i(x+\Delta x,t)}{\Delta x} = Gv(x+\Delta x,t) + C\frac{\partial v(x+\Delta x,t)}{\partial t} \tag{12-20}$$

对于 $\Delta x \to 0$，有

$$-\frac{\partial i(x,t)}{\partial x} = Gv(x,t) + C\frac{\partial v(x,t)}{\partial t} \tag{12-21}$$

为了简化，假设电缆是无损的，即 $G \approx 0$ 和 $R \approx 0$，有

$$-\frac{\partial^2 v(x,t)}{\partial x^2} = L\frac{\partial^2 i(x,t)}{\partial x \partial t} \tag{12-22}$$

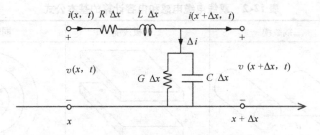

图 12-8　研究反射波的一小段电缆的电气模型

同样有

$$-\frac{\partial^2 i(x,t)}{\partial t \partial x} = C\frac{\partial^2 v(x,t)}{\partial t^2} \tag{12-23}$$

联立方程有

$$\frac{\partial^2 v(x,t)}{\partial x^2} = LC\frac{\partial^2 v(x,t)}{\partial t^2} \tag{12-24}$$

从数学上讲，此偏微分方程（称为行波）的响应被证明有以下形式：

$$v(x,t) = f\left(x - \frac{t}{\sqrt{LC}}\right) + g\left(x + \frac{t}{\sqrt{LC}}\right) \tag{12-25}$$

波通常可以向两个方向传播，正向行波如图 12-9 所示。

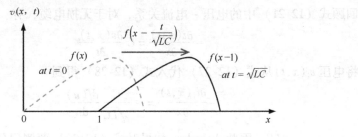

图 12-9　沿电缆的正向行波

12.4.1　行波速度

考虑到在 $t=0$ 和 $t=\sqrt{LC}$ 时向 x 轴正方向移动的行波，可以计算行波速度为

$$v_{\mathrm{w}} = \frac{\Delta x}{\Delta t} = \frac{1-0}{\sqrt{LC}-0} = \frac{1}{\sqrt{LC}} \tag{12-26}$$

式中，L 和 C 是单位长度的电缆电感和电容。例如，对于圆柱形双线电缆，见表 12-2，$L = (\mu/\pi)\cosh^{-1}(d/2r)\,\mathrm{H/m}$ 和 $C = \pi\varepsilon/\cosh^{-1}(d/2r)\,\mathrm{F/m}$。替换式（12-26）中的 L 和 C，波速为 $v_{\mathrm{w}} = 1/\sqrt{\mu\varepsilon}$。如果两根导线之间的填充材料具有和空气相同的介电常数和磁导率，即 $\mu_0 = 4\pi \times 10^{-7}$ 和 $\varepsilon_0 = 10^{-9}/36\pi$，那么波速可计算为 $v_{\mathrm{w}} = 1/\sqrt{\mu_0\,\varepsilon_0} = 3 \times 10^8\,\mathrm{m/s}$，即光速。实际在电力电缆中，波速远低于光速。

表 12-2　双线电缆电感和电容计算的基本公式

参数	二线线缆	二平板线缆	同轴线缆
$L/(\text{H/m})$	$\dfrac{\mu}{\pi}\cosh^{-1}\left(\dfrac{d}{2r}\right)$	$\dfrac{\mu d}{w}$	$\dfrac{\mu}{2\pi}\ln\left(\dfrac{r_{\text{b}}}{r_{\text{a}}}\right)$
$C/(\text{F/m})$	$\dfrac{\pi\varepsilon}{\cosh^{-1}\left(\dfrac{d}{2r}\right)}$	$\dfrac{\varepsilon w}{d}$	$\dfrac{2\pi\varepsilon}{\ln\left(\dfrac{r_{\text{b}}}{r_{\text{a}}}\right)}$

12.4.2　行波阻抗

特性阻抗定义为电缆上任意点的电压与电流之比，考虑正向或入射波沿 x 轴的正方向传输。

$$v_{\text{i}}(x,t)=f\left(x-\frac{t}{\sqrt{LC}}\right) \tag{12-27}$$

回顾式（12-21）中的电压-电流关系，对于无损电缆，有

$$-\frac{\partial i(x,t)}{\partial x}=C\frac{\partial v(x,t)}{\partial t} \tag{12-28}$$

将电压 $v_{\text{i}}(x,t)$ 从式（12-27）代入式（12-28）得到

$$-\frac{\partial i_{\text{i}}(x,t)}{\partial x}=-\frac{C}{\sqrt{LC}}\frac{\mathrm{d}f(u)}{\mathrm{d}u} \tag{12-29}$$

式中，$u=x-t/\sqrt{LC}$，因此 $\mathrm{d}u=\mathrm{d}x$。如果对式（12-29）两侧积分，可得

$$i_{\text{i}}(x,t)=\sqrt{C/L}\int \mathrm{d}f(u)=\sqrt{C/L}v_{\text{i}}(x,t) \tag{12-30}$$

因此，电压和电流的关系为

$$v_{\text{i}}(x,t)=\sqrt{L/C}i_{\text{i}}(x,t) \tag{12-31}$$

特性阻抗定义为 $Z=\sqrt{L/C}$。对于反向波或反射波，$v_{\text{r}}(x,t)=g(x+t/\sqrt{LC})$，可重复相同的计算，以获得以下方程式：

$$v_{\text{r}}(x,t)=-\sqrt{L/C}i_{\text{r}}(x,t) \tag{12-32}$$

请注意，反向波的电压和电流不同相。

12.4.3　反射波系数

在两根电缆的连接点，即在边界 $x=\ell$ 处，函数 $v(x,\ t)$ 和 $\partial v(x,t)/\partial x$ 是连续

的，根据入射波的幅值和电缆的特性阻抗 Z_1 和 Z_2 确定反射波和透射波的幅值。由于 $v(x, t)$ 的连续性，即 $v(\ell+, t) = v(\ell-, t)$，有

$$v_i + v_r = v_t \tag{12-33}$$

式中，下标 i 表示入射波；r 表示反射波；t 表示透射波。此外，边界 $x = \ell$ 处，由于 $\partial v(x, t)/\partial x$ 的连续性，即 $\dfrac{\partial v(\ell^+, t)}{\partial x} = \dfrac{\partial v(\ell^-, t)}{\partial x}$，将有 $I_i + I_r = I_t$，可以改写为

$$\frac{v_i}{Z_1} - \frac{v_r}{Z_1} = \frac{v_t}{Z_2} \tag{12-34}$$

根据这些方程，反射波系数由以下公式得出：

$$\Gamma_r = \frac{v_r}{v_i} = \frac{Z_2 - Z_1}{Z_2 + Z_1} \tag{12-35}$$

反射系数 $0 \leqslant \Gamma_r \leqslant 1$，根据入射波描述反射波的振幅。如果阻抗完全匹配，即 $Z_2 = Z_1$，则 $\Gamma_r = 0$，这意味着没有反射，而 $\Gamma_r = 1$ 意味着完全反射。透射系数也可以表示为

$$\Gamma_r = \frac{v_t}{v_i} = \frac{2Z_2}{Z_2 + Z_1} = 1 + \Gamma_r \tag{12-36}$$

式中，$\Gamma_t = 1$ 表示无反射，且所有波能被负载或第二电路吸收，其特性（浪涌）阻抗为 Z_2。可知，对于正的 Γ_r 值，Γ_t 可以超过 1。

图 12-10 显示了两条电缆连接点附近的入射波以及反射波和透射波。图 12-10a 显示了当第二条电缆的特性阻抗比第一条电缆大时的行波，即 $Z_2 > Z_1$，因此 $\Gamma_r > 0$ 和 $\Gamma_t > 1$。在这种情况下，第二条电缆中的波传播较慢，即 $v_{w2} < v_{w1}$。图 12-10b 显示了当第二条电缆具有较小的特性阻抗时的行波，即 $Z_2 < Z_1$，因此 $\Gamma_r < 0$ 和 $\Gamma_t < 1$，第二条电缆中的波传播更快，即 $v_{w2} > v_{w1}$。

例 12.2

逆变器输出宽度为 16μs、幅值为 300V 的矩形脉冲，通过 100m 电缆连接至电机，如图 12-11 所示。电缆的特性阻抗为 50Ω，电缆中的波速为 $0.5 \times 10^8 \mathrm{m/s}$，逆变器和电机阻抗分别为 10Ω 和 150Ω。绘制前 22μs，即 $0 < t < 22$μs 期间，电机端子处的电压波形 $V(\ell_c, t)$。

假设逆变器产生的入射电压开始从逆变器端传播，直流母线电压为 360V，逆变器的特性阻抗为 10Ω（本例假设），则逆变器输出端产生的电压幅值如下所示：

$$V_i = \frac{50}{10 + 50} \times 360 = 300\mathrm{V} \tag{12-37}$$

对于给定电缆，脉冲到达电机端子的传播时间可计算为

$$t_c = \frac{\ell_c}{v_w} = \frac{100}{0.5 \times 10^8} = 2\mu\mathrm{s} \tag{12-38}$$

然后，V_i 脉冲到达电机并返回逆变器所需的时间为 $T_w = 2t_c = 4$μs，小于 16μs 的脉冲宽度。因此，入射电压和反射电压在电机端重叠。首先计算两端的电压反射

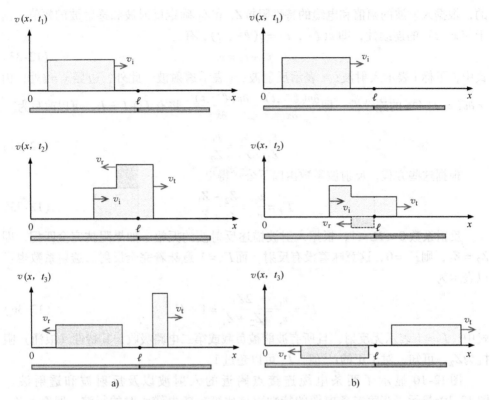

图 12-10 在 t_1、t_2 和 t_3 三个瞬间，两条电缆连接点附近的入射、反射和透射波，
当波在第二条电缆 a) 中传播较慢时，以及当波在第二条电缆 b) 中传播较快时

系数。逆变器端子处的反射系数计算如下：

$$\Gamma_{\mathrm{ri}} = \frac{Z_{\mathrm{i}} - Z_{\mathrm{c}}}{Z_{\mathrm{i}} + Z_{\mathrm{c}}} = \frac{10 - 50}{10 + 50} = -\frac{2}{3} \qquad (12\text{-}39)$$

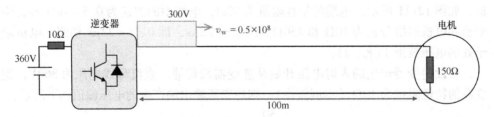

图 12-11 例 12.2 中电压脉冲在逆变器和电机之间传播时逆变器 – 电缆 – 电机结构图

此外，电机端子处的反射系数可通过以下公式获得：

$$\Gamma_{\mathrm{rm}} = \frac{Z_{\mathrm{c}} - Z_{\mathrm{m}}}{Z_{\mathrm{c}} + Z_{\mathrm{m}}} = \frac{150 - 50}{150 + 50} = \frac{1}{2} \qquad (12\text{-}40)$$

考虑到传播时间、电缆长度和两端的反射系数，可以得到表 12-3，式中显示了电机端子在任何时刻的入射电压和反射电压。对于 $0 < t < 2\mu s$，$V(\ell_c, t) = 0$。因此，可以使用表 12-3 绘制电机端子上的振荡电压，如图 12-12 所示。该例子表明，电机端子处的电压最大值为 450V，是逆变器初始脉冲电压的 1.5 倍。

实际上，振荡电压的形状不同于图 12-12 所示的形状。电机端子上的实际振荡波形看起来更像是叠加在直流母线电压上的畸变和衰减正弦波。然而，可以使用例 12.2 中给出的计算来估计振荡频率和峰值。但是，振荡电压的衰减速度可能比本例更快。通常，随着电缆长度的缩短，振荡电压衰减得更快。请注意，电缆越短意味着频率越高，这意味着由于电缆的趋肤效应，对行波的阻力越大。

表 12-3 例 12.2 中的入射和反射电压脉冲

时间	入射电压	反射电压
$2 < t < 18\mu s$	$V_i = 300V$	$V_r = \dfrac{1}{2} \times 300 = 150V$
$6 < t < 22\mu s$	$V_i = -\dfrac{2}{3} \times 150 = -100V$	$V_r = \dfrac{1}{2} \times (-100) = -50V$
$10 < t < 26\mu s$	$V_i = -\dfrac{2}{3} \times (-50) = 33.3V$	$V_r = \dfrac{1}{2} \times 33.3 = 16.6V$
$14 < t < 30\mu s$	$V_i = -\dfrac{2}{3} \times 16.6 = -11.1V$	$V_r = \dfrac{1}{2} \times (-11.1) = -5.5V$

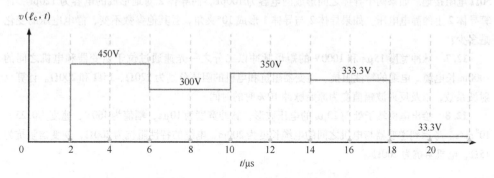

图 12-12 例 12.2 中逆变器 – 电缆 – 电机的电机电压振荡

12.5 习　题

12.1 线路阻抗稳定网络（LISN）（见图 12-2）在 50Ω 电阻上测到的电压分别为 $v_{ph} = 208.68V$ 和 $v_n = 0.27V$，计算共模和差模电流。

12.2 三相逆变器在 650V 直流母线电压下工作，IGBT 的上升和下降时间均为 100ns，仿真逆变器 $100\mu s$，该逆变器通过 20m 电缆给 100Ω 电阻负载供电，测量并绘制电缆两端的线路电流。每 10m 电缆的集总参数模型如图 P12-1 所示，电缆参数测量的频率为 1MHz 左右。

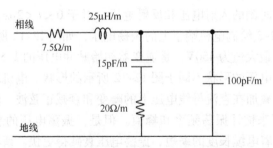

图 P12-1　单位长度电力电缆的高频相线对地线模型

12.3　三相逆变器在 650V 直流母线电压下工作，IGBT 的上升和下降时间均为 100ns，仿真逆变器 100μs，该逆变器通过 40m 电缆给 10Ω 电阻负载供电，测量并绘制电缆两端的线路电流和电压。每 10m 电缆的集总参数模型如图 P12-1 所示。

12.4　考虑单相电缆与地之间的杂散电容为 22pF，电缆电感为 0.1μH，考虑到趋肤效应，电阻为 7.5Ω。如果 2kV 脉冲电压的上升时间和下降时间分别为 75ns 和 120ns 时，计算相线对地线的电流。

12.5　逆变器产生峰值为 200V、占空比为 40%、上升时间为 50ns 的 100kHz 脉冲电压。采用傅里叶变换，求得 $f = 1/\pi t_r$ 时谐波分量的幅值。

12.6　考虑两个并列放置的导体，208V 的交流电压源跨接在导体 1 上和地上，导体 2 通过 50Ω 电阻接地。如果两个导体之间形成的电容为 100pF，而导体 2 对地形成的电容为 120pF，计算导体 2 上的静电电压。如果导体 2 与导体 1 形成 10°夹角，且其他参数不变，静电电压的变化是多少？

12.7　脉冲宽度 15μs 和 1000V 的矩形脉冲以二分之一光速通过位于逆变器和电机之间的 1000m 长电缆。电缆的特性阻抗、逆变器阻抗和电机的阻抗分别为 120Ω、15Ω 和 200Ω。计算反射波系数，以及反射波幅值变为原始脉冲 10% 的时间。

12.8　绘出电机端子处前 20μs 的电压波形，脉冲宽度为 10μs，幅值为 460V，速度为 0.25×10^8 m/s。考虑到逆变器与电机之间的电缆长度为 200m，电缆的特性阻抗为 200Ω，逆变器阻抗为 15Ω，电机阻抗为 200Ω。

附　录

附录 A　三角恒等式

A.1　基本三角公式

角 θ 所有三角函数都可以在单位圆内用几何构造表示，如图 A-1 所示。如果图 A-1所示的角 θ 位于线 OC 和 x 轴之间，则点 C 的 x 坐标和 y 坐标分别称为 $\cos\theta$ 和 $\sin\theta$。考虑三角形 OAC，当 OC 为斜边时，应用毕达哥拉斯定理，可得

$$\sin^2\theta + \cos^2\theta = 1 \qquad (A-1)$$

如果作 C 点的切线并延长与 x 轴相交，该线段的长度定义为 $\tan\theta$。如果作 C 点的切线并延长与 y 轴相交，该线段的长度称为 $\cot\theta$。

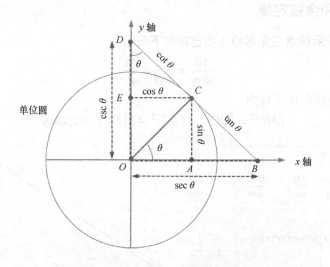

图 A-1　单位圆中三角函数的表示

从图 A-1 中，还可写出

$$\begin{cases} \tan\theta = \dfrac{\sin\theta}{\cos\theta} \\[2mm] \cot\theta = \dfrac{1}{\tan\theta} = \dfrac{\cos\theta}{\sin\theta} \\[2mm] \sec\theta = \dfrac{1}{\cos\theta} \\[2mm] \csc\theta = \dfrac{1}{\sin\theta} \end{cases} \quad (\text{A-2})$$

考虑三角形 OBC，当 OB 是斜边时，应用毕达哥拉斯定理，可得

$$1 + \tan^2\theta = \sec^2\theta \qquad (\text{A-3})$$

同样，考虑三角形 OCD，当 OD 是斜边时，应用毕达哥拉斯定理，可得

$$1 + \cot^2\theta = \csc^2\theta \qquad (\text{A-4})$$

从图 A-1 中，可以写出

$$\begin{cases} \sin\theta = \cos\left(\dfrac{\pi}{2} - \theta\right) \\[2mm] \cos\theta = \sin\left(\dfrac{\pi}{2} - \theta\right) \end{cases} \qquad (\text{A-5})$$

同样从图 A-1 中，还可以写出

$$\begin{cases} \sin\theta = \sin(\pi - \theta) \\[2mm] \cos\theta = -\cos(\pi - \theta) \end{cases} \qquad (\text{A-6})$$

A. 2　正弦和余弦定律

图 A-2 所示任意三角形的正弦定律如下所示

$$\frac{AB}{\sin\gamma} = \frac{AC}{\sin\beta} = \frac{BC}{\sin\alpha} \qquad (\text{A-7})$$

此外，余弦定律可写为

$$|AB|^2 = |BC|^2 + |AC|^2 - 2\,|BC|\,|AC|\cos\gamma \qquad (\text{A-8})$$

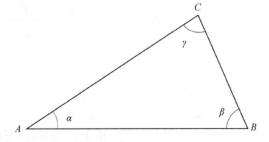

正弦定律：
$$\frac{|AB|}{\sin\gamma} = \frac{|AC|}{\sin\beta} = \frac{|BC|}{\sin\alpha}$$

余弦定律：
$$|AB|^2 = |BC|^2 + |AC|^2 - 2|BC|\,|AC|\cos\gamma$$

图 A-2　展示正弦和余弦定律的任意三角形

A. 3　和差化积与积化和差的转换

正弦和余弦的和差公式如下所示

$$\begin{cases} \sin(\alpha+\beta) = \sin\alpha\cos\beta + \cos\alpha\sin\beta \\ \sin(\alpha-\beta) = \sin\alpha\cos\beta - \cos\alpha\sin\beta \\ \cos(\alpha+\beta) = \cos\alpha\cos\beta - \sin\alpha\sin\beta \\ \cos(\alpha-\beta) = \cos\alpha\cos\beta + \sin\alpha\sin\beta \end{cases} \tag{A-9}$$

根据式（A-9），正弦和余弦的倍角公式如下所示：

$$\begin{cases} \sin(2\alpha) = 2\sin\alpha\cos\alpha \\ \cos(2\alpha) = \cos^2\alpha - \sin^2\alpha \end{cases} \tag{A-10}$$

根据式（A-1），正弦和余弦的倍角公式也可以写成

$$\begin{cases} \sin^2\alpha = \dfrac{1-\cos(2\alpha)}{2} \\ \cos^2\alpha = \dfrac{1+\cos(2\alpha)}{2} \end{cases} \tag{A-11}$$

利用式（A-9），得到如下积化和差的转换公式：

$$\begin{cases} \sin\alpha\cos\beta = \dfrac{1}{2}\{\sin(\alpha+\beta) + \sin(\alpha-\beta)\} \\ \cos\alpha\cos\beta = \dfrac{1}{2}\{\cos(\alpha+\beta) + \cos(\alpha-\beta)\} \\ \sin\alpha\sin\beta = \dfrac{1}{2}\{\cos(\alpha-\beta) - \cos(\alpha+\beta)\} \end{cases} \tag{A-12}$$

此外，和差化积转换公式如下所示：

$$\begin{cases} \sin\alpha + \sin\beta = 2\sin\left(\dfrac{\alpha+\beta}{2}\right)\cos\left(\dfrac{\alpha-\beta}{2}\right) \\ \cos\alpha + \cos\beta = 2\cos\left(\dfrac{\alpha+\beta}{2}\right)\cos\left(\dfrac{\alpha-\beta}{2}\right) \\ \sin\alpha - \sin\beta = 2\cos\left(\dfrac{\alpha+\beta}{2}\right)\sin\left(\dfrac{\alpha-\beta}{2}\right) \\ \cos\alpha - \cos\beta = -2\sin\left(\dfrac{\alpha+\beta}{2}\right)\sin\left(\dfrac{\alpha-\beta}{2}\right) \end{cases} \tag{A-13}$$

在电力工程和三相系统中，从式（A-12）推导出的下列三角恒等式非常有用。对于三相系统，余弦项的乘法可以简化为

$$\cos\alpha\cos\beta + \cos\left(\alpha-\frac{2\pi}{3}\right)\cos\left(\beta-\frac{2\pi}{3}\right) +$$

$$\cos\left(\alpha-\frac{4\pi}{3}\right)\cos\left(\beta-\frac{4\pi}{3}\right) = \frac{3}{2}\cos(\alpha-\beta) \tag{A-14}$$

正弦项的乘法，例如电压和电流，可以简化为

$$\sin\alpha\sin\beta + \sin\left(\alpha - \frac{2\pi}{3}\right)\sin\left(\beta - \frac{2\pi}{3}\right)$$

$$+ \sin\left(\alpha - \frac{4\pi}{3}\right)\sin\left(\beta - \frac{4\pi}{3}\right) = \frac{3}{2}\cos(\alpha - \beta) \quad\quad (\text{A-15})$$

正弦项与余弦项的乘法可以简化为

$$\sin\alpha\cos\beta + \sin\left(\alpha - \frac{2\pi}{3}\right)\cos\left(\beta - \frac{2\pi}{3}\right)$$

$$+ \sin\left(\alpha - \frac{4\pi}{3}\right)\cos\left(\beta - \frac{4\pi}{3}\right) = \frac{3}{2}\sin(\alpha - \beta) \quad\quad (\text{A-16})$$

注意，对于三个相移120°的正弦或余弦信号，总是有

$$\begin{cases} \cos\theta + \cos\left(\theta - \frac{2\pi}{3}\right) + \cos\left(\theta - \frac{4\pi}{3}\right) = 0 \\ \\ \sin\theta + \sin\left(\theta - \frac{2\pi}{3}\right) + \sin\left(\theta - \frac{4\pi}{3}\right) = 0 \end{cases} \quad\quad (\text{A-17})$$

A.4 三角函数的导数

主要三角函数的导数为

$$\begin{cases} \dfrac{\mathrm{d}}{\mathrm{d}\theta}(\sin(k\theta)) = k\cos(k\theta) \\ \\ \dfrac{\mathrm{d}}{\mathrm{d}\theta}(\cos(k\theta)) = -k\sin(k\theta) \\ \\ \dfrac{\mathrm{d}}{\mathrm{d}\theta}(\tan(k\theta)) = k\sec^2(k\theta) \end{cases} \quad\quad (\text{A-18})$$

A.5 泰勒级数和三角函数

三角函数可以用泰勒级数展开，在某些情况下，泰勒级数提供了这些函数的线性近似。布鲁克·泰勒（Brooke Taylor 1685—1731）于1715年提出了泰勒级数。一般来说，实函数 $f(x)$ 在 x_0 附近的泰勒级数由下式给出

$$f(x) = f(x_0) + \frac{f'(x_0)}{1!}(x - x_0) + \frac{f''(x_0)}{2!}(x - x_0)^2 + \cdots \quad\quad (\text{A-19})$$

式中，$f(x)$ 在 x_0 处可微。要将泰勒级数应用于三角函数，角度必须以弧度为单位。对于 $\theta_0 = 0$ 时，$\sin\theta$ 的泰勒级数表达式由下式给出：

$$\sin\theta = \theta - \frac{1}{3!}\theta^3 + \frac{1}{5!}\theta^5 - \frac{1}{7!}\theta^7 + \cdots \quad\quad (\text{A-20})$$

对于小角度，以弧度为单位，有 $\sin\theta \cong \theta$。对于 $\theta_0 = 0$ 时，$\cos\theta$ 的泰勒级数表达式由下式给出：

$$\cos\theta = 1 - \frac{1}{2!}\theta^2 + \frac{1}{4!}\theta^4 - \frac{1}{6!}\theta^6 + \cdots \quad\quad (\text{A-21})$$

对于小角度，以弧度为单位，有 $\cos\theta \cong 1$。对于 $\theta_0 = 0$ 时，$\tan\theta$ 的泰勒级数表达式由下式给出：

$$\tan\theta = \theta + \frac{1}{3}\theta^3 + \frac{2}{15}\theta^5 + \frac{17}{315}\theta^6 + \cdots \qquad (A-22)$$

其中，对于小角度，以弧度为单位，有 $\tan\theta \cong \theta$。

A.6 傅里叶级数

约瑟夫·傅里叶（Joseph Fourier 1768—1830）提出，任何周期函数都可以用一系列正弦和余弦项表示，这些正弦和余弦项和谐波相关。周期函数的傅里叶级数，即 $f(t) = f(t + T)$，其中 t 是时间，T 是函数的周期，写为

$$f(t) = \frac{a_0}{2} + \sum_{h=1}^{\infty} a_h \cos(h\omega t) + b_h \sin(h\omega t) \qquad (A-23)$$

式中，ω 是 $f(t)$ 的角频率，$\omega = 2\pi/T = 2\pi f$，傅里叶系数 a_h 和 b_h 采用以下积分计算得出：

$$a_h = \frac{2}{T} \int_0^T f(t) \cos(h\omega t) \, dt \qquad (A-24)$$

$$b_h = \frac{2}{T} \int_0^T f(t) \sin(h\omega t) \, dt \qquad (A-25)$$

周期函数可以用角度 θ 表示，即 $f(\theta) = f(\theta + 2\pi)$，$2\pi$ 是该函数的周期。然后，可以将 $f(\theta)$ 的傅里叶级数写成

$$f(\theta) = \frac{a_0}{2} + \sum_{h=1}^{\infty} a_h \cos(h\theta) + b_h \sin(h\theta) \qquad (A-26)$$

因此，可以使用以下积分计算傅里叶系数 a_h 和 b_h：

$$a_h = \frac{1}{\pi} \int_0^{2\pi} f(\theta) \cos(h\theta) \, d\theta \qquad (A-27)$$

$$b_h = \frac{1}{\pi} \int_0^{2\pi} f(\theta) \sin(h\theta) \, d\theta \qquad (A-28)$$

有时使用傅里叶级数的其他形式，例如

$$f(\theta) = \frac{a_0}{2} + \sum_{h=1}^{\infty} A_h \cos(h\theta + a_h) \qquad (A-29)$$

式中，$A_h = \sqrt{a_h^2 + b_h^2}$ 以及 $\alpha_h = \tan(b_h/a_h)$，或

$$f(\theta) = \frac{a_0}{2} + \sum_{h=1}^{\infty} A_h \sin(h\theta + \beta_h) \qquad (A-30)$$

式中，$\beta_h = \tan(a_h/b_h)$。

对周期性偶函数的傅里叶展开，即 $f(\theta) = f(-\theta)$，周期为 2π 时，仅包含余弦项，具有如下形式：

$$f(\theta) = \frac{a_0}{2} + \sum_{h=1}^{\infty} a_\mathrm{h}\cos(h\theta) \tag{A-31}$$

对于偶函数，傅里叶系数 a_h，其中 $h = 0,1,2,\cdots$，由以下积分给出：

$$a_\mathrm{h} = \frac{2}{\pi}\int_0^\pi f(\theta)\cos(h\theta)\,\mathrm{d}\theta \tag{A-32}$$

同样，对于周期性奇函数的傅里叶级数展开，即 $f(\theta) = -f(-\theta)$，周期为 2π，仅包含正弦项，具有如下形式：

$$f(\theta) = \sum_{h=1}^{\infty} b_\mathrm{h}\sin(h\theta) \tag{A-33}$$

对于奇函数，傅里叶系数 b_h，其中 $h = 0,1,2,\cdots$，由以下积分给出：

$$b_\mathrm{h} = \frac{2}{\pi}\int_0^\pi f(\theta)\sin(h\theta)\,\mathrm{d}\theta \tag{A-34}$$

A.7　欧拉公式

欧拉公式以莱昂哈德·欧拉（Leonhard Euler 1707—1783）命名，表示三角函数和复指数函数之间的基本关系。基于欧拉公式，对于任意角度（实数） θ，可以写出

$$\mathrm{e}^{-\mathrm{j}\theta} = \cos\theta + \mathrm{j}\sin\theta \tag{A-35}$$

式中，e 是自然对数的底；$\mathrm{j} = \sqrt{-1}$ 是虚数单位。

附录 B　拉普拉斯变换

拉普拉斯变换是一种用于求解动力学问题的积分变换。拉普拉斯变换特别适用于求解线性常微分方程，如电路分析。时域信号或函数 $f(t)$ 的单边拉普拉斯变换定义为

$$\mathcal{L}\{f(t)\} = F(s) = \int_{0^+}^{\infty} f(t)\,\mathrm{e}^{-st}\mathrm{d}t \tag{B-1}$$

式中，算子 $\mathcal{L}$ 表示拉普拉斯变换运算，$F(s)$ 是 $f(t)$ 的拉普拉斯变换，式中 $s = \sigma + \mathrm{j}\omega$、$\mathrm{j}^2 = -1$。单值函数 $f(t)$（其中 $t > 0$）的拉普拉斯变换对于 $Re\{s\} > \sigma_0$ 存在的条件是当且仅当

$$\int_{0^+}^{\infty} |f(t)|\,\mathrm{e}^{-\sigma_0 t}\mathrm{d}t < \infty \tag{B-2}$$

式中，σ_0 表示收敛区域（ROC）。在控制理论中，并不要担心单边拉普拉斯变换的 ROC，因为所有的控制系统都是具有因果关系的。

拉普拉斯表足以将大多数函数从时域转换为 s 域。然而，需要使用拉普拉斯表

和部分分式展开等技术将 s 域函数转换为时域函数。

B.1 拉普拉斯变换的性质

拉普拉斯属性可简化时域到 s 域的转换。第一个属性将微分方程转换为代数方程。时域中的 n 阶导数可以转换为 s 域，如下所示：

$$L\left\{\frac{d^n f(t)}{d^n}\right\} = s^n F(s) - s^{n-1} f(0) - \cdots - f^{n-1}(0) \tag{B-3}$$

式中，$f^n(0)$ 是 $f(t)$ 在 $t=0$ 处的第 n 阶导数。这种变换通常用于求解微分方程。

表 B-1 拉普拉斯变换表

时域函数	拉普拉斯变换
$af(t)$	$aF(s)$
$f(t) + g(t)$	$F(s) + G(s)$
$f(t-a)$	$e^{-as} F(s)$
$e^{at} f(t)$	$F(s-a)$
$df(t)/dt$	$sF(s) - f(0)$
$d^2 f(t)/dt^2$	$s^2 F(s) - sf(0) + f'(0)$
$f(t/a)$	$\|a\| F(as)$
$f(t) \times g(t)$	$F(s) G(s)$
$\delta(t)$	1
$ku(t)$	k/s
$ktu(t)$	k/s^2
t^n	$n! /s^{n+1}$
e^{-at}	$1/(s+a)$
$t^{n-1} e^{-at}/(n-1)!$	$1/(s+a)^n$
$\sin(\omega t)$	$\omega/(s^2 + \omega^2)$
$\cos(\omega t)$	$s/(s^2 + \omega^2)$
$e^{-at} \sin(\omega t)$	$\omega/[(s+a)^2 + \omega^2]$
$e^{-at} \cos(\omega t)$	$(s+a)/[(s+a)^2 + \omega^2]$

B.1.1 时域积分

时域中积分对应在 s 域中除以 s，这可以利用式（B-1）的拉普拉斯变换定义来证明。

$$\mathcal{L}\left\{\int_0^t f(\tau) d\tau\right\} = \frac{F(s)}{s} \tag{B-4}$$

B.1.2 初值定理

为了求函数的初值 $f(0^+)$，需要求得 t 接近零时函数在时域中的极限。这等于

将 s 域中的函数 $F(s)$ 乘以 s，然后在 s 接近无穷大时得其极限。初值定理通常用于设定控制器的性能规格。

$$f(0^+) = \lim_{t \to 0^+} f(t) = \lim_{s \to \infty} sF(s) \tag{B-5}$$

B.1.3 终值定理

为了求函数的稳态或最终值 $f(\infty)$，需要求出 t 接近无穷大时函数在时域中的极限。这等于将 s 域中的函数 $F(s)$ 乘以 s，然后在 s 接近零时求得该函数的极限。

$$f(\infty) = \lim_{t \to \infty} f(t) = \lim_{s \to 0} sF(s) \tag{B-6}$$

B.1.4 时间展缩特性和时移

展缩描述了当时间变量除以正常数 a 时，$F(s)$ 和 $f(t)$ 之间的关系。可以利用式（B-1）中的拉普拉斯定义来证明

$$\mathcal{L}\{f(t/a)\} = aF(as) \tag{B-7}$$

函数在时间上被延迟常数 a，其中 $a \geq 0$，在 s 域中对应于 $F(s)$ 乘以指数 e^{-as}，如下所示：

$$\mathcal{L}\{f(t-a)\} = e^{-as}F(s) \tag{B-8}$$

然而，时域中乘以指数 e^{-as} 对应于 s 域中的 a 偏移。

$$\mathcal{L}\{e^{-as}f(t)\} = F(s+a) \tag{B-9}$$

B.2 部分分式展开

计算逆拉普拉斯变换的一种方法是，如果函数在拉普拉斯表中，则直接使用该表。否则，将要使用部分分式展开（PFE）。PFE 的要点是将 s 域中的表达式分解为可在拉普拉斯表中找到的小部分。本节提供了具有以下形式有理函数逆变换的方法，其中 $m \leq n$

$$F(s) = \frac{N(s)}{D(s)} = \frac{a_n s^n + a_{n-1} s^{n-1} + \cdots + a_1 s + a_0}{b_m s^m + b_{m-1} s^{m-1} + \cdots + b_1 s + b_0} \tag{B-10}$$

B.2.1 $D(s)$ 的不同实根

当传递函数分母的根 $D(s)$ 为不同实根时，传递函数可以写为

$$F(s) = \frac{N(s)}{D(s)} = \frac{N(s)}{(s+p_1)(s+p_2)\cdots(s+p_m)\cdots(s+p_n)} \tag{B-11}$$

式（B-11）的部分分式展开式可以写成以下项的和：

$$F(s) = \frac{k_1}{(s+p_1)} + \frac{k_2}{(s+p_2)} + \cdots + \frac{k_m}{(s+p_m)} + \cdots + \frac{k_n}{(s+p_n)} \tag{B-12}$$

计算 k_1，将式（B-12）两边都乘以 $(s+p_1)$，可得

$$(s+p_1)F(s) = k_1 + (s+p_1)\frac{k_2}{(s+p_2)} + \cdots + (s+p_1)\frac{k_n}{(s+p_n)} \tag{B-13}$$

如果 s 接近 $-p_1$，则式（B-13）中除 k_1 项外均为零。因此，k_1 可以简单地计算为

$$k_1 = (s+p_1)F(s)\big|_{s\to(-p_1)} \tag{B-14}$$

同理计算 k_m，将式（B-12）两边都乘以 $(s+p_m)$，从而得到

$$(s+p_m)F(s) = (s+p_m)\frac{k_1}{(s+p_1)} + \cdots + k_m + (s+p_m)\frac{k_n}{(s+p_n)} \tag{B-15}$$

同样，如果 s 接近 $-p_m$，式（B-15）中除 k_m 项外均为零，因此有

$$k_m = (s+p_m)F(s)\big|_{s\to(-p_m)} \tag{B-16}$$

因此，一般来说，写成

$$k_i = (s+p_i)F(s)\big|_{s\to(-p_i)} \tag{B-17}$$

在计算所有 k 系数后，可从下表中获得式（B-12）中每项的拉普拉斯逆变换：$\mathcal{L}^{-1}\{k/(s+a)\} = ke^{-at}$，因此 $f(t)$ 为

$$f(t) = k_1 e^{-p_1 t} + \cdots + k_n e^{-p_n t} \tag{B-18}$$

B.2.2 重根

当传递函数的分母 $D(s)$ 有 n 个重根时，$F(s)$ 可写成以下形式：

$$F(s) = \frac{N(s)}{D(s)} = \frac{N(s)}{(s+p)^n D_1(s)} \tag{B-19}$$

因此，式（B-19）的部分分式展开式可写为

$$F(s) = \frac{k_n}{(s+p)^n} + \frac{k_{n-1}}{(s+p)^{n-1}} + \cdots + \frac{k_2}{(s+p)^2} + \frac{k_1}{(s+p)} + F_1(s) \tag{B-20}$$

式中，$F_1(s)$ 是 $F(s)$ 的剩余部分，该部分在 $-p$ 处没有重根。为了求 k_n，将式（B-20）乘以 $(s+p)^n$，然后令 $s\to(-p)$，可得

$$k_n = (s+p)^n F(s)\big|_{s\to(-p)} \tag{B-21}$$

求得 k_{n-1}，将式（B-20）乘以 $(s+p)^n$，微分后令 $s\to(-p)$，可得

$$k_{n-1} = \frac{\mathrm{d}}{\mathrm{d}s}\big[(s+p)^n F(s)\big]\big|_{s\to(-p)} \tag{B-22}$$

找到通项 k_{n-i}，将式（B-20）乘以 $(s+p)^n$，求第 i 次导数，其中 $i=1$，2，$\cdots$，$n-1$，然后令 $s\to(-p)$，可得

$$k_{n-i} = \frac{1}{i!}\frac{\mathrm{d}^i}{\mathrm{d}s^i}\big[(s+p)^n F(s)\big]\big|_{s\to(-p)} \tag{B-23}$$

已有 k_1 到 k_n 的值，对式（B-20）的右侧应用拉普拉斯逆变换，利用 $\mathcal{L}^{-1}\{1/(s+a)^n\} = t^{n-1}e^{-at}/(n-1)!$。从拉普拉斯表中，时域函数可以写成

$$f(t) = k_1 e^{-pt} + k_2 t e^{-pt} + \frac{k_3}{2!}t^2 e^{-pt} + \cdots + \frac{k_n}{(n-1)!}t^{n-1}e^{-pt} + f_1(t) \tag{B-24}$$

B.2.3 复数根

当传递函数分母 $D(s)$ 具有如下标准二次型时

$$F(s) = \frac{N(s)}{D(s)} = \frac{N(s)}{(s^2 + As + B)D_1(s)} \tag{B-25}$$

$F(s)$ 的部分分式可以用以下形式表示，$F_1(s)$ 是 $F(s)$ 中没有复数根的剩余部分。

$$F(s) = \frac{k_1 s + k_0}{(s^2 + As + B)} + F_1(s) \tag{B-26}$$

现在来完成式（B-26）中分母中的二次形式，这样可以使用拉普拉斯表，即

$$(s^2 + As + B) = (s + a)^2 + \omega^2 \tag{B-27}$$

分子也可以用 $(s + a)$ 表示，如下所示：

$$k_1 s + k_0 = k_1 (s + a) + k_2 \omega \tag{B-28}$$

式（B-26）可以改写为

$$F(s) = \frac{k_1 (s + a)}{(s + a)^2 + \omega^2} + \frac{k_2 \omega}{(s + a)^2 + \omega^2} + F_1(s) \tag{B-29}$$

利用拉普拉斯表，时域中的函数 $F(s)$ 可以写成

$$f(t) = k_1 e^{-at} \cos(\omega t) + k_2 e^{-at} \sin(\omega t) + f_1(t) \tag{B-30}$$

北京市版权局著作权合同登记号：01-2021-6691

图书在版编目（CIP）数据

电力电子技术在能源转换系统中的应用/（美）贝鲁兹·米拉夫扎尔（Behrooz Mirafzal）著；文天祥，王牡丹译. —北京：机械工业出版社，2023.7
（2023.12 重印）

书名原文：Power Electronics in Energy Conversion Systems

ISBN 978-7-111-73207-5

Ⅰ.①电… Ⅱ.①贝… ②文… ③王… Ⅲ.①电力电子技术-应用-能源-转换 Ⅳ.①TM76②TK01

中国国家版本馆 CIP 数据核字（2023）第 090107 号

机械工业出版社（北京市百万庄大街 22 号 邮政编码 100037）
策划编辑：江婧婧   责任编辑：江婧婧 杨 琼
责任校对：樊钟英 翟天睿   封面设计：鞠 杨
责任印制：邓 博
北京盛通数码印刷有限公司印刷
2023 年 12 月第 1 版第 2 次印刷
169mm×239mm · 24.75 印张 · 505 千字
标准书号：ISBN 978-7-111-73207-5
定价：169.00 元

电话服务   网络服务
客服电话：010-88361066   机 工 官 网：www.cmpbook.com
            010-88379833   机 工 官 博：weibo.com/cmp1952
            010-68326294   金 书 网：www.golden-book.com
封底无防伪标均为盗版   机工教育服务网：www.cmpedu.com

版权所有。未经出版人事先书面许可，对本出版物的任何部分不得以任何方式或途径复制或传播，包括但不限于复印、录制、录音，或通过任何数据库、信息或可检索的系统。

本授权中文简体字翻译版由麦格劳-希尔(亚洲)教育出版公司和机械工业出版社合作出版。此版本经授权仅限在中国大陆地区(不包括香港、澳门特别行政区及台湾地区)销售。

版权所有 © 2023 由麦格劳-希尔(新加坡)教育出版公司与机械工业出版社所有。

本书封面贴有McGraw-Hill Education公司防伪标签，无标签者不得销售。

北京市版权局著作权合同登记 图字：01-2022-6691。

图书在版编目 (CIP) 数据

电力电子技术在能源转换系统中的应用：原书第2版 / (美) 罗伯托·吉安尼蒂 (Roberto Giametti) 著；文天祥等译. —北京：机械工业出版社，2023.7
(2023.11重印)

书名原文：Power Electronics in Energy Conversion Systems

ISBN 978-7-111-73207-5

Ⅰ.①电… Ⅱ.①罗…②文… Ⅲ.①电力电子技术 Ⅳ.①TM1

中国版本图书馆CIP数据核字(2023)第092073号

机械工业出版社（北京市百万庄大街22号 邮政编码 100037）
策划编辑：江婧婧   责任编辑：江婧婧 吕 杉
责任校对：梁 静 李 婷   责任印制：郜 敏
北京富博印刷有限公司印刷

2023年12月第1版第2次印刷
169mm×239mm·25.75印张·502千字
标准书号：ISBN 978-7-111-73207-5
定价：149.00元

电话服务   网络服务
服务咨询热线：010-88361066   机 工 官 网：www.cmpbook.com
读者购书热线：010-88379833   机 工 官 博：weibo.com/cmp1952
　　　　　　　010-68326294   金 书 网：www.golden-book.com
封底无防伪标均为盗版   机工教育服务网：www.cmpedu.com